Schülervorstellungen und Physikunterricht

Horst Schecker
Thomas Wilhelm
Martin Hopf
Reinders Duit
Hrsg.

Schülervorstellungen und Physikunterricht

Ein Lehrbuch für Studium, Referendariat und Unterrichtspraxis

Autoren: Horst Schecker, Thomas Wilhelm, Martin Hopf, Reinders Duit, Helmut Fischler, Claudia Haagen-Schützenhöfer, Dietmar Höttecke, Rainer Müller und Rita Wodzinski

Hrsg.
Prof. Dr. Horst Schecker
FB 1 Physik/Elektrotechnik,
Institut für Didaktik der Physik
Universität Bremen
Bremen
Deutschland

Univ.-Prof. Dr. Martin Hopf
Österreichisches Kompetenzzentrum
für Didaktik der Physik
Universität Wien
Wien
Österreich

Prof. Dr. Thomas Wilhelm
Institut für Didaktik der Physik
Goethe-Universität Frankfurt am Main
Frankfurt
Deutschland

Prof. Dr. Dr. h.c. Reinders Duit
IPN – Leibniz-Institut für die Pädagogik
der Naturwissenschaften und Mathematik
Universität Kiel
Deutschland

ISBN 978-3-662-57269-6   ISBN 978-3-662-57270-2 (eBook)
https://doi.org/10.1007/978-3-662-57270-2

Die Deutsche Nationalbibliothek verzeichnet diese Publikation in der Deutschen Nationalbibliografie; detaillierte bibliografische Daten sind im Internet über http://dnb.d-nb.de abrufbar.

Springer Spektrum
© Springer-Verlag GmbH Deutschland, ein Teil von Springer Nature 2018

Verantwortlich im Verlag: Lisa Edelhäuser

Gedruckt auf säurefreiem und chlorfrei gebleichtem Papier

Springer Spektrum ist ein Imprint der eingetragenen Gesellschaft Springer-Verlag GmbH, DE und ist ein Teil von Springer Nature.
Die Anschrift der Gesellschaft ist: Heidelberger Platz 3, 14197 Berlin, Germany

Vorwort

Von zentraler Bedeutung für das Unterrichten und das Lernen von Physik ist, was die Schülerinnen und Schüler an Vorwissen, Vorstellungen und Denkmustern bereits mitbringen. Diese Faktoren formen das Vorverständnis der Lernenden über den zu erarbeitenden Sachverhalt. Neue Informationen im Unterricht – vermittelt durch Lehrererklärungen, Experimente, Schulbuchtexte, Arbeitsblätter oder Aufgabenstellungen – werden auf Grundlage des Vorverständnisses verarbeitet. Die Vorstellung, dass ‚Strom' sich von der Batterie zum Verbraucher bewege, führt Schülerinnen und Schüler z. B. zu der Erwartung, ein Widerstandsdraht beginne dort zu glühen, *„wo der Strom zuerst ankommt"*, und manche meinen sogar, einen solchen Effekt im Experiment beobachten zu können. Schülervorstellungen, die auf alltagssprachliche Muster zurückgehen, z. B. die Vorstellung, ein Spiegel vertausche links und rechts, liegen oftmals quer zum physikalischen Verständnis. Schülervorstellungen können aber ebenso Anknüpfungspunkte für die Entwicklung eines tieferen physikalischen Begriffsverständnisses sein. Das gilt z. B. für die Vorstellung, dass bei Energieumwandlungen immer ein ‚Energieverlust' auftrete. Dies kann produktiv gewendet werden, um den Aspekt der Energieentwertung einzuführen.

Das Forschungsgebiet Schülervorstellungen hat international eine lange Tradition, die bis in die 1970er Jahre zurückreicht. Aus dieser Zeit stammen viele der heute immer noch wichtigen Arbeiten. Im ersten Teil des Buches (▶ Kap. 1, ▶ Kap. 2 ▶ Kap. 3) stellen wir die theoretischen Grundlagen dar: Was sind Schülervorstellungen, worin liegt ihre Bedeutung für das Physiklernen, wie entwickelt sich das Verständnis physikalischer Begriffe und welche grundlegenden Strategien gibt es für den Umgang mit Schülervorstellungen bei der Unterrichtsgestaltung? In den zehn folgenden Kapiteln werden zu wichtigen Themengebieten der Schulphysik von der Mechanik bis zur Quantenphysik typische Schülervorstellungen erläutert, die im Unterricht wirksam sein können. Physikexperten erscheinen solche Vorstellungen zunächst überraschend und fehlerhaft. Ein detailliertes Wissen über Schülervorstellungen fördert jedoch das Verständnis dafür, dass hinter Schüleraussagen, die oberflächlich betrachtet als schlicht falsch erscheinen, durchaus sinnvolle Gedankengänge stehen können. Nicht alle physikalisch fehlerhaften oder falschen Schüleraussagen beruhen jedoch auf tiefschürfenden Überlegungen. Ebenso wenig beruhen physikalisch korrekte Schüleraussagen stets auf physikalisch korrekten Ideen. Walter Jung[1] hat betont, dass man zwischen Schüleräußerungen und den ihnen zugrunde liegenden Vorstellungen genau unterscheiden muss.

Dieses Lehrbuch soll Lehramtsstudierende, Referendare und Lehrkräfte der Physik in die Lage versetzen, genauer hinzuhören und besser zu verstehen, was sich

---

1 Jung, W. (1978). Jung war ein Begründer der Schülervorstellungsforschung in Deutschland.

hinter Schüleraussagen versteckt, die von den erwarteten oder erhofften Antworten abweichen. Dieses Wissen über Schülervorstellungen erlaubt es Lehrkräften, Lernangebote zu machen, die von den Lernenden besser aufgegriffen und verarbeitet werden können. Dafür muss man Lernhemmnisse voraussehen und in der Unterrichtsvorbereitung berücksichtigen. Die Sachstruktur der Physik bietet Gestaltungsmöglichkeiten, um durch eine geeignete Auswahl und Darstellungsweise die Schülervorstellungen als wesentlichen Faktor für das Physiklernen zu berücksichtigen. Die Unterrichtsplanung muss stets beides – Sachstruktur *und* Lernvoraussetzungen – verbinden. Die Kapitel dieses Buches geben hierfür konkrete Hinweise.

Die Autorinnen und Autoren gehen auf Schülervorstellungen ein, die nach dem Stand der fachdidaktischen Forschung empirisch belegt sind. Aber natürlich hat nicht jede Schülerin oder jeder Schüler alle im Buch erläuterten Vorstellungen. Aussagen wie „Lernende stellen sich das folgendermaßen vor …" sind daher zu lesen als „Man muss damit rechnen, dass manche Lernende sich den Sachverhalt folgendermaßen vorstellen". Schülervorstellungen sind in den Kapiteln durch doppelte Anführungszeichen gekennzeichnet (z. B. „Nur aktive Körper können Kräfte ausüben"). Fachbegriffe, die in Schülervorstellungen anders belegt sind als in der Physik, werden im fortlaufenden Text durch einfache Anführungszeichen hervorgehoben, z. B. wenn Lernende von ‚Kraft' in einem bewegten Körper sprechen.

In einer konkreten Lerngruppe wird das Auftreten von Schülervorstellungen von vielfältigen Faktoren beeinflusst:
* vom Umfang und der Qualität des vorhergehenden Physikunterrichts,
* von Alltagserfahrungen und deren alltagssprachlichen Deutungen,
* von der Rezeption populärwissenschaftlicher Darstellungen in Medien.

Damit Schülervorstellungen im Unterricht sichtbar werden können, müssen die Lernenden Gelegenheiten haben und sich trauen, eigenständige Überlegungen zu äußern – auch wenn diese möglicherweise nicht korrekt sind. Schülerinnen und Schüler müssen darauf vertrauen können, dass die Lehrkraft zwischen Lernphasen und Leistungsüberprüfungen klar unterscheidet.

Wenn sich Studierende und angehende Lehrkräfte mit Schülervorstellungen befassen, stellen sie immer wieder fest, dass manche Vorstellung dem eigenen intuitiven Denken gar nicht so fern steht. Schülervorstellungen sind ein guter Anlass, die grundlegenden Begrifflichkeiten der Physik für sich selbst noch einmal fachlich zu durchdenken. Auch hierzu soll das vorliegende Lehrbuch anregen. Einige Themenkapitel enthalten daher umfangreiche fachliche Erläuterungen.

Die Leser und Leserinnen des Buches sollen am Ende
* typische Schülervorstellungen in wichtigen Gebieten der Physik kennen,
* auf Basis dieses Wissens Lernschwierigkeiten bei Schülern und Schülerinnen diagnostizieren können,
* wissen, wie man Lernenden helfen kann, ihre Vorstellungen weiterzuentwickeln,

- wissen, wo man Unterrichtskonzeptionen findet, die Schülervorstellungen berücksichtigen,
- Möglichkeiten kennen, wie man Schülervorstellungen bei der Unterrichtsplanung und -durchführung einbeziehen kann, und nicht zuletzt
- die eigenen Vorstellungen zu zentralen physikalischen Konzepten fachlich durchdacht haben.

Die Herausgeber Horst Schecker, Thomas Wilhelm, Martin Hopf und Reinders Duit

Literatur

Jung, W. (1978). Zum Problem der „Schülervorstellungen". *physica didactica, 5*, 125–146.

Autoren

Duit, Reinders, Prof. Dr. Dr. h. c.
IPN – Leibniz-Institut für die Pädagogik
der Naturwissenschaften und Mathematik
an der Universität Kiel
Olshausenstraße 62
24118 Kiel
email: rduit@t-online.de

Fischler, Helmut, Prof. Dr.
FB Physik, Physikdidaktik, Freie Universität
Berlin
Arnimallee 14
14195 Berlin
email: helmut.fischler@physik.fu-berlin.de

**Haagen-Schützenhöfer, Claudia,
Univ.-Prof. Mag. Dr.**
Institut für Physik, Universität Graz,
Fachbereich Physikdidaktik
Universitätsplatz 5
A-8010 Graz
email: claudia.haagen@uni-graz.at

Höttecke, Dietmar, Prof. Dr.
Fachbereich Erziehungswissenschaften,
Didaktik der Physik, Universität Hamburg
Von-Melle-Park 8
20146 Hamburg
email: dietmar.hoettecke@uni-hamburg.de

Hopf, Martin, Univ.-Prof. Dr.
Österreichisches Kompetenzzentrum für
Didaktik der Physik, Universität Wien
Porzellangasse 4
A-1090 Wien
email: martin.hopf@univie.ac.at

Müller, Rainer, Prof. Dr.
Institut für Fachdidaktik der
Naturwissenschaften, Universität
Braunschweig
Pockelsstr. 11
38106 Braunschweig
email: rainer.mueller@tu-bs.de

Schecker, Horst, Prof. Dr.
FB 1 Physik/Elektrotechnik, Institut für
Didaktik der Physik,
Universität Bremen
Postfach 330440
28334 Bremen
email: schecker@uni-bremen.de

Wilhelm, Thomas, Prof. Dr.
Institut für Didaktik der Physik, Goethe-
Universität Frankfurt am Main
Max-von-Laue-Str. 1
60438 Frankfurt am Main
email: wilhelm@physik.uni-frankfurt.de

Wodzinski, Rita, Prof. Dr.
Institut für Physik, Universität Kassel
Heinrich-Plett-Str. 40
34109 Kassel
email: wodzinski@physik.uni-kassel.de

Inhaltsverzeichnis

Schülervorstellungen und Physiklernen

Horst Schecker und Reinders Duit

© Springer-Verlag GmbH Deutschland, ein Teil von Springer Nature 2018
H. Schecker, T. Wilhelm, M. Hopf, R. Duit (Hrsg.), *Schülervorstellungen und Physikunterricht*,
https://doi.org/10.1007/978-3-662-57270-2_1

Das vorliegende Buch beschreibt in 13 Kapiteln, wie Schülerinnen und Schülern über Phänomene und Begriffe der Physik denken. Warum soll man sich im Lehramtsstudium, im Vorbereitungsdienst und in der Schule so ausführlich mit Schülervorstellungen beschäftigen? Ist es nicht sinnvoller, diese Zeit in die Vertiefung des eigenen fachlichen Verständnisses der im Unterricht behandelten Sachverhalte zu investieren? In diesem Grundlagenkapitel werden wir darlegen, wie wichtig Schülervorstellungen für das Lehren und Lernen von Physik sind, worum es sich bei Schülervorstellungen handelt, wie sie entstehen und wie sie das Lernen beeinflussen. In den Themenkapiteln 4 bis 13, in denen verbreitete Schülervorstellungen beschrieben werden, wird deutlich werden, dass die Beschäftigung mit Schülervorstellungen auch zum eigenen fachlichen Verständnis beiträgt.

1.1 Warum Schülervorstellungen für den Unterricht so wichtig sind

■ **Woran man bei der Unterrichtsplanung denkt …**

Bei der Planung einer neuen Unterrichtssequenz – nehmen wir als Beispiel die optische Abbildung mit Spiegeln in einer siebten Klasse – denkt man als Lehrkraft meist zunächst an die Fachinhalte bzw. die inhaltsbezogenen Kompetenzen. Man zieht den geltenden Lehrplan[1] heran, schaut in das verwendete Schulbuch, nimmt eine Sachanalyse vor und recherchiert in Zeitschriften nach Unterrichtskonzeptionen und Materialien, z. B. nach Lernaufgaben und Experimenten. Implizit wird dabei angenommen, dass die Schülerinnen und Schüler – vorausgesetzt sie sind aufmerksam und arbeiten gut mit – die Inhalte verstehen werden, wenn die Lehrkraft sie fachlich korrekt und anschaulich darstellt.

■ **… und woran man ebenso denken sollte.**

Die *physikalische Sache* ist jedoch nur die eine Seite des Planungsprozesses. Ebenso sorgfältig in den Blick zu nehmen sind die *Lernvoraussetzungen der Schülerinnen und Schüler*. Lernende durchdenken und verarbeiten angebotene Informationen auf Grundlage dessen, was sie bereits zum Thema in den Unterricht mitbringen. Eine große Rolle spielen dabei die intuitiven, aus dem Alltag mitgebrachten oder im vorhergehenden Unterricht entwickelten *Vorstellungen*, wie z. B. „*Licht macht hell*" (▶ Abschn. 5.2.2), „*Wolle macht warm*" (▶ Abschn. 7.3), „*Strom wird verbraucht*" (▶ Abschn. 6.2.3), „*Elektronen kreisen um den Atomkern*" (▶ Abschn. 10.2).

Für die eingangs genannte Unterrichtssequenz zur geometrischen Optik ist die Schülervorstellung, ein Spiegelbild liege ‚auf dem' oder ‚im Spiegel', besonders wichtig. Die Spiegeloberfläche wird als eine Art Fotoplatte verstanden, auf der ein Bild entsteht, das man sich wie ein Foto anschauen kann (▶ Abschn. 5.2.4). Bei dem Freihandexperiment in ◪ Abb. 1.1 führen diese Vorstellungen zu der Annahme, man müsse den Taschenspiegel weiter weghalten, um mehr von seinem Gesicht sehen zu können: Wie bei einem Fotoapparat „*sieht und zeigt der Spiegel bei größerem Abstand mehr vom Objekt*".

---

1 „Lehrplan" steht hier als allgemeiner Begriff für die länderspezifischen Begriffe wie „Kerncurriculum"; „Bildungsplan" oder „Rahmenplan".

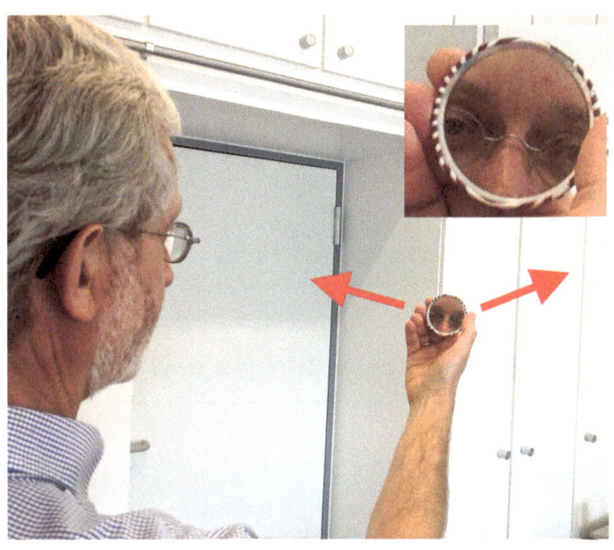

▣ Abb. 1.1 Aufgabe zu Schülervorstellungen zum Spiegelbild: Im gezeigten Abstand erkennt man im Spiegelbild nur einen Ausschnitt des Gesichts. Kann man mehr vom Gesicht sehen, wenn man den Spiegel näher heranführt oder weiter weghält?[2]

■ Lernen erfordert die aktive Verarbeitung von Informationen

Wie kann man Schülerinnen und Schülern nun die physikalisch korrekten Vorstellungen nahebringen – z. B. dass das Spiegelbild nicht *auf* dem Spiegel liegt, sondern *hinter* dem Spiegel? Eine naheliegende Annahme lautet: Man wähle ein anschauliches Experiment und überlege sich eine gute fachliche Erklärung; wenn die Schülerinnen und Schüler dann gut aufpassen und aufmerksam zuhören, werden sie den Sachverhalt verstehen. Überprüft man das angestrebte Verständnis, so wird die Lehrkraft jedoch häufig feststellen, dass ihre Anstrengungen von begrenztem Erfolg sind. Das Warenmodell der Wissensübergabe – der Anbieter (Lehrkraft) übergibt die Ware (das Lehrbuchwissen) gut verpackt (Experimente, Erklärungen) an die Abnehmer (Schülerinnen und Schüler) – ist für die Beschreibung von Lehr- und Lernprozessen nicht geeignet. Oder anders formuliert: Der „Nürnberger Trichter" funktioniert (leider) nicht. Lernen ist ein *aktiver Prozess*. Die im Unterricht angebotenen Informationen müssen von den Schülerinnen und Schülern verarbeitet werden, um daraus für sich selbst neues inhaltliches Verständnis zu entwickeln bzw. neues Wissen zu konstruieren[3] („konstruktivistische Perspektive", ▶ Abschn. 2.2). Die Lehrkraft gibt dafür wichtige Impulse, Lernen können die Schülerinnen und Schüler aber nur durch eigenständige Auseinandersetzung mit den Lernangeboten. Diese Auseinandersetzung erfolgt durch die „Brille" ihres bereits vorhandenen Wissens. In einem berühmten Satz formulierte Ausubel (1968) die Kernaussage seiner Lerntheorie folgendermaßen: „Der wichtigste Einzelfaktor, der das Lernen beeinflusst, ist, was der Schüler schon weiß. Man finde dies heraus und unterrichte entsprechend." (eig. Übersetzung). Aus heutiger Sicht sollte es allerdings heißen, „… was der Schüler schon weiß bzw. sich vorstellt".

---

2   Die Lösung der Aufgabe steht in ▶ Abschn. 14.2. Überlegen Sie zunächst in Ruhe selbst!

3   Duit (1995)

Es gehört daher zu den zentralen Elementen der Unterrichtsplanung, sich – ebenso wie mit anschaulichen Experimenten und guten Erklärungen – mit den in der Lerngruppe zu erwartenden Schülervorstellungen vertraut zu machen. Dazu zählen typische Deutungen, die Schülerinnen und Schüler mit Vorerfahrungen verbinden (z. B. die scheinbare Schwerelosigkeit beim Achterbahnfahren), übergeordnete Denkrahmen (z. B. *„Jeder Vorgang hat einen aktiven Verursacher"*) bis hin zu Vorstellungen über Lösungsroutinen (z. B. *„Man suche nach einer physikalischen Formel, in der außer der gefragten Größe alle anderen gegeben sind"*). Die Breite der über inhaltsbezogene Vorstellungen hinausgehenden Lernvoraussetzungen kommt im Begriff „Schülervorverständnis" zum Ausdruck.[4]

1.2   Schülervorstellungen und Unterrichtsgestaltung

- **Didaktische Rekonstruktion**

Im Modell der Didaktischen Rekonstruktion haben Kattmann, Duit, Gropengießer und Komorek (1997) den Prozess der fachdidaktischen Strukturierung von Unterricht beschrieben (◨ Abb. 1.2). Das Modell verdeutlicht, dass sich aus der Auseinandersetzung mit Schülervorstellungen Anregungen für fachliche Klärungen ergeben. Ebenso bieten fachliche Gesichtspunkte Anlässe für die genauere Erkundung von Schülerperspektiven. Die für den Unterricht zu erarbeitende didaktische Strukturierung (Sachstruktur und Unterrichtsstruktur) ergibt sich aus der wechselseitigen Verbindung der fachlichen *und* der Schülerperspektiven. Auf diese Weise kann man das Informationsangebot zu einem Sachverhalt, z. B. der Spiegelabbildung, im Unterricht so gestalten, dass die Schülerinnen und Schüler es optimal verarbeiten können. Der Lehrkraft kommt für die Rahmung und

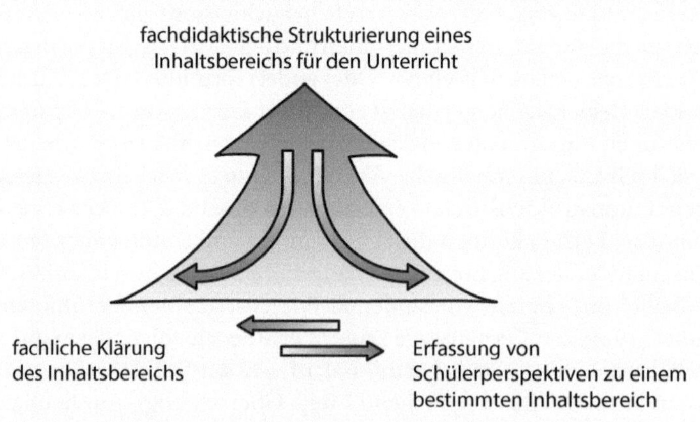

◨ **Abb. 1.2**   Modell der Didaktischen Rekonstruktion (nach Kattmann et al., 1997, S. 4).

---

4   Schecker (1985a)

Vorstrukturierung des Lernprozesses (das Lernarrangement) also eine große Bedeutung zu, auch wenn das Lernen selbst nur von den Schülerinnen und Schülern übernommen werden kann.

■ Lernschwierigkeiten

Weil Schülervorstellungen die Verarbeitung neuer Informationen beeinflussen und oftmals quer zu physikalisch gültigen Vorstellungen liegen, ergeben sich Lernschwierigkeiten. Man kann zwischen *sachbedingten, lehrbedingten* und *innenbedingten* Lernhindernissen unterscheiden.[5] Abstrakte Begriffe wie Potenzial oder Entropie benötigen wegen ihrer sachbedingten Komplexität besonders durchdachte Rekonstruktionen, um von Schülern verstanden zu werden. Lehrbedingte Lernschwierigkeiten gehen oft auf physikalisch missverständliche Formulierungen zurück oder auf Darstellungen, die den Stand der fachdidaktischen Forschung über typische Fehlverständnisse nicht berücksichtigen. Ein Beispiel ist die Kurzfassung des dritten Newton'schen Axioms (Wechselwirkungsprinzip) als „Kraft gleich Gegenkraft". Dies führt bei Schülerinnen und Schülern zu Verwechslungen mit dem Kräftegleichgewicht und verursacht eine fachlich unangemessene Vorstellung (▶ Abschn. 4.3). Schülervorstellungen sind die wichtigste Quelle innenbedingter Lernschwierigkeiten: Die Lernenden verarbeiten Unterrichtsinhalte auf Grundlage physikalisch unangemessener Denkweisen.

Tief verankerte Vorstellungen, wie die zum Spiegelbild (siehe oben), ändern Schülerinnen und Schüler nicht einfach dadurch, dass sie lernen, Strahlengänge für optische Abbildungen zu konstruieren. Formal-mathematische Fähigkeiten wie solche geometrischen Konstruktionen oder die Berechnung von Zahlenwerten mittels physikalischer Größengleichungen können von Lernenden erworben werden, ohne dass sich ihr grundlegendes qualitatives Vorstellungsgefüge ändert. In einem Physikunterricht, in dem zulasten begrifflicher Klärungen viel gerechnet wird, treten möglicherweise falsche Schülervorstellungen oftmals gar nicht erst zutage. Schülerinnen und Schüler können durch Termumformungen und Einsetzen von Werten zu korrekten Zahlenwerten kommen, ohne sich über die hinter den Gleichungen stehende Physik genauere Gedanken zu machen. Das formal korrekte Ergebnis täuscht dann – bei den Lernenden ebenso wie bei den Lehrkräften – ein inhaltliches Verständnis vor, das möglicherweise gar nicht gegeben ist. Statt zu vieler physikalischer Rechenaufgaben sollten mehr Denkaufgaben eingesetzt werden.[6] Die in den Beiträgen dieses Buches gezeigten Aufgaben aus Schülervorstellungstests sind als Denk- und Gesprächsanlässe im Unterricht besonders geeignet.

■ Umgang mit Schülervorstellungen

Schülervorstellungen sind von großer Bedeutung für das Lernen grundlegender physikalischer Begriffe und Sachverhalte. Sie beeinflussen die Verarbeitung neuer Unterrichtsinhalte. Sie sind aber gleichzeitig sehr widerstandsfähig gegen Veränderungen durch Unterricht. Hierüber besteht, gestützt durch die internationale Forschungslage, ein breiter Konsens in der Naturwissenschaftsdidaktik. Zur Frage, wie man bei der Planung und der Durchführung von Unterricht mit diesem Wissen umgeht, gibt es jedoch zwei unterschiedliche Grundkonzeptionen:

---

5 Jung, Reul und Schwedes (1977, S. 57ff.)

6 Schecker und Klieme (2001)

a. Konzeptionen, die von einem kontinuierlichen Lernweg ausgehen, bei dem man an ausbaufähigen Schülervorstellungen anknüpft oder vorhandene Vorstellungen umdeutet, und

b. diskontinuierliche Konzeptionen, bei denen Schülervorstellungen direkt im Unterricht aufgegriffen werden, um sie mit den physikalisch korrekten Vorstellungen zu konfrontieren.

Die konzeptionelle Entscheidung ist bei der Entwicklung von Unterrichtskonzeptionen oder der Vorbereitung von Unterrichtseinheiten zu treffen. ► Kap. 3 befasst sich mit den grundlegenden Strategien und erläutert Formen ihrer Umsetzung.

Im Unterricht selbst stellt sich oft die Frage, wie man als Lehrkraft mit *aktuell auftretenden* Schülervorstellungen umgehen soll: ignorieren oder aufgreifen? Wissen über Schülervorstellungen soll Lehrkräfte in die Lage versetzen, Schüler besser zu verstehen und besser mit ihnen ins Gespräch zu kommen. Schüleraussagen, die oberflächlich betrachtet physikalisch schlicht falsch erscheinen, können durchaus auf sorgfältigen eigenständigen Überlegungen beruhen. Teilweise bestehen frappierende Parallelen zu Vorstellungen, die in Vorläufern heutiger physikalischer Theorien eine Rolle gespielt haben, z. B. in der Impetustheorie der gespeicherten Bewegungskraft.[7] Solche Überlegungen sollte man als Lehrkraft nicht einfach übergehen oder als „falsch" abwerten, sondern aufgreifen, z. B. mit „Vermutlich gehst du, wie berühmte Vorgänger von dir auch schon dachten, davon aus, dass …" und „heute beschreibt die Physik den Sachverhalt anders, nämlich …". Physikalische Überlegungen auf Basis eigener Vorstellungen sollten, auch wenn sie dem Unterrichtsziel nicht entsprechen, als eigenständige gedankliche Leistungen wertgeschätzt werden. Anderenfalls besteht die Gefahr, dass Schülerinnen und Schüler sich nicht mehr trauen, eigene Gedanken zu entwickeln. Lernende meinen dann, sie verstünden die Physik einfach nicht und es sei für sie besser, sich mit Äußerungen zurückzuhalten.

Schülervorstellungen bieten scheinbar einfache Erklärungen für Alltagsphänomene. Luftballons fallen langsamer als Volleybälle. Die Vorstellung „*je schwerer, desto schneller*" führt im Alltag oftmals zu korrekten Vorhersagen. Erst die genaue physikalische Analyse zeigt, dass dies keine allgemeingültige Vorstellung ist. Aus der Alltagssicht heraus erscheint die physikalische Erklärung mit Gewichts-, Auftriebs- und Luftreibungskräften unnötig kompliziert. Schülervorstellungen müssen ernstgenommen werden. Daraus folgt jedoch nicht, dass man Schülervorstellungen im Unterricht inhaltlich als gleichwertig neben den physikalischen Konzepten stehen lassen sollte.

■ Die Lernenden besser verstehen

Es ist oftmals schwierig, zwischen Aussagen, hinter denen Schülervorstellungen stehen, und schlichten Fehlern zu unterscheiden. Die Lehrkraft muss bei physikalisch unangemessenen Schüleraussagen entscheiden, ob eine Vorstellung zugrunde liegt oder ob es sich z. B. nur um eine Wortverwechslung handelt, die man schnell korrigieren kann. Der Schüler könnte auch einfach gerade nicht richtig zugehört haben. Wenn Schülervorstellungen deutlich werden, steht die Lehrkraft unter unmittelbaren Handlungsdruck: Gehe ich jetzt darauf ein – und wenn ja, wie? Es muss abgeschätzt werden, ob es lohnt, die stets knappe

---

7   Schecker (1988)

Unterrichtszeit zu investieren. ▶ Kasten 1.1 stellt eine Situation dar, in der die Lehrkraft entweder in ein ausführliches Unterrichtsgespräch eintreten und dabei die Vorstellung ,*ein bewegter Körper hat Kraft*' (▶ Abschn. 4.3) aufgreifen kann oder sich dazu entschließt, nur kurz die physikalisch korrekte Lösung zu erläutern. Patentrezepte gibt es nicht. Das Wissen über Schülervorstellungen kann aber Lehrkräfte in die Lage versetzen, Verständnisprobleme zu erkennen, mögliche Reaktionen abzuwägen, zu erproben und zu überdenken.

Kasten 1.1: Reaktionen auf Schülervorstellungen im Unterricht

Das folgende Unterrichtsgespräch in einem Leistungskurs der 11. Jahrgangsstufe dreht sich um die Frage, welche Kraft auftritt, wenn ein Ziegelstein auf den Boden prallt (Die Abbildung zeigt eine Tafelskizze). Rolf und Kai bezweifeln, dass für die Beschreibung des Vorgangs das 2. Newton'sche Axiom $F = m \cdot a$ sinnvoll herangezogen werden kann. Sie halten $F = m \cdot v$ für sinnvoller, weil darin die ,Kraft' beim Aufprall besser zum Ausdruck komme: Ein Körper, der aus großer Höhe herunterfalle, erreiche eine höhere Geschwindigkeit und habe daher mehr ,Kraft' beim Aufschlag. (Die dahinterstehende Schülervorstellung ,*Ein bewegter Körper hat Kraft*' wird in ▶ Abschn. 4.3 erläutert.)

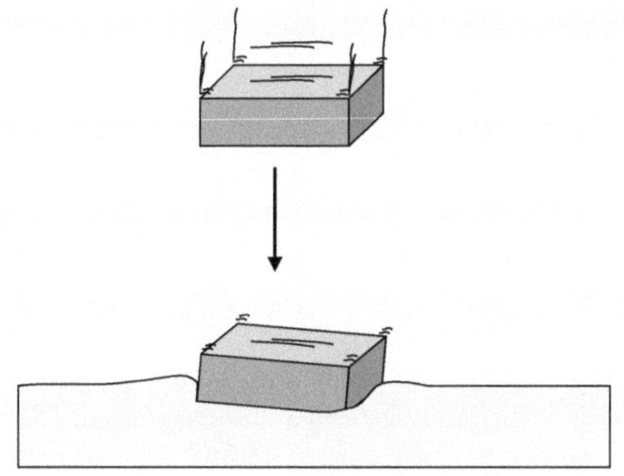

Tafelskizze zum Aufprall eines Ziegelsteins

Rolf: *Also – hm – es ist doch ein Unterschied, wenn eine Masse von 1 m auf den Boden fällt oder von 1000 m. Da müsste doch F gleich m mal v sein. Sonst wäre das ja gar nicht sinnvoll, wenn man die Masse hat und die Erdbeschleunigung. Die Beschleunigung, wenn sie nur eine Sekunde dauert, macht doch eine viel kleinere Geschwindigkeit als wenn die eine Stunde dauert.*

Lehrer: *Worum geht es Dir jetzt? Um die Kraft, die dieser Körper auf den Boden ausübt?*

Rolf: *Ja, ich habe gesagt, der fällt mit 1 kg aus 1 oder 10 m Höhe. Und a bleibt gleich, diese 9,81. Dann müsste die Kraft ja auch gleich sein. Das ist doch aber ein Unterschied, ob ich mit einem Hammer ganz leicht aufschlage oder ob man so richtig Schwung holt.*

Kai: *Ich meine, der Körper beschleunigt ja mit 9,8 m/s². Der wird ja immer schneller. Dann wird die Kraft natürlich auch immer größer, weil es ja proportional ansteigt. Je länger er fliegt, desto größer wird auch die Kraft, wenn er aufkommt.*

Die Newton'sche Dynamik war im vorhergehenden mehrwöchigen Unterricht behandelt worden. Wie sollte die Lehrkraft reagieren? Zwei Alternativen werden im Folgenden angedeutet:

Fachliches Korrigieren: *Ihr habt zwei verschiedene Kräfte bei zwei verschiedenen Vorgängen verwechselt. Die Gravitationskraft, die während des Falls auf den Körper wirkt, ist immer gleich, egal aus welcher Höhe er fällt. Die Kraft, die der Boden beim Aufprall auf den Körper ausübt, ist bei einem schnelleren Körper aber tatsächlich größer, da es eine größere Geschwindigkeitsänderung im nahezu gleichen Zeitintervall gibt.*

Thematisieren von Schülervorstellungen: *Ihr erinnert Euch, dass wir bei der Einführung des Kraftbegriffs schon einmal über das Alltagsverständnis von ‚Kraft' als ‚Stärke' oder ‚Schwung' gesprochen haben. Nun verwendet ihr $F = m \cdot a$ als Formel, um das, was ihr intuitiv unter ‚Kraft' versteht, zu quantifizieren. Und das führt zu einem scheinbaren Widerspruch. Denkt daran, dass wir den Newton'schen Kraftbegriff folgendermaßen davon abgegrenzt haben: …*

Die Frage der Thematisierung von Schülervorstellungen wird in ► Abschn. 3.4 wieder aufgegriffen.

▪ Mit den Lernenden ins Gespräch kommen

Da die Vorstellungen von Experten und Laien sich unterscheiden, „sehen" Lehrkräfte physikalische Sachverhalte anders als Lernende. Wer die Newton'sche Beschreibung von Bewegungen kennt, sieht beim Fahrradfahren mit konstantem Tempo Reibungskräfte, eine kompensierende Antriebskraft und ein Kräftegleichgewicht. Schülerinnen und Schüler, die davon ausgehen, dass die Geschwindigkeit proportional zur Antriebskraft sein muss, sehen nur die Antriebskraft. Wer bei der Reihenschaltung von der Konstanz der Stromstärke überzeugt ist, wird kleine Unterschiede in den Anzeigen zweier Amperemeter vor und hinter einer Glühlampe auf die Messunsicherheiten der beiden Messgeräte zurückführen, während Schülerinnen und Schüler einen geringeren Wert des zweiten Amperemeters darauf zurückführen, dass etwas ‚Strom' verbraucht worden sei.

Lehrkräfte sollten sich klar darüber sein, dass man physikalische Sachverhalte auch anders sehen kann, als sie selbst es tun. Je länger der eigene Lernprozess zurückliegt und je höher die eigene Expertise ist, desto größer ist die Gefahr, die physikalische Beschreibung als einzig mögliche und denkbare zu betrachten. Für Lernende ist jedoch kaum etwas „trivial" oder „offensichtlich". Lernende machen aufgrund ihrer Vorstellungen andere Beobachtungen und kommen zu anderen Schlussfolgerungen (◘ Abb. 1.3). Es geht darum, mit ihnen in ein (Unterrichts-)Gespräch zu kommen und sensibel für ihre Überlegungen zu sein: „Kannst du deinen Gedankengang nochmal erläutern?"; „Meinst du, dass …?" Auch wenn Schülerinnen und Schüler scheinbar korrekte Aussagen machen, sollte die Lehrkraft hinterfragen, ob damit wirklich die physikalische Bedeutung verbunden ist. Es hilft den Lernenden wenig, wenn die Lehrkraft bereits die schlichte Verwendung des Wortes „Impuls" als Ausdruck physikalischen Verständnisses wertet („*Die rollende Kugel gibt ihren Impuls weiter.*"), ohne sich zu vergewissern, ob die Schüler damit mehr meinen als Wucht oder Schwung. Wenn Lehrkräfte und Lernende nicht abgleichen, dass sie mit den gleichen Worten die gleichen Begriffe und Bedeutungen verbinden, reden sie im Unterricht aneinander vorbei.

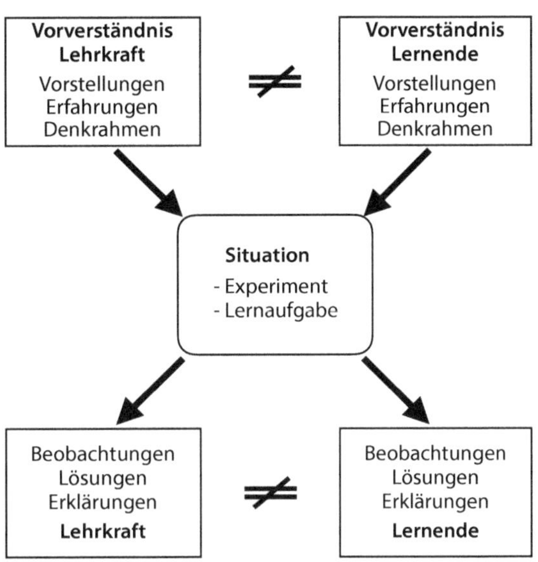

◘ Abb. 1.3 Unterschiedliche Vorverständnisse von Lehrkräften und Lernenden führen zu unterschiedlichen Schlussfolgerungen.

1.3 Zum Begriff „Schülervorstellung"

- **Schülervorstellung sind „Als-ob-Vorstellungen"**

Bittet man Schülerinnen und Schüler darum zu beschreiben, was sie unter Kraft verstehen, dann wird man kaum als Antwort erhalten „*eine universelle Wirkungsfähigkeit*". Dies wird in ▶ Abschn. 4.3 jedoch als typische Schülervorstellung zu ‚Kraft' benannt. „Wirkungsfähigkeit" umfasst Elemente des Newton'schen Kraftkonzepts, des Impulses und der Energie. Schülerinnen und Schüler können ihre Vorstellungen oftmals nicht selbst verbalisieren oder zumindest nicht prägnant auf den Punkt bringen. Man kann zudem nicht davon ausgehen, dass Schülervorstellungen, so wie sie in diesem Buch zahlreich beschrieben werden, eins zu eins im Denken der Lernenden vorliegen, also gewissermaßen dort abgespeichert sind. Die hier beschriebenen Schülervorstellungen kann man „Als-ob-Vorstellungen" nennen: Lernende äußern sich im Unterricht so und bearbeiten Aufgaben so, *als ob* sie davon ausgingen, Kraft sei eine universelle Wirkungsfähigkeit. Wichtig ist die klare Unterscheidung zwischen Schüleräußerungen und dahinterstehenden Vorstellungen. Nur selten drücken Schüleräußerungen direkt eine Schülervorstellung aus (Beispiel: „*Das Spiegelbild liegt auf dem Spiegel*"). Schülervorstellungen sind von der fachdidaktischen Forschung formulierte Erklärungsmuster für beobachtete Verhaltensweisen: „Spezielle Vorstellungen und Kategoriensysteme, die einzelnen Schülern zugeschrieben werden, sind Konstrukte oder hypothetische Systeme, die aus Indizien erschlossen werden." (Jung, 1978, S. 127). Fachdidaktik-Experten gelangen so zu *Vorstellungen über die Vorstellungen* von Schülerinnen und Schülern. Die Indizien wurden durch umfangreiche empirische Forschungsarbeiten international zusammengetragen (▶ Abschn. 1.5).

Schülervorstellungen beschreiben Dispositionen, d. h. Tendenzen von Schülerinnen und Schülern, physikalische Begriffe in einer bestimmten Weise zu interpretieren oder Phänomene in einer bestimmten Weise zu beschreiben, die sich von der fachphysikalischen Darstellung unterscheidet. Im Schülerdenken können zum gleichen Sachverhalt unterschiedliche Schülervorstellungen nebeneinander und parallel zur physikalischen Vorstellung koexistieren. Welche der latenten (schlummernden) Dispositionen aktiviert wird, hängt vom konkreten Anwendungskontext ab. Oft kommt es auf die Wortwahl bei der Formulierung einer Aufgabe an, ob die physikalische oder eine Schülervorstellung für die Lösung aktiviert wird. Niedderer und Schecker (1992) unterscheiden im Denken von Schülerinnen und Schülern zwischen einer Tiefenstruktur und einer Oberflächenstruktur. Die Tiefenstruktur enthält die für die Beschreibung bestimmter Sachverhalte als Vorverständnis relevanten Dispositionen (spezielle Vorstellungen, übergreifende Denkrahmen, Interessen). In einer bestimmten Situation, z. B. einer Testaufgabe oder einem im Unterricht gezeigten Experiment, werden daraus bestimmte Elemente aktiviert und in Verbindung gebracht, um eine aktuelle Beschreibung oder Erklärung des Sachverhalts zu konstruieren. Was ein Schüler dann äußert oder aufschreibt, bildet die Oberflächenstruktur. Der Rückschluss auf die dahinterliegenden Vorstellungen (Tiefenstruktur) erfordert von der Lehrkraft immer eine Interpretation.

■ Kohärenz des Schülerdenkens

Bilden Schülervorstellungen in ähnlicher Weise ein kohärentes System, wie das bei einer physikalischen Theorie der Fall ist, oder handelt es sich um unstrukturierte Fragmente, die kommen und gehen? Anders ausgedrückt: Ist das Schülerwissen episodisch an bestimmte Phänomene und Erfahrungen gebunden oder ist es themenübergreifend begrifflich organisiert? Während diSessa (1988) von *„knowledge in pieces"* spricht und damit eine nur lose verbundene Sammlung einzelner fragmentarischer Schülerideen meint, gehen Vosniadou und Ioannides (1998) davon aus, dass die einzelnen Vorstellungen bei Schülerinnen und Schülern von Beginn an in themenübergreifende theoretische Annahmen (*frameworks*) eingebettet sind, etwa die Annahme, dass man hinsichtlich der Physik zwischen belebten und unbelebten Objekten unterscheiden müsse.[8] Andere Forschende bezweifeln generell, dass Schülervorstellungen existieren, *bevor* die Lernenden aufgefordert werden, zu einem Sachverhalt Stellung zu nehmen; Vorstellungen würden vielmehr in der jeweiligen Situation spontan vom Schüler erzeugt, um etwas zu einem im Unterricht behandelten Phänomen sagen zu können.[9] ► Kap. 2 vertieft diese Fragen im Zusammenhang mit Begriffsentwicklungsprozessen bei Lernenden (Conceptual Change). Selbst wenn Schülervorstellungen erst in der konkreten Situation entstehen sollten, bleibt die Tatsache bestehen, dass sie bei bestimmten Phänomenen und Aufgabenstellungen von Schülerinnen und Schülern in typischer Weise konstruiert werden. Das gilt bei phänomenbasierten Vorstellungen, wie zur Kraft oder zum Sehen, auch in sprachlich und kulturell unterschiedlichen Kontexten.

Unabhängig von dieser anhaltenden wissenschaftlichen Grundsatzdebatte[10] werden Schülervorstellungen in der fachdidaktischen Literatur zahlreich und detailliert beschrieben. Duit (2009) hat eine umfassende Bibliografie einschlägiger Publikationen aufgebaut.

---

8   Das könnte ein Hintergrund für die Vorstellung sein, dass belebte Körper aktiv Kräfte ausüben können, unbelebte jedoch nicht (► Abschn. 4.3)

9   Graham, Berry und Rowlands (2013)

10   Brown (2010)

Die Frage, ob eine bestimmte Vorstellung als Fragment oder als Theorieelement zu betrachten ist, bleibt nachrangig, solange Schülervorstellungen im Sinne von *Als-ob-Vorstellungen* dabei helfen, Schüleräußerungen besser zu verstehen.

■ **Denkrahmen und spezielle Vorstellungen**

Die Frage nach der kognitiven Organisation von Schülervorstellungen wird bedeutsam, wenn es um grundlegende Unterrichtskonzeptionen geht (▶ Kap. 3): Soll man auf einzelne spezielle Vorstellungen eingehen oder kann man auf einer höheren Ebene ansetzen? Dort wo es möglich ist, sollten übergeordnete Denkrahmen (Schemata) im Unterricht thematisiert werden. In der Mechanik ist dies z. B. die physikalische Kategorisierung der Kraft als *Prozess*größe, d. h. einer Größe, die der Wechselwirkung und nicht den beteiligten Körpern zugeordnet ist, gegenüber dem verbreiteten Schülerverständnis der Kraft als *Eigenschaft* von Körpern. Zum Grundverständnis von elektrischen Stromkreisen gehört das System-Denken: Alle Bauteile wirken vernetzt zusammen, jede lokale Veränderung hat globale Folgen, d. h., eine Änderung an irgendeiner Stelle führt dazu, dass sich die Stromstärken und Potenziale überall im Stromkreis ändern. Bei Schülerinnen und Schülern dominiert im Kontrast das Geben-Nehmen-Schema, das dann zu falschen Vorhersagen zur Helligkeit von Lampen in einem Stromkreis führt: Die Batterie entscheidet nach Schülermeinung, wie viel ‚Strom' sie gibt, und eine Lampe nimmt so viel ‚Strom', wie gerade verfügbar ist (▶ Abschn. 6.2.2). ‚Wärme' wird ebenso wie ‚Strom' als eine Art speicherbare Quasi-Substanz (ein Ding) konzeptualisiert (▶ Abschn. 7.2), während die Physik die Wärmemenge Q als prozessbeschreibende Verrechnungsgröße behandelt. Eine Thematisierung übergeordneter, physikalisch angemessener Denkrahmen im Unterricht unterstützt die Veränderung spezieller einzelner Vorstellungen.

Wichtige *themenübergreifende* Denkrahmen betreffen die Natur der Naturwissenschaften (*Nature of Science*; ▶ Kap. 13). Schülerinnen und Schüler neigen zu empiristischen Vorstellungen, wonach physikalisches Wissen direkt aus den Ergebnissen von Experimenten abgeleitet wird (▶ Abschn. 13.5).[11] Dieser Eindruck wird durch den Physikunterricht vermittelt oder zumindest verstärkt, wenn man – überspitzt dargestellt – folgendermaßen vorgeht: ein paar Messwerte aufnehmen (z. B. zum Zusammenhang zwischen Lichtwellenlänge und Energie der Photoelektronen beim äußeren Photoeffekt), Ausgleichsgerade zeichnen (Einstein'sche Gerade), Gesetz herleiten ($W_{\text{Elektron}} = h \cdot f - W_{\text{Austritt}}$). Für welche Leistung hat Einstein dann den Nobelpreis bekommen? Die Kreativität, mit der er auf die Idee der gequantelten Energieaufnahme kam, und der Aushandlungsprozess in der Wissenschaft bis Einsteins Interpretation des Photoeffekts anerkannt wurde, werden so nicht erkennbar. Die Vorstellungen von Schülerinnen und Schülern über die Erkenntnisgewinnung in der Physik korrespondieren mit ihren Vorstellungen darüber, wie man Physik lernen müsse (epistemologische Vorstellungen). Lernende sehen dort nämlich im Wesentlichen die Übernahme feststehender und sachlogisch nur so denkbarer Wissensbestände.

■ **Schülervorstellungen, Fehlvorstellungen, Präkonzepte**

Die hinter den typischen Fehlern von Schülerinnen und Schülern bei der Beschreibung physikalischer Sachverhalte vermuteten Denkmuster wurden in der Schülervorstellungsforschung zunächst als „Fehlvorstellungen" (*misconceptions*) bezeichnet (z. B. Helm & Novak, 1983). Diese Bezeichnung fokussiert auf *Defizite* im Vergleich zum wissenschaftlichen

---

11 Höttecke (2001, S. 20f.)

> **Kasten 1.2: Grundannahmen über Schülervorstellungen**
>
> - Schülerinnen und Schüler kommen nicht als leere, unbeschriebene Blätter in den Physikunterricht, auf die man als Lehrkraft physikalisches Wissen „schreibt".
> - Die Lernenden bringen vielmehr ein reiches Inventar an Vorstellungen zu physikalischen Begriffen und Phänomenen mit, die sich im umgangssprachlichen Gebrauch bewährt haben.
> - Die Schülervorstellungen liegen häufig quer zum entsprechenden physikalischen Verständnis.
> - Man kann im jeweiligen Themenbereich einen großen Teil der Schülerhandlungen und -aussagen auf das Wirken einer begrenzten Menge typischer Vorstellungen zurückführen.
> - Die Verarbeitung neuer Lernangebote im Unterricht wird wesentlich von den bei Schülerinnen und Schülern bereits vorhandenen Vorstellungen beeinflusst.
> - Schülervorstellungen erscheinen aus fachlicher Perspektive häufig in sich widersprüchlich und können dennoch eine innere Logik aufweisen.
> - Schülervorstellungen sind recht stabil gegen Versuche, sie durch Unterricht zu verändern, und müssen daher bei der Unterrichtsplanung nachdrücklich berücksichtigt werden.

Verständnis. Arbeiten, die sich mit der Frage befassen, was Begriffe wie Kraft oder Strom für die Schülerinnen und Schüler selbst bedeuten, sprechen dagegen von „Alltagsvorstellungen" (Duit, Jung & Pfundt, 1981), „Präkonzepten" (Clement, Brown & Zietsman, 1989), „mentalen Modellen" (Gentner & Stevens, 1983) oder „Vorverständnis" (Schecker, 1985a). Den Überlegungen der Lernenden wird damit eine *eigene Wertigkeit* zugemessen, insbesondere aufgrund ihrer Bewährung im Alltagsgebrauch. Mit der Vorstellung ‚*Wolle macht warm*' (▸ Abschn. 7.3) kommt man im Alltag durchaus zurecht. Solche Vorstellungen von Schülerinnen und Schülern sind *anders* als die physikalischen, aber nicht schlicht falsch.

Heute ist „Schülervorstellung" der gängige neutrale Begriff (im Englischen *students' ideas; students' conceptions; preconceptions; alternative frameworks*, z. B. Driver, 1981). Das „Prä" in „Präkonzept" oder das „Vor" in „Vorverständnis" bezeichnen dabei nicht etwa einen Zustand zeitlich *vor* dem eigentlichen begrifflichen Verständnis, sondern die kognitiven Voraussetzungen, mit denen ein Schüler sich einem neuen Lerngegenstand nähert. Jeder Lernschritt benötigt ein gewisses Vorverständnis des zu erschließenden Sachverhalts. Das Vorverständnis kann zunächst aus dem Alltag stammen, sich durch Unterricht verändern und dann als neues Vorverständnis beim nächsten Lernschritt wirken. Das „Prä" in „Präkonzept" bzw. das „Vor" in „Vorverständnis" bedeutet auch nicht, dass dies immer nach dem Unterricht anders ist. Wir verwenden „Schülervorstellung" – im Sinne der oben beschriebenen Als-ob-Vorstellungen – in diesem Buch als Oberbegriff für themenbezogene Vorstellungen ebenso wie themenübergreifende Denkrahmen bzw. Schemata. Dazu gehören auch fachlich falsche Vorstellungen, die erst durch den Physikunterricht erzeugt werden.

Eine Zusammenfassung der wichtigsten Annahmen bezüglich Schülervorstellungen in diesem Buch gibt ▸ Kasten 1.2.

1.4 Woher die Schülervorstellungen stammen

Schülerinnen und Schüler bringen Vorstellungen in den Unterricht mit. Diese können auf vorhergehendem Unterricht beruhen (lehrbedingte Lernschwierigkeiten); überwiegend aber haben sie sich in außerschulischen Kontexten entwickelt. Eine wichtige Rolle spielen die Alltagssprache, Medien sowie Alltagserfahrungen.

- **Sprache**

Eine wichtige Quelle von Schülervorstellungen ist die Umgangssprache, wie sie in Alltagssituationen oder in den Medien verwendet wird. Dort hört und liest man Sätze wie:

- „Die Wärme breitet sich nach Norddeutschland aus" (als sei sie eine Art beweglicher Stoff),
- „Der Stromverbrauch in Deutschland steigt" (statt von der Nutzung elektrischer Energie zu sprechen),
- „Seine Kraft reichte nicht mehr aus, um den Schlusssprint zu gewinnen" (Kraft als Eigenschaft oder gespeicherter Vorrat einer Person).

Die Umgangssprache belegt Worte mit Bedeutungen, die sich von den physikalischen Bedeutungen des gleichen Wortes oftmals unterscheiden. Dadurch stehen sich unterschiedliche begriffliche Bedeutungen gegenüber, z. B. der umgangssprachliche und der physikalische Kraftbegriff. Umgangssprachliche Begriffe sind in ihrem Bedeutungsgehalt breiter und unschärfer als physikalische. ‚Kraft' umfasst körperliche Stärke ebenso wie Leistungsfähigkeit oder ‚Energie'. Außerdem können mehrere Worte zur Bezeichnung dienen („Kraft", „Schwung", „Stärke"). „Strom" kann die elektrische Energie, die Leistung oder einen Ladungsträgerfluss bezeichnen. Im Alltagsgespräch gelingt eine Verständigung, weil sich die jeweilige konkrete Bedeutung aus der Kommunikation im Verwendungskontext des Wortes ergibt. „Traubenzucker gibt dir Kraft" wird vor einem Marathonlauf anders interpretiert (im Sinne von speicherbarer ‚Energie') als „Fass mal mit an; du hast mehr Kraft als ich" (im Sinne von Muskelstärke beim Heben eines schweren Koffers).

In der physikalischen Kommunikation ist es nicht erforderlich, aus dem Kontext zu erschließen, was mit dem Wort „Kraft" gemeint ist. Dabei ist allerdings zu bedenken, dass physikalische Begriffe durch einen langen Prozess der Präzisierung und gegenseitigen Abgrenzung ausgeschärft werden. Newtons Hauptwerk *Philosophiae Naturalis Principia Mathematica* erschien Ende des 17. Jahrhunderts. Aber erst die Klärung des Energiekonzepts Mitte des 19. Jahrhunderts führte zu einer klaren begrifflichen und terminologischen Unterscheidung der Newton'schen Kraft als Prozessgröße von den bis dahin u. a. als „lebendige Kraft" bezeichneten Vorläufern der Energie als Erhaltungsgröße.[12] Die Alltagssprache bewahrt auch Vorstellungen, die früher wissenschaftlich korrekt waren, es aber heute nicht mehr sind. So bezieht sich der Begriff „Kraftwerk" auf die historische Vorstellung der „lebendigen Kraft", die heute zum Begriff Energie gehört. Die (Um-)Wege bei der Genese physikalischer Begriffe sollten Lehrkräften bewusst sein. Sie weisen oftmals Parallelen zu den Schwierigkeiten auf, mit denen Schülerinnen und Schüler beim Aufbau adäquater physikalischer Vorstellungen ringen. Physiklernen bedeutet somit auch das Lernen einer neuen Sprache – nicht allein im Sinne eines neuen fachsprachlichen Vokabulars, sondern ebenso im Sinne eines Verständnisses der Vorteile begrifflicher Präzision im fachlichen Diskurs. Dies gehört zum Übergang von der lebensweltlichen zur wissenschaftlichen Weltsicht und ist ein wichtiger Schritt der Veränderung von Denkrahmen.[13]

---

12 Schecker (1985b)

13 Böhme (1981) befasst sich mit strukturellen Unterschieden lebensweltlicher und wissenschaftlicher Zugänge und der Unbestimmtheit lebensweltlicher Begriffe.

- **Wahrnehmungsmuster**

Manche Schülervorstellungen gehen auf grafische Veranschaulichungen zurück, die in den Medien und auch im Unterricht selbst verwendet werden. Atome, Atomkerne und Elektronen werden z. B. meist als Kugeln dargestellt. Auf dem Weg der Entwicklung einer Teilchenvorstellung ist dies ein angemessener Schritt. Allerdings prägt sich das unbewusst wahrgenommene Muster ‚Kugel‘ so deutlich ein, dass es auch noch die Verarbeitung von Unterrichtsinhalten in der Quantenphysik der gymnasialen Oberstufe anleitet. Elektronen bleiben auch dann für Schüler Kügelchen mit Ort und Geschwindigkeit, wenn man über Doppelspaltversuche mit Elektronen gesprochen hat (▶ Abschn. 10.2). Im Unterricht wird zu wenig auf den Modellcharakter von Veranschaulichungen eingegangen. Schüler nehmen das Modell für die Realität. Andere Darstellungen, die sich im Denken der Schülerinnen und Schüler verselbstständigen, sind Feldlinien (▶ Abschn. 9.2.1) oder Strahlengänge. Manche Lerner meinen, die Feldlinien *seien* das Feld und zwischen den Feldlinien sei nichts.

- **Erfahrungen**

Viele Gegenstände und Themen der Physik begegnen den Schülerinnen und Schülern nicht zum ersten Mal im Physikunterricht, sondern sind ihnen aus dem Alltag vertraut. Auch im Alltag werden sinnliche Erfahrungen interpretiert und geordnet: „Die im Denken hergestellten Zusammenhänge und Gedanken werden dann für wahr gehalten, wenn sie mit vielen Eindrücken sinnvoll ergänzt werden können, also auf einem breiten und sicheren Fundament im Bereich der Sinneswahrnehmung ruhen" (Schön, 1992, S. 259).

Im Kettenkarussell wird man bei der Fahrt nach außen getragen. Fragt man sich nach der Ursache, liegt das umgangssprachlich weit verbreitete Wort „Zentrifugalkraft" nahe, um die Erfahrung zu deuten. Das Kettenkarussell ist ja eine Art Zentrifuge. Damit wird eine Vorstellung gebildet („*Eine Kraft zieht mich nach außen*"), die sich im Alltagsgespräch bewährt, die im Physikunterricht jedoch als Vorprägung des Denkens über Kreisbewegungen erhebliche Lernschwierigkeiten verursacht (▶ Abschn. 4.3). Fasst man im Winter an das Metallbein eines Stuhls, hat man ein Kälteempfinden. Dies wird gedeutet als „*Metall ist kalt – kälter als Holz*" (▶ Abschn. 7.3). Auch hier ist die Vorstellung das Ergebnis einer Alltagsdeutung von Erfahrungen.

1.5   Forschung zu Schülervorstellungen

1.5.1   Entwicklung der Forschung

Ihren ersten Aufschwung erlebte die Schülervorstellungsforschung in den 1970er Jahren (◘ Abb. 1.4). In Folge des Sputnikschocks[14] war in den 1960er Jahren in den USA massiv in die Verbesserung der naturwissenschaftlichen Bildung investiert worden. Neue Curricula entstanden, in die große Hoffnungen gesetzt wurden.[15] In Begleitstudien zeigten

---

14 Die Russen hatten 1957 vor den Amerikanern den Satelliten Sputnik 1 in eine Erdumlaufbahn geschossen.

15 z. B. *Harvard Project Physics Course, Physical Science Study Committee Curriculum* (zu den beiden Curricula siehe Häußler, 1973); in Deutschland: IPN-Curriculum Physik (Überblick in Willer, 2003, S. 211ff.)

sich trotz des großen Entwicklungsaufwands jedoch nur begrenzte Unterrichtserfolge. Es setze sich die Erkenntnis durch, dass fachlich und methodisch verbesserte Lernangebote allein nicht ausreichen, um die Unterrichtswirkungen zu verbessern. Die Lernvoraussetzungen der Schülerinnen und Schüler wurden zunehmend in den Blick genommen. Einer der Hauptautoren des *Physical Science Study Committee* (PSSC) Curriculums schreibt im Rückblick (Haber-Schaim, 2006, S. 9): „No one bothered to find out what ideas about nature students brought to their first science class. (…) Future curriculum projects should take this knowledge seriously. If they do, it will have a profound effect on the outcome".

Die ersten Arbeiten fokussierten auf „Fehlvorstellungen" oder „*misconceptions*" (► Abschn. 1.3) bei Schülerinnen und Schülern sowie bei Studierenden.[16] In Deutschland wurde die Schülervorstellungsforschung durch Arbeiten an der Universität Frankfurt etabliert (Jung, 1978). Die Gruppe von Walter Jung untersuchte insbesondere die Themenbereiche Mechanik (► Kap. 4) und Optik (► Kap. 5). Die Arbeiten wurden mit der Entwicklung und Erprobung neuer Unterrichtskonzeptionen auf Grundlage des Wissens über Schülervorstellungen verbunden. Damit trat die Schülervorstellungsforschung in eine Phase der forschungsbasierten Unterrichtsentwicklung ein. 1993 und 1994 erschienen zwei Themenhefte der Zeitschrift *Unterricht Physik* über „Alltagsvorstellungen im Physikunterricht" mit Unterrichtskonzeptionen zur Elektrizitätslehre, Mechanik und Optik (Duit, 1994). Neuere curriculare Konzeptionen setzen auf die Entwicklung von *learning progressions*. Damit sind langfristig angelegte Unterrichtskonzeptionen gemeint, die über einen Zeitraum von mehreren Schuljahren einen systematischen Wissensaufbau unterstützen sollen, z. B. in Form von Spiralcurricula. Eine wichtige Grundlage sind Erkenntnisse über Schülervorstellungen als Ausgangspunkte für eine *learning progression*. Sie zeigen Lernschwierigkeiten, aber auch Anknüpfungspunkte auf dem Weg zur physikalischen Konzeptualisierung.[17]

◘ Abb. 1.4 veranschaulicht die Dynamik der Forschung mit einem steilen Anstieg der Publikationszahlen zur Analyse von Schülervorstellungen ab den 1970er Jahren. Viele Themen der Physik sind inzwischen breit erforscht, insbesondere Themen des Unterrichts in der Sekundarstufe I. Mit einem zeitlichen Versatz von ca. zehn Jahren folgen mit einer ähnlichen Dynamik die Arbeiten zu Unterrichtskonzeptionen, die auf Ergebnissen der Schülervorstellungsforschung aufbauen.

1.5.2 Untersuchungsmethoden

Da man, wie oben erläutert, Schülerinnen und Schüler nicht einfach darum bitten kann, ihre Vorstellungen direkt zu Papier zu bringen, kommt in der Schülervorstellungsforschung ein großes Spektrum von Datenerhebungsverfahren zum Einsatz. Dazu zählen schriftliche Tests ebenso wie Interviews oder die Mitschnitte von Unterrichtsstunden. Aus den Antworten und Aussagen der Schülerinnen und Schüler wird auf die vermutlich zugrunde liegenden Vorstellungen geschlossen. Wir stellen im Folgenden die Methoden vor.

---

16   z. B. Warren (1979)

17   zur Energie siehe Neumann, Viering, Boone und Fischer (2013)

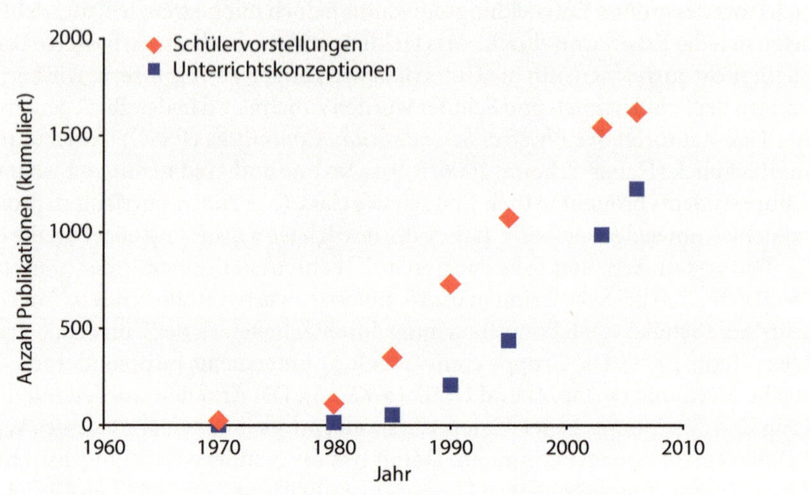

◘ Abb. 1.4   Anzahl der Einträge in der bis 2009 geführten Bibliografie „Students' and Teachers' Conceptions and Science Education" (Duit, 2009) zu den Rubriken „Untersuchungen zu Schülervorstellungen Physik" und „Unterrichtskonzeptionen mit Berücksichtigung von Schülervorstellungen".

▪ Schriftliche Verfahren

Schriftliche Tests sind das verbreitetste Verfahren in der Schülervorstellungsforschung. In allen Themenkapiteln dieses Buches werden Hinweise auf solche Testinstrumente gegeben. Meist handelt es sich um Aufgaben, die Antworten zur Auswahl stellen (Multiple Choice). Bekanntestes Beispiel ist der Test *„Force Concept Inventory"* (Hestenes, Wells & Swackhamer, 1992). Er enthält 29 Aufgaben mit meistens fünf Antwortoptionen, von denen eine die korrekte Lösung präsentiert (Attraktor) und die anderen vier (Distraktoren) jeweils auf eine bereits aus vorhergehender Forschung bekannte Schülervorstellung abgestimmt sind. Einige neuere Tests verwenden zweistufige Verfahren. Darin werden die Probanden zusätzlich um eine Begründung gebeten, warum sie eine bestimmte Antwort gewählt haben. Auch hier können Auswahlantworten vorgegeben werden, die auf typischen Schülervorstellungen beruhen. ◘ Abb. 1.5 zeigt ein Beispiel aus dem Elektrizitätslehre-Test von Urban-Woldron und Hopf (2012).

Wenn man in einem Themengebiet noch wenig über die Schülervorstellungen weiß, sind Aufgaben mit offenem Antwortformat geeigneter. Man kann die Probanden um einen kurzen Text oder um eine Skizze bitten (z. B. „Zeichne eine Skizze, wie du dir Gasteilchen in einem Behälter vorstellst"). Noch offener sind Wortassoziationstests (Jung, 1981), z. B. mit der Aufforderung „Schreibe die ersten acht Begriffe auf, die dir spontan zu ‚Kraft' einfallen". Wenn man die Ergebnisse mit entsprechenden Assoziationen zu „Energie" vergleicht, erhält man Aufschluss über die assoziative Nähe der beiden physikalisch durchaus unterschiedlichen Begriffe.

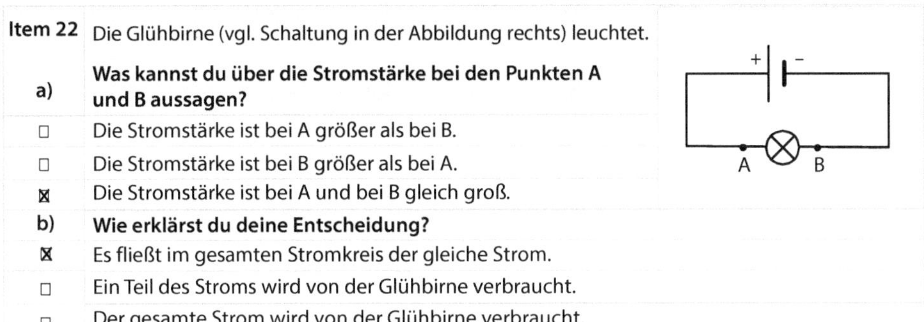

■ **Abb. 1.5** Aufgabe aus einem Test zu Schülervorstellungen in der Elektrizitätslehre (nach Urban-Woldron & Hopf, 2012); sowohl die Auswahlantworten als auch die Begründungen beruhen auf typischen Schülervorstellungen über Stromkreise (▶ Kap. 6).

▪ Mündliche Verfahren

Interviews bieten ebenfalls einen guten Einstieg, um Schülervorstellungen in einem neuen Themengebiet zu erforschen. Die Bereitschaft zu längeren offenen Antworten ist in mündlichen Befragungen größer als in schriftlichen Tests. In Einzelinterviews kann man Schülerinnen und Schüler auffordern, Situationen und Sachverhalte aus ihrer Sicht physikalisch zu beschreiben, z. B. den Anfahrvorgang eines PKW: „Welcher Körper übt die dafür notwendige Kraft aus?" (▶ Kasten 4.5). Die Aussagen werden mitgeschnitten, transkribiert und interpretiert[18]. Der Interviewer orientiert sich an einem Leitfaden, von dem er aber je nach Verlauf des Interviews abweichen kann (halb-strukturiertes Interview). Wenn nicht klar ist, was der Schüler meint, fragt der Interviewer nach und bittet um weitere Erläuterungen.

In der Variante der Akzeptanzbefragung[19], auch *teaching experiments* genannt, stellt der Interviewer im Verlaufe des Gesprächs die physikalisch korrekte Beschreibung vor und erkundet, inwieweit der Proband diese versteht und als sinnvoll einschätzt oder ob es Widerstände gibt. Im gerade genannten PKW-Beispiel findet man, dass Schülerinnen und Schüler sich dagegen sträuben, die Straße als den Wechselwirkungspartner zu akzeptieren, der die Kraft ausübt. Man kann Akzeptanzbefragungen als eine laborartige Lehr-Lern-Situation verstehen, in der neue Unterrichtserklärungen getestet werden.[20]

Mündliche Befragungen werden oft durch Bildmaterial oder Skizzen unterstützt. Diese Methode ist besonders mit jungen Schülerinnen und Schülern im Anfangsunterricht sinnvoll (▶ Abschn. 12.5). Als Gesprächsanlass verwendeten Osborne und Gilbert (1980) Karten mit Skizzen von Situationen (*interviews about instances*), um die Schülervorstellungen zu erkunden. In einer Situation schiebt ein Mann einen PKW. Die Schüler sollen zu der Frage Stellung nehmen, ob hier Arbeit verrichtet werde. Manchmal werden mündliche Befragungen auch durch Experimente unterstützt, die vom Interviewer den

---

18 Die Methodik der Auswertung von Interviews und schriftlichen Tests wird ausführlich erklärt in Krüger, Parchmann und Schecker (2014).

19 Blümor und Wiesner (1991)

20 Brown und Clement (1992)

Schülerinnen und Schülern vorgeführt werden. Diese sollen dann beschreiben, was passiert ist, und den Ablauf erklären.

Zu den mündlichen Verfahren zählt auch die Erstellung und Analyse von Wortprotokollen aus dem Physikunterricht. Grundlage sind Mitschnitte von Unterrichtsgesprächen. Für eine ertragreiche Analyse ist es gut, wenn die Lehrkraft die Situation offen gestaltet, d. h. sich mit bewertenden oder lenkenden Aussagen selbst zurückhält und die Schülerinnen und Schüler ermutigt, sich frei zu äußern. Schecker (1985a) hat mit dieser Methodik gezeigt, dass Schülervorstellungen zu Kraft und Bewegung nicht nur in Testsituationen stimuliert werden, sondern ebenso im regulären Unterricht auftreten.

1.6   Ausblick

In diesem Kapitel wurde gezeigt, welche Bedeutung Schülervorstellungen für das Unterrichten und Lernen von Physik haben, was man sich unter Schülervorstellungen vorstellen kann und wie man zu Erkenntnissen über Schülervorstellungen kommt. Viele Aspekte werden in den beiden folgenden Grundlagenkapiteln des Buches aufgegriffen und vertieft:

- ▶ Kap. 2 „Conceptual Change – Entwicklung physikalischer Vorstellungen" befasst sich eingehend mit der Frage, wie ein Übergang von Schülervorstellungen zu physikalischen Vorstellungen theoretisch beschrieben werden kann und auf welchen Wegen er erfolgt: Handelt es sich um einen kontinuierlichen Übergang oder um einen abrupten Konzeptwechsel? Werden Schülervorstellungen durch wissenschaftliche ausgetauscht oder wirken die Alltagsvorstellungen fort?
- ▶ Kap. 3 „Strategien für den Umgang mit Schülervorstellungen" veranschaulicht an konkreten Beispielen, wie man den Forschungsstand über Schülervorstellungen für die Unterrichtsentwicklung nutzen kann. Dabei werden grundlegend unterschiedliche Strategien diskutiert (z. B. Konfrontieren und Umgehen von Schülervorstellungen).

Auch in den zehn Kapiteln des Thementeils werden im Zusammenhang mit inhaltsbezogenen Schülervorstellungen immer wieder grundlegende Fragen aufgegriffen, z. B. die Berücksichtigung von Denkrahmen im jeweiligen Inhaltsbereich oder die Rolle von Alltagserfahrungen.

1.7   Literatur zur Vertiefung

Duit, R. (2009). *STCSE: Students' and Teachers' Conceptions and Science Education* (Bibliografie). Leibniz-Institut für die Pädagogik der Naturwissenschaften
http://archiv.ipn.uni-kiel.de/stcse/ (Zugriff am 28. 11. 2016).
Die Bibliografie ist die weltweit führende Literaturquelle für die Schülervorstellungsforschung. Sie enthält praktisch alle bis zum Jahr 2008 in den internationalen Forschungszeitschriften und anderen Publikationen erschienenen Arbeiten zur Physik, Chemie und Biologie. Von den 8346 Einträgen betrifft die große Mehrzahl themenbezogene Schülervorstellungen und darauf bezogene Unterrichtsvorschläge.

Jung, W. (1978). Zum Problem der „Schülervorstellungen". *physica didactica, 5*, 125–146. Jung setzt sich in dem nach wie vor lesenswerten Aufsatz mit den theoretischen Grundlagen der Schülervorstellungsforschung auseinander.

Duit, R. (1995). Zur Rolle der konstruktivistischen Sichtweise in der naturwissenschaftsdidaktischen Lehr- und Lernforschung. *Zeitschrift für Pädagogik, 41*(6), 905–923.
Der Aufsatz gibt einen kompakten Überblick über Grundlagen konstruktivistischer Perspektiven auf Lehr-Lern-Prozesse bis hin zu den Konsequenzen für die Gestaltung naturwissenschaftlichen Unterrichts.

Driver, R., Squires, A., Rushworth, P. & Wood-Robinson, V. (1994). *Making Sense of Secondary Science. Research into Children's Ideas*. London: Routledge.
Das Buch beschreibt Schülervorstellungen zu den Themengebieten des naturwissenschaftlichen Unterrichts („Science") der Sekundarstufe I. Neben physikalischen werden auch biologische (z. B. Ernährung) und chemische Sachverhalte (z. B. chemische Reaktionen) behandelt. Zu jedem Themengebiet gibt es eine umfangreiche Literaturliste.

Kattmann, U. (2015). Schüler besser verstehen. Alltagsvorstellungen im Biologieunterricht. Hallbergmoos: Aulis.
Hammann, M. & Asshoff, R. (2015). Schülervorstellungen im Biologieunterricht: Ursachen für Lernschwierigkeiten (2. Aufl.). Seelze: Klett Kallmeyer.
In den beiden Monografien werden Schülervorstellungen zu biologischen Sachverhalten vorgestellt. Kattmann nennt sein Buch ein Lexikon. Es finden sich Einträge zu zahlreichen Begriffen, die für den Biologieunterricht eine Rolle spielen, z. B. „Evolution", „Menschenrasse" oder „Schöpfung". Zu jedem Eintrag gibt es Kurzinformationen zum fachlichen Hintergrund, eine Erläuterung der Schülervorstellungen und Anregungen für den Unterricht. Das Buch von Hammann und Asshoff ist nach Themengebieten geordnet und diskutiert die Schülervorstellungen umfangreicher.

1.8   Literatur

Ausubel, D. P. (1968). *Educational Psychology: A Cognitive View*. New York: Holt, Rinehard and Winston.
Blümor, R. & Wiesner, H. (1991). Zur Untersuchung von Lernprozessen bei der Einführung in die Newtonsche Dynamik in der Mittelstufe: Ergebnisse von Akzeptanzbefragungen. In H. Wiesner (Hrsg.), *Aufsätze zur Didaktik der Physik II* (S. 22–37). Bad Salzdetfurth: Franzbecker.
Böhme, G. (1981). Die Verwissenschaftlichung der Erfahrung. Wissenschaftsdidaktische Konsequenzen. In R. Duit, W. Jung & H. Pfund (Hrsg.), *Alltagsvorstellungen und naturwissenschaftlicher Unterricht* (S. 85–113). Köln: Aulis.
Brown, D. E. (2010). *Students' Conceptions – Coherent or Fragmented? And What Difference Does It Make?* Paper presented at the Annual Meeting of the National Association for Research in Science Teaching, Philadelphia, PA.
Brown, D. E. & Clement, J. (1992). Classroom Teaching Experiments in Mechanics. In R. Duit, F. M. Goldberg & H. Niedderer (Hrsg.), *Research in physics learning: Theoretical issues and empirical studies* (S. 380–397). Kiel: IPN.
Clement, J., Brown, D. E. & Zietsman, A. (1989). Not all preconceptions are misconceptions: finding 'anchoring conceptions' for grounding instruction on students' intuitions. *International Journal of Science Education, 11*(5), 554–565. https://doi.org/10.1080/0950069890110507

diSessa, A. A. (1988). Knowledge in Pieces. In G. Forman & P. B. Pufall (Hrsg.), *Constructivism in the Computer Age* (S. 49–70). Hillsdale, NJ: Erlbaum.

Driver, R. (1981). Pupils' alternative frameworks in science. *European Journal of Science Education, 3*(1), 93–101.

Duit, R. (1994). An Schülervorstellungen anknüpfend Physik lehren und lernen. *Naturwissenschaften im Unterricht – Physik, 5*(22), 4–6.

Duit, R. (1995). Zur Rolle der konstruktivistischen Sichtweise in der naturwissenschaftsdidaktischen Lehr- und Lernforschung. *Zeitschrift für Pädagogik, 41*(6), 905–923.

Duit, R. (2009). STCSE: Students' and Teachers' Conceptions and Science Education (Bibliography). Available from Leibniz-Institut für die Pädagogik der Naturwissenschaften http://archiv.ipn.uni-kiel.de/stcse/

Duit, R., Jung, W. & Pfundt, H. (Hrsg.). (1981). *Alltagsvorstellungen und naturwissenschaftlicher Unterricht.* Köln: Aulis.

Gentner, D. & Stevens, A. L. (Hrsg.). (1983). *Mental Models.* Hillsdale, NJ: Lawrence Erlbaum Associates.

Graham, T., Berry, J. & Rowlands, S. (2013). Are 'misconceptions' or alternative frameworks of force and motion spontaneous or formed prior to instruction? *International Journal of Mathematical Education in Science and Technology, 44*(1), 84–103. https://doi.org/10.1080/0020739X.2012.703333

Haber-Schaim, U. (2006). *PSSC PHYSICS: A Personal Perspective*: American Association of Physics Teachers (www.aapt.org/Publications/upload/Haber-Schaim4068.pdf; Zugriff am 1. 2. 2017).

Hammann, M. & Asshoff, R. (2015). *Schülervorstellungen im Biologieunterricht: Ursachen für Lernschwierigkeiten* (2. Aufl.). Seelze: Klett Kallmeyer.

Häußler, P. (1973). Vergleichende Analyse ausgewählter Oberstufencurricula für Physik. *Der Physikunterricht*(3), 72–96.

Helm, H. & Novak, J. D. (Hrsg.). (1983). *Proceedings of the International Seminar on Misconceptions in Science and Mathematics.* Ithaca, NY: Cornell University.

Hestenes, D., Wells, M. & Swackhamer, G. (1992). Force concept inventory. *The Physics Teacher, 30,* 141–158.

Höttecke, D. (2001). Die Vorstellungen von Schülern und Schülerinnen von der „Natur der Naturwissenschaften". *Zeitschrift für Didaktik der Naturwissenschaften, 7,* 7–23.

Jung, W. (1978). Zum Problem der „Schülervorstellungen". *physica didactica, 5,* 125–146.

Jung, W. (1981). Assoziationstests und verwandte Verfahren. In R. Duit, W. Jung & H. Pfundt (Hrsg.), *Alltagsvorstellungen und naturwissenschaftlicher Unterricht* (S. 196–222). Köln: Aulis.

Jung, W., Reul, H. & Schwedes, H. (1977). *Untersuchungen zur Einführung in die Mechanik in den Klassen 3–6.* Frankfurt a.M.: Diesterweg.

Kattmann, U. (2015). *Schüler besser verstehen. Alltagsvorstellungen im Biologieunterricht.* Hallbergmoos: Aulis.

Kattmann, U., Duit, R., Gropengießer, H. & Komorek, M. (1997). Das Modell der Didaktischen Rekonstruktion – Ein Rahmen für naturwissenschaftsdidaktische Forschung und Entwicklung. *Zeitschrift für Didaktik der Naturwissenschaften, 3,* 3–18.

Krüger, D., Parchmann, I. & Schecker, H. (2014). *Methoden in der naturwissenschaftsdidaktischen Forschung.* Berlin: Springer.

Neumann, K., Viering, T., Boone, W. J. & Fischer, H. E. (2013). Towards a learning progression of energy. *Journal of Research in Science Teaching, 50*(2), 162–188. https://doi.org/10.1002/tea.21061

Niedderer, H. & Schecker, H. (1992). Towards an explicit description of cognitive systems for research in physics learning. In R. Duit, F. Goldberg & H. Niedderer (Hrsg.), *Research in Physics Learning: Theoretical Issues and Empirical Studies* (S. 74–98): Kiel: IPN.

Osborne, R. J. & Gilbert, J. K. (1980). A Method for Investigating Concept Understanding in Science. *European Journal of Science Education, 2*(3), 311–321. https://doi.org/10.1080/0140528800020311

Schecker, H. (1985a). *Das Schülervorverständnis zur Mechanik.* Dissertation, Universität Bremen.

Schecker, H. (1985b). Zur Entwicklung des Kraftbegriffs nach der Veröffentlichung von Newtons ‚Principia'. In Schecker, H., *Das Schülervorverständnis zur Mechanik* (S. 467–488), Universität Bremen.

Schecker, H. (1988). Von Aristoteles bis Newton – der Weg zum physikalischen Kraftbegriff. *Naturwissenschaften im Unterricht – Physik, 36,* 7–10; gekürzte Fassung auf leifiphysik.de: https://www.leifiphysik.de/mechanik/kraft-und-bewegungsaenderung/geschichte/der-weg-zum-physikalischen-kraftbegriff-von (Zugriff am 5. 6. 2018).

Schecker, H. & Klieme, E. (2001). Mehr denken, weniger rechnen. *Physikalische Blätter, 57*(7/8), 113–117.

Schön, L. (1992). Die sinnliche Erfahrung als Grundlage für das Verstehen von Physik – Beispiele aus der Mechanik. In K. H. Wiebel (Hrsg.), *Zur Didaktik der Physik und Chemie, Probleme und Perspektiven, Vorträge auf der Tagung für Didaktik der Physik/Chemie in Hamburg, September 1991* (S. 259–261). Alsbach: Leuchtturm.

Urban-Woldron, H. & Hopf, M. (2012). Entwicklung eines Testinstruments zum Verständnis in der Elektrizitätslehre. *Zeitschrift für Didaktik der Naturwissenschaften, 18*, 201–227.

Vosniadou, S. & Ioannides, C. (1998). From conceptual development to science education: a psychological point of view. *International Journal of Science Education, 20*(10), 1213–1230.

Warren, J. W. (1979). *Understanding Force – Verständnisprobleme beim Kraftbegriff*. London: Murray: (deutsche Übersetzung von Udo Backhaus & Thorsten Schneider: www.didaktik.physik.uni-due.de/veranstaltungen/LeitfachMechanikAkustikKalorik/WARREN.pdf; Zugriff am 1. 2. 2017).

Willer, J. (2003). *Didaktik des Physikunterrichts*. Frankfurt a.M.: Deutsch.

Conceptual Change – Entwicklung physikalischer Vorstellungen

Martin Hopf und Thomas Wilhelm

© Springer-Verlag GmbH Deutschland, ein Teil von Springer Nature 2018
H. Schecker, T. Wilhelm, M. Hopf, R. Duit (Hrsg.), *Schülervorstellungen und Physikunterricht*,
https://doi.org/10.1007/978-3-662-57270-2_2

2.1   Einführung

Barbara ist 8 Jahre alt und geht in die 2. Klasse. Sie sagt: *„Ich bin froh, dass es die Erde gibt. Wenn Gott die Erde nicht erschaffen hätte, wären wir im Weltall."* In diesem einen Satz wird deutlich, dass Barbara verschiedene Ideen zu verbinden versucht: Sie kennt die Erde als verlässlichen Untergrund, weiß, dass die Erde ein Planet ist und hat vom Schöpfungsmythos gehört. Etwas später geht es um die Frage, wie es denn sein kann, dass die Erde eine Kugel ist, aber wir gleichzeitig auf einer scheinbar flachen Ebene leben. Barbara argumentiert dann, dass *„der Himmel das* (die Kugel; d. Verf.) *verdeckt. Wenn der Himmel nicht da wäre, würde man das sehen."*[1]

Barbara hat offenbar schon einiges über die Erde gehört, gesehen oder gelesen. Aber sie kann die verschiedenen Informationen noch nicht ganz mit ihren Erfahrungen in Einklang bringen. Das ist typisch für die Entwicklung des Wissens von Kindern. Um die Entwicklung von Vorstellungen besser verstehen zu können, ist es sinnvoll, einige grundlegende Überlegungen zum Lernen anzustellen.

2.2   Konstruktivismus

Die Pawlow'schen Hunde und die Skinner'schen Ratten sind Beispiele aus der Entwicklung früher Theorien zur Frage, wie gelernt wird. Nach dem Reiz-Reaktions-Modell folgt auf Stimuli in einer gegebenen Situation eine bestimmte Reaktion. Belohnt man adäquate Reaktionen, führt das nach diesem Ansatz zum Lernen. Es zeigt sich aber, dass man (auch wenn das sogar für den Physikunterricht versucht wurde) mit Black-Box-Theorien des programmierten Lernens nicht gut erklären kann, wie sich das Verständnis inhaltlich anspruchsvoller Konzepte entwickelt. Als erfolgreichste Beschreibung für den Erwerb von Begriffen wie Kraft, Feld oder Quant hat sich inzwischen die konstruktivistische Perspektive erwiesen.

Nach dieser Auffassung entwickelt – konstruiert – jeder Lernende seinen Bestand an Wissen und Vorstellungen eigenständig durch eine individuelle Verarbeitung von Sinneseindrücken und angebotenen Informationen. Man kann Wissen weder direkt übergeben noch direkt übernehmen. Es bleibt auch in der konstruktivistischen Beschreibung des Lernens die zentrale Aufgabe der Lehrkräfte, Lernumgebungen zu schaffen, welche die Lernenden zu möglichst intensiver und adäquater Konstruktion von Vorstellungen anleiten. Von seinem Ursprung her ist der Konstruktivismus keine Lehr-Lern-Theorie, sondern eine Erkenntnistheorie. Seine Grundannahmen über die Erkenntnisgewinnung lassen sich jedoch für Lehr-Lern-Prozesse nutzen (Labudde, 2000; Widodo & Duit, 2004). Man spricht dann von der konstruktivistischen Perspektive.

Die Sinnesorgane des Menschen sind einem ständigen Strom von Information ausgesetzt. Diese Reize beinhalten dabei zunächst keinen Sinn, d. h. keine inhaltliche Bedeutung. So müssen Babys in den ersten Lebensmonaten erst lernen, aus optischen Reizen gedanklich Gegenstände zu formen. Und die meisten von uns erinnern sich sicher noch an Vorlesungen aus dem Studium, deren Inhalte bei der ersten Begegnung völlig sinnlos

---

1   Unterhaltung mit Barbara, der Tochter des Erstautors im Winter 2017.

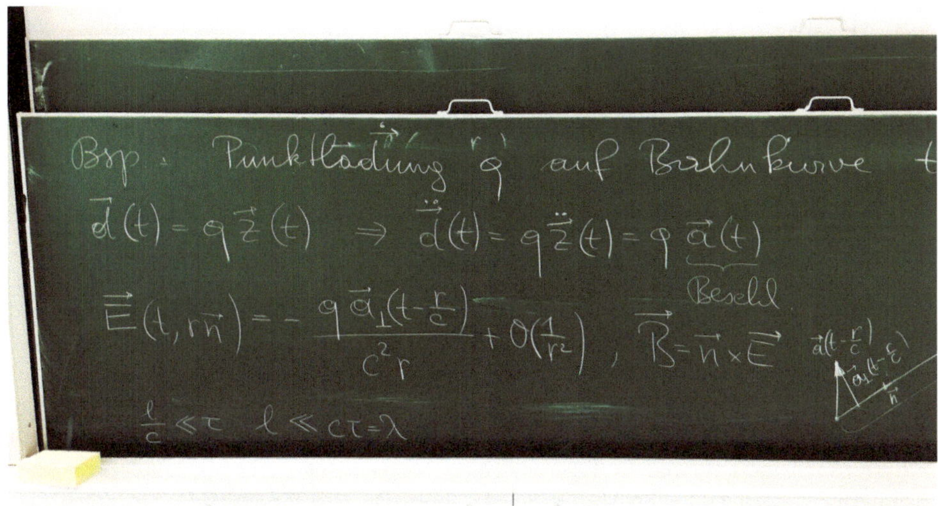

Abb. 2.1   Tafelanschrieb aus einer Vorlesung zur theoretischen Elektrodynamik.

wirkten. Menschen ohne Ausbildung in Physik werden den Tafelanschrieb in ▣ Abb. 2.1 als bedeutungsleere Zusammenstellung unverständlicher Symbole auffassen. Um solche Daten zu interpretieren, greift man auf das zurück, was man bereits weiß. Wenn man erst wenig weiß, fehlt die Grundlage für eine Interpretation des Gesehenen oder Gehörten.

Die gute Nachricht lautet in diesem Zusammenhang, dass das menschliche Gehirn sehr fähig darin ist, Sinnzusammenhänge zu erfassen. Es gelingt uns recht schnell, auch in zunächst scheinbar sinnlosen Daten Zusammenhänge aufzudecken bzw. zu *konstruieren*. Babys lernen sehr schnell, das Gesicht der Mutter von anderen Gesichtern zu unterscheiden und einen kausalen Zusammenhang zwischen angenehmen Dingen und dem Erscheinen der Mutter zu knüpfen. Es werden also relativ leicht erste Wissens- und Vorstellungselemente gebildet. Diese werden zunehmend ausgebaut und mit neu eintreffenden Eindrücken verbunden. Menschen versuchen, ein möglichst konsistentes System von Wissenselementen zu erschaffen. Mit zunehmender Expertise erscheinen auch den Physik-Studierenden komplexe Herleitungen nicht mehr sinnfrei – auch wenn das manchmal viel Aufwand in der Nachbereitung einer Vorlesung erfordert.

Gleichzeitig kann die Mustererfassung durch Menschen auch lernhinderlich sein, wenn nämlich Muster gesehen werden, die nicht vorhanden sind, oder Erklärungen gefunden werden, die zwar plausibel erscheinen, einer Überprüfung aber nicht standhalten. So gehen viele Menschen von einem Zusammenhang zwischen Mondphasen und Schlafstörungen aus, der sich wissenschaftlich nicht nachweisen lässt[2]. Viele der im vorliegenden Buch beschriebenen Schülervorstellungen stammen daher, dass Muster für Zusammenhänge angenommen wurden, die zwar subjektiv sinnvoll erscheinen und gut zu dem vorhandenen individuellen Wissenssystem passen, jedoch wissenschaftlichen Beschreibungen

---

2   Cordi et al. (2014)

widersprechen. Ein Beispiel ist die Annahme, dass es lediglich hell sein müsse, um Gegenstände sehen zu können (▶ Abschn. 5.2.2).

Es gibt im Konstruktivismus keine objektive Wahrheit (Glasersfeld, 1989). Wenn jeder Mensch die Bedeutung hinter den Sinneseindrücken selbst konstruiert, kann nicht endgültig festgestellt werden, was „wirklich" ist. Es kann nur eine durch Kommunikation erreichte Übereinkunft darüber geben, welcher Sinn bzw. welche Bedeutung welchem Eindruck zugeschrieben werden soll. Entscheidend dafür ist die Bewährung des Wissens und der Vorstellungen („viables" Wissen, d. h. nützliches und nutzbares, zur Problemstellung passendes Wissen).

Die konstruktivistische Auffassung vom Lernen meint also, dass jeder Mensch den Sinn dessen, was gelernt werden soll, selbst konstruieren muss. Konstruieren bezieht sich dabei auf mentale Vorgänge und nicht auf manuelles Herstellen. Die Aufgabe jedes Einzelnen beim Lernen besteht darin, neue Sinneseindrücke und Informationen in Beziehung zum bereits bestehenden Wissenssystem zu setzen, oder auch, dieses System anders zu strukturieren und zu erweitern. Ein konstruktivistischer Unterricht gibt Schülerinnen und Schülern viele Gelegenheiten, Sinn zu konstruieren. Dazu ist es notwendig, Gesprächsphasen im Unterricht vorzusehen, in denen Bedeutungen von Begriffen zwischen Lernenden und Lehrenden ausgehandelt werden können. Die Lehrkraft ist dabei Anwalt der physikalischen Bedeutung. Lehrkräfte müssen akzeptieren, dass Schülerinnen und Schüler die wissenschaftliche Bedeutung nicht direkt übernehmen (können), sondern ihr Verständnis physikalischer Konzepte nur eigenständig aufbauen können. Dafür brauchen Lernende eine gezielte instruktionale Unterstützung.

2.3   Konzepte

Ein wesentliches Ziel von Unterricht ist die Weiterentwicklung des Wissens der Schülerinnen und Schüler. Damit ist natürlich nicht gemeint, dass Kinder und Jugendliche möglichst viele verschiedene Begriffe wie Vokabeln auswendig lernen und wieder aufsagen können. Vielmehr streben wir an, dass sie im Laufe der Schulzeit eine Struktur von möglichst konsistenten und vernetzten Wissenselementen erwerben. Ein solches Netz ist die Voraussetzung dafür, dass wir miteinander sinnvoll über Physik sprechen können. Was genau ein Wissenselement zu einem Konzept oder einem Begriff macht, wird in der Forschung unterschiedlich gefasst. Konsens besteht jedoch darüber, dass ein Wissenselement erst aus der Einbettung in ein Wissenssystem seine Bedeutung erhält und zu einem Konzept wird (vernetztes Wissen). Man kann ein solches Wissenssystem dann als Theorie auffassen[3]. Ziel des Physikunterrichts ist es, dass die Schülerinnen und Schüler im Laufe ihrer Schulzeit ein Wissenssystem zur Physik entwickeln, das möglichst gut zu der Theorie passt, die Expertinnen und Experten verwenden. Natürlich ist das Begriffsnetz von Experten wesentlich umfangreicher, beziehungsreicher und strukturierter als das von Anfängern. Im Rahmen des Unterrichts kann die Visualisierung solcher Strukturen in Form von Begriffsnetzen (*concept maps*) als methodisches Element verwendet werden (◼ Abb. 2.2).

---

3   Vosniadou (2009)

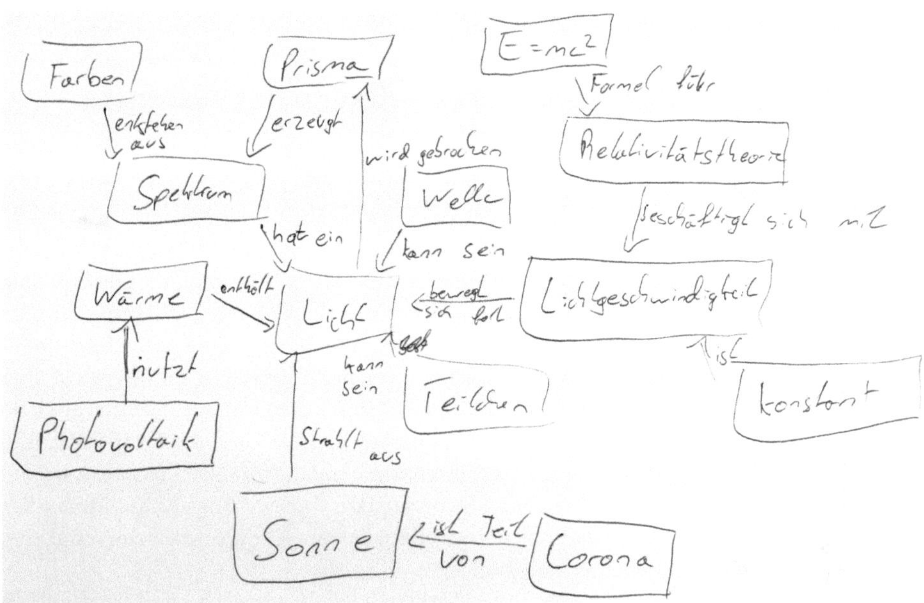

◘ Abb. 2.2 Begriffsnetz eines Schülers zum Thema Licht.

Der Psychologe Jean Piaget[4] postulierte neben verschiedenen Stufen der kognitiven Entwicklung zwei Mechanismen zur Entwicklung der Wissensstruktur eines Menschen: Assimilation und Akkommodation. Während bei der Assimilation ein neuer Aspekt relativ einfach in eine bestehende Wissensstruktur integriert werden kann (z. B. Wärme als weitere Erscheinungsform von Energie), müssen bei der Akkommodation neue Strukturen entwickelt oder bestehende deutlich umstrukturiert werden, da die neuen Elemente nicht sinnvoll zu den alten in Beziehung gesetzt werden können (z. B. um zu berücksichtigen, dass Energie nicht – wie im Alltagsverständnis – verbraucht, sondern nur entwertet werden kann; ▶ Kasten 8.2). Die Erkenntnisse Piagets über feste Stufen der kognitiven Entwicklung haben sich inzwischen zwar als nur eingeschränkt tragfähig erwiesen, aber die Unterscheidung zwischen Akkommodation und Assimilation ist nach wie vor hilfreich für das Verständnis der Entwicklung von Vorstellungen. Da die Assimilation neuer Wissenselemente für das Individuum einen geringeren kognitiven Aufwand darstellt als die für eine Akkommodation notwendige Umstrukturierung, ist es nachvollziehbar, dass Schülerinnen und Schüler schwerer zu Akkommodationen angeregt werden können. Sie versuchen zunächst, neue Informationen in vorhandene Wissensstrukturen einzupassen. Physiklernen erfordert jedoch häufig ein grundlegendes Überdenken und Verändern von Wissensstrukturen, die sich im Alltag (scheinbar) bewährt haben.

---

4   z. B. Piaget und Inhelder (1942)

2.4   Conceptual Change

2.4.1   Konzeptwechsel als Umstrukturierung des Wissens

Menschen entwickeln auch ohne Physikunterricht ein recht stabiles System von Wissenselementen und deren Verknüpfungen zu Konzepten, z. B. im Bereich Elektrizität und ‚Strom' (▶ Kap. 6). Dieses System bewährt sich recht zuverlässig: Während unzähliger Gelegenheiten des alltäglichen Lebens kann man durch Rückgriff auf dieses System Zusammenhänge verstehen und zuverlässige Vorhersagen über Geschehnisse treffen. Zum Beispiel haben schon Grundschulkinder ein gutes Verständnis vom Umgang mit Elektrogeräten. Sie wissen, dass viele Geräte Batterien benötigen, dass Batterien zwei Pole haben und dass man beim Einlegen auf richtige Polung achten muss. Sie wissen auch um die Gefährlichkeit der Netzspannung und haben vielleicht sogar erste Kenntnisse über Hochspannungsleitungen. Sie haben Erfahrungen im Umgang mit Defekten wie z. B. beim Auslösen einer Sicherung oder bei einem Stromausfall. Dieses Alltagsverständnis reicht aller Wahrscheinlichkeit nach dafür aus, das weitere Leben ohne größere Schwierigkeiten im Umgang mit Elektrizität zu bewältigen.

Sollen Kinder nun Grundkonzepte der Elektrizitätslehre erwerben, so bedeutet das, dass sie ihr bereits vorhandenes Wissenssystem umstrukturieren müssen. Davon ist z. B. die Vorstellung betroffen, dass Strom ‚verbraucht' wird, da ja die Batterien im Laufe der Zeit „leer" werden, was in der Physik keine tragfähige Vorstellung darstellt (▶ Abschn. 6.2.3). Es hat sich gezeigt, dass für das Lernen naturwissenschaftlicher Konzepte sehr oft die bestehenden Wissenssysteme in zentralen Bereichen verändert werden müssen. Dies wird in der Literatur als *Conceptual Change* bezeichnet (Konzeptwechsel). Der Begriff wurde in den 1980er Jahren eingeführt (Posner, Strike, Hewson & Gertzog, 1982). Seither hat sich die Conceptual-Change-Forschung zu einem großen Forschungsfeld in der Lernpsychologie und der Fachdidaktik entwickelt. Posner et al. haben Bedingungen formuliert und in Studien überprüft, die gelten müssen, damit es überhaupt zu einem Konzeptwechsel kommt (▶ Abschn. 3.2.1):

- Die Schülerinnen und Schüler müssen mit ihrem vorhandenen Konzept unzufrieden sein.
- Das vorgestellte neue Konzept muss wenigstens bis zu einem gewissen Grad verstanden sein.
- Das neue Konzept muss intuitiv einleuchtend erscheinen.
- Das neue Konzept muss auf neue Situationen und Phänomene übertragbar und dort hilfreich sein.

Zunächst ging man davon aus, dass bei einem Conceptual Change physikalisch inadäquate Vorstellungen von Lernenden durch physikalisch korrekte Vorstellungen *ersetzt* werden müssen. Ein guter Auslöser dafür ist ein kognitiver Konflikt, z. B. ein Versuchsausgang, der als sicher geglaubten Erwartungen widerspricht (▶ Abschn. 3.2.1).[5] Im diesem Modell ist ein Conceptual Change ein schlagartiger Prozess, der auf einer plötzlichen Einsicht

---

5   Vosniadou (2012)

beruht. Diese Idee geht auf Arbeiten aus der Wissenschaftstheorie zurück[6], in denen es darum ging zu beschreiben, wie sich Paradigmenwechsel bei Wissenschaftlerinnen und Wissenschaftlern vollziehen. Diese Auffassung des Conceptual Change hat sich als nicht tragfähig erwiesen (ebenso wenig vollziehen sich Paradigmenwechsel in der Wissenschaft Physik schlagartig). Zum einen zeigt sich, dass es nicht möglich ist, fehlerhafte Vorstellungen auszumerzen und vollständig durch richtige zu ersetzen. Das gilt auch für uns als ausgebildete Physikerinnen und Physiker: Wir wissen, dass Strom und Energie nicht verbraucht werden, aber in Alltagsgesprächen reden auch wir (zumindest manchmal) vom „Strom-" oder „Energieverbrauch". Die Prozesse des Conceptual Change laufen zudem in der Regel nicht schlagartig ab, sondern langsam und schrittweise. Das ist gut nachvollziehbar, wenn man sich klarmacht, dass ein Conceptual Change einen erheblichen kognitiven Aufwand erfordert, um das bestehende Wissenssystem aus Wissenselementen und Beziehungen umzustrukturieren. Für den Physikunterricht sind neben Vorstellungen zu Begriffen und Phänomenen ebenso die Vorstellungen über die Natur der Naturwissenschaften (▶ Kap. 13) und die epistemologischen Vorstellungen bedeutsam, d. h. Vorstellungen über die Art und Weise, wie neue Erkenntnisse zustande kommen (▶ Abschn. 2.5). Auch hier sind erhebliche unterrichtliche Anstrengungen erforderlich, um einen Conceptual Change zu unterstützen.

Seit den 1980er Jahren forschen Wissenschaftlerinnen und Wissenschaftler darüber, wie sich Conceptual Change im Detail vollzieht. Es bildeten sich mehrere Schulen heraus. Inzwischen haben sich die Auffassungen aneinander angenähert und scheinbar unüberbrückbare Differenzen haben sich fast aufgelöst.[7] Es ist dennoch sinnvoll und lehrreich, im Folgenden zwei unterschiedliche Theorien des Conceptual Change genauer vorzustellen. Es soll hierbei nicht entschieden werden, welche der beiden Theorien (oder welche andere) die richtige ist. Vielmehr ist davon auszugehen, dass je nach Inhaltsbereich die eine oder die andere Modellierung des Conceptual Change besser zutrifft und sinnvollere Erklärungen erlaubt. Ein Grund für theoretische Differenzen bei Beschreibungen des Conceptual Change liegt in unterschiedlichen Detaillierungsgraden bei der Analyse von Lernprozessen. Es ist möglich, dass das Lernen eines einzelnen Begriffs ganz anders beschrieben werden muss als das Lernen eines umfänglichen Inhaltsgebiets. Das ist ganz analog zu physikalischen Modellen zu sehen: Nicht jedes Phänomen ist mit dem gleichen Modell gleich sinnvoll zu beschreiben.

2.4.2 Synthetische Modelle der Konzeptentwicklung

Im November 2017 wollte „Mad" Mike Hughes – ein Chauffeur aus Kalifornien – nachweisen, dass die Erde eine Scheibe ist. Dazu baute er eine dampfgetriebene Rakete, um Aufnahmen aus der Luft zu machen. Zum Start kam es allerdings nicht, weil der Bundesstaat Nevada den Start der Rakete aus Sicherheitsgründen verbot. Das Beispiel zeigt, wie auch Erwachsene bei existenziellen Aspekten unseres Weltbilds der scheinbar eindeutigen, unmittelbaren Anschauung mehr vertrauen als wissenschaftlichen Aussagen.

---

6   Kuhn (1970)

7   Amin, Smith und Wiser (2014)

Auch Barbara im Anfangsbeispiel findet die Idee einer im Weltall schwebenden Kugel, auf der wir leben, ein wenig seltsam. Dies ist für Kinder ihres Alters eine typische Vorstellung von der Erde. Die Entwicklung von Vorstellungen in diesem Inhaltsbereich ist besonders intensiv untersucht worden.[8] Dabei zeigt sich, dass Schülerinnen und Schüler bereits vor Beginn der Schulzeit ein recht stabiles Bild der Erde entwickeln: Basierend auf täglichen Erfahrungen wird verallgemeinert, dass es sich bei der Erde um ein flaches, stabiles und feststehendes sowie von unten unterstütztes Gebilde handeln muss (◨ Abb. 2.3). Schülerinnen und Schüler haben entsprechende Auffassungen von den meisten ihnen direkt zugänglichen Alltagsobjekten gebildet. Vosniadou (2012) nennt solche Konzepte in Abgrenzung zu Schülervorstellungen „Präkonzepte" oder „naive Physik". Wir übernehmen diese Bezeichnungen für das vorliegende Buch nicht (▶ Abschn. 1.3), aber es ist hilfreich, sich klarzumachen, dass aus alltäglichen Erfahrungen verallgemeinerte Vorstellungen unter Umständen eine andere Qualität aufweisen als Vorstellungen, die im oder nach dem Physikunterricht auftreten. Nach der Auffassung von Vosniadou kann man davon ausgehen, dass die ersteren Vorstellungen zwar relativ oberflächlich sind, sich aber dennoch zu einem stimmigen Bild des Alltags zusammenfügen. Solche Vorstellungen werden für Erklärungen genutzt: Im Bild der Erde wird es Nacht, wenn die Sonne am Abend hinter den Bergen oder hinter Wolken verschwindet. Kinder verwenden solche Vorstellungen auch für Vorhersagen: Sie gehen z. B. davon aus, dass der Mond während des Tages nicht am Himmel stehen kann (▶ Abschn. 12.3.8).

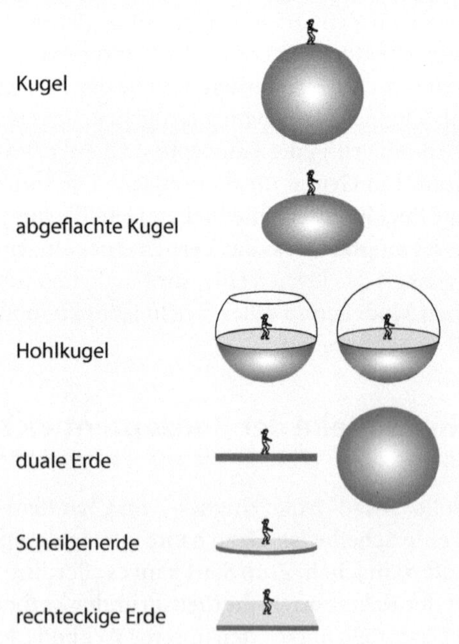

◨ **Abb. 2.3** Vorstellungen von der Erde (Abb. nach Vosniadou & Brewer, 1992, S. 549).

---

8   Vosniadou und Brewer (1992)

> **Kasten 2.1: Ontologische Kategorien**
>
> Die Ontologie ist die Lehre vom „So-Sein", d. h. vom Wesen der Dinge und Erscheinungen.[11] Dabei wird gefragt, was es gibt und wie das, was es gibt, in Beziehung zueinander steht. Grundfragen der Ontologie werden in der Philosophie seit der Antike diskutiert. Aristoteles gibt hier z. B. die Kategorien *Substanz, Qualitatives, Relation, Ort, Zeit* oder *Lage* an. Für das Verständnis von Schülervorstellungen ist wichtig zu wissen, dass die Ontologie verschiedene Grundkategorien vorschlägt. Etwas kann also z. B. eine *Substanz* sein, also z. B. ein Bauklotz oder ein Elektron. Etwas *Qualitatives* wäre z. B. eine Eigenschaft einer Substanz, also die Masse des Bauklotzes oder die Ladung des Elektrons. Typische Kategorien in einer physikalischen Beschreibung der Welt sind *Körper, Beziehung, Prozess* und *Eigenschaft.*

Ein wesentlicher Aspekt der aus dem Alltag verallgemeinerten Vorstellungen ist, dass Objekte in andere ontologische, d. h. wesensmäßige Kategorien eingeordnet sein können als im Rahmen einer physikalischen Betrachtung (▶ Kasten 2.1). Kinder würden z. B. die Erde in die Kategorie „physikalisches Objekt" einordnen.[9] Objekte dieser Kategorie sind solide und bewegen sich nicht von selbst. Es wirkt dort die Schwerkraft immer nach unten (▶ Abschn. 12.3.8). Das ist eine andere Kategorie als „astronomisch-physikalisches Objekt". Objekte dieser Kategorie können nicht mehr sinnvoll mit der Deutung „oben/ unten" beschrieben werden. Um zu verstehen, dass die Erde ein Planet ist, der sich durchs Weltall bewegt, muss im Wissenssystem des Kindes eine grundlegende Umkategorisierung in eine neue ontologische Kategorie erfolgen.

Es ist davon auszugehen, dass das Lernen zahlreicher physikalischer Begriffe eine solche Umkategorisierung erfordert[10]. So ist z. B. in der alltäglichen Deutung ‚Kraft' eine *Eigenschaft* von Objekten (▶ Abschn. 4.3) oder Licht ein *Zustand* in einer Situation (▶ Abschn. 5.2.2). In der physikalischen Betrachtung muss Kraft aber als *Wechselwirkung* und Licht als *Prozess* konzeptualisiert werden. Allgemein wird davon ausgegangen, dass Lernprozesse, die eine Umkategorisierung der ontologischen Kategorie erfordern, besonders schwierig sind. Der Physikunterricht muss diese Umkategorisierung aktiv und explizit unterstützen.

Beim Wissenserwerb werden einem (anfänglich recht kohärenten) System immer mehr neue Elemente hinzugefügt. So hat Barbara ja schon gehört, dass es sich bei der Erde um einen Planeten im Weltall handelt. Es entsteht daher ein immer komplexeres und schließlich in sich nicht mehr konsistentes Wissenssystem. Dazu trägt der Physikunterricht bei (ebenso wie Fernsehsendungen oder andere Medien): Dort werden Informationen bereitgestellt und von Lernenden in ihr Wissenssystem integriert – und das nicht immer in der Weise, wie von der Lehrkraft intendiert. Es ist möglich, dass ein Wissenssystem nach dem Durchlaufen von Lerngelegenheiten deutlich inkonsistenter und fragmentierter ist als zuvor.

---

9   Vosniadou, Skopeliti und Ikospentaki (2004)

10   z. B. Chi (2008)

11   Busse et al. (2014); Jung (1979)

Vosniadou argumentiert, dass viele Schülervorstellungen gut als synthetische Modelle verstanden werden können.[12] Lernende versuchen demnach, ihre vorunterrichtlichen Vorstellungen konsistent mit den neu erworbenen Wissenselementen zu verbinden. Statt also die vorunterrichtlichen Theorien aufzugeben, werden sie zu neuen Theorien umgeformt. Barbara ist anscheinend kurz davor, ein solches synthetisches Modell zu entwickeln. Sie hat schon beide Informationen zur Verfügung: Einerseits ist für sie die Erde ein stabiler und verlässlicher Untergrund, andererseits ist die Erde ein Planet im Weltall. Ein mögliches synthetisches Modell besteht darin, dass die Erde eine ganz stark abgeplattete Kugel ist, an deren Oberfläche wir leben. Oder die Erde ist eine ebene Oberfläche in einer Hohlkugel (◘ Abb. 2.3; ▸ Abschn. 12.3.8). Im Bereich Elektrizität wird ein anderes synthetisches Modell darin sichtbar, dass Schülerinnen und Schüler Stromstärke und Spannung weitgehend synonym verwenden oder zu „Stromspannung" zusammenfügen. Dabei wird die vorunterrichtliche Vorstellung, dass in einem elektrischen Gerät ‚Elektrizität' vorhanden ist, unter Einbeziehung der beiden neu gelernten Begriffe Stromstärke und Spannung erweitert, ohne die Beziehungen im Wissensnetz grundlegend neu zu ordnen.

Als Lehrkraft muss man sich bewusst sein, dass physikalische Wissenssysteme, die von Schülerinnen und Schülern entwickelt werden sollen, komplexe und abstrakte Modelle darstellen. Kinder sind durchaus in der Lage, komplexe und abstrakte Zusammenhänge zu erlernen. Aber es bedarf erheblichen Aufwands, Umstrukturierungen in einem solchen System vorzunehmen. Es wird empfohlen, diese Prozesse im Unterricht explizit anzusprechen. So genügt es nicht, Kindern Aufnahmen aus dem Weltall oder einen Globus zu zeigen, um sie davon zu überzeugen, dass die Erde tatsächlich eine Kugel ist. Vielmehr muss plausibel gemacht werden, wie es möglich sein kann, dass die Erde einerseits flach und stabil ist, sie von unten unterstützt und die Schwerkraft auf ihr nach unten zieht – und sie trotzdem gleichzeitig eine gigantische im Weltall schwebende Kugel ist, auf deren gesamter Oberfläche Menschen leben können. Um mit solchen Lernangeboten erfolgreich einen Konzeptwechsel anbahnen zu können, muss man als Lehrkraft die Kinder auch davon überzeugen, dass die neue Theorie eine mächtigere Erklärung physikalischer Phänomene liefert als die alltägliche Vorstellung. Empfohlen wird hier, die Methode der naturwissenschaftlichen Erkenntnisgewinnung zum Unterrichtsthema zu machen (▸ Abschn. 12.2; ▸ Abschn. 13.6). Dadurch sollen Lernende erkennen, dass nicht immer alles so ist, wie es auf den ersten Blick zu sein scheint. Gleichzeitig sollen Ausführungen zur Natur der Naturwissenschaften die Schülerinnen und Schüler dazu befähigen, den Mechanismus physikalischer Wissensgenese zu verstehen und (zumindest exemplarisch) selbst zu vollziehen. Lernende müssen verstehen, dass ihre Vorstellungen hypothetische Konstrukte sind und wie sie überprüfen können, ob ihre Modelle tatsächlich mit dem Verhalten der Welt übereinstimmen.

Man kann mit dem synthetischen Ansatz für die Beschreibung der Konzeptentwicklung verstehen, weshalb Lernende je nach Kontext unterschiedliche Erklärungen benutzen. Synthetische Modelle sind nicht starr; Lernende passen sie dynamisch der jeweiligen Anforderungssituation an und aktivieren je nach Kontext unterschiedliche Wissenselemente und Verknüpfungen. Mit dem Ansatz synthetischer Modelle nach Vosniadou kann man besonders gut verstehen, wie aus anfänglich konsistenten, aber oberflächlichen

---

12 Vosniadou (2012)

Theorien von Kindern als Folge einer Instruktion Fehlvorstellungen entstehen können, wenn man bei der Unterrichtsplanung zu wenig bedenkt, wie Lernende neue Informationen in vorhandene Wissensstrukturen einbetten.

2.4.3 *Knowledge in Pieces* – fragmentiertes Wissen

In Auseinandersetzung mit dem Modell des Conceptual Change als Umstrukturierung von Begriffsnetzen und anderen Ansätzen verfolgte diSessa (1993) einen anderen Weg als Vosniadou. Ausgangspunkt seiner Überlegungen war, dass viele der Vorstellungen von Lernenden sehr wenig konsistent sind. Fragt man z. B. Schülerinnen und Schüler der Mittelstufe nach der Gefährlichkeit von Röntgenstrahlung, so werden sie spontan klar angeben, dass diese gefährlich seien. Viele fangen dann aber an zu überlegen, dass das ja gar nicht so stimmen könne, da Röntgenstrahlung in der Medizin benutzt wird. Daher könne sie ja gar nicht so gefährlich sein (▶ Abschn. 11.4). In den meisten untersuchten Gebieten finden sich ähnliche Phänomene: Je nach Kontext antworten Schülerinnen und Schüler anders auf aus Expertensicht sehr ähnliche Fragen und aktivieren andere Schülervorstellungen. Die Theorie des *knowledge in pieces* (diSessa, 1988) führt das darauf zurück, dass Menschen auf sehr viele, sehr einfache Schlussregeln zurückgreifen, um Aussagen machen zu können. Diese so genannten *phenomenological primitives* (*p-prims*) sind abstrakte Regeln, die sich in verschiedenen Alltagssituationen bewährt haben, um Zusammenhänge zu verstehen und auch vorhersagen zu können, z. B. „von nichts kommt nichts" (siehe unten). Eine Situation wird dann als natürlich wahrgenommen, wenn sie sich durch ein *p-prim* beschreiben lässt und als überraschend, wenn das nicht geht. Nach diSessa entstehen sie dadurch, dass wir als Menschen versuchen, unsere Welt zu erklären. *P-prims* bilden dabei kein konsistentes oder kohärentes Theoriegebäude. Sie sind, wenn überhaupt, nur locker miteinander verbunden. So kann man verstehen, dass Vorstellungen von Lernenden vielfältig, inkonsistent und manchmal in sich widersprüchlich sind. Je nach Situation werden andere *p-prims* aktiviert. Im Folgenden werden drei Beispiele für *p-prims* erläutert.

Von nichts kommt nichts   Es ist eine Grundregel des Alltags, dass für alle Dinge ein gewisser Aufwand nötig ist. Man muss essen und trinken, um weiter leben zu können; man muss sich für Prüfungen vorbereiten, um Erfolge haben zu können. Ein elektrisches Spielzeug benötigt eine Batterie, damit seine Funktionen aktiv sind. Und wenn die Batterie ‚verbraucht' ist, funktioniert das Spielzeug nicht weiter. Die Alltagsregel, dass von nichts nichts kommt bzw. dass eben etwas nötig ist, damit etwas passiert, ist nahezu universell gültig. Im Physikunterricht findet man ihre Verwendung in vielen Schülervorstellungen: Zum Beispiel ist der ‚Stromverbrauch' den Schülerinnen und Schülern gerade aufgrund einer unangemessenen Verwendung dieses *p-prims* so plausibel.

Ohm'sches p-prim   Dieses *p-prim* ist eine Verallgemeinerung des eben beschriebenen *p-prims* von Aufwand und Ertrag. Hier wird Dingen ein Widerstand zugeschrieben, gegen den man etwas aufbringen muss, um etwas zu erreichen. Je mehr man aufwendet, desto größer ist der Erfolg. Gleichzeitig ist der Aufwand umso höher, je größer der Widerstand ist. Zum Beispiel muss umso mehr gelernt werden, je schwerer eine Prüfung voraussichtlich sein wird. Außerdem ist in diesem *p-prim* eine Aktivität enthalten: Um einen

Widerstand zu überwinden, muss etwas aktiv sein. Um also ein Spielzeug in Bewegung zu halten, muss der Widerstand der Reibung überwunden werden (▶ Abschn. 4.3). Dazu muss das spielende Kind aktiv eine ‚Kraft' dem Auto hinzufügen. Das Auto hat dann als aktiver Gegenstand diese ‚Kraft'. Je mehr ‚Kraft' das Auto hat, desto schneller wird es fahren. Man erkennt in dieser Überlegungskette, wie die unangemessene Verwendung des Ohm'schen *p-prims* zu physikalisch inadäquaten Beschreibungen von Bewegungsvorgängen führt.

Gleichgewicht   Dass ein System im Gleichgewicht ist oder in ein solches gebracht werden kann, ist ebenfalls eine frühe Erfahrung von Kindern. So kann eine Wippe auf dem Spielplatz genutzt werden, um mit einem Gleichgewichtssystem zu spielen (▶ Abschn. 12.2). Als Gleichgewicht wird auch aufgefasst, wenn zwei Menschen gegeneinander drücken, ohne dass etwas passiert. Das Gleichgewichts-*p-prim* kann als Ressource z. B. für den Unterricht zur Wärmelehre sehr gut genutzt werden.

Nach Smith III, diSessa und Roschelle (1994) stammen Schülervorstellungen daher, dass *p-prims* unreflektiert auf Situationen angewendet werden, in denen sie aus physikalischer Sicht nicht oder zumindest nicht in der gewählten Weise angewendet werden können. Die Schülervorstellung „zur Aufrechterhaltung der Bewegung bedarf es einer Kraft in Bewegungsrichtung" (▶ Abschn. 4.3) kann so verstanden werden, dass Schülerinnen und Schüler die Regel „Von nichts kommt nichts" anwenden und schließen, dass eine Bewegung (Ertrag) nur stattfinden kann, wenn eine ‚Kraft' (Aufwand) wirkt. Gleichzeitig zeigt sich hier aber auch, dass dieses *p-prim* produktiv für das Physiklernen genutzt werden kann. Wenn es im Rahmen des Unterrichts gelingt, Schülerinnen und Schülern nahezubringen, die Regel sinnvoll auf den Zusammenhang zwischen Bewegungsänderung (Ertrag) – oder Zusatzgeschwindigkeit – und Krafteinwirkung (Aufwand) anzuwenden, kann Lernen gut gelingen (▶ Abschn. 3.3.2).

Aus Sicht der *Knowledge-in-pieces*-Theorie zum Conceptual Change sind *p-prims* und Schülervorstellungen wichtige Ressourcen für den Unterricht. Wiederholt konnte gezeigt werden, dass durch das Anknüpfen oder Umdeuten passender Schülervorstellungen Unterricht konstruiert werden kann, der signifikant bessere Lernergebnisse bewirkt als traditioneller Unterricht (▶ Abschn. 4.4, 5.3, 6.3, 8.4 und 12.4).

2.5   Metakognition und Conceptual Change

Es wurde intensiv untersucht, wie sich die metakognitiven Fähigkeiten von Lernenden auf Conceptual Change auswirken. Unter metakognitiven Fähigkeiten versteht man das Wissen über die eigenen kognitiven Fähigkeiten und Vorgehensweisen beim Wissenserwerb sowie deren Nutzung. Dazu gehört, was man über das Lernen und über das Gedächtnis weiß, oder welche Lernstrategien man kennt. Für den Conceptual Change haben sich die epistemologischen Überzeugungen von Lernenden als bedeutsam erwiesen. Diese sind ein Teil der metakognitiven Fähigkeiten. Sie enthalten Überzeugungen zur generellen Natur von Wissen und Wissenserwerbsprozessen. Es geht um Vorstellungen darüber, woher Wissen stammt, wie es strukturiert und begründet ist und auch welche Beschränkungen vorhanden sind (▶ Abschn. 13.4).

Amin et al. (2014) beschreiben zwei Mechanismen, wie die epistemologischen Überzeugungen von Lernenden den Conceptual Change beeinflussen können:

Direkt: Wenn Lernende annehmen, Naturwissenschaft beschreibe *Phänomene*, kann es passieren, dass diese Lernenden sich auf einzelne Fakten konzentrieren. Haben Lernende angemessenere Überzeugungen und gehen davon aus, dass Naturwissenschaften aus verknüpften und belegten *Theorien* bestehen, werden sie eher versuchen, ihr eigenes Wissenssystem dementsprechend zu organisieren.

Indirekt: Je nachdem, wie epistemologische Überzeugungen ausgeprägt sind, verwenden Lernende unterschiedliche Lernstrategien. Wenn Naturwissenschaft als Aneinanderreihung einfacher Fakten wahrgenommen wird, genügt es ihrer Ansicht nach, diese Fakten auswendig zu lernen.

Insgesamt gibt es überzeugende Belege aus der empirischen Forschung, die zeigen, dass elaboriertere epistemologische Überzeugungen einen Conceptual Change bei Lernenden unterstützen. Durch die gezielte Gestaltung von Lernumgebungen können metakognitive Fähigkeiten gefördert werden.

2.6 Conceptual Change und Physiklernen

Es bleibt zu diskutieren, was Conceptual Change für die Planung und Gestaltung von Unterricht bedeutet. Zunächst muss betont werden, dass es beim Conceptual Change *nicht* darum geht, physikalisch falsche Konzepte durch richtige zu *ersetzen*. Die Annahme, dies könne durch Physikunterricht in der Breite der Thematiken nachhaltig gelingen, hat sich als aussichtlos erwiesen. Beim Conceptual Change geht es darum, Lernenden eine physikalische Sichtweise zu vermitteln und diese als eine besondere, vom Alltagsdenken in vielen Aspekten *unterschiedliche* Sichtweise zu verdeutlichen. Jeder Lernweg von Schülervorstellungen hin zu wissenschaftlichen Vorstellungen wird als Conceptual Change bezeichnet, sei es durch Weiterentwicklung oder Umstrukturierung von Wissensnetzen, durch adäquatere Verwendung von *p-prims*, durch Förderung der Metakognition oder sonstige Mechanismen. Erwachsene werden in der Regel nicht mehr davon ausgehen, dass Wind dadurch verursacht wird, dass sich die Bäume bewegen (▶ Abschn. 12.3.6). Auch die Anhänger einer flachen oder hohlen Erde sind in der Minderheit. Meistens wird es aber so sein, dass Alltagsvorstellung und physikalische Vorstellung nebeneinander existieren und je nach Kontext sinnvoll aktiviert werden können. Auch Expertinnen und Experten verwenden unangemessene Vorstellungen, oft auch in fachlichen Kontexten. Sie wissen aber genau, dass sie gerade in einem unangemessenen Bild argumentieren und können leicht in eine angemessenere Vorstellung wechseln.

Besonders hervorzuheben ist, dass es sich bei Schülervorstellungen nicht um *Fehler* der Kinder und Jugendlichen handelt, sondern oft um sinnvolle Rekonstruktionen der Welt. Es hat sich in der physikdidaktischen Forschung und Entwicklung bewährt, diese Vorstellungen als Ressourcen für das Physiklernen aufzufassen, deren Nutzung zwar eine große Herausforderung darstellt, aber zugleich große Chancen eröffnet. Man sollte daher sorgfältig überlegen, ob eine diskontinuierliche Strategie, die auf einen abrupten Wechsel von Konzepten abzielt, wirklich nutzbringend eingesetzt werden kann (▶ Abschn. 3.2.2). Die Lehrkraft sollte auf jeden Fall bedenken, dass Conceptual Change nicht nur kognitive Aspekte umfasst. Duit, Treagust und Widodo (2008) sprechen hier vom multidimensionalen Conceptual Change. Es geht darum, nicht nur die Wissenssysteme zur Physik, sondern auch die epistemologischen Überzeugungen und die affektiven Aspekte des Zugangs zu physikalischen Sachverhalten weiter zu entwickeln.

Welcher der in der Lernpsychologie und Fachdidaktik diskutierten Ansätze einen konkreten Conceptual Change in einem speziellen Themengebiet am besten beschreibt, ist bisher wenig erforscht. Vielleicht sind solche grundsätzlichen Klärungen auch keine wesentlichen Fragen für die einzelne Lehrkraft, die Physikunterricht für eine konkrete Lerngruppe plant und durchführt. In unseren Augen sind Theorien des Conceptual Change auf jeden Fall hilfreich, um die Genese von Schülervorstellungen verstehen zu können und bei der Diagnose der Äußerungen von Lernenden im Unterricht wachsam zu sein. So wird immer wieder ein Schüler etwas sagen, was man leicht als synthetisches Modell identifizieren kann oder eine Schülerin auf *p-prims* zurückgreifen, um Dinge zu erklären. In beiden Fällen kann das Wissen um solche Mechanismen es der Lehrkraft erleichtern, angemessen und lernförderlich zu reagieren. Hilfreich für die Lehrkraft sind auch ausgearbeitete *learning progressions*. Diese beruhen auf Forschungsarbeiten, in dem die verschiedenen Stadien auf dem Weg zu einem Conceptual Change möglichst genau beschrieben sind. Dies ist ein noch relativ junger Forschungszweig und bislang gibt es nur wenige solcher *learning progressions*, z. B. zu den Themen Mechanik[13] und Energie[14].

2.7   Literatur zur Vertiefung

Vosniadou, S. (2009). *International handbook of research on conceptual change*. New York, London: Routledge.
Dieses Handbuch stellt die wichtigsten Forschungsergebnisse zum Conceptual Change zusammen. Neben Artikeln zu synthetischen Modellen, zu den *p-prims* und weiteren Ansätzen wird auch detailliert der Forschungsstand in den verschiedenen Domänen diskutiert.

diSessa, A. A. (1993). Toward an epistemology of physics. *Cognition and instruction, 10*(2–3), 105–225.
Andrea diSessa stellt in diesem umfangreichen Artikel die Theorie des *knowledge in pieces* detailliert vor.

Amin, T. G., Smith, C. L. & Wiser, M. (2014). Student conceptions and conceptual change. In N. G. Ledermann & S. K. Abell (Hrsg.), *Handbook of research on science education (II)*, 57–77. New York, London: Routledge.
Amin und Kollegen geben einen Abriss über die zeitliche Entwicklung der Conceptual Change Forschung aus Perspektive der Naturwissenschaftsdidaktik.

Duit, R. & Treagust, D. F. (2003). Conceptual change: A powerful framework for improving science teaching and learning. *International Journal of Science Education, 25*(6), 671–688. https://doi.org/10.1080/09500690305016

---

13 Alonzo und Steedle (2009)

14 Neumann, Viering, Boone und Fischer (2013)

Duit und Treagust befassen sich in diesem Review-Aufsatz mit der Entwicklung der Theorien zum Conceptual Change, dem Vergleich der unterschiedlichen Beschreibungen und dem multiperspektivischen Blick auf Conceptual Change unter Einschluss affektiver und epistemologischer Aspekte.

2.8 Literatur

Alonzo, A. C. & Steedle, J. T. (2009). Developing and assessing a force and motion learning progression. *Science Education, 93*(3), 389–421.

Amin, T. G., Smith, C. & Wiser, M. (2014). Student conceptions and conceptual change. In N. G. Lederman & S. K. Abell (Hrsg.), *Handbook of research on science education (II)* (S. 57–77). New York, London: Routledge.

Busse, J., Humm, B., Lübbert, C., Moelter, F., Reibold, A., Rewald, M. et al. (2014). Was bedeutet eigentlich Ontologie? *Informatik-Spektrum,* 1–12.

Chi, M. T. (2008). Three types of conceptual change: Belief revision, mental model transformation, and categorical shift. In S. Vosniadou (Hrsg.), *International handbook of research on conceptual change* (S. 61–82). New York, London: Routledge.

Cordi, M., Ackermann, S., Bes, F. W., Hartmann, F., Konrad, B. N., Genzel, L. et al. (2014). Lunar cycle effects on sleep and the file drawer problem. *Current Biology, 24*(12), R549–R550.

diSessa, A. A. (1988). Knowledge in Pieces. In G. Forman & P. B. Pufall (Hrsg.), *Constructivism in the Computer Age* (S. 49–70). Hillsdale, NJ: Earlbaum.

diSessa, A. A. (1993). Toward an epistemology of physics. *Cognition and instruction, 10*(2–3), 105–225.

Duit, R., Treagust, D. & Widodo, A. (2008). Teaching science for conceptual change: Theory and practice. In S. Vosniadou (Hrsg.), *International handbook of research on conceptual change* (S. 629–646). New York, London: Routledge.

Glasersfeld, E. v. (1989). Cognition, Construction of Knowledge and Teaching. *Synthese, 80,* 121–140.

Jung, W. (1979). *Aufsätze zur Didaktik der Physik und Wissenschaftstheorie.* Braunschweig: Diesterweg.

Kuhn, T. S. (1970). *The Structure of Scientific Revolutions, 2nd enl. ed.* Chicago: University of Chicago Press.

Labudde, P. (2000). *Konstruktivismus im Physikunterricht der Sekundarstufe II.* Bern: Paul Haupt.

Neumann, K., Viering, T., Boone, W. J. & Fischer, H. E. (2013). Towards a learning progression of energy. *Journal of Research in Science Teaching, 50*(2), 162–188.

Piaget, J. & Inhelder, B. (1942). *The Child's Construction of Quantities: Conservation and Atomism.* London: Routledge and Kegan Paul.

Posner, G. J., Strike, K. A., Hewson, P. W. & Gertzog, W. A. (1982). Accommodation of a scientific conception: Toward a theory of conceptual change. *Science Education, 66,* 211–227.

Smith III, J. P., diSessa, A. A. & Roschelle, J. (1994). Misconceptions reconceived: A constructivist analysis of knowledge in transition. *The journal of the learning sciences, 3*(2), 115–163.

Vosniadou, S. (2009). *International handbook of research on conceptual change.* New York, London: Routledge.

Vosniadou, S. (2012). Reframing the classical approach to conceptual change: Preconceptions, misconceptions and synthetic models. In B. Fraser, K. Tobin & C. J. McRobbie (Hrsg.), *Second international handbook of science education* (S. 119–130). Dordrecht: Springer.

Vosniadou, S. & Brewer, W. F. (1992). Mental models of the earth: A study of conceptual change in childhood. *Cognitive psychology, 24*(4), 535–585.

Vosniadou, S., Skopeliti, I. & Ikospentaki, K. (2004). Modes of knowing and ways of reasoning in elementary astronomy. *Cognitive Development, 19*(2), 203–222.

Widodo, A. & Duit, R. (2004). Konstruktivistische Sichtweisen vom Lehren und Lernen und die Praxis des Physikunterrichts. *Zeitschrift für Didaktik der Naturwissenschaften, 10,* 233–255.

Strategien für den Umgang mit Schülervorstellungen

Thomas Wilhelm und Horst Schecker

3.1   Grundsätzliches

▪ Zielsetzungen

Als Lehrkraft mag man den Wunsch haben, dass alle Schülerinnen und Schüler die physikalische Sichtweise verstehen und übernehmen und danach nur noch physikalisch denken. Das würde bedeuten, die physikalisch nicht korrekten Schülervorstellungen werden im Denken der Schülerinnen und Schüler eliminiert bzw. gegen die physikalisch korrekten Vorstellungen ausgetauscht. Dies ist aber – so zeigt die psychologische und fachdidaktische Forschung – nicht realistisch (▶ Abschn. 2.4.1). Die mitgebrachten Vorstellungen sind auch nach einem guten Physikunterricht zumindest unterschwellig noch immer vorhanden und oftmals sogar aktiv; sie können jedenfalls praktisch nicht vergessen werden.

Ein Eliminieren wäre auch nicht sinnvoll, da die Alltagsvorstellungen auch eine soziale Bedeutung in der Kommunikation haben. In alltäglichen Gesprächen bedient sich selbst ein Physiker der Alltagssprache mit den darin vorhandenen Vorstellungen. Er muss also wissen, was physikalische Begriffe im Alltag bedeuten. Nur so versteht er, wenn ein Mitmensch *„keine Kraft mehr zum Arbeiten hat"*, meint, beim geöffneten Fenster *„kommt die Kälte herein"* (▶ Abschn. 7.3), sich über einen hohen ‚Stromverbrauch' beschwert (▶ Abschn. 6.2.3) oder feststellt, *„ein Spiegel zeigt ein gutes Bild der Straße"* (▶ Abschn. 5.2.4).

Letztlich kann das Ziel des Physikunterrichts nur darin liegen, dass die Schülerinnen und Schüler *auch* die physikalischen Sichtweisen kennen und verstehen. Dabei ist es sehr wichtig, dass es zu einem bewussten Nebeneinander eines physikalischen Konzepts und der Alltagsvorstellung kommt. Die Lernenden sollen zwischen den verschiedenen Konzepten unterscheiden können und die jeweiligen Stärken und Schwächen kennen, sodass sie beurteilen können, welche Erklärung wann sinnvoll ist. In vielen Alltagssituationen können die Schülervorstellungen nämlich als Grundlage zum Handeln genutzt werden (z. B. den Standby-Betrieb bei einem alten Fernseher ausschalten, um ‚Strom', d. h. elektrische Energie, zu sparen), während sie in anderen Situationen kein erfolgreiches Handeln ermöglichen (z. B. eine Cola-Dose in Alupapier einwickeln, um sie kühl zu halten; ▶ Abschn. 7.3). Die Fähigkeit, physikalische Vorstellungen und Schülervorstellungen bewusst voneinander abgrenzen zu können, erfordert eine Veränderung bzw. Weiterentwicklung der Schülervorstellungen. Dies wird in der Fachdidaktik als „Konzeptwechsel" (Conceptual Change) bezeichnet. Konzeptwechsel ist nicht als Konzeptaustausch zu verstehen, sondern als Konzeptentwicklung und Konzeptbewusstsein. Diese Zusammenhänge werden in ▶ Abschn. 2.4 ausführlich dargelegt.

Als Lehrkraft möchte man nun genau wissen, wie man unterrichten soll, damit es zu diesem Konzeptwechsel kommt. Liest man die Schülervorstellungen, die in den ▶ Kap. 4 bis 13 dieses Buches beschrieben werden, dann kann man daraus eine Vielzahl kleiner konkreter Maßnahmen ableiten. Beispielsweise sollte man bestimmte Formulierungen, Erklärungen, Experimente und Anwendungen nicht benutzen, da sie physikalisch falsche Vorstellungen fördern. Ebenso lässt sich ableiten, was besonders intensiv besprochen werden sollte und auf welche schwierigen Aspekte eines Themas man besonders eingehen muss. Hierbei handelt es sich um lokale Veränderungen.

In der Physikdidaktik wurden auch ganze Unterrichtskonzeptionen zu einzelnen Themen entwickelt, die aufgrund der bekannten Schülervorstellungen ein Thema anders als bis dahin üblich elementarisieren und es in einer anderen Sachstruktur behandeln.

Die Themenkapitel geben Literaturhinweise auf solche Curricula. Es würde jedoch den Rahmen dieses Buches sprengen, würde man bei jedem Thema ausführlich inhaltlich auf diese speziellen Unterrichtsvorschläge eingehen. Curricula, die auf Erkenntnissen über Schülervorstellungen aufbauen, beruhen auf themenübergreifenden fachdidaktischen und lernpsychologischen Erkenntnissen, mit denen sich Modelle des Umgangs mit Schülervorstellungen begründen lassen. In diesem Kapitel werden allgemeine Modelle des Umgangs mit Schülervorstellungen vorgestellt.

▪ Verschiedene Lernwege

Das Lernen eines umfassenden physikalischen Konzepts, wie z. B. „Teilchen" oder „Energie", geschieht nicht auf einmal, sondern über mehrere Zwischenzustände. Man spricht von Lernwegen. Jeder Lernweg von Schülervorstellungen hin zu wissenschaftlichen Vorstellungen wird im Sinne des Entwicklungsaspekts (▶ Abschn. 2.4.1) deshalb hier als Konzeptwechsel bezeichnet. Manchmal verstehen wir einen Zusammenhang schlagartig, uns geht ein Licht auf und wir sehen plötzlich etwas ganz anders. Ein Beispiel ist folgende Aussage eines Schülers: „Aha! Kälte und Wärme sind also gar keine unterschiedlichen Dinge – Kälte ist einfach fehlende Wärme!" (▶ Abschn. 7.3). Manchmal lernt man dagegen in kleinen Schritten Neues dazu, etwa auf dem langen Weg der gegenseitigen Abgrenzung von Kraft, Impuls und kinetischer Energie (▶ Abschn. 4.3). Man spricht hier von verschiedenen Lernwegen und unterscheidet zwischen kontinuierlichen und diskontinuierlichen Lernwegen.

Diese Grundidee ist nicht neu. Schon der Entwicklungspsychologe Jean Piaget (1896–1980) unterschied zwei Arten der kognitiven Anpassung des Menschen an die Umwelt (▶ Abschn. 2.3). *Assimilation* bedeutet demzufolge das Zuordnen einer Wahrnehmung zu einem vorhandenen Wahrnehmungsschema (z. B. einer Vorstellung). Bei einer Assimilation wird die Wahrnehmung im Rahmen der vorhandenen Vorstellungen interpretiert und als prinzipiell bekannt eingestuft; das Wahrnehmungsschema hat sich nur leicht verändert, im Wesentlichen durch weitere Erfahrungsbeispiele verbreitert. *Akkommodation* bedeutet dagegen die Anpassung der inneren Gedankenwelt durch Modifizierung des bestehenden Wahrnehmungsschemas oder durch Schaffung eines neuen Wahrnehmungsschemas. Fachdidaktisch gesehen führt Akkommodation zu veränderten oder neuen Vorstellungen.

▪ Grundlegende Modelle für den Unterricht

Wie man mit Schülervorstellungen im Unterricht umgeht, d. h., welche Strategie man verfolgt, hängt stark davon ab, welchen Lernweg von Schülervorstellungen hin zu wissenschaftlichen Vorstellungen man anstrebt und für möglich hält. Das wiederum hängt stark davon ab, welche Theorie der Begriffsentwicklung man im Blick hat (▶ Abschn. 2.4).

Es gibt zwei grundlegend verschiedene Modelle des Umgangs mit Schülervorstellungen.[1] Möchte man ein schlagartiges Umdenken, einen diskontinuierlichen Lernweg entsprechend der Akkommodation bewirken, versucht man bei den Schülerinnen und Schülern einen *kognitiven Konflikt* zu erzeugen und diesen dann durch einen Konzeptwechsel aufzulösen. Dazu sollen die Schülerinnen und Schüler z. B. in Experimenten eine

---

1   Duit (1993b, S. 191); Duit (1996, S. 148); Villani (1992, S. 228 ff.) – Einen kommentierten Überblick über verschiedene Vorschläge zum Erreichen eines Konzeptwechsels gibt auch Wodzinski (1996, S. 23 ff.)

Diskrepanz zwischen ihren Vorhersagen aufgrund ihrer Schülervorstellungen und dem tatsächlichen Ergebnis erkennen. Dieser Lernweg erinnert an Revolutionen in der Wissenschaftsgeschichte, bei denen es auch zu einem schnellen Umdenken, einem sogenannten Paradigmenwechsel kam.[2] Möchte man dagegen die physikalischen Konzepte allmählich entwickeln, versucht man an bestehende, ausbaufähige Schülervorstellungen anzuknüpfen, diese neu abzugrenzen und von da aus Schritt für Schritt zu den gewünschten Vorstellungen zu führen. Dies wäre ein kontinuierlicher, bruchloser Lernweg, der an Phasen der Evolution in der Wissenschaftsgeschichte erinnert.

Hinsichtlich der Parallelen zur Begriffsentwicklung in der Wissenschaft Physik kann man sich auf den Wissenschaftstheoretiker Thomas S. Kuhn beziehen.[3] Nach Kuhn gibt es in der Wissenschaft sehr stabile, normale Phasen des Wissenschaftsbetriebs (Evolution) und revolutionäre Phasen, die durch wissenschaftsinterne Krisen ausgelöst werden. In revolutionären Phasen werden veraltete Paradigmen durch neue Sichtweisen abgelöst, sodass der wissenschaftliche Fortschritt diskontinuierlich als Paradigmenwechsel verläuft. Diese Paradigmenwechsel haben auch nichtrationale und sozio-psychologische Beweggründe.

Beiden Ideen von Lernwegen liegt eine gemäßigt konstruktivistische Auffassung vom Lernen zugrunde, d. h. die Vorstellung, dass Lernen und allgemein menschliche Erkenntnis nur auf der Basis des vorhandenen Vorwissens möglich ist. Lernen ist dabei ein aktiver Prozess der Schülerinnen und Schüler, die ihr Wissen selbst konstruieren müssen, d. h., es selbst entweder aufbauen oder umbauen müssen. Unter dem Begriff „Konzeptwechsel" („Conceptual Change", ▶ Abschn. 2.4) wurde anfangs nur der radikale Wechsel der Sichtweise verstanden, also nur der diskontinuierliche Weg. Für den kontinuierlichen Lernweg erfand man deshalb den Begriff *conceptual growth* (Konzeptentwicklung). Heute sehen wir beide Lernwege als einen Konzeptwechsel an.

Welche Lernwege man für einen Unterrichtsgang plant, hängt auch von weiteren Zielsetzungen ab. Möchte man wissenschaftstheoretische Aspekte im Physikunterricht ansprechen und exemplarisch bewusst machen (▶ Kap. 13) oder metakognitive Betrachtungen anstellen, d. h., den Weg des eigenen Wissenserwerbs explizit mit den Schülerinnen und Schülern thematisieren, eignen sich kognitive Konflikte. Hält man das kognitiv für die Schülerinnen und Schüler für zu anspruchsvoll, wählt man eher einen kontinuierlichen Weg, vorausgesetzt es finden sich genügend Anknüpfungspunkte an entwicklungsfähige vorhandene Schülervorstellungen.

3.2   Konfliktstrategien für diskontinuierliche Lernwege

3.2.1 Kognitive Konflikte

Nach Vosniadou (1994) entwickelt sich schon in früher Kindheit eine kleine Zahl stabiler Strukturen im Denken (▶ Abschn. 2.4.2). Schülervorstellungen sind nach dieser Sicht sinnstiftend miteinander vernetzt, so wie auch eine physikalische Theorie durch ein Netz

---

2   Duit (1993b, S. 191)
3   Kuhn (1962)

von Begriffen, Regeln und Vorstellungen beschrieben werden kann. Deshalb sind beim Lernen oft nicht nur eine Vorstellung, sondern ein ganzes Netz und eine ganze Sichtweise zu ändern, was viel schwieriger ist, als eine einzelne, isolierte Vorstellung zu verändern. Folglich sind Schülervorstellungen nach dieser Theorie außerordentlich stabil und dauerhaft. Man darf deshalb im Unterricht nicht an einzelnen Wissenselementen ansetzen, sondern muss bei den grundlegenden Annahmen beginnen. Dieser Begriffswechsel ist schwierig, langwierig und am besten durch radikales Umdenken zu erreichen.

Um diesen Wechsel in der Vorstellung der Schülerinnen und Schüler zu erreichen, setzt man auf kognitive Konflikte und beginnt ein Thema mit Aspekten, die konträr zu den Schülervorstellungen stehen. Im Unterrichtsverlauf werden z. B. Schülervorstellungen und physikalische Vorstellungen oder verschiedene Schülervorstellungen gegeneinandergestellt oder es werden Voraussagen der Schülerinnen und Schüler zu einem Experiment mit dem tatsächlichen Ausgang konfrontiert. Das Ziel ist in jedem Falle, bei den Schülerinnen und Schülern eine Unzufriedenheit mit vorhandenem Wissen zu erzeugen sowie den Wunsch nach einem korrekten Konzept zu wecken. Damit dieser Konzeptwechsel gelingt, müssen nach Posner und Strike[4] die vier Bedingungen erfüllt sein, die in ▶ Abschn. 2.4.1 beschrieben sind: *Unzufriedenheit* mit dem bisherigen Konzept, *beginnendes Verstehen* des neuen Konzepts, das *einleuchtend* und *vielversprechend* erscheinen muss.

■ **Vorhersagen bei Experimenten**

Vorhersagen der Schülerinnen und Schüler spielen bei dieser Strategie eine wichtige Rolle; Lernende sollen bei einem Experiment eine deutliche Diskrepanz zwischen ihren Vorhersagen aufgrund ihrer Vorstellungen und dem tatsächlich eingetretenen Ergebnis bzw. Ablauf sehen. Die Konfrontation mit einem anders verlaufenden Experiment soll bei den Schülerinnen und Schülern den Wunsch nach einem korrekten Konzept wecken, indem sie erkennen, dass ihre Vorstellungen im Beispiel keine korrekte Vorhersage ermöglichen. Die Lehrkraft versucht dann, diesen Konflikt aufzulösen.

Dafür muss vor der Durchführung des Experiments klar herausgearbeitet werden, was die Schülerinnen und Schüler denken; sie müssen zu klaren Vorhersagen aufgefordert werden. Damit sie nach dem Experiment ihre Vorhersagen nicht verdrängen oder abstreiten können, ist es sinnvoll, diese schriftlich festzuhalten. Durch die Vorhersagen bzw. Vermutungen können sich die Lernenden ihrer eigenen Ideen und Vorstellungen bewusst werden, auch indem sie alternative Deutungen ihrer Mitschüler hören. Bei dem anschließenden Ablauf eines Experiments werden die Schülerinnen und Schüler ihre Aufmerksamkeit besonders auf die Dinge richten, die unterschiedlich vorhergesagt wurden. Dabei ist zu bedenken, dass Schülerinnen und Schüler einen kognitiven Konflikt auch als solchen persönlich wahrnehmen müssen. Das rein sachliche Vorliegen von Diskrepanzen zwischen Vorhersage und Ausgang des Experiments reicht nicht aus. Ein Lernender muss diese Diskrepanz auch als bedeutsam und lösungsbedürftig empfinden, um sich damit kognitiv auseinanderzusetzen. Die Chance dafür ist umso größer, je klarer die Erwartungen herausgestellt und begründet werden. Nur dann wird ein abweichendes Ergebnis „überraschend", „merkwürdig", „irgendwie komisch" und damit erklärungsbedürftig.

---

4   Posner, Strike, Hewson und Gertzog (1982); Strike und Posner (1985)

Abb. 3.1   Ein F aus Pappe vor einem Spiegel zur Erzeugung eines kognitiven Konflikts.

Diskrepanzen zwischen Vorhersagen und Abläufen sollen ein Nachdenken anregen. Dazu ist es nötig, dass die Lehrperson vor dem Experiment nicht sagt, ob eine Vorhersage richtig oder falsch ist, auch nicht indirekt durch Bemerkungen wie „Bist du dir da sicher?" oder „Denk doch noch mal genau darüber nach!" Die Vorhersagen bzw. Vermutungen sollten vor dem Ablauf des Experiments weder bewertet noch hinterfragt werden, sondern von der Lehrkraft sollten nur verschiedene Vorhersagen gesammelt, vergleichend nebeneinandergestellt und die Unterschiede zwischen verschiedenen Vorhersagen aufgezeigt werden. Dazu muss die Lehrperson eine Atmosphäre schaffen, in der sich die Schülerinnen und Schüler trauen, das zu sagen, was sie denken – ohne Angst haben zu müssen, ausgelacht zu werden. Die Vorhersagen dürfen deshalb auch nicht benotet werden. Nur wenn die Schülerinnen und Schüler eine Lernsituation wahrnehmen, die klar von einer Leistungssituation getrennt ist, werden sie ihre tatsächlichen Überlegungen auch äußern.

Im Folgenden werden einige ausgewählte Experimente vorgestellt, bei denen zu erwarten ist, dass Schülerinnen und Schüler aufgrund ihrer Vorstellungen falsche Vorhersagen machen und so ein kognitiver Konflikt auftritt.

■ Beispiele aus der Optik

Da Schülerinnen und Schüler in der Regel denken, ein Spiegel vertausche rechts und links (▶ Abschn. 5.2.4), werden sie gefragt, wie das Spiegelbild eines asymmetrischen Buchstabens – z. B. ein F – aussieht, wenn man ihn aus Pappe parallel zum Spiegel vor den Spiegel hält. Viele Schülerinnen und Schüler sagen vorher, im Spiegel sei ein spiegelverkehrtes F zu sehen. Das Spiegelbild-F zeigt hier aber nach der gleichen Richtung wie das reale F, allerdings ist die Rückseite zu sehen, die man in einer anderen Farbe gestalten sollte (■ Abb. 3.1).

Erzeugt man mithilfe eines Bildbearbeitungsprogramms ein scheinbares Foto mit einem Gegenstand vor dem Spiegel, das den Erwartungen durch die Schülervorstellung entspricht (■ Abb. 3.2), löst auch dieses bei einigen – nicht bei allen – einen kognitiven Konflikt aus: Sie wissen, dass es so nicht sein kann.

Viele Schülerinnen und Schüler meinen, bei einer Abbildung mit einer Linse wandere das Bild vom Gegenstand als Ganzes durch die Linse zum Schirm (▶ Abschn. 5.2.4). So

Abb. 3.2 Fotomontage eines Autos vor einem Spiegel zur Erzeugung eines kognitiven Konflikts.

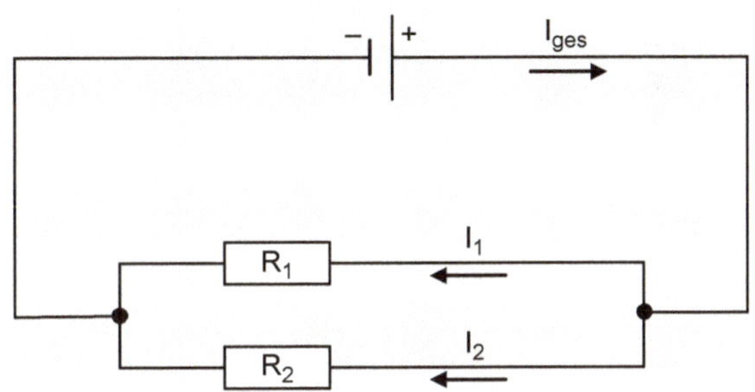

Abb. 3.3 Bei einer Änderung des Widerstands R_1 machen Lernende falsche Vorhersagen der Stromstärken I_{ges} und I_2.

werden manche vorhersagen, dass das Bild nur noch halb zu sehen ist, wenn man die Linse halb abdeckt. Tatsächlich sieht man im Experiment ein komplettes Bild des Gegenstands; es wird nur lichtschwächer.

Beispiele aus der Elektrizitätslehre

Sehr verbreitet ist die Schülervorstellung vom ‚Stromverbrauch', nach der der Strom in der Batterie gespeichert ist, zur Lampe fließt und dort zumindest teilweise verbraucht wird (▶ Abschn. 6.2.3). Bei einer Reihenschaltung von Lampen wird deshalb beim Experiment falsch vorhergesagt, dass vor jeder Lampe die Stromstärke größer ist als nach der Lampe. Hat man vor und hinter einer Lampe einen Widerstand, wird von einigen Schülern unzutreffend vermutet, dass sich nur die Änderung des Widerstands vor dem Lämpchen auf dessen Helligkeit auswirkt.

Falsche qualitative Vorhersagen der Stromstärken kann man auch erhalten, wenn man in einer Parallelschaltung von zwei Widerständen einen Widerstand verändert (■ Abb. 3.3). Viele Schülerinnen und Schüler gehen davon aus, dass sich die Gesamtstromstärke nicht ändert. Hintergrund ist die Vorstellung, dass eine Quelle je nach ihrer ‚Stärke' immer eine konstante Stromstärke liefert, unabhängig von den jeweils angeschlossenen Widerständen.

▪ Computergestützte Veranschaulichung für Vorhersagen

Für Vergleiche zwischen Vorhersage und Versuchsausgang eignen sich, wie die bisherigen Beispiele zeigen, qualitative und halb-quantitative Versuche sehr gut. Bei Freihandversuchen fragt man einfach nach dem erwarteten Effekt bzw. Ablauf: Was passiert? Was wird zu sehen sein?

Aber auch quantitative Vorhersagen und Verläufe einer Messgröße können Ausgangspunkte für Konzeptwechsel sein. Beispiele sind Vorhersagen der Form eines Graphen, der Vorzeichen bzw. der Richtungen einer Größe oder auch der Größenordnung einer Größe. Bei Realexperimenten ist eine Messwerterfassung mit dem PC hilfreich, damit nach Abschluss der Vorhersagen schnell ein Ergebnis präsentiert werden kann. Müssen Messwerte erst „per Hand" erhoben und ausgewertet werden, um einen Graphen zu erhalten, vergeht zu viel Zeit zwischen Vorhersage und Präsentation des Ergebnisses.

Weitere Möglichkeiten für Vorhersagen ergeben sich, wenn physikalische Größen bei Messungen am Computer unmittelbar ikonisch dargestellt werden, etwa mit Flächen oder Pfeilen.[5] Bei der Nutzung ikonischer Repräsentationen kann über die Form eines Graphen hinaus für jede Phase des Ablaufs nach der Form und Lage der Repräsentation jeder einzelnen Größe und eventuell ihrer Änderung gefragt werden. Beispielsweise kann man Richtung, Länge und Änderungsverhalten des Geschwindigkeitspfeils, des Beschleunigungspfeils oder verschiedener Kraftpfeile vorhersagen lassen, z. B. „Wie sieht der Beschleunigungspfeil bei einem Fadenpendel aus, das gerade seinen tiefsten Punkt durchläuft?" Schülerinnen und Schüler neigen dazu, einen Pfeil in oder gegen die Richtung der Momentangeschwindigkeit vorherzusagen, weil sie Beschleunigung nicht mit einer reinen Richtungsänderung in Verbindung bringen (▸ Abschn. 4.2). Tatsächlich jedoch zeigt der Beschleunigungspfeil in diesem Augenblick zum Aufhängepunkt des Pendels. Vorher und nachher zeigt er schräg zur Bewegungsrichtung, da er einen Tangential- und einen Radialanteil hat.

Von Vorteil beim Einsatz des Computers ist, dass die Lehrkraft die Prognosen der Lernenden nicht beurteilen muss. Die Schülerinnen und Schüler sehen es selbst am Computer, wenn der Ablauf nicht ihren Vorhersagen entspricht. Da sie quasi von einer dritten Instanz von ihrem „Fehler" erfahren, wird das Schüler-Lehrer-Verhältnis dadurch nicht belastet.

▪ Beispiele für Computereinsatz bei Versuchsvorhersagen

Viele Schülerinnen und Schüler bringen die Beschleunigung nur mit einer Änderung des Tempos (= Geschwindigkeitsbetrags) in Verbindung. Für sie bedeutet eine positive Beschleunigung ein Schnellerwerden und eine negative Beschleunigung ein Langsamerwerden, was physikalisch falsch ist. Weil Schülerinnen und Schüler Geschwindigkeitsänderung als eine Differenz in einem Zeitintervall sehen und das für sie der wesentliche Aspekt der Beschleunigung ist, kann sich die Beschleunigung eines Körpers ihrer Meinung nach auch nur auf ein Zeitintervall beziehen. Demnach sei es nicht möglich, einem Zeit*punkt* eine Beschleunigung zuzuordnen (▸ Abschn. 4.2), was insbesondere bei den Umkehrpunkten zu falschen Vorhersagen führt. Für kognitive Konflikte eignen sich deshalb insbesondere Bewegungen mit Richtungsumkehr. Denkbar ist hier der höchste

---

5   Wilhelm (2005)

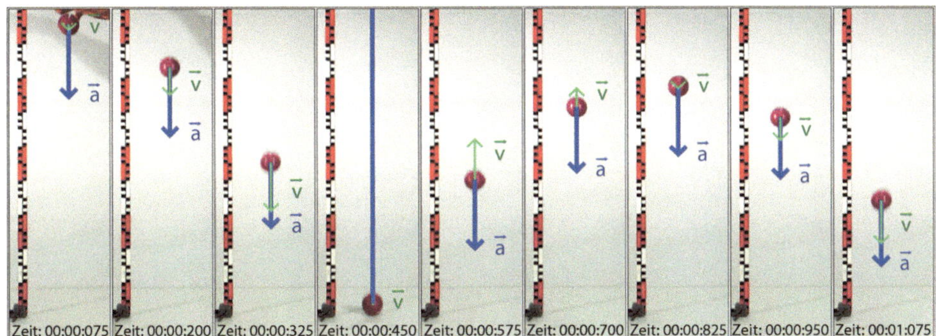

Abb. 3.4 Geschwindigkeit (grün) und Beschleunigung (blau) bei einem fallenden und wieder hochspringenden Flummi.

Punkt beim senkrechten Wurf nach oben, der tiefste Punkt beim Trampolinspringen[6] oder die Umkehrpunkte bei einer Schwingung. Messbar ist das mit einem computerbasierten Messwerterfassungssystem mithilfe von Sensoren (Ultraschallsensor, Messlaufrad, Lasersensor, Beschleunigungssensor) oder mit einem Videoanalyseprogramm, d. h. einem Programm zur Analyse von Bewegungsvideos. Die Messwerte können mit Pfeilen oder in einem Diagramm dargestellt werden.

Abb. 3.4 zeigt ein Serienbild eines fallenden Flummis aus einem Videoanalyseprogramm. Man sieht, dass die Beschleunigung (blau) bis auf den Bodenkontakt (Teilbild 4) konstant ist. Die Abwärtsfallbewegung (Teilbild 1 bis 3) ist noch einfach vorherzusagen. Schwerer fällt es Schülerinnen und Schülern, bei der Aufwärtsbewegung (Teilbild 5 und 6) die Beschleunigung gegen die Bewegungsrichtung vorherzusagen. Einen besonders starken kognitiven Konflikt durch einen erwartungswidrigen Ausgang kann die Vorhersage für den oberen Umkehrpunkt auslösen (Teilbild 7), bei dem die Geschwindigkeit (grün) null ist. Gemäß einer typischen Schülervorstellung kann für diesen Zeitpunkt keine Beschleunigung angegeben werden oder die Beschleunigung müsste hier wie die Geschwindigkeit null sein.

Auch zur Form eines Orts-, Geschwindigkeits- oder Beschleunigungsgraphen kann eine Vorhersage erfragt werden, was vor allem bei Bewegungen mit veränderlichen Kräften interessant ist. Abb. 3.5 zeigt ein Orts-, Geschwindigkeits- und Beschleunigungsdiagramm eines schwingenden Federpendels (gemessen mit einem Messlaufrad). Auch hier gibt es Zeitpunkte (0,84 s; 1,65 s), an denen die Geschwindigkeit (grün) null ist, aber nicht die Beschleunigung (blau). Besonders lohnend kann es sein, die Vorzeichen der Beschleunigung vorhersagen zu lassen. Einfach ist dies bei den Phasen 1 und 2, bei denen zunächst ein Schnellerwerden zu einer positiven Beschleunigung gehört und ein Langsamerwerden zu einer negativen Beschleunigung. In der Phase 3 wird der Pendelkörper aber wieder (in negative Richtung) schneller, obwohl eine negative Beschleunigung vorliegt, während in Phase 4 beim Langsamerwerden (noch in negative Richtung) eine positive Beschleunigung auftritt.

---

6 Suleder, Wilhelm und Heuer (2004)

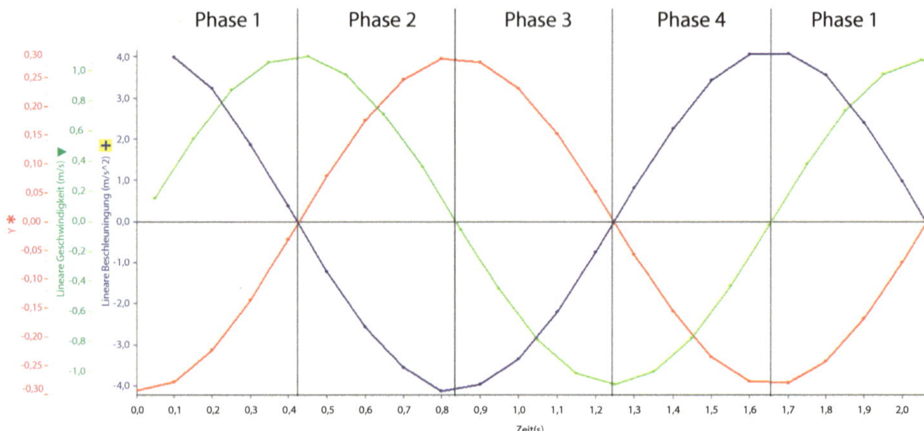

◼ Abb. 3.5 Messung von Ort (rot), Geschwindigkeit (grün) und Beschleunigung (blau) bei einem schwingenden Federpendel zur Erzeugung kognitiver Konflikte.

◾ Ablauf beim Experimentieren mit Vorhersagen

Bei der unterrichtlichen Behandlung eines Experiments mit Vorhersagen kann man sich an folgenden Schritten orientieren:

1. Die Lehrkraft zeigt die Versuchsanordnung und beschreibt, was beim Versuch gemacht wird.
2. Die Schülerinnen und Schüler machen (eventuell schriftlich auf einem vorbereiteten Antwortbogen) Vorhersagen zum Ausgang oder bezogen auf einzelne charakteristische Versuchsphasen. Eine kurze Partnerarbeitsphase kann sinnvoll sein, um Diskussionen zwischen den Lernenden anzuregen.
3. Die Lehrkraft sammelt die Vorhersagen und stellt sie vergleichend nebeneinander. Sie bittet gegebenenfalls um Begründungen, wertet diese aber ebenso wenig wie die Prognosen selbst.
4. Die Lehrkraft führt das Experiment durch (mit oder ohne Computerunterstützung).
5. Die Schülerinnen und Schüler vergleichen das Ergebnis mit ihren Vorhersagen. Beim Computereinsatz kann das oftmals bereits parallel zur Versuchsdurchführung erfolgen.
6. Einzelne Schülerinnen oder Schüler beschreiben den Versuchsverlauf und den Unterschied zu ihrer Vorhersage.
7. Im Klassengespräch wird eine Erklärung für den Versuchsverlauf und die unzutreffenden Vorhersagen gesucht. Dabei werden auch unterschiedliche Erklärungen gefunden und gegeneinander abgewogen.

Diese Schritte werden gegebenenfalls mehrfach durchlaufen, wobei unterschiedliche Vorhersagen gefordert werden, z. B. zu verschiedenen Phasen des Ablaufs. Bei einem Computereinsatz können beim gleichen Ablauf auch Vorhersagen zu verschiedenen Repräsentationen der gleichen Größe eingefordert werden, z. B. zur Darstellung durch ikonische Repräsentationen und durch Graphen.

3.2.2 Mögliche Probleme des Vorgehens

Das beschriebene Vorgehen hat zwei potenzielle Probleme. Zum einen besteht bei der Aufforderung zu Vorhersagen, bei denen man erwartet, dass Schülervorstellungen zu falschen Prognosen führen, die Gefahr, dass Lernende dazu verleitet werden, vorhandene Vorstellungen zu aktivieren, die sonst vielleicht gar nicht im Unterricht zum Tragen gekommen wären. Die Lehrkraft muss abwägen, ob die Schülervorstellungen so stark und so verbreitet in der Lerngruppe vorhanden sind, dass sie ohnehin beim Nachdenken über die experimentelle Fragestellung aktiviert werden, auch ohne sie explizit zu äußern. Bei den oben genannten Beispielen liegt dies nach Ergebnissen der physikdidaktischen Forschung nahe. Zum anderen können falsche Vorhersagen in Erinnerung bleiben, obwohl im Unterricht die korrekte Lösung erarbeitet wurde. Hier ist es z. B. wichtig, dass die Schülerinnen und Schüler – unterstützt durch entsprechende Tafelanschriebe – in ihren Hefteinträgen Vermutungen vor einem Experiment stets deutlich als solche kennzeichnen und vom tatsächlichen Ergebnis abgrenzen.

Fraglich ist bei diesem Vorgehen zudem immer, ob die Schülerinnen und Schüler auch wirklich den Unterschied zwischen dem Ausgang des Experiments und ihren Vorhersagen erkennen oder ob sie ihre Vorstellungen in das Experiment „hineinsehen". Aus der Literatur sind Fälle bekannt, in denen Schülerinnen und Schüler behaupten, bei einem Experiment das beobachtet zu haben, was sie erwarteten, obwohl dies gar nicht der Fall war.[7] Dies kann z. B. auftreten, wenn Schülerinnen und Schüler erwarten, ein eingespannter Widerstandsdraht beginne auf der Seite zuerst zu glühen, *„wo der Strom zuerst ankommt"*, oder in der Mitte, *„wo die Ströme von den Polen aufeinanderprallen"* (statt überall gleichzeitig)[8]. Deshalb ist die genaue Darstellung des Versuchsablaufs entscheidend und das Ergebnis sollte möglichst eindeutig sein. Hierfür sind Messwerte oder ikonische Darstellungen physikalischer Größen geeigneter als die direkte Beobachtung eines Experiments.

Wenn die Schülerinnen und Schüler sehen, dass der Versuchsausgang ihren Vorstellungen widerspricht, lösen sie die Diskrepanz oftmals durch Ad-hoc-Annahmen auf. Das bedeutet, sie finden eine Erklärung, warum in diesem speziellen Fall ihre Vorhersage falsch war, obwohl ihre Vorstellung richtig ist. Somit sehen sie keinen Widerspruch zu ihren Vorstellungen. Selbst bei Erkennen einer Diskrepanz ändern Schülerinnen und Schüler deshalb noch nicht zwangsläufig ihre Sichtweise.[9] Dieses Verhalten, von den vorhandenen Ansichten und Bewertungen nicht vorschnell abzuweichen, ist im Alltag häufig angemessen (und auch in der Forschung rational). Deshalb reicht es nicht, nur einen Ablauf zu betrachten, sondern es müssen mehrere, durchaus unterschiedliche Abläufe betrachtet und analysiert werden, die das gleiche physikalische Konzept verdeutlichen und bei denen immer wieder die Schülervorstellungen infrage gestellt werden. Entscheidet man sich für ein solches Vorgehen, ist zu bedenken, dass die Verunsicherung der Schülerinnen und Schüler, die anschließende Diskussion der Schülervorstellungen sowie

---

7 Beispiele wurden u. a. beschrieben zum Stromkreis (Duit, 1989, S. 37; Duit, 1992, S. 283) und zu Bewegungen (Duit, 1989, S. 37 f.; Duit, 1992, S. 283)

8 Schlichting (1991, S. 77)

9 Duit (1993a, S. 5)

deren Kontrastierung mit der physikalischen Vorstellung viel Unterrichtszeit in Anspruch nehmen. Das empfiehlt sich dann, wenn Schülervorstellungen aus der Forschung und Unterrichtspraxis gut bekannt sind und sie zentrale physikalische Konzepte betreffen.

Problematisch ist es hingegen, wenn Lernende in Bereichen, in denen sie kaum Vorstellungen haben, aufgefordert werden, ihre Vorstellungen ausführlich explizit zu formulieren und damit erst einmal eine neue Theorie konstruieren. Während sie vorher nur eine Präferenz für die Einordnung des Phänomens haben, werden so explizit formulierbare Fehlvorstellungen erzeugt. Wiesner stellte das z. B. im Optikunterricht fest. Wenn die Schülerinnen und Schüler ihre Vorstellungen im Verlauf der Diskussion erst einmal zu einer gewissen Reife gebracht haben, ist eine Widerlegung der unerwünschten bzw. die Akzeptanz der physikalischen Vorstellungen schon aus Zeitgründen erheblich erschwert.[10] Daraus folgt, dass die Methode des Hervorlockens von Schülervorstellungen am Anfang einer Unterrichtseinheit nicht in allen Gebieten der Schulphysik sinnvoll ist.[11]

Es gibt nicht zu allen Schülervorstellungen geeignete Experimente, mit denen man kognitive Konflikte erzeugen kann. Die Experimente müssen ja so beschaffen sein, dass die Schülerinnen und Schüler wahrscheinlich falsche Vorhersagen machen, aber danach gut erkennen, dass das Experiment anders abläuft. In einigen Gebieten kann man auf Gedankenexperimente oder auf Simulationen zurückgreifen, etwa zur Elektronenlokalisation beim Doppelspaltexperiment (▶ Abschn. 10.3).

Zusätzlich zu den erwähnten Problemen gibt es die emotional begründete Schwierigkeit, dass sich viele Schülerinnen und Schüler nur ungern auf kognitive Konflikte einlassen. Dreyfus berichtet aus einem solchen Unterricht, dass leistungsstarke, erfolgreiche Schülerinnen und Schüler enthusiastisch auf kognitive Konflikte reagierten und ihnen der verblüffende Effekt der Methode und die Konfrontation mit neuen Problemen gefiel. Leistungsschwächere Schülerinnen und Schüler, die den Konflikt nicht auflösen konnten, entwickelten dagegen negative Selbstbilder, negative Einstellungen zur Schule und zu schulischen Aufgaben und einen hohen Grad an Angst.[12]

3.3   Aufbaustrategien für einen kontinuierlichen Lernweg

3.3.1 Die Idee des Aufbaus

■ **Begründung der Aufbaustrategie**

Viele Studien zeigen, dass Schülervorstellungen nicht durchgängig konsistent und nicht so stabil sind, wie man das von einer vernetzten Theorie erwarten würde. Sie sind stattdessen vielfältig, widersprüchlich und kontextabhängig (▶ Abschn. 2.4.2). Ein Lernender verfügt oft über mehrere unterschiedliche Vorstellungen gleichzeitig. Mandl spricht hier von Wissenskompartmentalisation (Mandl, Gruber & Renkl, 1993a,b) und Hartmann (2004) von Erklärungsvielfalt. In schriftlichen und mündlichen Äußerungen zeigen sich Widersprüche, Sprünge und Wechsel in der Argumentation. Wird die Problemstellung geringfügig

---

10 Wiesner (1992, S. 290)

11 Grob, Menschel, Reiche, v. Rhöneck und Schreier (1993, S. 365)

12 Dreyfus, Jungwirth und Eliovith (1990, S. 565)

geändert, ergeben sich deutliche Änderungen in der Art der geäußerten Schülervorstellungen. DiSessa (1993) meint entsprechend, Schülerinnen und Schüler hätten viele diskrete, fragmentierte Wissenselemente sowie einfache Schlussregeln, die er „p-prims" („phenomenological primitives") nennt, und diese würden je nach Situation unterschiedlich stark aktiviert (▶ Abschn. 2.4.3). Diese Vorstellungen sind bei Novizen also nicht in eine theorieähnliche Struktur eingebettet, sondern weitgehend isolierte Elemente. Sie werden abhängig von den speziellen Situationen und konkreten Formulierungen einer Aufgabenstellung mit unterschiedlicher Priorität aktiviert. Lernen heißt demnach, das richtige p-prim zu aktivieren und es dann richtig anzuwenden.

Werden in der Lernsituation von den Lernenden für die Konstruktion der physikalischen Begriffe ungeeignete Wissenselemente aktiviert, treten Lernschwierigkeiten auf. Die Fachdidaktik muss daher geeignete Lernaufgaben und Experimente bereitstellen, in denen anknüpfungsfähiges Vorwissen aktiviert wird. Lerneffektive Lehrgänge müssen so konstruiert werden, dass das Auftreten von Lernschwierigkeiten durch das Aktivieren ungeeigneter Vorstellungen möglichst vermieden wird, aber gleichzeitig für die Begriffsentwicklung geeignete Vorstellungen aktiviert werden. Die Designvorschrift für den Unterricht muss damit lauten: Finde die Schlüsselreize, die aus diesem Pool die für die begriffliche Entwicklung besonders geeigneten, anknüpfungsfähigen p-prims aktivieren.[13]

Ein solcher Unterricht bedarf einer durchdachten Führung durch die Lehrkraft. Eine überwiegend auf eigenständigem Entdecken von Zusammenhängen durch die Schülerinnen und Schüler ausgerichtete Unterrichtsgestaltung („inquiry-based") hat sich weder fächerübergreifend[14] noch in den Naturwissenschaften[15] als besonders effektiv erwiesen. In einer offenen Lernumgebung mit Schwerpunkt auf selbstentdeckendem Lernen sind insbesondere leistungsschwächere Schülerinnen und Schüler oftmals kognitiv überfordert. Physikalische Grundideen sollten deshalb vorwiegend angeleitet durch direkte Lehrer-Instruktion eingeführt werden. Anwendungen sollten dagegen problemorientiert, offen und schülerzentriert durchgeführt werden. Hier haben die Lernenden mit dem zuvor durch die Lehrkraft vermittelten Vorwissen eine Chance, die physikalischen Sachverhalte eigenständig zu durchdenken und zu sinnvollen Ergebnissen zu kommen.

Die didaktische Aufgabe besteht demnach darin, ein Lernangebot sowie Experimente zu entwickeln, mit denen durch geeignete Schlüsselreize anknüpfungsfähige vorunterrichtliche Vorstellungen aktiviert werden. Man sucht nach Angeboten, die geeignete Rahmenvorstellungen aktivieren und mit deren Hilfe neue Begriffe oder Zusammenhänge entwickelt werden.

■ Varianten von Aufbaustrategien

Man kann drei Varianten von Aufbaustrategien unterscheiden, die in der Praxis aber ineinander übergehen: Umgehen, Anknüpfen und Umdeuten. Bei der ersten Variante des *Umgehens* versucht man den Unterricht inhaltlich so aufzubauen, dass bekannte, fachlich falsche Schülervorstellungen gar nicht erst aktiviert werden; sie sollen vielmehr bewusst umgangen werden. Am Beginn einer neuen Unterrichtsthematik wird dabei nicht auf die

---

13 Wiesner et al. (2010)

14 Hattie (2009, S. 201)

15 Minner, Levy und Century (2010, S. 20)

vorhandenen Vorstellungen eingegangen, sondern zügig das physikalische Konzept vorgestellt – auch auf die Gefahr hin, dass die Schülervorstellungen unverändert bestehen bleiben und die physikalische Darstellung zunächst einen isolierten Wissensbereich bildet. Um ein unbewusstes und unverbundenes Nebeneinander von physikalischer Sicht und Alltagssicht zu verhindern, muss im Nachhinein, wenn eine gewisse Sicherheit in der Anwendung der physikalischen Konzepte erreicht ist, ein Vergleich stattfinden. Ein Beispiel ist die holistische Vorstellung, bei einer Linse löse sich ein Bild vom Gegenstand ab (▶ Abschn. 5.2.4) und wandere als Ganzes durch die Linse; diese Vorstellung wird beim Sender-Strahlungs-Empfänger-Konzept bewusst umgangen (▶ Abschn. 3.3.2). Dieses Vorgehen bietet sich insbesondere in Themenbereichen an, in denen wenige Vorstellungen vorhanden sind, wie in der Wärmelehre (▶ Abschn. 7.3).

Die zweite Variante besteht im *Anknüpfen* an ausbaufähige Vorstellungen zu bestimmten Begriffen, um diese zu physikalisch korrekten Vorstellungen weiterzuentwickeln. Ausgangspunkt sind Erfahrungen, deren Alltagsverständnis möglichst wenig mit der physikalischen Sicht kollidiert. Diese Vorstellungen der Schülerinnen und Schüler werden weiterentwickelt und geändert, ohne den Schülerinnen und Schülern zu schnell physikalisches Wissen überzustülpen und zu schnell Fachtermini zu verwenden. Die Schwierigkeit dabei ist, Vorstellungen der Schülerinnen und Schüler zu finden, die dafür geeignet sind. Ein Beispiel ist die Vorstellung, die Geschwindigkeit eines Körpers werde durch die einwirkende Kraft bestimmt (▶ Abschn. 3.3.2).

Eine dritte Variante ist die des *Umdeutens*. Hierbei sagt man den Schülerinnen und Schülern bewusst nicht, dass ihre Vorstellungen aus der Sicht der Physik falsch sind, sondern betont, dass sie im Prinzip etwas Richtiges denken, aber die Physik dafür andere Begriffe benutzt. Ein Vorteil dieses Umdeutens liegt sicherlich auf der emotionalen Ebene, da dies ermutigend statt entmutigend wirkt.

Beispielsweise denken Schülerinnen und Schüler in der Elektrizitätslehre häufig, dass in der Batterie „Strom gespeichert" ist und im Lämpchen „Strom verbraucht" wird. Der Lehrer bemüht sich nun um eine *Umdeutung*, indem er betont, dass in der Batterie „chemische Energie gespeichert" ist, die in „elektrische Energie umgewandelt" wird. In dem Lämpchen wird die elektrische Energie in Licht und Wärme umgewandelt, also quasi „verbraucht". In der Mechanik kann gesagt werden, dass das, was Schülerinnen und Schüler mit „Geschwindigkeit" bezeichnen, in der Physik mit „Schnelligkeit" oder „Tempo" oder „Geschwindigkeitsbetrag" bezeichnet wird, während der physikalische Begriff „Geschwindigkeit" eine Richtung bzw. ein Vorzeichen hat. Man kann auch vermitteln, dass die „Kraft in Richtung der Bewegung" in der Physik „Impuls" heißt. Bei der Behandlung des dritten Newton'schen Gesetzes glauben Schülerinnen und Schüler bei Stößen unterschiedlich schwerer Körper, dass der schwerere eine größere Kraft auf den leichteren ausübt als umgekehrt. Hier wird den Schülerinnen und Schülern mitgeteilt, dass hinter ihrer Auffassung eine richtige Erkenntnis steht: Die beobachtbaren Wirkungen, nämlich die Beschleunigungen, sind betragsmäßig unterschiedlich, die Beträge der Kräfte allerdings nicht.

■ Nutzung von Analogien

Gerne werden bei Aufbaustrategien *Analogien* benutzt. Dahinter steht die Idee, dass den Schülerinnen und Schülern ein Analogbereich (d. h. ein Bereich, von dem ausgegangen wird) vertraut ist und sie dort fachlich korrekte Vorstellungen haben. Sie werden dann

◘ Abb. 3.6   Experiment im Rahmen einer Aufbaustrategie mit einer Analogie: Luft strömt von einem Bereich höheren Drucks im Luftballon zu einem Bereich niedrigeren Drucks[16].

ermuntert, diese Erkenntnisse auf einen anderen Bereich zu übertragen. Beispielsweise werden beim Elektronengasmodell[17] das elektrische Potenzial mit dem Luftdruck und die Spannung mit Druckdifferenzen verglichen. In Experimenten (◘ Abb. 3.6) kann man feststellen, dass Luft immer von Bereichen hohen Drucks zu Bereichen niedrigeren Drucks strömt. Damit wird an korrekte Vorstellungen angeknüpft und eine Vorstellung von Potenzial und Spannung aufgebaut.

Nicht hilfreich ist eine Analogie, wenn die Schülerinnen und Schüler im Analogbereich schon unwissenschaftliche Vorstellungen haben, z. B. zum Wasserdruck und der Wasserströmung in ebenen geschlossenen Wasserkreisläufen[18]. Außerdem nützt eine Analogie nichts, wenn die Schülerinnen und Schüler sie nicht akzeptieren, da sie sich eher an Äußerlichkeiten der Analogie (Oberflächenstruktur) als an physikalischen Gesetzmäßigkeiten (Tiefenstruktur) orientieren. Zudem stimmen die beiden zu vergleichenden Bereiche nie vollständig überein.

Eine spezielle Aufbaustrategie stellt die Verwendung von Analogien in einer Art Überbrückungsstrategie dar.[19] Ausgangspunkt ist eine von den Lernenden physikalisch richtig gesehenen Situation, genannt Ankersituation. Darauf bezogen wird versucht, eine Analogie zu einer noch falsch verstandenen Situation, genannt Zielsituation, herzustellen, indem man eine weitere Situation, die Überbrückungssituation, zwischenschaltet. Ein Beispiel: Bei der Zielsituation „Ein Buch liegt auf dem Tisch" sehen die Schülerinnen und Schüler nicht die Kraft des Tisches auf das Buch. Hingegen erkennen sie in der Ankersituation „Ein Buch liegt auf einer Feder" eine Kraft der Feder nach oben auf das Buch, lehnen eine Analogie zwischen den beiden Situationen anfangs jedoch ab. In ihrer Vorstellung kann ein ‚passiver' Tisch, *„der einfach nur so dasteht"*, keine ‚aktive' Kraft auf das Buch ausüben. Er verhindere lediglich das Herunterfallen des Buches. Als Überbrückungssituation kann ein auf einer recht biegsamen Tischplatte liegendes schweres Buch

---

16   Burde und Wilhelm (2016b)

17   Burde und Wilhelm (2016b)

18   Burde und Wilhelm (2016a)

19   Clement (1993)

verwendet werden oder ein kleines Modell eines Tisches mit biegsamer Tischplatte, z. B. aus Federstahl. Hier sehen die Schülerinnen und Schüler sowohl eine Analogie zur Anker- als auch zur Zielsituation und dann hoffentlich auch zwischen diesen beiden. Ein zweites Beispiel: Bei der Haftreibung zwischen einer Unterlage und einem Klotz (Zielsituation) lehnen es Schülerinnen und Schüler auf Grundlage des gleichen Aktiv-Passiv-Schemas (▶ Abschn. 4.3) ab, dass die Unterlage eine gerichtete Kraft auf den Klotz ausübt. Sie sehen die Reibung nur als ungerichteten Widerstand gegen die Bewegung an. Bei der Anker-situation „Ziehen an einer Feder" wird dagegen eine rücktreibende Kraft erkannt. Als Brücke kann die Bewegung einer Bürste auf einer anderen sein, bei der die Haare bzw. Borsten der als Unterlage dienenden Bürste die Bewegung der anderen hemmen und auf diese eine gerichtete Kraft ausüben. Allerdings gibt es nur wenige ausgearbeitete Bei-spiele, bei denen man zu einer Zielsituation auch noch eine passende Anker- und Über-brückungssituation findet.

3.3.2 Beispiele für Aufbaustrategien

Einige bekannte Unterrichtskonzepte, die sich in Wirkungsstudien als erfolgreich zeigten, haben Aufbaustrategien eingesetzt. In Kenntnis der Schülervorstellungen werden darin bestimmte Elemente der physikalischen Sachstruktur anders als bis dahin üblich einge-führt und erklärt.

■ **Optik**

Eine Aufbaustrategie zur Strahlenoptik legten Herdt und Wiesner vor.[20] Ihr zentrales Element besteht darin, stets den Weg des Lichtes vom Gegenstand durch das optische System zum Auge zu ermitteln und so eine Sender-Strahlungs-Empfänger-Vorstellung auf-zubauen („Frankfurter Optik-Konzept"). Am Anfang ist es dabei sehr wichtig, den Schü-lerinnen und Schülern den Sehvorgang und dazu die Streuung an Oberflächen deutlich zu machen. Bei Linsen werden auch im Experiment Lichtkegel betrachtet, die ein Gegen-standspunkt aussendet und die durch die Linse auf Bildpunkte zusammengeführt werden (Punkt-zu-Punkt-Abbildung bzw. Leuchtfleck-zu-Bildfleck-Schema). Das Sender-Strah-lungs-Empfänger-Schema wird so stark betont, weil man aus der Schülervorstellungsfor-schung weiß, dass Schülerinnen und Schüler zu Licht eher statische Vorstellungen haben: *„Licht erfüllt den Raum wie ein Lichtmeer", „Das Vorhandensein von Licht macht Gegen-stände sichtbar"* (▶ Abschn. 5.2.1). Ohne eine physikalisch angemessene Grundvorstellung von den Lichtwegen bleiben Strahlengangskonstruktionen für Schülerinnen und Schüler formale Übungen ohne Vorstellungsgehalt.

Bei der Linse denken viele Schülerinnen und Schüler, das Bild löse sich vom Gegen-stand ab und wandere als Ganzes durch die Linse. Die Unterrichtskonzeption berücksich-tigt diese holistische Vorstellung mit der Punkt-zu-Punkt-Abbildung implizit, ohne sie jedoch im Unterricht explizit zu konfrontieren.

---

20 Herdt (1989)

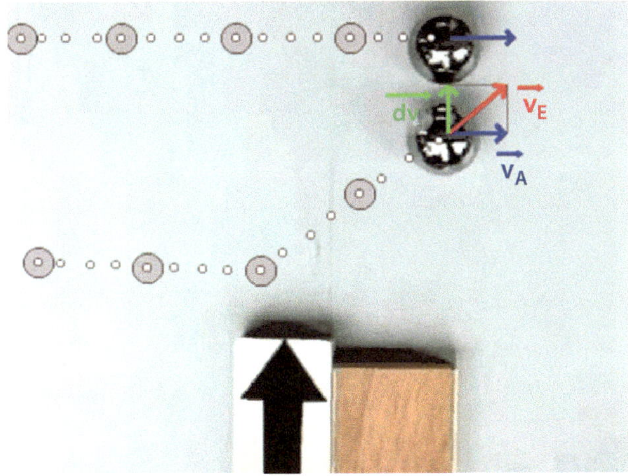

☑ Abb. 3.7 Ergebnis des senkrechten Stoßes auf eine rollende Stahlkugel (dargestellt im Videoanalyseprogramm *measure dynamics*) zum Aufbau einer korrekten Vorstellung vom Begriff „Kraft".

▪ Newton'sche Dynamik

Ein Schlüsselreiz im Rahmen der Aufbaustrategie für die Newton'sche Dynamik ist der senkrechte Stoß: Eine schwere Stahl- oder Billard-Kugel kommt im Experiment von links angerollt und erhält einen kurzen Stoß senkrecht zur Bewegungsrichtung (☑ Abb. 3.7). Schülerinnen und Schüler erwarten, dass die Geschwindigkeit nach dem Stoß in Richtung der wirkenden Kraft orientiert ist (Vorstellung: *„Die Kraft bestimmt die Bewegung"*). Sie vermuten sogar, dass das Tempo der Kugel proportional zur Krafteinwirkung ist. Tatsächlich rollt die Kugel aber schräg weiter (☑ Abb. 3.7). Den Schülerinnen und Schülern wird nun aufgezeigt, dass die Anfangsgeschwindigkeit erhalten bleibt, aber in Stoßrichtung tatsächlich eine Zusatzgeschwindigkeit dazukommt, deren Tempo proportional zur Kraft ist.[21] Damit kommt man den Schülerinnen und Schülern entgegen: Die Schülervorstellung, dass die (End-)Geschwindigkeit in Richtung und Betrag durch die Kraft bestimmt ist, wird so in den Zusammenhang zwischen Kraft und Zusatzgeschwindigkeit umgedeutet. Außerdem wird vermittelt, dass Kraft eine Einwirkung ist, die die Geschwindigkeit ändert.

▪ Druck

Schülerinnen und Schüler sehen Druck als gerichtete Einwirkung auf einen Körper an. Diese Vorstellung entspricht einer Kraft: Es wird auf etwas gedrückt. In der Physik ist der Druck aber eine ungerichtete Zustandsgröße. So beschreiben Schülerinnen und Schüler Druckphänomene nicht über Druckzustände, sondern über Bewegungen. Eine mögliche Aufbaustrategie besteht darin, Druck als das Gepresstsein eines Gases oder einer Flüssigkeit einzuführen, dann lange damit qualitativ zu argumentieren und erst sehr spät die Definitionsgleichung $p = F/A$ einzuführen.[22] Im Vordergrund stehen damit Experimente, bei denen Druckdifferenzen auftreten (☑ Abb. 3.8).

---

21   Wiesner et al. (2016); Wilhelm, Tobias, Waltner, Hopf und Wiesner (2012)

22   Wodzinski (2000)

◘ Abb. 3.8   Die Luft in der mit der Hand verschlossenen und zusammengedrückten PET-Flasche ist gepresst, was erst beim Entfernen der Hand deutlich wird, weil dann die gepresste Luft den Luftballon aufbläst.

Vermieden werden Experimente, bei denen Schülerinnen und Schüler auf Bewegungen achten, wie die Spritzkugel oder das Kraft-Druck-Gerät. Es wird also an Erfahrungen mit Zusammenpressen und Gepresstsein angeknüpft und Erfahrungen mit Drücken in eine bestimmte Richtung werden möglichst nicht aktualisiert.

3.4   Thematisieren von Schülervorstellungen

▪ Die Frage nach dem Zeitpunkt

Bei den verschiedenen Modellen des Umgangs mit Schülervorstellungen im Physikunterricht spielt die Frage eine Rolle, ob und in welcher Phase des Unterrichts man Schülervorstellungen thematisieren soll. Wenn Lernen nur auf der Basis von und in Wechselwirkung mit dem vorhandenen Wissen und den vorhandenen Vorstellungen möglich ist, dann müssen die wichtigsten Schülervorstellungen im Unterricht irgendwann thematisiert und den physikalischen Vorstellungen gegenübergestellt werden. Sonst besteht die Gefahr, dass neue Informationen so selektiert und transformiert werden, dass sie in die vorhandene kognitive Struktur eingepasst werden bzw. diese erweitern, ohne sie im Kern zu verändern.[23] In welcher Unterrichtsphase die Thematisierung von Schülervorstellungen geschieht, hängt davon ab, welchen Lernweg man plant.

Wer die Schülervorstellungen für kognitive Konflikte nutzen will, muss sie *am Anfang* eines Lehrgangs bewusst machen, um sie dann infrage zu stellen (◘ Abb. 3.9). Nach einem

---

23 Schecker (1984, S. 179)

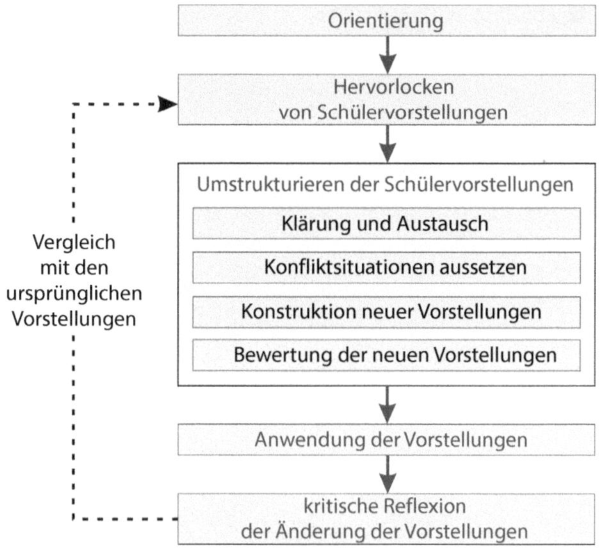

◻ Abb. 3.9 Übersicht über den Unterrichtsablauf bei einer Strategie, die Schülervorstellungen und physikalische Vorstellungen kontrastiert[24].

erfolgreichen Unterricht kann man dann den Schülerinnen und Schülern nochmals ihre ursprünglichen Vorstellungen, ihren Konzeptwechsel und ihren Lernfortschritt aufzeigen, wenn die aufgedeckten Vorstellungen schriftlich festgehalten wurden. Wie in ▶ Abschn. 3.3.2 dargelegt, ist es allerdings kontraproduktiv, wenn Schülerinnen und Schüler in Gebieten, in denen sie kaum Vorstellungen haben, dazu aufgefordert werden, Vorstellungen zu formulieren und damit solche erst zu schaffen, die man anschließend mit den physikalischen Vorstellungen konfrontieren muss.

Bei einer Aufbaustrategie beginnt man nicht mit dem Thematisieren der Vorstellungen. Ein Ziel kann aber sein, im Unterricht ein solches Lernklima zu schaffen, dass Schülervorstellungen *während* der Behandlung des Lehrstoffs von selbst hervorkommen. Damit hat man als Lehrkraft die Schülervorstellungen genau an der Stelle im Unterricht, an der man sie wirklich thematisieren sollte, und auch nur solche, die potenziell stabil sind und dann Lernschwierigkeiten bewirken. Die Herausforderung besteht darin, ein Unterrichtsklima zu schaffen, in dem sich die Schüler trauen, ihre Vorstellungen zu äußern. Dabei müssen die Lernenden ihre Vorstellungen nicht selbstständig perfekt ausformulieren, sondern die Lehrkraft kann auf entsprechende Schüleräußerungen reagieren, indem sie diese zurückspiegelt: *„Habe ich dich richtig verstanden, dass du meinst, Metall sei immer kälter als Holz?"* oder *„Viele Schüler denken, dass die Straße keine Kraft auf das Auto ausüben kann, siehst du das auch so?"*. Das bedeutet, dass die Lehrkraft die Schülervorstellung, die sie zu erkennen glaubt, formuliert und den Lernenden fragt, ob er dies so gemeint hat. Voraussetzung ist, dass die Lehrkraft typische Schülervorstellungen kennt und auf deren Auftreten in Schüleräußerungen achtet.

---

24 Flussdiagramm nach Driver (1989, S. 88) und Duit (1993a, S. 6)

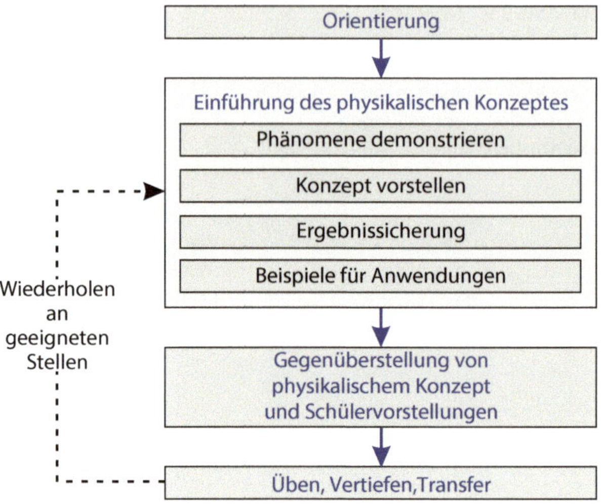

◘ **Abb. 3.10**   Übersicht über den Unterrichtsablauf bei einer Aufbaustrategie[25].

Eine andere Möglichkeit besteht darin, erst das physikalische Konzept ohne eine Thematisierung von Schülervorstellungen vorzustellen und dieses *danach* mit den Schülervorstellungen zu vergleichen (◘ Abb. 3.10). Durch diesen nachträglichen Vergleich kann einer eventuell entstandenen Kompartmentalisierung von korrektem und inkorrektem Wissen entgegengewirkt werden und ein Clusterbegriff wie „Kraft" in verschiedene physikalische Begriffe (Kraft, Impuls, Energie etc.) differenziert werden.

▪ Voraussetzungen für das Gespräch mit den Lernenden

Zur Thematisierung der Schülervorstellungen ist das Gespräch zwischen Lernenden und Lehrenden nötig. Im Dialog, in dem die Schülervorstellungen ernst genommen und diskutiert werden, können sich die Lernenden ihrer eigenen Ideen und Vorstellungen wie auch derer ihrer Mitschüler bewusst werden. Aufgabe der Lehrkraft ist es, ein vertrautes Lehr-Lern-Klima zu schaffen, in dem die Schülerinnen und Schüler frei über ihre Vorstellungen diskutieren können.[26]

Das eigenständige Denken der Lernenden und damit ihre Beobachtungen, Ideen und Fragen dürfen nicht durch Nichtbeachten, sinnveränderndes Umformulieren oder Warten auf die richtige Antwort unterdrückt werden. Die Lehrkraft braucht Geduld, Verständnis und Interesse für die Ansätze der Schülerinnen und Schüler, die zu eigenem Denken ermutigt werden sollen. „Falsche" Schülerantworten dürfen weder ignoriert noch als Ausrutscher oder Versehen abgetan werden. Auch der alleinige Hinweis, eine Aussage oder Vorhersage sei falsch, genügt hier nicht. Ebenso wenig genügt es, die physikalische Darstellung eines Sachverhalts nochmals auf gleiche Weise zu wiederholen, ohne auf das tieferliegende Verständnisproblem der Lernenden einzugehen.

---

25   z. B. Wiesner (1994, S. 8); Jung, Wiesner und Engelhard (1981, S. 9f.)

26   Grob, Menschel, Reiche, v. Rhöneck und Schreier (1993, S. 365)

Da Schülervorstellungen weit verbreitet sind und als Alltagsvorstellungen bei Menschen verschiedenen Alters zu finden sind, dürfen Physikexperten ihnen nicht mit Entsetzen – *„Wie kann man nur auf eine solche Idee kommen?"* – begegnen[27], sondern es ist mit Verständnis zu reagieren. Da sie einen willkommenen Gesprächsanlass geben, darf sich eine Lehrkraft sogar freuen, wenn Schülerinnen und Schüler diese äußern. Auch in der Wissenschaft Physik haben Begriffe eine Ideengeschichte – mit Vorläufern, die an manche Schülervorstellung erinnern – und erkannte Irrwege wurden zum Ausgangspunkt für neue fachliche Erkenntnisse. Deshalb wird für einen Unterricht plädiert, in dem Fehler als Lerngelegenheit ihr eigenes Recht haben, in dem Schülerinnen und Schüler Fehler als entwicklungsfördernde Ereignisse erleben und der eine „Kultur des Fehlermachens und der Fehlerauswertung" pflegt.[28]

■ **Fazit**

Abschließend kann festgestellt werden, dass die meisten in der Literatur vorgeschlagenen Unterrichtsstrategien in etwa dem folgenden Muster folgen:

1. Die Schülerinnen und Schüler machen eigene Erfahrungen mit den Phänomenen, indem sie selbst aktiv experimentieren oder indem sie ein Phänomen gezeigt bekommen bzw. einen Versuchsausgang vorhersagen sollen.
2. Im Zusammenhang damit werden entweder bewusst die Vorstellungen der Schülerinnen und Schüler aktiviert, weil man einen kognitiven Konflikt dazu anstrebt, oder die Schülervorstellungen werden bewusst umgangen, da man eine Aufbaustrategie verfolgen will.
3. Die Lehrkraft bringt die wissenschaftliche Sicht ein, die Schülerinnen und Schüler nicht selbst entdecken können. Ihr Nutzen wird im Unterricht diskutiert.
4. Es werden Anwendungen der neuen Sichtweise auf neue Beispiele behandelt, um die neue Sichtweise zu festigen.
5. Am Ende gibt es einen kritischen Rückblick auf den durchlaufenen Lernprozess. Dabei werden die Vorstellungen am Anfang, die bekannten Schülervorstellungen entsprechen, und die Vorstellungen am Ende der Lerneinheit, die den physikalischen Vorstellungen entsprechen, miteinander verglichen.

Eine generelle Konfrontationsstrategie auf Basis kognitiver Konflikte ist wegen der damit zusammenhängenden Probleme – Zeitbedarf, Gefahr der Verursachung von neuen Schülerfehlvorstellungen – nicht zu empfehlen. Aufbaustrategien scheinen nach der aktuellen Forschungslage erfolgreicher zu sein. Hat man jedoch mit geeigneten Experimenten im Rahmen einer Aufbaustrategie ein neues Wissen aufgebaut, können zur Überprüfung und Vertiefung in begrenztem Umfang kognitive Konflikte bei weiteren Experimenten durchaus sinnvoll eingesetzt werden.

---

27 Baruk (1989)
28 Bund-Länder-Kommission (1997, S. 11–12); Häußler und Lind (2000, S. 5)

3.5   Literatur

Baruk, S. (1989). *Wie alt ist der Kapitän? Über den Irrtum in der Mathematik*. Basel: Birkhäuser Verlag.

Bund-Länder-Kommission für Bildungsplanung und Forschungsförderung (1997). Gutachten zur Vorbereitung des Programms „Steigerung der Effizienz des mathematisch-naturwissenschaftlichen Unterrichts". In *Materialien zur Bildungsplanung und zur Forschungsförderung, 60*, 1–39. Bonn, http://www.blk-bonn.de/papers/heft60.pdf

Burde, J.-P. & Wilhelm, T. (2016a). Moment mal … (22). Hilft die Wasserkreislaufanalogie?. *Praxis der Naturwissenschaften – Physik in der Schule, 65*(1), 46–49.

Burde, J.-P. & Wilhelm, T. (2016b). Das Elektronengasmodell im Anfangsunterricht. *Praxis der Naturwissenschaften – Physik in der Schule, 65*(8), 18–24.

Clement, J. (1993). Using bridging analogies and anchoring intuitions to deal with students' preconceptions in physics. *Journal of Research in Science Teaching, 30*(10), 1241–1257.

diSessa A. A. (1993). Toward an Epistemology of Physics. *Cognition and Instruction, 10*, 105–225.

Dreyfus, A., Jungwirth, E. & Eliovith, R. (1990). Applying the 'Cognitive Conflict' strategy for Conceptual Change – Some Implications, Difficulties, and Problems. In W. T. Wollmann (Hrsg.), *Science Education, 74*(5), 565.

Driver, R. (1989): Changing Conceptions. In P. Adey (Hrsg.), *Adolescent Development and School Science. Based on the proceedings of an international seminar held at King's College Centre for Educational Studies*, London in September 1987 (S. 79–104). New York, Philadelphia, London: The Falmer Press.

Duit, R. (1989). Vorstellung und Experiment – von der eingeschränkten Überzeugungskraft experimenteller Beobachtungen. *Naturwissenschaften im Unterricht – Physik/Chemie, 37*(48), 37(319)–39(321).

Duit, R. (1992). Vorstellung und Physiklernen – Zu den Ursachen vieler Lernschwierigkeiten. *Physik in der Schule, 30*(9), 282–285.

Duit, R. (1993a). Schülervorstellungen – von Lerndefiziten zu neuen Unterrichtsansätzen. *Naturwissenschaften im Unterricht – Physik, 4*(16), 4–10.

Duit, R. (1993b). Schülervorstellungen und neue Unterrichtsansätze. Deutsche Physikalische Gesellschaft (DPG), Fachausschuß Didaktik der Physik (Hrsg.). *Didaktik der Physik. Vorträge – Physikertagung 1993 – Esslingen* (S. 183–194).

Duit, R. (1996). Lernen als Konzeptwechsel im naturwissenschaftlichen Unterricht. In R. Duit & C. v. Rhöneck (Hrsg.), *Lernen in den Naturwissenschaften* (S. 145–162). Kiel: Institut für die Pädagogik der Naturwissenschaften.

Grob, K., Menschel, H., Reiche, H., Rhöneck, C. v. & Schreier, U. (1993). Schülervorstellungen und neue Ansätze für den Physikunterricht. *Physik in der Schule, 31*(11), 362–368.

Hartmann, S. (2004). *Erklärungsvielfalt, Studien zum Physiklernen*, Band 37. Berlin: Logos Verlag.

Hattie, J. (2009). *Visible Learning*. New York: Routledge.

Häußler, P. & Lind, G. (2000): „Aufgabenkultur" – Was ist das? *Praxis der Naturwissenschaften – Physik in der Schule, 49*(4), 2–10.

Herdt, D. (1989). *Einführung in die elementare Optik. Vergleichende Untersuchung eines neuen Lehrgangs*. Essen: Westarp.

Jung, W., Wiesner, H. & Engelhard, P. (1981). *Vorstellungen von Schülern über Begriffe der Newtonschen Mechanik*. Bad Salzdetfurth: Franzbecker.

Kuhn, T. S. (1962): *The Structure of Scientific Revolutions*, University of Chicago Press.

Mandl, H., Gruber, H. & Renkl, A. (1993a). Lernen im Physikunterricht – Brückenschlag zwischen wissenschaftlicher Theorie und menschlichen Erfahrungen. In W. Kuhn (Hrsg.), *Didaktik der Physik, Vorträge Physikertagung 1993 Esslingen* (Deutsche Physikalische Gesellschaft (DPG), Fachausschuß Didaktik der Physik), S. 21–36.

Mandl, H., Gruber, H. & Renkl, A. (1993b). Misconceptions and knowledge compartmentalization. In G. Strube (Hrsg.), *The Cognitive Psychology of Knowledge*, Elsevier Science Publishers B. V., S. 161–176.

Minner, D. D., Levy, A. J. & Century, J. (2010). Inquiry-based science instruction – what is it and does it matter? Results from a research synthesis years 1984 to 2002. *Journal of Research in Science Teaching, 47*(4), 474–496.

Posner, G. J, Strike, K. A., Hewson, P. W. & Gertzog, W. A. (1982). Accommodation of a scientific conception: Towards a theory of conceptual change. *Science Education, 66*, 211–227.

Schecker, H. (1984): Eigenständige Schülerprozesse in Mechanik (SII). In W. Kuhn (Hrsg.), *Didaktik der Physik, Vorträge Physikertagung 1984 Münster* (Deutsche Physikalische Gesellschaft (DPG), Fachausschuß Didaktik der Physik), S. 179–184.

Schlichting, H. J. (1991). Zwischen common sense und physikalischer Theorie – wissenschaftstheoretische Probleme beim Physiklernen. *Der Mathematische und Naturwissenschaftliche Unterricht, 44,* 74–80.

Strike, K. A. & Posner, G. J. (1985). A conceptual change view of learning and understanding. In L. H. West & A. L. Pines (Hrsg.), *Cognitive structure and conceptual change*. New York: Academic Press.

Suleder, M., Wilhelm, T. & Heuer, D. (2004). Neue Möglichkeiten durch Kombination von Videoanalyse und Modellbildung. In V. Nordmeier & A. Oberländer (Hrsg.), *Didaktik der Physik. Beiträge der Frühjahrstagung – Düsseldorf 2004*, Berlin.

Villani, A. (1992). Conceptual Change in Science and Science Education. In G. Aikenhead (Hrsg.), *Science Education, 76*(2), 223–237.

Vosniadou, St. (1994). Capturing and Modelling the Process of Conceptual Change. *Learning and Instruction, 4,* 45–69.

Wiesner, H. (1992). Verbesserung des Lernerfolgs im Unterricht über Optik (1). Schülervorstellungen und Lernschwierigkeiten. *Physik in der Schule, 30*(9), 286–290.

Wiesner, H. (1994). Ein neuer Optikkurs für die Sekundarstufe I, der sich an Lernschwierigkeiten und Schülervorstellungen orientiert. *Naturwissenschaften im Unterricht – Physik, 22,* 7–15.

Wiesner, H., Tobias, V., Waltner, C., Hopf, M., Wilhelm, T. & Sen, A. (2010). Dynamik in den Mechanikunterricht. *PhyDid-B – Didaktik der Physik – Beiträge zur DPG-Frühjahrstagung*, www.phydid.de

Wiesner H., Wilhelm, T., Rachel, A., Waltner, C., Tobias V. & Hopf, H. (2016). *Mechanik I: Kraft und Geschwindigkeitsänderung. Neuer fachdidaktischer Zugang zur Mechanik (Sek. 1)*, Aulis-Verlag

Wilhelm, T. (2005). *Konzeption und Evaluation eines Kinematik/Dynamik-Lehrgangs zur Veränderung von Schülervorstellungen mithilfe dynamisch ikonischer Repräsentationen und graphischer Modellbildung.* Dissertation, Studien zum Physik- und Chemielernen, Band 46. Berlin: Logos Verlag. http://www.opus-bayern.de/uni-wuerzburg/volltexte/2009/3955/

Wilhelm, T., Tobias, V., Waltner, C., Hopf, H. & Wiesner, H. (2012). Einfluss der Sachstruktur auf das Lernen Newtonscher Mechanik. In H. Bayrhuber, U. Harms, B. Muszynski, B. Ralle, M. Rothgangel, L. H. Schön, H. Vollmer & H. G. Weigand (Hrsg.), *Formate Fachdidaktischer Forschung. Empirische Projekte – historische Analysen – theoretische Grundlegungen, Fachdidaktische Forschungen*, Band 2. Münster, New York, München, Berlin: Waxmann.

Wodzinski, R. (1996). *Untersuchungen von Lernprozessen beim Lernen Newtonscher Dynamik im Anfangsunterricht.* Münster: Lit.Verlag.

Wodzinski, R. (2000). Zustandsgröße Druck. Zur Einführung des Druckbegriffs in der Sekundarstufe I. *Naturwissenschaften im Unterricht Physik, 11*(57), 32–34.

Schülervorstellungen in der Mechanik

Horst Schecker und Thomas Wilhelm

© Springer-Verlag GmbH Deutschland, ein Teil von Springer Nature 2018
H. Schecker, T. Wilhelm, M. Hopf, R. Duit (Hrsg.), *Schülervorstellungen und Physikunterricht*,
https://doi.org/10.1007/978-3-662-57270-2_4

4.1 Einführung

Nach der Behandlung des Impulsbegriffs fragt der Lehrer seinen Oberstufenkurs: *„Wir haben in den letzten Wochen die Begriffe Kraft, Energie und Impuls mühsam auseinandergepuzzelt – Physiker legen darauf viel Wert. Wie seht ihr das? Ist diese genaue Unterscheidung unbedingt notwendig?"* Paul meldet sich: *„Ja natürlich! Es handelt sich schließlich um drei unterschiedliche Kräfte!"*

Diese Szene bringt das bei Lernenden verbreitete Clusterkonzept von „Kraft/Energie/Wucht/Schwung" auf den Punkt: Viele Schülerinnen und Schüler besitzen auch nach dem Mechanikunterricht ineinander verwobene Vorstellungen von ‚Kraft' als einer universellen Wirkungsfähigkeit mit Elementen von „Kraft haben", „Kraft übertragen", „Kraft ausüben". Erst im jeweiligen Anwendungskontext lassen sich Schüleraussagen konkreter dahingehend deuten, ob in einer physikalischen Interpretation eher Energie oder Impuls oder auch die Newton'sche Wechselwirkungsgröße gemeint ist. Bei den Schülerinnen und Schülern liegt dabei nicht einfach eine Verwechslung von Wörtern vor. Das könnte man als Lehrkraft unter der Annahme, die Lernenden hätten wohl das Richtige gemeint, zurechtrücken oder sogar übergehen. Tatsächlich sehen viele Schülerinnen und Schüler jedoch gar keinen grundlegenden Unterschied zwischen den physikalisch klar differenzierten Begriffen. Hinter den Schüleraussagen steht ein umgangssprachlich geprägtes Verständnis von ‚Kraft' als einer universellen Wirkungsfähigkeit. Es wird aus dem Alltag in den Physikunterricht übernommen und beeinflusst dort die Verarbeitung der Lernangebote. ‚Kraft' wird im Alltag mit der Fähigkeit verbunden, auf etwas einwirken zu können, und nicht mit dem Vorgang des Einwirkens selbst.

Grundlegende Lernschwierigkeiten in der Mechanik ergeben sich aus der vermeintlich leichten Erlernbarkeit des Themengebiets; die Vorgänge und ihre Beschreibungen scheinen aus der Erfahrungswelt bereits gut bekannt zu sein. Geschwindigkeit und Beschleunigung werden als „schnell/langsam" bzw. „schneller werden" verstanden. Nach dem Unterricht wird zum Teil auch „langsamer werden" als Beschleunigung angesehen. Den im Unterricht eingeführten und für die Physik zentralen Vektorcharakter sehen Schülerinnen und Schüler als untergeordnete Zusatzeigenschaft an und messen ihm wenig Bedeutung zu. Das wird z. B. bei der Kreisbewegung zum Problem, wenn Schülerinnen und Schüler eine nach innen gerichtete Beschleunigung erkennen sollen.

Schülerinnen und Schüler betrachten die Welt mit Denkmustern, die sich im Alltag bewährt haben. Dazu gehört die Einbeziehung von Intentionen, wie in der Überlegung, die Motorkraft wolle das Auto beschleunigen. Bestimmten Körpern, z. B. dem Motor, wird eine aktiv handelnde Rolle zugeschrieben, anderen, z. B. einem Baum am Straßenrand bei einem PKW-Unfall, eine lediglich passive. Dieses Aktivitätskonzept wirkt sich auf die Frage aus, welche Körper aus Schülersicht tatsächlich Kräfte ausüben können.

Viele Lernende durchdenken Fragestellungen, die als Gedankenexperimente konstruiert sind, in vorgestellten alltagsnahen Realisierungen. Es fällt ihnen daher schwer, sich vollkommen reibungsfreie Bewegungen vorzustellen – und wenn sie sich darauf einlassen, sehen sie den Sinn solcher Betrachtungen in der Regel nicht ein („realitätsfremd!").[1] Für

---

1   Schecker (1985, S. 136 ff.)

sie liegt die eigentliche Aufgabe der Physik darin, konkrete Realitätserfahrungen genau zu erklären. Der Physikunterricht konzentriert sich demgegenüber oftmals auf die theoretische Beschreibung von Klassen idealtypischer Bewegungen (z. B. die gleichmäßig beschleunigte Bewegung). Lernschwierigkeiten, die mit diesen unterschiedlichen Perspektiven verbunden sind, bleiben im Unterricht verborgen, wenn dort die quantitative Berechnung physikalischer Größen im Vordergrund steht (physikalische Rechenaufgaben). Probleme treten erst zutage, wenn es um das qualitative Verständnis von Bewegungsphänomenen geht.

Ein weiteres Denkmuster liegt im Eigenschaftsdenken. Schülerinnen und Schüler neigen dazu, mechanische Größen den Körpern direkt als Eigenschaft zuzuordnen. Das ist in der klassischen Mechanik bei der Masse gerechtfertigt. Bei Ort, Geschwindigkeit, Beschleunigung und Impuls handelt es sich jedoch nicht um invariante Eigenschaften, sondern um relationale Größen. Sie setzen die Festlegung eines Bezugssystems voraus. Kraft ist auf die Wechselwirkung zweier Körper bezogen. Auch Energieangaben sind auf ein System zu beziehen. Wenn wir im Unterricht vereinfachend davon sprechen, ein Körper „habe" ein Gewicht, eine Geschwindigkeit oder eine potenzielle Energie, werden jeweils bestimmte Bezugssysteme vorausgesetzt. Dies wird oftmals nicht genügend deutlich gemacht.

Schülervorstellungen zur Mechanik sind innerhalb der Schülervorstellungsforschung das am umfangreichsten bearbeitete Forschungsgebiet. Die Bibliografie STCSE (Duit, 2009) enthält dazu 612 Einträge. Die zentralen Befunde zu den Vorstellungen stammen bereits aus den 1980er und 1990er Jahren.[2] Wir stellen im Folgenden den erreichten Forschungsstand zur Kinematik und Dynamik vor.

4.2 Vorstellungen zur Kinematik

- **„Geschwindigkeit ist Schnelligkeit."**

Im Alltagsgebrauch bezieht sich „Geschwindigkeit" darauf, wie schnell oder langsam ein Körper sich bewegt. Richtungen – z. B. bergauf/bergab oder vorwärts/rückwärts – werden, wenn überhaupt, gesondert angegeben. Unter der Richtung einer Bewegung wird oft nur deren Ziel verstanden („Er fährt mit einer Geschwindigkeit von 120 km/h auf der Autobahn nach Hamburg."), nicht die momentane Orientierung. Für Schülerinnen und Schüler gibt die Geschwindigkeit an, wie schnell ein Körper ist; sie sehen also nur das, was die Physik den Betrag der Geschwindigkeit nennt. Dies wird durch den Physikunterricht verstärkt, wenn er in der Kinematik lange Zeit bei eindimensionalen Bewegungen verharrt. Die Einführung eines negativen Vorzeichens verdeutlicht den Richtungsaspekt der Geschwindigkeit nur rudimentär. So erscheint die Angabe einer Richtung Schülerinnen und Schülern nicht als integrales Merkmal des physikalischen Konzepts, sondern als

---

2   Diesem Kapitel liegen insbesondere folgende Veröffentlichungen zugrunde: Arons (1981); Brown (1989); Clement (1982); Halloun und Hestenes (1985); Jung, Reul und Schwedes (1977); Jung, Wiesner und Engelhard (1981); McCloskey (1983); Schecker (1985); Twigger et al. (1994); Viennot (1979), Warren (1979a).

sekundäre Zusatzeigenschaft. Curricula, die auf Ergebnissen der Schülervorstellungsforschung aufbauen, behandeln die Geschwindigkeit daher von Beginn an zweidimensional (Wiesner et al., 2011; ▶ Abschn. 4.4). Um das Alltagsverständnis der Geschwindigkeit klar abzugrenzen, sollten Lehrkräfte für den skalaren Schnelligkeits- bzw. Betragsaspekt den Begriff „Tempo" verwenden.

- **„Große Beschleunigung heißt hohes Tempo."**

„Der Ferrari beschleunigt von 0 auf 100 in 2,8 Sekunden." Solche Angaben in Medien teilen den Betragsaspekt der Beschleunigung in die Tempoänderung und den Zeitraum auf. Physikalisch ist die Beschleunigung eine eigenständige Verhältnisgröße, die durch Quotientenbildung die Geschwindigkeitsänderung und die dabei vergangene Zeit in Beziehung setzt. Schülerinnen und Schüler betrachten Beschleunigung hingegen im Wesentlichen als eine Bilanzgröße, die aus der Differenz von Anfangs- und Endgeschwindigkeit ermittelt wird. Mit einer großen Beschleunigung assoziieren sie das Erreichen einer großen Endgeschwindigkeit statt eine intensive zeitliche Änderung der Geschwindigkeit, die auch bei kleinen Tempodifferenzen groß sein kann. Beschleunigung ist für Schülerinnen und Schüler somit eine der Geschwindigkeit bzw. dem Tempo ähnliche Größe und sie beantworten manche Aufgaben zur Beschleunigung, als wäre nach dem Tempo oder der Geschwindigkeit gefragt worden. Außerdem können die Schülerinnen und Schüler so nicht zwischen verschiedenen Bewegungsarten, wie der gleichförmigen und der gleichmäßig beschleunigten Bewegung, unterscheiden.

- **„Beschleunigung ist Schnellerwerden."**

Physikalisch ebenfalls problematisch ist die Gleichsetzung von Beschleunigung mit Schnellerwerden (das Tempo erhöhen), die man häufig im Alltag findet. Eine negative Beschleunigung erscheint Schülerinnen und Schülern damit unlogisch. Für Rechnungen werden zwar negative Werte akzeptiert („$g = -9{,}81$ m/s^2"), doch ohne dass damit das Verständnis der Beschleunigung weiterentwickelt wird.

- **„Beschleunigung ist Tempoänderung."**

Wenn Schülerinnen und Schüler Beschleunigung mit der Änderung des Geschwindigkeitsbetrags statt mit der Geschwindigkeit verbinden, wird Schnellerwerden von ihnen als „positive Beschleunigung" und Langsamerwerden als „negative Beschleunigung" angesehen. In der Physik wird das Vorzeichen jedoch vom gewählten Koordinatensystem bestimmt: Schnellerwerden in negative Koordinatenrichtung ist z. B. eine negative Beschleunigung, d. h. eine Beschleunigung in Richtung der negativen Koordinatenrichtung. Im Alltagsgespräch spielt der Richtungsaspekt der Beschleunigung hingegen keine Rolle.

In der Physik ist jede Änderung des Geschwindigkeitsvektors eine Beschleunigung, also auch eine Änderung der Bewegungsrichtung. Schülerinnen und Schüler können sich nur schwer vorstellen, dass – wie bei der gleichförmigen Kreisbewegung – ein Körper kontinuierlich beschleunigt werden kann, ohne dass sich sein Tempo ändert. Für die Lernenden bleibt Beschleunigung die Änderung des Tempos.

- **„Zu einem Zeitpunkt kann keine Beschleunigung vorliegen."**

Da eine Beschleunigung – verstanden als Änderung des Geschwindigkeitsbetrags –
nach Schülermeinung stets eine gewisse Zeit benötigt, fällt es ihnen schwer, Beschleunigung auf einen Zeit*punkt* zu beziehen. Diese Vorstellung macht sich bemerkbar, wenn
Schülerinnen und Schüler bei Umkehrpunkten keine Beschleunigung angeben, also
beispielsweise in der Jongleur-Aufgabe (◘ Abb. 4.1) rechts keinen Beschleunigungspfeil einzeichnen. Der Ball stehe im Zenit *„eine klitzekleine Zeit lang"* still und erst
danach ändere sich wieder die Geschwindigkeit, d. h., der Ball werde wieder beschleunigt. Die Lernschwierigkeit liegt im gedanklich nicht vollzogenen Grenzübergang
von „klitzekleiner Zeit*raum*" zum Zeit*punkt*, auf den sich die Beschleunigung bezieht
(► Kasten 4.1). Auch in der Wissenschaft war dieser Grenzübergang von Intervall-
größen zu Momentangrößen eine enorme gedankliche Leistung in den Arbeiten von
Leibniz und Newton.[3]

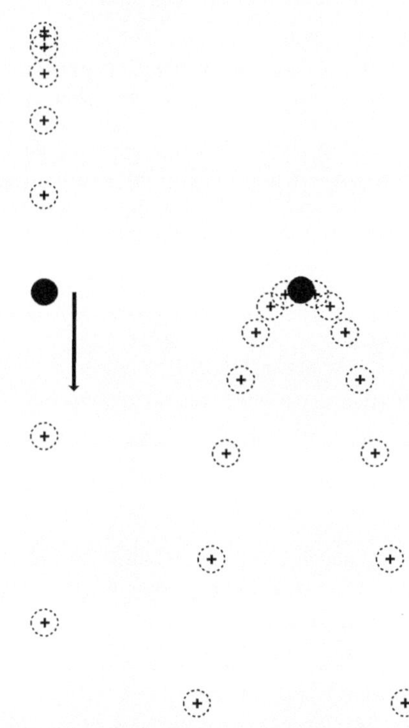

◘ **Abb. 4.1**   „Ein Jongleur arbeitet mit zwei Bällen gleichzeitig. Die Bälle befinden sich gerade in der
Luft auf der gleichen Höhe. Zeichnen Sie die Beschleunigung ein!" (Aufgabe in Anlehnung an Viennot,
1979).

---

3   Im Unterricht kann man das Zenon-Paradoxon heranziehen (z. B. „Achilles und die Schildkröte",
Zugriff am 12. 9. 2016 unter https://de.wikipedia.org/wiki/Achilles_und_die_Schildkröte)

Kinematik formal betrachtet

Die Bewegung eines Körpers lässt sich in der Translation durch drei Vektoren für Ort, Geschwindigkeit und Beschleunigung beschreiben ($\vec{r}$, $\vec{v}$, $\vec{a}$). Die Ortskoordinate $\vec{r}(t)$ sollte klar von Ortsverschiebungen $\Delta\vec{r}$ und dem zurückgelegten Weg s (skalare Summe der Wegelemente Δs) unterschieden werden[4]. Bei diskreter Betrachtung mit endlichen Zeitintervallen Δt gibt die Durchschnittsgeschwindigkeit $\vec{v}_{\text{mittel}} = \Delta\vec{r}/\Delta t$ die Ortverschiebung $\Delta\vec{r}$ im Zeitintervall Δt an (für die x-Komponente $\bar{v}_x = \Delta x/\Delta t$). Beim Grenzübergang $\Delta t \to 0$ wird die Geschwindigkeit $\vec{v}(t)$ – ebenso wie der Ort $\vec{r}(t)$ – auf Zeit*punkte* bezogen. Geschwindigkeit und Beschleunigung sind eigenständige physikalische Größen. Die Existenz einer Geschwindigkeit setzt nicht das Vorhandensein einer endlich großen Ortsverschiebung $\Delta\vec{r}$ voraus. Die Vektorfunktion für die Geschwindigkeit $\vec{v}(t)$ lässt sich ermitteln, wenn die Ortsfunktion $\vec{r}(t,\ldots)$ bekannt und zeitlich differenzierbar ist: $\vec{v}(t) = \mathrm{d}\vec{r}(t)/\mathrm{d}t$ (Ableitung des Ortes nach der Zeit). Für die Beschleunigung gelten entsprechende Überlegungen: Die Durchschnittsbeschleunigung im Zeitintervall Δt ist $\vec{a}_{\text{mittel}} = \Delta\vec{v}/\Delta t$ (für die x-Komponente $a_{x,\text{mittel}} = \Delta v_x/\Delta t$). Die Beschleunigung zu einem Zeitpunkt ist die Ableitung der Geschwindigkeitsfunktion nach der Zeit: $\vec{a} = \mathrm{d}\vec{v}/\mathrm{d}t$.[5]

Kinematik vereinfacht betrachtet

Die Bewegung eines Körpers beschreibt man mit den Größen Ort $\vec{r}$, Geschwindigkeit $\vec{v}$ und Beschleunigung $\vec{a}$, jeweils mit x-, y- und z-Komponenten. Betrachten wir als Beispiel eine Fallbewegung in y-Richtung: Im Zeitintervall $\Delta t = t_2 - t_1$ ändert sich die Ortskomponente y um eine Strecke $\Delta y = y_2 - y_1$. Die Durchschnittsgeschwindigkeit in diesem Zeitintervall berechnet man aus der im Zeitintervall zurückgelegten Strecke: $\bar{v}_y = \Delta y/\Delta t$. Bei einem sehr kleinen Zeitintervall Δt kann man näherungsweise von einer Momentangeschwindigkeit $v_y(t)$ sprechen und diese den Zeitpunkten t_1 oder t_2 zuordnen (genauer dem Zeitpunkt in der Mitte des Zeitintervalls $t_{\text{Mitte}} = (t_1 + t_2)/2$). Ganz entsprechend wird die Durchschnittsbeschleunigung $\bar{a}_y = \Delta v_y/\Delta t$. berechnet. Geschwindigkeit und Beschleunigung sind eigenständige physikalische Größen. Körper haben zu jedem *Zeitpunkt* t eine Geschwindigkeit und eine Beschleunigung. Nur wenn deren Werte experimentell aus Orts-Zeit-Messungen bestimmt werden sollen, bildet man aus den Messdaten *Zeitintervalle* Δt.

Wenn man eine Gleichung kennt, die eine Ortskurve in Abhängigkeit von der Zeit konkret beschreibt (z. B. $y(t) = \frac{1}{2}gt^2$ mit $g = -9{,}81\,\text{m/s}^2$), kann man diese Funktion differenzieren und so die Geschwindigkeits-Zeit-Funktion herleiten. $v_y(t) = \mathrm{d}y(t)/\mathrm{d}t$ ergibt für das Beispiel $v_y(t) = g \cdot t$.

- **„Für einen Zeitpunkt kann man keine Geschwindigkeit bestimmen.“**

Diese Vorstellung korrespondiert mit der oben geschilderten Vorstellung zur Beschleunigung. Sie beruht auf dem gleichen Problem des Grenzwerts immer kleinerer Zeitintervalle Δt.[6] Schülerinnen und Schüler meinen, da der Körper zu einem Zeit*punkt* keinen Weg zurücklege, könne man auch nicht von einer Geschwindigkeit sprechen. Das Problem

---

4   siehe dazu Amenda und Schecker (2014)

5   Eine besonders geeignete Darstellung der klassischen Mechanik für das Lehramtsstudium und die Planung von Physikunterricht gibt das Lehrbuch von Müller (2009).

6   Friedrich (2013)

des fehlenden Intervalls Δs ist allerdings bei der Geschwindigkeit weniger tief verankert als bei der Beschleunigung, da Schülerinnen und Schüler die momentane Geschwindigkeitsanzeige (besser Tempoanzeige) eines Tachometers kennen.

Ein Teil dieser Lernschwierigkeit ist lehrbedingt. Bei Experimenten zur Einführung des Geschwindigkeitsbegriffs werden für die Berechnung der (Intervall-)Geschwindigkeiten Differenzenquotienten $v_x = \Delta x/\Delta t$ gebildet. Auch bei diskreten numerischen Berechnungen mit Tabellenkalkulation oder Modellbildungssoftware wird mit endlichen Intervallen gerechnet. Der Grenzübergang zur Momentangeschwindigkeit $\lim_{\Delta t \to 0}(\Delta x/\Delta t)$ ist erst Thema des Mathematik- bzw. Physikunterrichts der gymnasialen Oberstufe. Um dies in der Sekundarstufe I vorzubereiten, sollten verkürzende Formulierungen wie „v gleich s durch t" vermieden werden. Weil die Intervalle Δs und Δt darin nicht erscheinen, wird der Eindruck erweckt, man könne die Änderungsratengröße Geschwindigkeit durch Quotientenbildung von Momentangrößen (Ortskoordinate und Zeitpunkt) bestimmen. In dem „s" werden Ortskoordinate und Ortsverschiebung vermengt. Besser ist es also, auch bei einer eindimensionalen Bewegung für die Berechnung der Geschwindigkeit die Größengleichung $v_x = \Delta x/\Delta t$ zu verwenden.

■ **„Die Bewegungsform prägt sich dem bewegenden Objekt ein."**

„Bewegt sich ein Objekt im Kreis, dann prägt sich diese Bewegungsform dem Objekt ein. Sie klingt erst allmählich aus, wenn der Kreis verlassen wird." Diese Vorstellung verleitet Schülerinnen und Schüler zur Wahl der gekrümmten Bahnkurve A bei der Aufgabe in ◨ Abb. 4.2 (links), in der ein Mensch einen Ball an einem Seil herumschleudert (Sicht von oben). Tatsächlich fliegt der Ball nach dem Wegfall der durch das Seil ausgeübten Zugkraft gemäß dem 1. Newton'schen Axiom tangential weg (Bahnkurve B). Die Schülervorstellung korrespondiert mit Vorstellungen zu einer gespeicherten ‚inneren Kraft', die Körper dazu bringt, trotz des Wirkens einer äußeren Kraft ihre Bewegungsform zunächst tendenziell beizubehalten (◨ Abb. 4.2 rechts, Bahnkurve E; ▶ Abschn. 4.3), obwohl eine angreifende Kraft sofort zu einer Bewegungsänderung führt (Bahnkurve D).

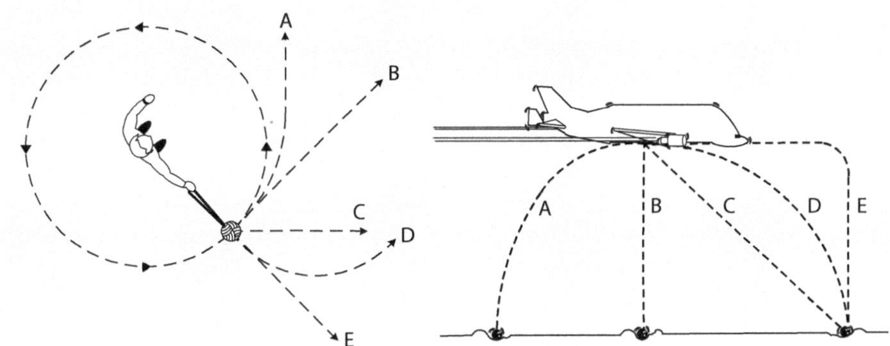

◨ **Abb. 4.2**   Links: „Ein im Kreis herumgeschwungener Ball wird losgelassen. Welchen Weg nimmt der Ball?" Rechts: „Eine Bowlingkugel fällt aus dem Frachtraum eines Flugzeuges. Wenn man den Vorgang von der Erde aus beobachtet: Welche Kurve beschreibt die Flugbahn der Kugel am besten?" (beide Aufgaben in Anlehnung an Hestenes, Wells & Swackhamer, 1992a; ▶ Abschn. 4.4).

4.3   Vorstellungen zur Dynamik

- **„Kraft ist eine universelle Wirkungsfähigkeit."**

Das Wort „Kraft" wird von Schülerinnen und Schülern in sehr unterschiedlichen Bedeutungen verwendet, für die sich jeweils eine physikalische Annäherung beschreiben lässt:

- im Sinne von kinetischer Energie (in der Translation und Rotation), wenn Schülerinnen und Schüler davon sprechen, eine rollende Kugel habe ,Kraft' gespeichert, die beim Aufprall auf ein Hindernis sichtbar werde;
- im Sinne der Newton'schen Kraft, wenn es heißt, die Erde übe auf eine fallende Kugel eine Kraft aus;
- im Sinne des Impulses bei Aussagen wie *„Beim Stoß überträgt die rollende Kugel einen Teil ihrer Kraft auf die ruhende"*.

Bei solchen Re-Interpretationen sollte man nicht davon ausgehen, die Schülerinnen und Schüler hätten lediglich das falsche Wort für eine eigentlich korrekt verstandene physikalische Größe verwendet. Es handelt sich für sie vielmehr um einen Sammel- oder Clusterbegriff der ,Kraft' als Energie/Stärke/Wucht/Schwung. Jung (1981, S. 87) spricht beim Schülerverständnis der ,Kraft' von einer „vagen Ganzheit", die mit „Anstrengung" verbunden sei. ,Kraft' ist im Schülerverständnis ein umfassender, aber doch vager Begriff, der für ein ganzes Bündel verschiedener Bedeutungen steht. Was Schüler damit gerade meinen, hängt vom jeweiligen Verwendungskontext ab. Für ein Newton'sches Kraftverständnis fehlt die zentrale Idee der Wechselwirkung (▶ Kasten 4.2) und für ein Impulsverständnis fehlt der Vektoraspekt. Am ehesten überlappt das Kraftverständnis der Schülerinnen und Schüler mit der kinetischen Energie. Das Newton'sche Kraftkonzept kann erst dann verstanden werden, wenn die Beziehungen und die Abgrenzungen zu kinetischer Energie und Impuls im Unterricht explizit thematisiert werden. In der Wissenschaftsgeschichte der Physik dauerte es nach der Veröffentlichung von Newtons Grundlagenwerk zur Mechanik[7] 1687 bis in die Mitte des 19. Jahrhunderts, bevor es zu einer klaren begrifflichen Unterscheidung zwischen Kraft und Energie kam.[8]

In der Physik wird mit Kraft die Stärke und Richtung einer äußeren Einwirkung auf einen Körper bezeichnet. Hat ein Körper eine konstante Masse, ändert die Kraft dessen Geschwindigkeit, d. h., sie macht ihn schneller oder langsamer und/oder ändert seine Bewegungsrichtung. Wirken mehrere Einzelkräfte, dann ergibt sich die Beschleunigung als Summe aller auf einen Körper einwirkenden Kräfte (resultierende Kraft). Praktisch wird die Newton'sche Bewegungsgleichung $F = m \cdot a$ (2. Axiom) auf zwei Weisen verwendet: Bei Kenntnis aller einwirkenden Einzelkräfte kann man den Bewegungsverlauf vorhersagen (▶ Kasten 4.2). Umgekehrt kann man aus der gemessenen Beschleunigung auf die wirkende Gesamtkraft schließen. In einfachen Fällen, in denen nur eine einzige Einzelkraft wirkt, kann man diese direkt ermitteln (z. B. die Federkraft bei einer Federschwingung).

---

7   Newton (1963 [Originalausgabe 1687])

8   Schecker (1988)

Der Clusterbegriff ‚Kraft' ist als Schülervorstellung auch *nach* dem Mechanikunterricht noch häufig präsent. Die Fähigkeit, mit der Gleichung „$F = m \cdot a$" physikalische Größen korrekt zu berechnen, erwerben Schülerinnen und Schüler unabhängig davon, ob sie auch verstehen, dass Kraft in der Physik eine spezifische Bedeutung hat, die sich vom Alltagskonzept ‚Kraft' grundlegend unterscheidet. Dies mag einer der Gründe dafür sein, dass Lehrkräfte den Erfolg ihres Mechanikunterrichts systematisch überschätzen. Beim FCI-Test (▶ Abschn. 4.5), der konzeptuelles Verständnis testet, sagen sie einen deutlich höheren Anteil richtiger Antworten voraus, als die Schülerinnen und Schüler im Test tatsächlich erreichen.[9] Eine ◘ Abb. 4.4 ähnliche Aufgabe zählte zu den schwierigsten Aufgaben des Tests zur voruniversitären Physik in der *Third International Mathematics and Science Study* (TIMSS)[10], obwohl andere Aufgaben formal-rechnerisch deutlich höhere Anforderungen stellten.

Kasten 4.2: Newton'sche Dynamik

Die Newton'sche Systematik für die Beschreibung der Bewegung eines Körpers mit der Masse lässt sich in der folgenden Schrittfolge formalisieren:

1. Gib Ort und Geschwindigkeit des Körpers zum Zeitpunkt t_1 an: $\vec{s}_1, \vec{v}_1$.
2. Finde die auf den Körper zum Zeitpunkt t_1 wirkenden Einzelkräfte $\vec{F}_i$ und gib jeweils Betrag und Richtung an.
3. Addiere diese Einzelkräfte $\vec{F}_i$ vektoriell zu einer resultierenden Gesamtkraft $\vec{F}_{res}$.
4. Berechne die Beschleunigung des Körpers: $\vec{a} = \frac{1}{m} \cdot \vec{F}_{res}$.
5. Berechne die Geschwindigkeitsänderung des Körpers, wenn die resultierende Kraft über einen Zeitraum Δt wirkt: $\Delta\vec{v} = \vec{a} \cdot \Delta t$
   und daraus die neue Geschwindigkeit: $\vec{v}_2 = \vec{v}_1 + \Delta\vec{v}$.
6. Berechne die Ortsverschiebung $\Delta\vec{s} = \vec{s}_1 + \vec{v}_1 \cdot \Delta t$
   und daraus den neuen Ort: $\vec{s}_2 = \vec{s}_1 + \Delta\vec{s}$.
7. Beginne mit den neuen Werten für $\vec{s}$ und $\vec{v}$ wieder bei Schritt 2.

Den Schritten 4 und 5 liegen die zentralen Aussagen des 1. und 2. Newton'schen Axioms zugrunde:

- Die Geschwindigkeit eines Körpers ändert sich dann – und nur dann –, wenn eine resultierende Kraft auf ihn einwirkt (1. Axiom).
- Der Körper erhält eine Zusatzgeschwindigkeit in Richtung der resultierenden auf ihn einwirkenden Kraft (2. Axiom).

Dazu kommt die Aussage des 3. Axioms:

- Kräfte treten nur auf, wenn zwei Körper miteinander wechselwirken (z. B. sich gegenseitig anziehen oder zusammenstoßen). Während der Wechselwirkung hat die von Körper A auf Körper B ausgeübte Kraft den gleichen Betrag wie die von B auf A ausgeübte Kraft. Die an B angreifende Kraft und die an A angreifende Kraft haben entgegengesetzte Richtungen:

$$\vec{F}_{A \to B} = -\vec{F}_{B \to A}$$

9 Wilhelm (2008)

10 Klieme (2000)

- **„Trägheit lässt sich überwinden."**

Für die Physik sind Ruhe und Bewegung lediglich eine Frage der Wahl des Bezugssystems (▶ Kasten 4.3). Für Schülerinnen und Schüler, die aus dem Alltag an natürliche feste Bezugssysteme gewöhnt sind (z. B. das Zimmer oder die Straße), macht es hingegen einen wesensmäßigen Unterschied, ob man sich in Ruhe befindet oder sich gleichförmig bewegt. In Ruhe zu sein oder zur Ruhe zu kommen, ist für sie der natürliche Zustand bzw. die natürliche Bewegungstendenz. Hieraus ergeben sich gravierende Lernschwierigkeiten beim 1. Newton'schen Axiom (Beharrungsprinzip, Trägheitssatz). Schülerinnen und Schüler sehen ‚Trägheit', wie im Alltag, als einen Zustand, den man überwinden kann und muss. Hat man einen Körper erst einmal aus dem Zustand der Ruhe in eine gewisse Bewegung versetzt, sinkt in dieser Vorstellung die ‚Trägheit' und es wird einfacher, den Körper weiter zu beschleunigen. Eine mögliche Ursache dieser Schülervorstellung sind Erfahrungen beim Schieben von Gegenständen am Übergang von der Haft- zur Gleitreibung.

Selbst von Fachleuten wird ‚Trägheit' teilweise so verwendet, als handele es sich um eine quantitative Größe und eine Eigenschaft des Körpers. Dabei wird wohl an die (träge) Masse und das 2. Newton'sche Axiom gedacht. Im Unterricht sollte man den Begriff „Trägheit" nicht verwenden, denn wer im Alltag träge ist, wird langsamer und bleibt nicht gleich schnell. Besser ist es vom „Beharrungsprinzip" zu sprechen und von der Masse als quantitativem Maß für das Beharren im aktuellen Bewegungszustand.

- **„Ein bewegter Körper hat Kraft."**

Wenn ein Körper in Bewegung versetzt wird, meinen Lernende, dass er dabei ‚Kraft' aufnimmt und speichert. Die gespeicherte ‚Kraft' sei notwendig, um die Bewegung fortzusetzen. Sie wird aus Schülersicht deutlich, wenn der Körper auf ein Hindernis stößt und dieses verschiebt oder verformt. Man spüre die Kraft beispielsweise, wenn man einen geworfenen Medizinball auffängt. Schülerinnen und Schüler koppeln ‚Kraft' gedanklich stärker an die Geschwindigkeit als an die Beschleunigung: *„Die ‚Bewegungskraft'*

Kasten 4.3: 1. Newton'sches Axiom

Ruhe und Bewegung unterschieden sich aus physikalischer Sicht nur bezüglich des Bezugssystems. Zwei Körper, die sich relativ zueinander gleichförmig bewegen, können – je nachdem, welchen Körper man als Bezugssystem wählt – in Ruhe oder in Bewegung sein. Man spricht hier von Inertialsystemen, d. h. Systemen, in denen das Beharrungsprinzip gilt („inert": träge, beharrend; 1. Newton'sches Axiom). Führt jedoch ein Körper in einem Inertialsystem eine *beschleunigte* Bewegung aus und legt man das Bezugssystem jetzt auf diesen Körper, so liegt kein Inertialsystem mehr vor. Die Newton'schen Axiome gelten nicht mehr. Es treten im beschleunigten Bezugssystem Änderungen des Bewegungszustands auf, ohne dass sich dafür reale Newton'sche Kräfte, d. h. Kräfte, die auf einer Wechselwirkung zwischen zwei Körpern beruhen, finden lassen. Um solche im beschleunigten Bezugssystem messbaren Geschwindigkeitsänderungen zu erklären, erfindet man Kräfte, die sogenannten Scheinkräfte, wie die Zentrifugalkraft oder die Corioliskraft. Die Bewegungsgleichungen werden in einem Nicht-Inertialsystem deutlich komplizierter. Deshalb sollte man in der Schule immer aus einem Inertialsystem heraus argumentieren, also aus der Sicht eines außenstehenden, ruhenden Beobachters und nicht aus der Sicht des mitbewegten, beschleunigten Beobachters. Insbesondere sollte nicht mit der Zentrifugalkraft argumentiert werden, die eine mitbewegte Person zu spüren glaubt.

wird allmählich verbraucht, sodass der Körper langsamer wird und schließlich zur Ruhe kommt – es sein denn, der Kraftverlust wird durch eine Antriebskraft ausgeglichen.“

Es liegt nahe, diese Vorstellung als Speicherung kinetischer Energie zu re-interpretieren, die durch Reibung in innere Energie umgewandelt wird. An eine Wechselwirkung mit der Unterlage oder dem Medium denken die Schülerinnen und Schüler jedoch kaum: Es ist nach ihrer Alltagserfahrung natürlich, dass Körper langsamer werden. Dafür bedarf es für sie keiner speziellen Begründung: *„Die Bewegungskraft nimmt einfach immer ab.“*

- **„Je schwerer, desto stärker.“**

„Die in einem Körper gespeicherte Kraft ist umso größer, je schwerer und schneller der Körper ist. Ein schwerer Körper kann deshalb größere Kräfte ausüben. Die Erde zieht den Mond stärker an als der Mond die Erde.“ Wenn ein LKW und ein PKW zusammenstoßen, übt nach dieser Schülerauffassung der große, schwere LKW eine größere Kraft aus als der kleine PKW (◼ Abb. 4.3). Tatsächlich ist aber nach dem 3. Newton'schen Axiom die Kraft, die der LKW auf das Auto ausübt, betragsmäßig genauso groß wie die Kraft, die das Auto auf den LKW ausübt. Aufgrund der unterschiedlichen Massen ergeben sich vielmehr für beide Fahrzeuge unterschiedlich große Beschleunigungen, d. h., das Auto erfährt bei gleicher Dauer der Krafteinwirkung eine stärkere Geschwindigkeitsänderung als der LKW.

- **„Zur Aufrechterhaltung der Bewegung bedarf es einer Kraft in Bewegungsrichtung.“**

Fragt man Schülerinnen und Schüler nach den Kräften, die auf einen abgeschlagenen Golfball während der gesamten Flugzeit wirken (◼ Abb. 4.4), kreuzen sehr viele neben der Gravitationskraft und der Luftwiderstandskraft eine ‚Abschlagskraft‘ an. Gemeint ist eine ‚Kraft‘, die beim Abschlag auf den Ball übergegangen sei. Als Begründung für deren Notwendigkeit wird geäußert, beim Fehlen einer solchen ‚Bewegungskraft‘ würde der Ball einfach herunterfallen: *„Ohne Kraft keine Bewegung.“* Diese wirkende ‚Antriebskraft‘ ist proportional zur Geschwindigkeit des Körpers und eine Zu- oder Abnahme der Geschwindigkeit kommt von einer Zu- oder Abnahme der ‚Kraft‘ – so die Sicht der Schülerinnen und Schüler. Wenn eine äußere Antriebskraft fehle, z. B. ein Raketentriebwerk, müsse die ‚Kraft‘ im Körper selbst vorhanden sein. Dann bewege sich der Körper durch die innere ‚Kraft‘ weiter, die er von der vorher wirkenden äußeren Kraft übernommen hat, er werde aber immer langsamer und komme zum Stillstand, wenn die in ihm gespeicherte ‚Antriebskraft‘ verbraucht sei.

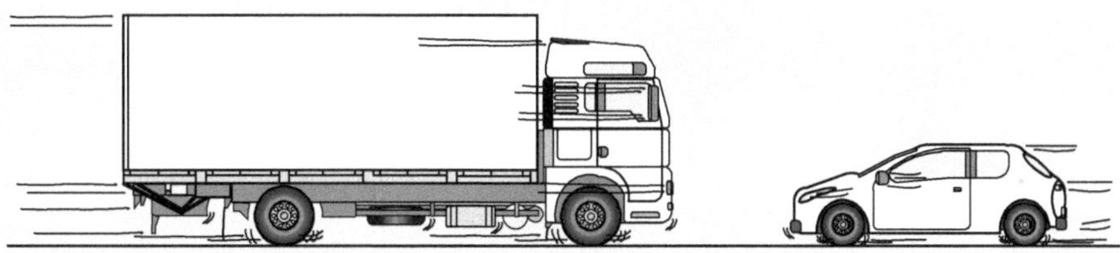

◼ **Abb. 4.3**   Der LKW und der PKW haben das gleiche Tempo; typische Schülerantwort: „Der LKW übt beim Zusammenstoß eine größere Kraft auf den PKW aus als der PKW auf den LKW.“ (Aufgabe Nr. 30 aus dem *Force and Motion Concept Evaluation*-Test, ▶ Abschn. 4.4).

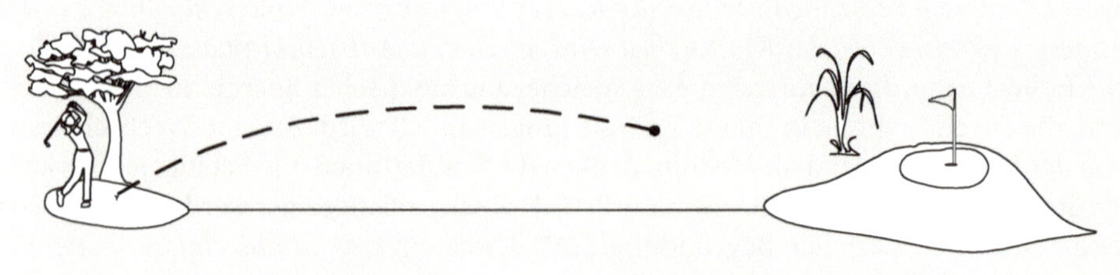

Abb. 4.4 „Welche Kräfte wirken während der Flugphase des Golfballs?" (Aufgabe aus dem FCI; Hestenes et al., 1992a, ▶ Abschn. 4.4).

Auch hierbei handelt es sich nicht einfach um eine Verwechslung mit dem Impuls. Schülerinnen und Schüler verrechnen ‚Bewegungskräfte' vektoriell mit realen physikalischen Kräften. **Abb. 4.5** zeigt ein Beispiel. Die Schülerinnen und Schüler haben kein Problem, die nach unten gerichtete Gravitationskraft und eine nach rechts gerichtete ‚Vorwärtskraft', ‚Bewegungsenergie' oder ‚Trägheitskraft' (Schülerformulierungen) in einem Kräfteparallelogramm zu addieren. Die Resultierende zeichnen sie nach schräg rechts unten in die grobe Richtung des folgenden Bahnabschnitts (**Abb. 4.5** rechts). Die Kraft-Bewegungs-Kopplung im Denken der Schülerinnen und Schüler führt zu der Annahme, dass eine Bewegung in Richtung der (resultierenden) ‚Kraft' erfolge.

Die Kraft-Bewegungs-Kopplung drückt sich nicht nur in theoretischen Beschreibungen von Bewegungen aus, sondern auch beim konkreten Handeln. Fordert man Schülerinnen und Schüler auf, einen in der Hand gehaltenen Ball während des Laufens so loszulassen, dass er ein auf dem Boden markiertes Ziel trifft, dann wird der Ball direkt über dem Ziel freigegeben. Die Schülerinnen und Schüler gehen davon aus, dass nach Wegfall des Bewegers (der Hand) der Ball senkrecht nach unten fällt.

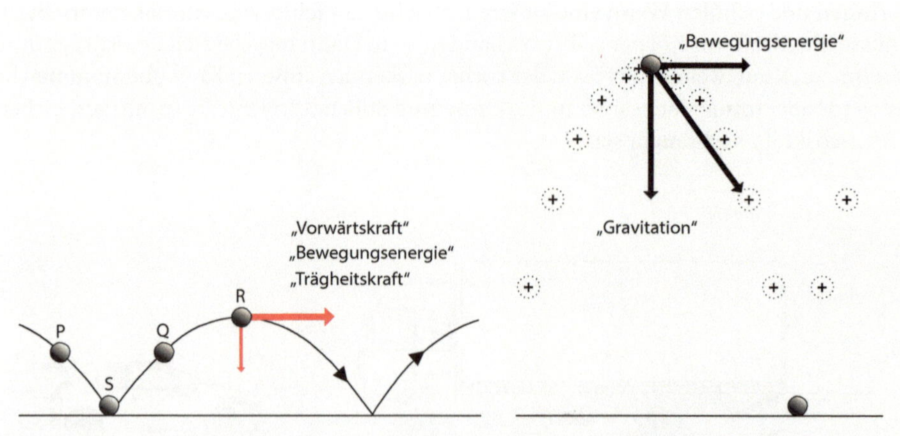

Abb. 4.5 „Ein Flummiball hüpft auf dem Boden von links nach rechts. Zeichne an den Punkten P, S, Q und R die Kräfte ein, die auf den Ball wirken! Gib jeder Kraft eine Bezeichnung!" Die Aufgabe ist in Anlehnung an Warren (1979a) und eine ähnliche Aufgabe im Test zur voruniversitären Physik in der *Third International Mathematics and Science Study* (TIMSS) formuliert (Mullis et al., 1998); die Schülerlösungen stammen aus Schecker (1985, S. 301).

■ „Die stärkere Kraft gewinnt."

Wenn mehrere Kräfte auf einen Körper einwirken (einschließlich seiner ‚Bewegungskraft'), entscheidet nach Vorstellung von Lernenden die stärkste Kraft über den weiteren Bewegungsverlauf. Für die Wahl von Bahnkurve E in ◻ Abb. 4.2 (rechts) können Schülerinnen und Schüler davon ausgegangen sein, dass zunächst die ‚Vorwärtskraft' überwiege und die horizontale Fortbewegung bestimme; erst wenn sie zum Teil aufgebraucht und zu schwach geworden sei, wirke sich die Gravitationskraft aus und zwinge die Kugel zum senkrechten Fall.

Das im ▶ Kasten 4.4 wiedergegebene Unterrichtsgespräch bringt in den Aussagen Michelles und Marvins die Vorstellung vom Kräftewettstreit zum Ausdruck. Es zeigt sich darin ebenso die Vorstellung von der *„gespeicherten und aufzubrauchenden Bewegungskraft"*.

Kasten 4.4: Unterrichtsgespräch zur Wurfbewegung

Das folgende Wortprotokoll (gekürzte Wiedergabe) stammt aus einem Physikkurs der gymnasialen Oberstufe (grundlegendes Anforderungsniveau). In der vorhergehenden Woche war das 2. Newton'sche Axiom an Fahrbahn-Experimenten eingeführt worden. In der aktuellen Stunde wird die Bewegung einer Kugel betrachtet, die eine „Schanze" hinunterrollt. Ein Schüler hat an der Tafel den Vorgang skizziert (Abbildung). In den Schüleraussagen werden typische Vorstellungen und damit verbundene Lernschwierigkeiten zum Kraftbegriff deutlich.

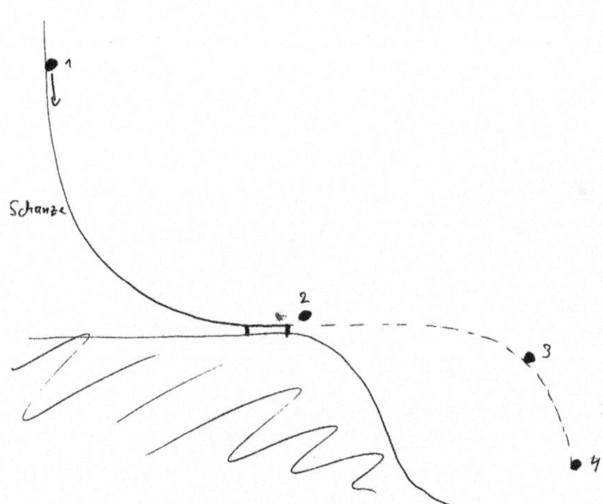

Tafelskizze zur Bewegung einer Kugel, die eine Schanze herunterrollt.

Lehrerin: *Was wissen wir denn über die Bahn, die die Kugel beschreibt? Irgendwo muss die ja herrühren. Die Kugel wird ja irgendwie gezwungen, sich so zu bewegen.*

Michelle: *Also die Erdanziehung wirkt ja erst – also, ich würde sagen die Kugel geht erst runter, wenn die Erdanziehung größer ist als der Schwung, den die Kugel mitgebracht hat. Also wenn der Schwung kleiner ist als die Erdanziehungskraft geht sie ja erst runter oder? Weil vorher geht sie ja nicht runter.*

Michelle betrachtet die „Erdanziehung(-skraft)" und den „Schwung" beide als Einwirkungen auf die Kugel (Cluster-Vorstellung Kraft/Schwung/Wucht/Energie/…). Sie geht von einem Kräftewettstreit zwischen mitgebrachtem „Schwung" und „Erdanziehungskraft" aus. Erst wenn der „Schwung" etwas aufgebraucht und „kleiner" als die Erdanziehung geworden sei, beginne die Kugel zu fallen.

Lehrerin: *Vielleicht kann das ja jemand anders ausdrücken?*

Roger: *Ähm, vielleicht wirkt auf die Kugel auch so 'ne gewisse Hangabtriebskraft, würd' ich sagen. Je größer die Hangabtriebskraft, desto größer ist die Geschwindigkeit und umso größer ist die Weite, die die Kugel nach dem Absprungpunkt zurücklegt. Also, das ist ja relativ logisch.*

Roger verbindet die (Hangabtriebs-)‚Kraft' direkt mit der Geschwindigkeit: je größer die Kraft, desto höher die Geschwindigkeit. Es bleibt offen, ob er davon ausgeht, dass die „Hangabtriebskraft" in der Kugel gespeichert ist und sich beim Abwurf weiter auswirkt, oder ob er das Wirken der Hangabtriebskraft beim Rollen auf der Schanze meint. Seine Aussage, die Flugweite sei proportional zur Geschwindigkeit am Schanzentisch, ist korrekt.

Marvin: *Jetzt noch mal: Wenn die jetzt gleich oder größer wird, diese Kraft – ähm, also die Beschleunigung oder Geschwindigkeit – größer halt als die Erdanziehungskraft, dann würde sich die Kugel gerade weiterbewegen, eigentlich –*

Marvin ringt damit, was mit „dieser Kraft" gemeint sein kann: Drückt sie sich in der Geschwindigkeit aus oder in der von der Kugel erfahrenen Beschleunigung? Marvin denkt vermutlich nicht an den Prozess der Beschleunigung, sondern vermengt im Sinne eines Clusterkonzepts ‚Geschwindigkeit' und ‚Beschleunigung' und koppelt daran einen ‚Kraft'-Aspekt. Jedenfalls sieht auch er einen Wettstreit zwischen „dieser Kraft" und der Erdanziehungskraft. Wenn „diese Kraft" größer wäre als die Erdanziehungskraft, dann würde sich – so seine erste Überlegung – die Kugel „eigentlich" gerade weiterbewegen. Das „eigentlich" deutet an, dass Marvin hier ins Grübeln kommt.

Michelle: *Ja, diese Beschleunigungs- – diese Noch-nicht-nach-unten-Fall-Kraft ist am Anfang größer als die Erdanziehungskraft, glaub' ich. Und deswegen fliegt die nicht gleich runter. (…) Ich mein' der Schwung ist ja noch da. Das ist ja nicht so, dass sie gegen eine Wand rollt, sondern sie muss sich ja ausleben.*

Schöner als mit Michelles Formulierung der „Noch-nicht-nach-unten-Fall-Kraft" kann man die Vorstellung einer gespeicherten Bewegungskraft kaum ausdrücken. Die durch das Rollen auf der Schanze aufgenommene ‚Kraft' „muss sich ja ausleben", meint Michelle und denkt dabei an das allmähliche Aufbrauchen der ‚Bewegungskraft' während der Bewegung bzw. durch sie. Äußere Einwirkungen sind dafür nach Schülersicht nicht zwingend notwendig.

■ **„Das Beharrungsprinzip gilt nur für Spezialfälle." (1. Axiom)**

Eine verkürzte Formulierung des 1. Newton'schen Axioms lautet: „Ein Körper ändert seinen Bewegungszustand nicht, solange keine äußere Kraft auf ihn wirkt"[11]. „Keine Kraft" wird von Schülerinnen und Schülern interpretiert als „überhaupt keine Kraft",

---

11   z. B. in Kulisch (2014, S. 76)

d. h. als Abwesenheit jeglicher Einzelkraft. Das ist allenfalls für exotische Spezialfälle im Weltraum fernab aller Planeten denkbar. Somit kann der Eindruck entstehen, das 1. Axiom sei in der Anfass- und Vorzeigerealität irrelevant. Klarer sind Formulierungen, in denen die Resultierenden berücksichtigt sind, z. B.: „Wirkt auf einen Körper keine äußere Kraft oder heben sich die angreifenden Kräfte gegenseitig auf, so behält der Körper seinen Bewegungszustand nach Tempo und Richtung bei". Damit erschließt das 1. Axiom alle Bewegungen unter Normalbedingungen. Die Bilanzierung von äußeren Reibungs- und Antriebskräften vermeidet Diskussionen mit Schülerinnen und Schülern über idealisierte Bedingungen oder Grenzfälle der Reibungsfreiheit. Die Vorstellung einer vollkommen reibungsfreien Bewegung fällt Schülerinnen und Schülern sehr schwer: *„Ja, wenn da wirklich überhaupt keine Reibung wäre, dann würde der Schlitten auf einer Luftkissenbahn vielleicht weiterfahren. Aber ein bisschen Reibung ist immer da."* (Schecker, 1985, S. 309).

- **„F = m · a ist eine von vielen Kraftformeln." (2. Axiom)**

Jede Schülerin und jeder Schüler kennt nach dem Mechanikunterricht die Gleichung „ $F = m \cdot a$ " (meist in dieser nichtvektoriellen Schreibweise). Kaum jemand ist sich jedoch ihrer fundamentalen Bedeutung bewusst. Die „Formel" wird mit Größengleichungen wie $F = -D \cdot x$ (Federspannkraft) oder $F = m \cdot g$ (Erdanziehungskraft) auf eine Stufe gestellt. $F = m \cdot a$ ist aus Schülersicht lediglich eine Kraftformel von vielen. Das Problem liegt in der mangelnden Unterscheidung zwischen der resultierenden Kraft (schülergemäß zu benennen als „Gesamtkraft"), die auf einen Körper wirkt, und den speziellen Einzelkräften, die dabei eine Rolle spielen können.[12] Im Unterricht müssen die fundamentalen Grundideen der Mechanik deutlich hervorgehoben werden ($\blacktriangleright$ Kasten 4.2).

Hilfreicher als die Formulierung $\vec{F} = m \cdot \vec{a}$ sind für das Verständnis des 2. Axioms die Größengleichungen $\vec{a} = \vec{F}_{\mathrm{res}}/m$ bzw. $\Delta\vec{v} = \left(\vec{F}_{\mathrm{res}} \cdot \Delta t\right)/m$. Diese Formulierungen verdeutlichen, dass die resultierende Kraft über einen bestimmten Zeitraum wirken muss, um den Bewegungszustand zu ändern.[13] Das Curriculum von Wiesner et al. (2011) verwendet die Grundidee einer durch äußere Einwirkung erzeugten Zusatzgeschwindigkeit $\Delta\vec{v}$ bereits im Mechanikunterricht der 7. oder 8. Jahrgangsstufe ($\blacktriangleright$ Abschn. 4.4).

- **„Kraft und Gegenkraft greifen am gleichen Körper an." (3. Axiom)**

Ebenso wie beim 1. und 2. Axiom können auch beim Wechselwirkungsprinzip ungeschickte unterrichtliche Darstellungen Schülerinnen und Schüler zu Fehlinterpretationen verleiten. Das beginnt bei der Kurzform „Actio gleich Reactio", die eine zeitlich leicht versetze Antwort auf eine aktive Wirkungsursache nahelegt. Tatsächlich wirken aber beide Kräfte gleichzeitig und gleichwertig und keine ist „zuerst da". Die Formulierung „Kraft

---

12 Die fachliche Diskussion, ob es sich beim 2. Axiom um eine Definition der Kraft handelt oder eine empirisch überprüfbare Aussage über den Zusammenhang zwischen Kraft und Impulsänderung, soll hier nicht geführt werden (siehe dazu z. B. Bader, 1979).

13 Newtons Formulierung in den Principia (Newton, 1963 [Originalausgabe 1687]) lautet übersetzt „Die Änderung der Bewegung ist der Einwirkung der bewegenden Kraft proportional und geschieht nach der Richtung derjenigen geraden Linie, nach welcher jene Kraft wirkt" (Schecker, 1988).

gleich Gegenkraft" ist noch problematischer. Schülerinnen und Schüler bringen dies zum einen mit einem inneren Sträuben des Körpers gegen die von außen angreifende Kraft in Verbindung (eine Art passiver Widerstand, siehe unten). Zum anderen wird das Schema des Kräftewettstreits (re-)aktiviert, sodass Schülerinnen und Schüler meinen: *„Kraft und Gegenkraft greifen am gleichen Körper an. Solange sie gleich sind oder die Kraft kleiner als die Gegenkraft ist, passiert nichts. Erst wenn die aktive Kraft etwas größer wird als die Gegenkraft, zeigt sich eine Wirkung."* Diese Vorstellung wird z. B. beim Anschieben einer schweren Kiste aktiviert. Schülerinnen und Schüler gehen davon aus, dass die auf die Kiste ausgeübte Kraft am Beginn kleiner sei als die Haftreibungskraft. Ab einer gewissen Stärke überwinde die ‚aktive Schubkraft' den ‚Widerstand' und die Kiste komme in Bewegung. Wenn Kraft und Gegenkraft stets gleich groß seien, könne es nach Meinung der Lernenden nie zu einer Bewegung der Kiste kommen. Die Wechselwirkungskraft der Kiste auf die schiebende Person wird von Schülerinnen und Schülern nicht als Gegenkraft im Sinne des 3. Axioms in den Blick genommen.

Statt von „Kraft und Gegenkraft" sollte beim 3. Axiom von „Wechselwirkungskräften" gesprochen werden und beim Kräftegleichgewicht von „Kraft und Kompensationskraft". Dass die Wechselwirkungskräfte an zwei unterschiedlichen Körpern – den beiden Wechselwirkungspartnern – angreifen, kann in Diagrammen verdeutlicht werden, wenn man an der Tafel und auf Arbeitsblättern getrennte Skizzen für die beteiligten Körper erstellt und darin die angreifenden Kräfte für jeweils nur einen Körper einzeichnet (z. B. $F_{\text{Mensch}\rightarrow\text{Kiste}}$, $F_{\text{Kiste}\rightarrow\text{Mensch}}$). In einer gemeinsamen Skizze lassen sich Kraftvektoren nur schwer zuordnen, insbesondere wenn weitere Wechselwirkungen einbezogen werden (im vorliegenden Fall z. B. zwischen der Kiste und dem Boden).

- **„Nur aktive Körper können Kräfte ausüben, passive leisten Widerstand."**

Objekte, die sich in stabiler, entspannter Lage befinden, können nach Schülermeinung keine Kräfte ausüben; sie leisten lediglich Widerstand. Kräfte werden dieser Vorstellung nach nur von aktiven Körpern ausgeübt. Dazu zählen Lebewesen und Maschinen, gespannte Federn, sowie Magnete, elektrisch geladene Körper und die Erde mit ihrer Gravitation. Eine Straße, die *„einfach nur so da ist"*, übt demnach keine Beschleunigungskraft auf einen PKW aus; *„der PKW stößt sich mit seiner Motorkraft aktiv daran ab"* (▶ Kasten 4.5). Gleiches gilt für den Startblock beim 100-m-Sprint. *„Tische üben keine Kraft auf ein daraufliegendes Buch aus; der Tisch leistet einen Widerstand gegen das Herunterfallen"*[14]. Reibungskräfte werden von Schülerinnen und Schülern nicht als richtige Kräfte, sondern als Widerstände konzeptualisiert.

- **„Bei Kreisbewegungen wirkt die Zentrifugalkraft."**

Die Vorstellung des Wirkens einer Zentrifugalkraft bei Bewegungen auf gekrümmten Bahnen gehört zu den hartnäckigsten Vorstellungen bei Schülerinnen und Schülern. „Alle Schüler zeichnen eine Zentrifugalkraft ein und zwar als erste Kraft", schreiben Jung und Wiesner (1981, S. 177) über eine Interviewstudie mit zwölf leistungsstarken Schülerinnen und Schülern aus Physikleistungskursen (erhöhtes Anforderungsniveau). Die Dominanz

---

14 Zum „Book-on-the-Table-Problem" siehe Brown und Clement (1989).

Kasten 4.5: Schülerinterview zu Kräften beim Anfahren eines PKW

Im folgenden Interviewauszug äußert sich ein Leistungskursschüler zum Anfahrvorgang eines PKW (aus Jung & Wiesner, 1981, S. 168f.). Insgesamt wurden zwölf Schülerinnen und Schüler befragt. Niemand gab die korrekte Beschreibung, dass die Straße den PKW beschleunigt.

Interviewer (I.): *Machen Sie eine grobe Skizze mit den auftretenden Kräften.*

Schüler (S.): *(zeichnet) Kraft nach vorn zum Fahren, Erdanziehungskraft, Reibung, und dann müsste noch eine Gegenkraft da sein (zeichnet vor und hinter das Auto Pfeile).*

I.: *Wer übt die nach vorne gerichtete, am Reifen angreifende Kraft aus?*

S.: *Der Motor.*

I. versucht zu erklären, dass der Motor als Bestandteil des Autos nur eine innere Kraft auf das Auto ausüben kann und es als Ganzes nicht direkt beschleunigen kann.

S.: (wird schwankend) Ein guter Kontakt zwischen Boden und Reifen ist notwendig, damit sich die Reifen nicht durchdrehen; dann kann man sagen, dass der Motor die Antriebskraft ist. Die Kraft nach hinten ist die Trägheitskraft.

I.: *Wie beurteilen Sie die Aussage, dass die Straße die nach vorn beschleunigende Kraft ausübt?*

S.: *Das finde ich sehr ungewöhnlich.*

Der Automotor wird vom Schüler eindeutig als aktiver und damit die beschleunigende Kraft ausübender Körper betrachtet. Dass die „passive" Straße diese Kraft ausüben solle, kann sich der Schüler nicht vorstellen. In einem anderen Interview sagte ein Schüler: *„Die Straße beschleunigt nicht als Täter das Auto, ja? … Sondern das ist ähnlich wie bei dem Raumschiff, das ist jeweils eine gegenseitige, also Notwendigkeit, ja, also ohne Straße keine Beschleunigung des Autos, aber ohne Auto … "*

---

einer Zentrifugalkraft wird durch populärwissenschaftliche Darstellungen und Fehlinterpretationen von Alltagserfahrungen genährt. Ein Beispiel: Beim Durchfahren einer scharfen Linkskurve lässt sich das Druckempfinden am rechten Arm des Beifahrers so deuten, als werde dieser durch die Zentrifugalkraft nach außen gegen die Beifahrertür gedrückt. Die im Sinne der Newton'schen Mechanik korrekte Interpretation, dass die Beifahrertür eine Kraft auf den Arm des Mitfahrers ausübt und dazu beiträgt, die Person auf der Linkskurve zu halten, liegt außerhalb des intuitiven Verständnishorizonts.

■ Abb. 4.6 zeigt eine typische Lösung für ‚Kräfte' bei einer gekrümmten Bahn. „F_Z" bezeichnet die ‚Zentrifugalkraft' nach Schülersicht. Sie wird mit der Erdanziehungskraft „F_{Grav}" vektoriell addiert, typischerweise begründet mit *„sonst würde die Sonde auf die Erde stürzen"* (Kraft-Geschwindigkeit-Kopplung, siehe oben). Bei einer Kreisbewegung wird ein Betragsgleichgewicht von Zentripetalkraft und entgegengerichteter ‚Zentrifugalkraft' angenommen oder die Schülerinnen und Schüler meinen, die Zentripetalkraft sei etwas größer als die ‚Zentrifugalkraft', damit die Kreisbewegung erhalten bleibe. Manchmal wird das neue Wort „Zentripetalkraft" von den Schülerinnen und Schüler einfach übernommen, um die von ihnen als nach außen gerichtet angenommene ‚Kraft' zu bezeichnen. Tatsächlich ist bei der Bewegung der Sonde nur eine einzige Kraft vorhanden: die Gravitationskraft. Sie wirkt als Zentripetalkraft – anders formuliert: Die

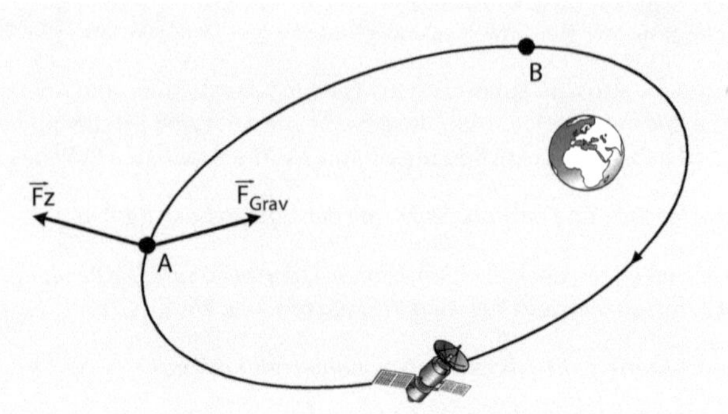

◨ Abb. 4.6 „Eine Raumsonde bewegt sich auf einer elliptischen Bahn um die Erde. Zeichnen Sie die Kräfte ein, die an der Sonde in den Punkten A und B angreifen." (Aufgabe und typische Lösung aus einem Seminar zu Schülervorstellungen mit Lehramtsstudierenden; die Exzentrizität des Orbits ist bewusst überzeichnet).

Gravitationskraft *ist* die Zentripetalkraft; bei $\vec{F}_Z = \vec{F}_{Grav}$ handelt es sich *nicht* um ein Kräftegleichgewicht.

In der Newton'schen Mechanik widerspricht die Zentrifugalkraft dem 3. Axiom: Man kann keinen Körper benennen, der sie ausübt; es fehlt somit der Wechselwirkungspartner. Versuche zwischen dem ruhenden und einem beschleunigten Bezugssystem zu differenzieren und im beschleunigten Bezugssystem Newton'sche Kräfte und Scheinkräfte zu behandeln, führen im Unterricht eher zu Verwirrungen als zu Klärungen. Das beginnt schon, wenn man davon spricht, der sich im Kreis bewegende Körper erfahre im beschleunigten Bezugssystem eine (Schein-)Kraft: Im beschleunigten System bewegt sich der Körper nicht auf einer Kreisbahn – ruhendes und beschleunigtes System werden unzulässig vermengt (▶ Kasten 4.3). Die Unterrichtszeit kann besser für Newton'sche Betrachtungen verwendet werden. Kurvenbewegungen lassen sich aus der Sicht des außenstehenden ruhenden Beobachters konsistent behandeln und mit Alltagserfahrungen in Beziehung setzen: Notwendig ist eine Re-Interpretation der Erfahrungen (siehe oben). Das irreführende Gefühl, man werde beim Durchfahren einer Kurve nach außen *gezogen*, wird dann zwar angesprochen, aber es wird nicht in einem System mit Scheinkräften argumentiert, sondern mit realen Kräften (*Druck*kraft nach innen). In ▶ Kasten 4.6 geben machen wir Vorschläge zur Auswahl von Inhalten für den Mechanikunterricht.

4.4 Unterrichtskonzeptionen

- **Mechanik in der Sekundarstufe I**

Wiesner, H., Wilhelm, T., Rachel, A., Waltner, C., Tobias, V. & Hopf, M. (2011). *Mechanik I: Kraft und Geschwindigkeitsänderung.* Köln: Aulis.
Wilhelm, T., Wiesner, H., Hopf, M. & Rachel, A. (2013). *Mechanik II: Dynamik, Erhaltungssätze, Kinematik.* Köln: Aulis.

Grundlage des vollständig ausgearbeiteten und erfolgreich erprobten Konzepts für die Mechanik in der Sekundarstufe I ist der Forschungsstand über Schülervorstellungen. Zu den Konsequenzen zählen die Behandlung der Kinematik mit Tempo *und* Richtung von Beginn an, das Konzept der Zusatzgeschwindigkeit $\Delta \vec{v}$ als Ergebnis einer zeitlichen Krafteinwirkung und die explizite Unterscheidung zwischen Wechselwirkungsgesetz und Kräftegleichgewicht. Das Curriculum beruht auf einem langjährigen Projekt mit Forschungs-, Entwicklungs- und Erprobungsphasen (Wilhelm & Hopf, 2014). Anwendungsbezüge aus Alltag und Technik spielen eine wichtige Rolle. Dafür werden u. a. Bewegungsvideos computergestützt analysiert.

Kasten 4.6: Essenzielles und Verzichtbares in der Mechanik

Mechanik ist ein schwieriges Thema. Manche der als Schülervorstellungen bezeichneten Denkmuster findet man auch bei Physikstudierenden. Als Lehrkraft muss man die Sachverhalte selbst physikalisch korrekt verstehen und sich gleichzeitig der Lernanforderungen bewusst sein, die damit an Schülerinnen und Schüler gestellt werden. Angesichts der begrenzten Unterrichtszeit stellt sich die Frage nach den realistisch im Unterricht anzustrebenden Zielen. Die komplementäre Frage lautet: Worauf kann man im Zweifelsfall verzichten?[15]

In der *Sekundarstufe I* ist es auch im Gymnasium ausreichend, mit endlichen Zeitintervallen Δt zu arbeiten. Wesentlich in der Kinematik ist das Verständnis von Geschwindigkeit als Größe mit Betrag *und* Richtung. Dafür ist die Behandlung von Bewegungen in zwei Dimensionen unabdingbar. Entsprechend haben Geschwindigkeitsänderungen immer einen Betrag und eine Richtung. Betrachtungen, die einen Wechsel von Bezugssystemen erfordern, sind in der Sekundarstufe I verzichtbar. Das Konzept Geschwindigkeitsänderung bzw. Zusatzgeschwindigkeit $\Delta \vec{v}$ ist für das grundlegende Verständnis wichtiger als die formale Einführung des Begriffs Beschleunigung. Eine Geschwindigkeitsänderung wird dadurch verursacht, dass eine Kraft über einen gewissen Zeitraum auf den Körper wirkt. Das 2. Newton'schen Axioms in der Formulierung $\Delta \vec{v} = \left(\vec{F}_{res} \cdot \Delta t \right)/m$ lässt sich experimentell vielfältig veranschaulichen. Der Begriff „Trägheit" ist dagegen entbehrlich. Es reicht die Einführung der Masse – ohne explizite Unterscheidung zwischen träger und schwerer Masse – und des Beharrungsprinzips. Unverzichtbar ist die Thematisierung des 3. Axioms nur im Zusammenhang mit der Impulserhaltung. Für die Vorhersage von Bewegungsverläufen reicht das 2. Axiom aus. Auch in leistungsstarken Lerngruppen ist der Zeitaufwand für die genaue Analyse der Wechselwirkungen bei scheinbar einfachen Vorgängen wie „ein Pferd zieht eine Kutsche" kaum gerechtfertigt.

Schwieriger ist die Frage nach Essenziellem für Unterricht mit max. drei Wochenstunden in der Einführungsphase der (dreijährigen) gymnasialen Oberstufe und bei einer Mehrzahl von Lerngruppen, die Physik in der Qualifikationsphase nicht als Leistungskurse fortführen werden. In der Eingangsphase (Klasse 10 beim achtjährigen Gymnasium) fehlen weiterhin die mathematischen Voraussetzungen für infinitesimale Betrachtungen der Momentangeschwindigkeit oder -beschleunigung. Früher hat die Physiklehrkraft (die oft in der gleichen Lerngruppe auch Mathematik unterrichtete) entsprechende Inhalte der Analysis im Physikunterricht vorgeholt. Das ist im heutigen Kurssystem kaum noch möglich. Der gedankliche Übergang zu Momentangrößen im Übergang $\Delta t \to 0$ ist für das physikalische Grundverständnis qualitativ wichtig. Eine mathematische Formalisierung ist im Physikunterricht entbehrlich.[16] Der Wechsel zwischen zwei Inertialsystemen sollte behandelt werden. Für ein wirkliches Verständnis und eine physikalisch korrekte Beschreibung von Bewegungen im *beschleunigten* Bezugssystem ist der Zeitaufwand hingegen nicht vertretbar. Kreisbewegungen können und sollten besser von einem ruhenden Bezugssystem aus beschrieben werden.

---

15 Wilhelm (2016a)

16 Wilhelm (2016b)

- **RealTime Physics/Workshop Physics**

  Sokoloff, D. R., Thornton, R. K. & Laws, P. W. (2012). *RealTime Physics. Active Learning Laboratories. Module 1 Mechanics.* Hoboken, NJ: Wiley. (Leseprobe unter: https://www.physport.org/images/examples/SampleRTPlab.pdf; Zugriff am 15. 1. 2018)

  Laws, P. W. (2004). *Workshop Physics Activity Guide, The Core Volume: Mechanics I: Kinematics and Newtonian Dynamics (Units 1–7), Module 1.* New York: Wiley.

Computergestützte Schülerexperimente zu Bewegungsvorgängen (Microcomputer-based Labs) sind das zentrale Merkmal curricularer Konzeptionen, die in den 1990er Jahren in den USA für Colleges und Universitäten entwickelt wurden (Sokoloff, Laws & Thornton, 2007). Viele Ideen lassen sich mithilfe der inzwischen in Schulen weit verbreiteten Messwerterfassungssysteme leicht übertragen. Lehrerzentrierter Unterricht wird zugunsten einer Serie angeleiteter Schülerexperimente deutlich reduziert. Die Unterrichtseinheiten sind auf typische Verständnishürden abgestimmt. Ein Beispiel zur Vorstellung „je schwerer, desto stärker": Kraftsensoren, die bei einem Stoßexperiment an den Fronten zweier Fahrbahnwagen unterschiedlicher Masse angebracht sind, messen die betragsmäßig gleichen Kräfte während des Stoßes, also $F(t)$.

4.5   Testinstrumente

Es gibt eine Reihe von Standardinstrumenten, um konzeptuelles Verständnis der Mechanik und Lernzuwächse durch Unterricht zu untersuchen. Vergleichsdaten liegen aus zahlreichen Studien vor. Aus den Tests kann man zudem Aufgaben für Unterrichtsmaterialien verwenden.

- **Force Concept Inventory (FCI)**

Der FCI (Gerdes & Schecker, 1999; Hestenes et al., 1992a) ist seit den 1990er Jahren der international am häufigsten verwendete Test zu Schülervorstellungen in der Kinematik und Dynamik.[17] In der überarbeiteten Version von 1995 enthält er 30 Aufgaben mit fünf Auswahlantworten (Multiple Choice, eine korrekte Antwort). Die vier Distraktoren sind auf typische Schülervorstellungen abgestimmt. Rechnungen sind für die Lösungen nicht erforderlich. Der FCI eignet sich als Vor- und Nachtest für die Erfassung des Lernzuwachses im Einführungsunterricht. ◘ Abb. 4.2 und ◘ Abb. 4.4 zeigen Beispiele für FCI-Aufgaben. Die Aussagekraft von FCI-Testergebnissen wurde kontrovers diskutiert (Huffman & Heller, 1995). Dennoch bleibt der FCI-Test ein Standardinstrument, um den Erfolg von Mechanikunterricht zu evaluieren (z. B. Wilhelm, 2005b). Eine deutsche Fassung des FCI ist verfügbar.[18]

Rath (2017) hat Gruppengespräche von Studierenden über Lösungen ausgewählter Aufgaben des FCI aufgezeichnet. Videos und Transkripte sind online verfügbar.[19] In den

---

17 Hake (1998)

18 http://modeling.asu.edu/R&E/Research.html (Zugriff am 19. 9. 2016). Man muss sich für einen Download vorher registrieren. Auf Anfrage stellt H. Schecker eine eigene Übersetzung des FCI zur Verfügung.

19 https://physik.uni-paderborn.de/reinhold/paderborner-videos/gruppendiskussionen (Zugriff am 14. 8. 2017).

Abwägungen der Studierendenden zwischen den Antwortoptionen kommen Schülervorstellungen klar zum Ausdruck.

- **The Force and Motion Concept Evaluation (FMCE)**

Der FMCE-Test ist ähnlich aufgebaut wie der FCI. Er bezieht Vorstellungen zur Energie mit ein (Thornton & Sokoloff, 1997; 43 Multiple-Choice-Aufgaben, Beispiel ◘ Abb. 4.3). Die Ergebnisse des FCI und des FMCE korrelieren hoch (Thornton, Kuhl, Cummings & Marx, 2009).

- **Mechanics Baseline Test (MBT)**

Der MBT setzt die Einführung der Begriffe Impuls und kinetische Energie voraus und stellt höhere formale Anforderungen als FCI und FMCE (Hestenes, Wells & Swackhamer, 1992b). Er enthält neben qualitativen Fragen auch einige Aufgaben, deren Lösung rechnerische Abschätzungen erfordern. Anders als der FCI sollte er fairerweise nicht bereits vor dem Mechanikunterricht eingesetzt werden. Der MBT ist ein Multiple-Choice-Test mit 26 Aufgaben und fünf Auswahlantworten. Der Test ist in der Materialsammlung von Mazur (1997) enthalten. Eine deutsche Übersetzung liegt bisher nicht vor.

- **Aufgabenzusammenstellungen**

Sucht man keine zusammenhängenden Testinstrumente mit Vergleichsergebnissen, sondern einzelne Aufgaben, um das konzeptuelle Verständnis im Unterricht zu überprüfen, dann findet man Beispiele u. a. in folgenden Veröffentlichungen:

- Jung, Reul und Schwedes (1977) zeigen im Anhang ihres Buches zahlreiche Aufgaben zur Kinematik.
- Der Anhang in Jung, Wiesner und Engelhard (1981) enthält Beispielaufgaben aus den verwendeten Tests zur Kinematik und Dynamik.
- Warren (1979a) beinhaltet formal aufwändigere Aufgaben mit Rechenanteilen.
- Einige Aufgaben aus dem FMCE finden sich auf der CD-ROM in Wilhelm (2005a). Aufgaben zur Beschleunigung sind abrufbar über Wilhelm (2007).

4.6 Literatur zur Vertiefung

Jung, W., Wiesner, H. & Engelhard, P. (1981). *Vorstellungen von Schülern über Begriffe der Newtonschen Mechanik*. Bad Salzdetfurth: Franzbecker. Auszüge sind in Müller et al. (2004) abgedruckt.

Der Band enthält eine Sammlung von Aufsätzen über grundlegende Studien zum qualitativen Verständnis der Mechanik. Die Datengrundlage stammt aus Interviews, Fragebögen und Tests. Typische Schülervorstellungen werden plastisch herausgearbeitet und an zahlreichen Beispielen veranschaulicht. Das Buch enthält außerdem zwei Grundlagenaufsätze zum Forschungsprogramm Schülervorstellungen.

Schecker, H. (1985). *Das Schülervorverständnis zur Mechanik*. Universität Bremen (auf Anfrage beim Autor als PDF-Datei erhältlich).

Die Dissertation berichtet auf Grundlage von Tests und Unterrichtstranskripten über übergeordnete Denkmuster und spezifische Vorstellungen zur Mechanik. Kommentierte Wortprotokolle aus Grund- und Leistungskursen zeigen, wie Schülervorstellungen in Unterrichtsgesprächen zutage treten.

Warren, J. W. (1979a). *Understanding Force*. London: Murray.
Aus der Perspektive des Physikdozenten erläutert Warren den physikalischen Kern der klassischen Mechanik und beschreibt die damit verbundenen Lernschwierigkeiten bei Studierenden und Schülerinnen und Schülern. Der besondere Wert des Buches liegt in der engen Verzahnung mit fachlichen Erörterungen.

4.7   Übungen

Die erste ▸ Übung 4.1 entspricht in leicht überarbeiteter Fassung einer Aufgabe von Riese (2009, Anhang S. V). ▸ Übung 4.2 beruht auf einer abgewandelten Aufgabe aus dem FMCE-Test (Thornton & Sokoloff, 1997).

Übung 4.1

Bei der Einführung des 3. Newton'schen Axioms versucht der Lehrer, dieses Prinzip mithilfe einer Anordnung aus Schraubenfeder und Gewichtsstück zu demonstrieren. In der 9. Klasse eines Gymnasiums spielt sich dabei folgende Szene ab:

Lehrer: *Wenn ich das Gewichtsstück an diese Feder hänge, wird sie ein bestimmtes Stück ausgelenkt. Nehme ich das Gewicht weg und ziehe stattdessen mit einem Kraftmesser an der Feder nach unten, dann muss ich mit etwa 10 N ziehen, damit die Feder genausoweit ausgelenkt wird. (Lehrer demonstriert entsprechend.) Das ist die Kraft, mit der das Gewicht an der Feder gezogen hat. Wie ihr seht, muss ich – bzw. die Feder – mit derselben Kraft am Gewichtsstück nach oben ziehen, damit es nicht nach unten fällt. Die Kraft, mit der die Feder am Gewicht zieht, ist also genauso groß.*

Die Klasse signalisiert Zustimmung.

Lehrer: *Stellt euch jetzt einmal vor, ein Apfel hängt an einem Baum. Wo haben wir hier jetzt Actio und Reactio?*

Johannes: *Na, ist doch klar, der Apfel zieht am Ast und der Ast hält den Apfel oben!*

Lehrer: *Ja richtig – schön, ihr habt es verstanden! Was ist denn dann, wenn der Apfel jetzt herunterfällt? Also während des Fallens, wo ist da Actio und Reactio?*

In der Klasse stellt sich ein Gemurmel ein.

Mike: *Ja gilt das denn dann überhaupt noch? Ich meine, das gilt doch immer nur ideal, wenn alles in Ruhe ist?!?*

Johannes: *Klar hast du noch Actio und Reactio, nur Actio ist halt größer, der Apfel wird ja schließlich schneller beim Fallen!*

Mike: *Ich dachte, die müssen gleich sein? Wo willst du überhaupt Reactio haben, der fällt doch frei und wird nicht mehr gehalten!?!*

Johannes: *Hm. Na, Actio hast du auf jeden Fall schon mal, er bewegt sich ja. Und er wird ja auch nicht beliebig schnell, die Luftreibung bremst ihn ja. Das ist deine Reactio!*

■ **Übungsaufgabe:**

a. Hat der Lehrer für das 3. Newton'sche Axiom am Beginn ein geeignetes Beispiel (Gewichtsstück, Feder, Kraftmesser) gewählt? Begründen Sie Ihre Einschätzung in einigen Sätzen. Gehen Sie dabei auch auf die physikalisch korrekte Beschreibung des Vorgangs ein.

b. In den Aussagen von Johannes und Mike werden typische Verständnisprobleme beim 3. Axiom deutlich. Beschreiben Sie die Probleme und die dahinterstehenden Schülervorstellungen!

Übung 4.2

Schülerinnen und Schülern wird in der 9. Klasse eines Gymnasiums, noch vor dem Mechanikunterricht, die folgende Aufgabe gestellt:

> Ein Schlitten bewegt sich auf einer Eisfläche. Die Reibung und der Luftwiderstand sind bei dieser Bewegung so klein, dass sie vernachlässigt werden können. Auf dem Schlitten befindet sich Propeller, der sich per Fernsteuerung aus- und einschalten lässt, auch die Drehzahl kann so geregelt werden. Dadurch lassen sich unterschiedliche Kräfte bewirken, die auf den Schlitten ausgeübt werden.
>
> Welche Kräfte gelten für folgende Situationen:
>
> 1. Der Schlitten bewegt sich nach rechts bei konstanter Geschwindigkeit.
> 2. Der Schlitten bewegt sich nach rechts und wird gleichmäßig immer langsamer.
> 3. Der Schlitten bewegt sich nach links und wird gleichmäßig immer schneller.
>
> Wähle jeweils die eine Kraft (A bis G), die den Schlitten so bewegt, wie es in den Situationen 1 bis 3 beschrieben ist. Du kannst jede der Kräfte A bis G mehrmals für die Fragen 1 bis 3 auswählen oder auch gar nicht, aber wähle jeweils nur eine Kraft pro Frage. Wenn Du meinst, dass keine Antwort richtig ist, antworte mit H.

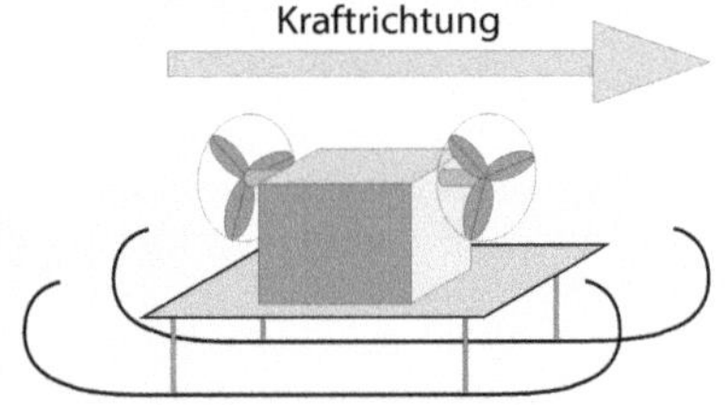

Die Kraft ist nach rechts gerichtet und

A. ihre Stärke (Größe) nimmt zu.

B. hat konstante Stärke.

C. nimmt an Stärke ab.

D. Es wird keine Kraft benötigt.

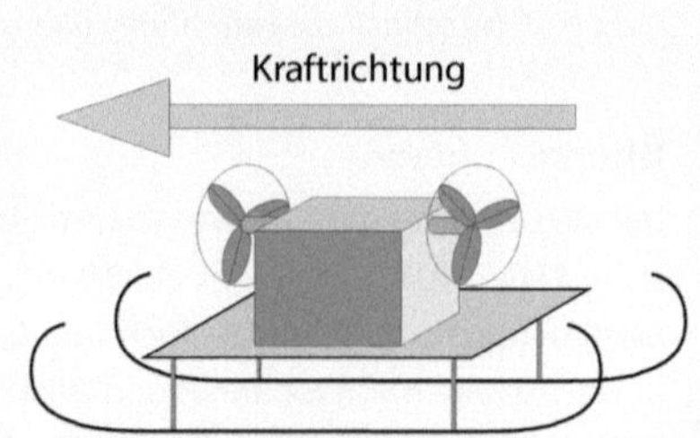

Die Kraft ist nach links gerichtet und

E.   nimmt an Stärke ab.

F.   hat konstante Stärke.

G.   nimmt an Stärke zu.

H.   Keine Antwort ist richtig.

- **Übungsaufgabe:**

Geben Sie zu den Situationen 1) bis 3) jeweils an:

a.   Wie lauten die korrekten Lösungen?

b.   Mit welchen physikalisch falschen Schülerantworten ist in dieser Situation zu rechnen? Welche Schülervorstellungen sind dafür verantwortlich? Gehen Sie dabei auf spezielle Vorstellungen ebenso ein wie auf übergeordnete Denkmuster.

4.8   Literatur

Amenda, T. & Schecker, H. (2014). Moment mal … (7): Ort, Ortsverschiebung, Weg – wofür steht eigentlich das ‚s'? *Praxis der Naturwissenschaften – Physik in der Schule, 63*(2), 40–42.

Arons, A. B. (1981). Thinking, reasoning and understanding in introductory physics courses. *The Physics Teacher, 19*, 166–172. https://doi.org/10.1119/1.2340737

Bader, F. (1979). Lässt sich die Kraft als abgeleitete Größe definieren? *Der Physikunterricht, 13*(1), 58–69.

Brown, D. E. (1989). Students' concept of force: The importance of understanding Newton's third law. *Physics Education, 24*, 353–357.

Brown, D. E. & Clement, J. (1989). Overcoming misconceptions via analogical reasoning: abstract transfer versus explanatory model construction. *Instructional Science, 18*(4), 237–261. https://doi.org/10.1007/bf00118013

Clement, J. (1982). Students' preconceptions in introductory mechanics. *American Journal of Physics, 50*(1), 66–70.

Duit, R. (2009). STCSE: Students' and Teachers' Conceptions and Science Education (Bibliografie). Erhältlich von Leibniz-Institut für die Pädagogik der Naturwissenschaften und Mathematik http://archiv.ipn.uni-kiel.de/stcse/

Friedrich, H. (2013). Zu einem Zeitpunkt gibt es keine Geschwindigkeit – oder doch? Die lokale Änderungsrate besser einordnen. *Mathematik lehren, 30*(180), 30–33.

Gerdes, J. & Schecker, H. (1999). Der Force Concept Inventory. *Der mathematische und naturwissenschaftliche Unterricht, 52*, 283–288.

Hake, R. R. (1998). Interactive-engagement versus traditional methods: A six-thousand-student survey of mechanics test data for introductory physics courses. *American Journal of Physics, 66*(1998), 64–74.

Halloun, I. A. & Hestenes, D. (1985). Common sense concepts about motion. *American Journal of Physics, 53*, 1056–1065.

Hestenes, D., Wells, M. & Swackhamer, G. (1992a). Force concept inventory. *The Physics Teacher, 30*, 141–158.

Hestenes, D., Wells, M. & Swackhamer, G. (1992b). A mechanics baseline test. *The Physics Teacher, 30*, 159–166.

Huffman, D. & Heller, P. (1995). What does the force concept inventory actually measure? *The Physics Teacher, 33*, 138–143.

Jung, W. (1981). Vorstellungen über Kraft und Stoß bei Schülern vom 8. bis 11. Schuljahr. In W. Jung, H. Wiesner & P. Engelhard (Hrsg.), *Vorstellungen von Schülern über Begriffe der Newtonschen Mechanik* (S. 63–111). Bad Salzdetfurth: Franzbecker.

Jung, W., Reul, H. & Schwedes, H. (1977). *Untersuchungen zur Einführung in die Mechanik in den Klassen 3–6.* Frankfurt a.M.: Diesterweg.

Jung, W. & Wiesner, H. (1981). Wie wenden Schüler Physik an zur Erklärung alltäglicher Erscheinungen? In W. Jung, H. Wiesner & P. Engelhard (Hrsg.), *Vorstellungen von Schülern über Begriffe der Newtonschen Mechanik* (S. 167–189). Bad Salzdetfurth: Franzbecker.

Jung, W., Wiesner, H. & Engelhard, P. (1981). *Vorstellungen von Schülern über Begriffe der Newtonschen Mechanik.* Bad Salzdetfurth: Franzbecker.

Klieme, E. (2000). Fachleistungen im voruniversitären Mathematik- und Physikunterricht: Theoretische Grundlagen, Kompetenzstufen und Unterrichtsschwerpunkte. In J. Baumer, W. Bos & R. Lehmann (Hrsg.), *TIMSS/III. Dritte Internationale Mathematik- und Naturwissenschaftsstudie: Mathematische und naturwissenschaftliche Bildung am Ende der Schullaufbahn* (S. 57–128). Opladen: Leske und Budrich.

Kulisch, W. (2014). *Physik für Dummies. Das Lehrbuch.* Weinheim: Wiley-VCH.

Laws, P. W. (2004). *Workshop Physics Activity Guide, The Core Volume: Mechanics I: Kinematics and Newtonian Dynamics (Units 1–7), Module 1.* New York: Wiley-VCH.

Mazur, E. (1997). *Peer Instruction: A User's Manual.* Upper Saddle River, N.J.: Prentice Hall.

McCloskey, M. (1983). Irrwege der Intuition in der Physik. *Spektrum der Wissenschaft.*

Müller, R. (2009). *Klassische Mechanik: Vom Weitsprung zum Marsflug.* Berlin: De Gruyter.

Müller, R., Wodzinski, R. & Hopf, M. (Hrsg.). (2004). *Schülervorstellungen in der Physik.* Köln: Aulis.

Mullis, I. V. S., Martin, M. O., Beaton, A. E., Gonzalez, E. J., Kelly, D. L. & Smith, T. A. (1998). *Mathematics and Science Achievement in the Final Year of Secondary School. IEA's Third International Mathematics and Science Study (TIMSS).* Boston: Boston College: Center for the Study of Testing, Evaluation, and Educational Policy.

Newton, I. (1963 [Originalausgabe 1687]). *Mathematische Prinzipien der Naturlehre [Philosophiae Naturalis Principia Mathematica].* Darmstadt: Wiss. Buchgesellschaft.

Rath, V. (2017). *Diagnostische Kompetenz von angehenden Physiklehrkräften – Modellierung, Testinstrumententwicklung und Erhebung der diagnostischen Performanz bei der Diagnose von Schülervorstellungen in der Mechanik (Diss.).* Berlin: Logos.

Riese, J. (2009). *Professionelles Wissen und professionelle Handlungskompetenz von (angehenden) Physiklehrkräften.* Berlin: Logos.

Schecker, H. (1985). *Das Schülervorverständnis zur Mechanik. Eine Untersuchung in der Sekundarstufe II unter Einbeziehung historischer und wissenschaftstheoretischer Aspekte,* Dissertation. Universität Bremen.

Schecker, H. (1988). Von Aristoteles bis Newton – der Weg zum physikalischen Kraftbegriff. *Naturwissenschaften im Unterricht – Physik, 36,* 7–10; gekürzte Fassung auf leifiphysik.de: http://www.leifiphysik. de/mechanik/kraft-und-bewegungsaenderung/geschichte/der-weg-zum-physikalischen-kraftbegriff-von-aristoteles-bis-newton (Zugriff am 25. 9. 2016).

Sokoloff, D., Laws, P. W. & Thornton, R. K. (2007). RealTime Physics: active learning labs transforming the introductory laboratory. *European Journal of Physics, 28,* S83–S94. https://doi.org/10.1088/0143–0807/28/3/S08

Sokoloff, D., Thornton, R. K. & Laws, P. W. (2012). *RealTime Physics. Active Learning Laboratories. Module 1 Mechanics.* Hoboken, NJ: Wiley.

Thornton, R. K., Kuhl, D., Cummings, K. & Marx, J. (2009). Comparing the force and motion conceptual evaluation and the force concept inventory. *Physical Review Special Topics – Physics Education Research, 5*(1), 010105.

Thornton, R. K. & Sokoloff, D. (1997). Assessing student learning of Newton's laws: The Force and Motion Conceptual Evaluation and the Evaluation of Active Learning Laboratory and Lecture Curricula. *American Journal of Physics, 66*(4), 338–352.

Twigger, D., Byard, M., Driver, R., Drapter, S., Hartley, R., Hennesy, S., …, Scanlon, E. (1994). The conception of force and motion of students aged between 10 and 15 years: an interview study designed to guide instruction. *International Journal of Science Education, 16*(2), 215–231.

Viennot, L. (1979). Spontaneous reasoning in elementary dynamics. *European Journal of Science Education, 1*, 205–221.

Warren, J. W. (1979a). *Understanding Force*. London: Murray.

Warren, J. W. (1979b). *Understanding Force – Verständnisprobleme beim Kraftbegriff*. London: Murray: (deutsche Übersetzung von Udo Backhaus & Thorsten Schneider: www.didaktik.physik.uni-due.de/veranstaltungen/LeitfachMechanikAkustikKalorik/WARREN.pdf; Zugriff am 1. 2. 2017).

Wiesner, H., Wilhelm, T., Rachel, A., Waltner, C., Tobias, V. & Hopf, M. (2011). *Mechanik I: Kraft und Geschwindigkeitsänderung*. Köln: Aulis.

Wilhelm, T. (2005a). *Konzeption und Evaluation eines Kinematik-Dynamik-Lehrgangs zur Veränderung von Schülervorstellungen mithilfe dynamisch ikonischer Repräsentationen und graphischer Modellbildung*. Berlin: Logos.

Wilhelm, T. (2005b). Verständnis der newtonschen Mechanik bei bayerischen Elftklässlern – Ergebnisse beim Test „Force Concept Inventory" in herkömmlichen Klassen und im Würzburger Kinematik-/Dynamikunterricht. *Physik und Didaktik in Schule und Hochschule, 2*(4), 47–56.

Wilhelm, T. (2007). Vektorverständnis und vektorielles Kinematikverständnis von Studienanfängern. In V. Nordmeier, A. Oberländer & H. Grötzebauch (Hrsg.), *Didaktik der Physik – Regensburg 2007*. Berlin: Lehmanns Media – LOB.de; http://www.thomas-wilhelm.net/veroeffentlichung/Vektoren_Testbogen.pdf (Zugriff: 22. 9. 2016).

Wilhelm, T. (2008). Vorstellungen von Lehrern über Schülervorstellungen. In D. höttecke (Hrsg.), *Kompetenzen, Kompetenzmodelle, Kompetenzentwicklung, Jahrestagung der GDCP in Essen 2007* (S. 44–46). Münster: Lit.

Wilhelm, T. (2015). Moment mal … (13): Wo ist die Gegenkraft? *Praxis der Naturwissenschaften – Physik in der Schule, 64*(1), 44–45.

Wilhelm, T. (2016a). Elementarisierung in der Mechanik – Weglassen ist eine Kunst. *Praxis der Naturwissenschaften – Physik in der Schule, 65*(6), 22–24.

Wilhelm, T. (2016b). Moment mal … (23): Durchschnitts- und Momentangeschwindigkeit? *Praxis der Naturwissenschaften – Physik in der Schule, 65*(2), 42–43.

Wilhelm, T. & Hopf, M. (2014). Design-Forschung. In D. Krüger, I. Parchmann & H. Schecker (Hrsg.), *Methoden in der naturwissenschaftsdidaktischen Forschung* (S. 31–42). Berlin: Springer.

Wilhelm, T., Wiesner, H., Hopf, M. & Rachel, A. (2013). *Mechanik II: Dynamik, Erhaltungssätze, Kinematik*. Köln: Aulis.

Schülervorstellungen zur geometrischen Optik

Claudia Haagen-Schützenhöfer und Martin Hopf

© Springer-Verlag GmbH Deutschland, ein Teil von Springer Nature 2018
H. Schecker, T. Wilhelm, M. Hopf, R. Duit (Hrsg.), *Schülervorstellungen und Physikunterricht*,
https://doi.org/10.1007/978-3-662-57270-2_5

5.1   Einführung

Der folgende Ausschnitt stammt aus einem Interview, das ein Interviewer (I) mit einem Gymnasialschüler (P) mit sehr guten Physiknoten unmittelbar nach dem Optikunterricht in der Sekundarstufe I geführt hat.

> **I:** *Das Mädchen auf dem Foto (◖ Abb. 5.1) sieht vor sich eine Geburtstagstorte mit angezündeter Kerze. Wie funktioniert es, dass Emma sie sehen kann?*
>
> **P:** *Ja, wir sind gerade bei der Optik. […] Das Bild also […] dann wird es ins Gehirn geleitet und dann kann das Gehirn die Augen zwingen, ah, also dazu bringen, dass sie auf das schauen und das sich ein Bild irgendwie ergibt (…) im Kopf.*
>
> **I:** *Und wozu braucht man da jetzt das Licht bei diesem Vorgang?*
>
> **P:** *Eigentlich gar nicht. Das braucht man ja nicht. Nein."*

Derartige Antwort- bzw. Argumentationsmuster sind keine Einzelfälle, sondern stehen prototypisch für stabile Vorstellungsmuster von Lernenden nach dem Anfangsoptikunterricht der Sekundarstufe I. Sie zeigen, dass eine basale Vorstellung von physikalischen Prozessen, die für die visuelle Wahrnehmung bzw. konkreter für die Bildentstehung im Auge relevant sind, nicht oder nicht tiefgehend genug verankert wird. Angesichts der Tatsache, dass die visuelle Wahrnehmung unserer Umwelt ein alltäglicher Vorgang ist, scheint dies verwunderlich. Ein Blick auf den gängigen Optikunterricht sowie eine konstruktivistische Perspektive auf Lernprozesse bieten jedoch eine Reihe von Anhaltspunkten, wie es zu dieser Situation kommen kann.

Die bewusste körperliche Erfahrung von Licht, das in unser visuelles System gelangt, ist typischerweise mit für das Auge schmerzhaften Blendvorgängen verbunden. Ein derartiges schmerzhaftes Gefühl von *„geblendet werden"*, stellt sich jedoch bei *„normalen"* Sehvorgängen nicht ein. Zudem ist vielen die Erfahrung völliger Dunkelheit gänzlich

◖ **Abb. 5.1**   Wie kann Emma die Torte sehen?[1]

---

1   Bildquelle: https://pixabay.com/p-947438/ (Zugriff am 4. 2. 2018)

unbekannt. Egal wo wir uns befinden, findet sich meist auch eine zumindest geringe Menge an Streulicht und damit gelingt es unserem Auge, das sich sehr gut an die verschiedensten Lichtverhältnisse adaptieren kann, wenigstens schemenhaft Umrisse von Objekten zu erkennen. Des Weiteren finden wir in den Medien und auch immer noch vereinzelt in Schulbüchern Darstellungsweisen zum Sehen, die die Vorstellung eines aktiven Auges unterstützen, indem Sehstrahlen oder Blickrichtungspfeile meist unkommentiert eingezeichnet werden. Lebensweltliche Erfahrungen geben also kaum Anlass dafür, die Vorstellung zu entwickeln, dass Licht von einem Objekt in unser visuelles System gestreut werden muss, um wahrgenommen zu werden. Auch die Alltagssprache, in der wir einen Gegenstand wahrnehmen, wenn wir „hinschauen" oder einen „Blick auf ihn werfen", weist dem Auge klar eine aktive Rolle im Sehprozess zu. Diese Aspekte der täglichen Erfahrungswelt lassen es also gar nicht verwunderlich erscheinen, dass tief verwurzelte Schülervorstellungen zum Sehvorgang bestehen und Lernhürden mit sich bringen.

Ähnlich erweisen sich auch in anderen Teilbereichen der Optik tief verwurzelte Alltagserfahrungen oder Sprachwendungen als hinderlich für unterrichtliche Lernprozesse; denken wir nur an den Begriff „spiegelverkehrt". Licht selbst als Phänomen ist zudem schwer fassbar und schwer beschreibbar. Die Fragestellung, ob Licht selbst sichtbar ist oder eben nur sichtbar gemacht werden kann, ist nicht nur für Lernende schwierig zu fassen, sondern schied die Geister schon in der Geschichte der Physik. Die grundlegenden Vorstellungen darüber, was Licht ist (▶ Kasten 5.1), welche Eigenschaften Licht hat und wie es beschrieben werden kann, sind aufgrund der Prägung durch Alltagserfahrungen sehr individuell bei Lernenden verankert. Diese Grundvorstellungen bestimmen jedoch Lernverläufe maßgeblich mit.

5.2 Schülervorstellungen

Die Schülervorstellungsforschung zur Strahlenoptik geht überwiegend auf die 1980er und 1990er Jahre zurück. Eine Zusammenschau dieser Forschungsergebnisse wird – erweitert um aktuellere Erkenntnisse –im Folgenden vorgestellt.[2]

Kasten 5.1: Licht

Licht lässt sich als Transport von Energie durch elektromagnetische Strahlung konzeptualisieren. Sichtbares Licht ist elektromagnetische Strahlung in einem schmalen Frequenzband von ca. $3,8 \cdot 10^{14}$ Hz bis ca. $7,9 \cdot 10^{14}$ Hz (Wellenlänge zwischen 380 nm und 780 nm). Genaue Grenzen lassen sich für den Bereich sichtbarer Strahlung jedoch nicht angeben, da die Empfindlichkeit des menschlichen Auges individuell ist und an den Wahrnehmungsgrenzen allmählich abnimmt. Elektromagnetische Strahlung entsteht, wenn elektromagnetische Felder von beschleunigten elektrischen Ladungen abgestrahlt werden und sich (in Vakuum mit Lichtgeschwindigkeit) ausbreiten (▶ Kasten 11.3). Für die Entstehung von Licht sind typischerweise geladene Atombestandteile verantwortlich, die im oben genannten Frequenzbereich oszillieren und somit für Menschen sichtbare elektromagnetische Strahlung abgeben.

---

2 Diesem Kapitel liegen vorwiegend folgende Veröffentlichungen zugrunde: Andersson und Kärrqvist (1983); Blumör (1993); Chauvet (1996); Eaton, Anderson und Sheldon (1986); Feher und Meyer (1992); Fetherstonhaugh, Happs und Treagust (1987); Fetherstonhaugh und Treagust (1992); Galili und Hazan (2000); Goldberg und McDermott (1986); Goldberg und McDermott (1987); Goldberg, Bendall und

5.2.1   Vorstellungen zu Licht und dessen Eigenschaften

- **„Licht ist ruhende Helligkeit."**

Licht wird häufig als substanzartig beschrieben, als ein Stoff, der Räume instantan ausfüllt, sobald eine Lichtquelle eingeschaltet wird. Licht und Lichtquelle werden vielfach als eine nicht voneinander trennbare Einheit wahrgenommen. Demnach steht Licht immer in Verbindung mit der lichtemittierenden Quelle. Kontinuierliche Ausbreitungsvorgänge von Licht widersprechen den Alltagserfahrungen von Lernenden. Dafür lässt sich eine Reihe von Argumenten anführen: Die vergleichsweise geringen Distanzen im Lebensumfeld der Lernenden in Kombination mit der extrem hohen Ausbreitungsgeschwindigkeit von Licht lassen Erfahrungen, die Licht als etwas zeigen, das sich permanent von der Lichtquelle wegbewegt, nicht zu. Ein Argument, das ebenso nachvollziehbar gegen einen kontinuierlichen Abstrahlungsvorgang spricht, wird von einem Lernenden nach dem Optikunterricht auch durchaus plausibel formuliert: *„Wenn von der Glühbirne immer Licht weggeht, dann wird's da im Zimmer ja immer heller. Wenn ich einen [Eimer] unter den laufenden Wasserhahn stell', dann ist dort ja auch immer mehr und mehr Wasser drinnen, bis der [Eimer] über[läuft]."*

Diesem Argument ist die zuvor genannte Vorstellung der Substanzartigkeit zu entnehmen. Licht wird häufig als eine Art materielle Substanz gedacht. Erfahrungen mit den materiellen Substanzen in unserer Umgebung werden wiederum auf Licht übergeneralisiert, was sich u. a. in Vorstellungselementen äußert, dass „wo schon Licht ist, kein Licht mehr hin kann". Dieses Vorstellungselement wird in verschiedenen Kontexten aktiviert und führt u. a. zu der Annahme, dass sich das Licht einer Kerzenflamme am Tag – wenn die Umgebung schon von Tageslicht erfüllt ist – weniger weit ausbreiten kann als bei Nacht. Oder es wird angenommen, dass Licht nicht ständig von einer Quelle wegströmen kann oder dass sich verschiedenfarbige Lichtbündel nicht störungsfrei überlagern können.

- **„Licht breitet sich linienförmig als Lichtstrahl aus."**

Auf vorhandene Vorstellungselemente wird in der Regel kontextspezifisch zugegriffen. Dies impliziert, dass aus physikalischer Sicht widersprüchliche Vorstellungselemente parallel vorhanden sein können (▶ Abschn. 3.3.1). Diese Widersprüchlichkeiten sind für die Lernenden typischerweise jedoch nicht ersichtlich. So besteht parallel zur Vorstellung der statischen Lichtsubstanz u. U. die meist lehrbedingte Vorstellung, dass sich Licht in Form von Strahlen „linienförmig ausbreitet".

Selbst der einfache Sachverhalt, dass sich Licht geradlinig nach allen Seiten ausbreitet, unterliegt in der Vorstellungswelt von Lernenden mitunter Modifikationen, die fachliche Schwierigkeiten hervorrufen können. Untersuchungen zeigen deutlich, dass Schülerinnen und Schüler, die der Grundidee der geradlinigen, allseitigen Ausbreitung von Licht zustimmen, nicht in der Lage sind, diesen Sachverhalt angemessenen ins Strahlenmodell zu übertragen. Auch die Darstellungsweisen von Schulbüchern sind diesbezüglich häufig kontraproduktiv. Licht läuft demnach in geraden Linien weg von einer Lichtquelle. Dies

Galili (1991); Guesne (1985); Herdt (1990); Hosson und Kaminski (2007); Jung (1981a); Jung (1981b); Jung (1982); La Rosa, Mayer, Patrizi und Vicentini-Missoni (1984); Langley, Ronen und Eylon (1997); Martinez-Borreguero, Pérez-Rodríguez, Suero-López und Pardo-Fernández (2013); Palacios, Cazorla und Madrid (1989); Rice und Feher (1987); Seidel, Prenzel, Duit und Lehrke (2003); Viennot (2003); Viennot und Hosson (2012)

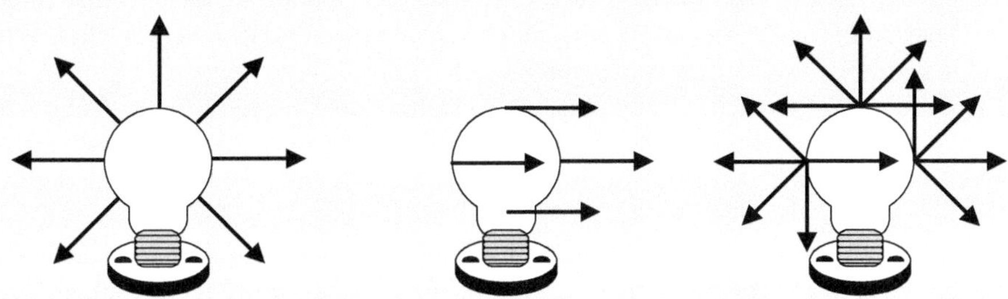

Abb. 5.2 Vorstellungen zur Lichtausbreitung (diese Kategorisierung basiert auf Galili, 1996, S. 853). Links: radiales Strahlenmodell – Licht breitet sich radial aus. Die einzelnen Lichtstrahlen sind dabei so orientiert, als hätten sie einen gemeinsamen Ursprung im Zentrum der ausgedehnten Lichtquelle. Mitte: gerichtetes Strahlenmodell – Licht breitet sich von verschiedenen Stellen der Oberfläche der ausgedehnten Lichtquelle in jene Vorzugsrichtung aus, die etwa für einen Abbildungsvorgang o. Ä. relevant ist. Rechts: fachlich angemessenes Strahlenmodell – Licht breitet sich von jedem Punkt der ausgedehnten Lichtquelle in alle Raumrichtungen aus.

passiert entweder radial (ein Strahl läuft von einem Leuchtpunkt in nur eine Richtung, Abb. 5.2 links) oder diese Strahlen laufen alle in nur eine Vorzugsrichtung (vor allem bei formalgeometrischen Konstruktionsaufgaben, Abb. 5.2 Mitte). Die Vorstellung, dass von jedem Leuchtpunkt einer Lichtquelle Licht in alle Richtungen strömt und dies im Lichtstrahlenmodell wie rechts in Abb. 5.2 dargestellt werden müsste, wird von Lernenden kaum geäußert bzw. auch selten akzeptiert.

Die Fähigkeit der Lernenden, zwischen der Lebenswelt und darin beobachtbaren Phänomenen einerseits und der Modellwelt der strahlengeometrischen Konstruktionen andererseits zu unterscheiden bzw. Verbindungen herzustellen, wird im konventionellen Anfangsoptikunterricht meist vernachlässigt. Durch eine zu frühe Abstraktion bzw. die fehlende Rückbindung an die subjektive Wahrnehmung der Lernenden entstehen hier Lernschwierigkeiten bzw. Vorstellungen, die sich negativ auf weitere Teilgegenstandsbereiche der Angangsoptik auswirken. Ein frühes Einführen strahlengeometrischer Konstruktionen mit zwei oder drei ausgezeichneten Strahlen führt beispielsweise häufig dazu, dass Lernende ausschließen, dass Gegenstände, die größer als der Durchmesser der Linse sind, mit dieser vollständig abgebildet werden können. Die Linse sei dafür zu klein. Bezüge sowohl zur subjektiven Erfahrung (z. B. „Deine Brille bildet nicht nur einen Ausschnitt deiner Umgebung ab") als auch zum physikalischen Phänomen (z. B. Lichtbündel, die von diesen Strahlen repräsentiert werden) können dem entgegenwirken.

Aus diesen Gründen empfiehlt es sich, anfänglich Lichtkegeldarstellungen zu nutzen und erst allmählich die Lichtstrahldarstellung als Modelldarstellung einzuführen. Eine Rückbindung dieser abstrakten und ausschnitthaften Darstellungsweise an beobachtbare Phänomene trägt wesentlich zum Verständnis bei.

■ **„Licht ist farblos, durchsichtig und hell und geht von glühenden Körpern aus."**

Zur Erscheinungsform von Licht selbst gibt es eine Reihe unterschiedlicher Vorstellungen. Grundsätzlich wird Licht meist als „farblos", „durchsichtig" und „hell" beschrieben. Immer wieder werden auch Adjektive wie „warm" bzw. „kalt" verwendet. Vielfach ist es

Lernenden nicht klar, dass Licht per se für uns nicht wahrnehmbar, also sichtbar ist. Erst wenn Licht an Partikeln oder an Gegenständen gestreut wird und in unser visuelles System gelangt, werden diese für uns wahrnehmbar.

Als Ursprung von Licht oder Lichtstrahlen werden vorwiegend Körper genannt, die glühen oder heiß sind (Sonne, Kerzenflamme, Feuer, Glühbirne). Aus dem Bereich moderner Unterhaltungstechnologien fallen darunter auch Gegenstände, die Licht aussenden (z. B. Bildschirme). Jedenfalls werden als Quelle von Licht überwiegend selbstleuchtende Gegenstände genannt. Selbst nach dem Unterricht sparen Lernende sekundäre Lichtquellen bei Aufzählungen von Lichtquellen tendenziell aus. Eine Ausnahme bildet hier allenfalls der Mond. Die Emission von Licht durch sekundäre Lichtquellen wird meist abgelehnt. Lernende erachten es als unglaubwürdig, dass nicht selbst leuchtende Objekte Licht abstrahlen können wie ein Ausschnitt aus einem Schülerinterview zeigt: *„Das glaub' ich nicht! Das* (der Aschenbecher) *ist ja keine Lampe! Da ist ja die Birne* (Im Raum ist eine Lampe an)*, durch die geht Strom. Das haben Gegenstände ja nicht!"* (Jung, 1981c). Derartige Vorstellungen blockieren das Verstehen von Abbildungsvorgängen und vom Zustandekommen von Körperfarben.

- ▪ **„Licht kann mehr oder weniger werden."**

Licht kann aus Sicht der Schülerinnen und Schüler von sich aus mehr oder weniger werden. Dazu sind für Lernende auch keine Transformationsmechanismen notwendig. Je nach Kontext wird also Licht nicht als Erhaltungsgröße verstanden.

Der Versuch aus ◨ Abb. 5.3 wird meist schon im Kindergartenalter genutzt, um Kindern die Funktionsweise von Sammellinsen zu demonstrieren. Dabei werden häufig Vorstellungen erweckt, dass *„hinter der Linse mehr Licht ist als vor der Linse"*, dass Licht – im Sinne von Lichtenergie – *„beim Durchgang durch eine Sammellinse vermehrt"* wird, so stark sogar, dass ein Blatt Papier Feuer fangen kann. Auch die saloppe sprachliche Wendung *„Die Sammellinse sammelt Licht im Brennpunkt"* unterstützt diese Vorstellung. Zudem finden sich immer wieder strahlengeometrische Abbildungen, bei denen die Lichtstrahlen bzw. -kegel nach dem Durchgang durch die Sammellinse im Brennpunkt einfach enden (◨ Abb. 5.4). Dies kann aber nur der Fall sein, wenn sich dort ein Gegenstand befindet, der das Licht absorbiert. Ist kein derartiger Gegenstand eingezeichnet, dann geht das Licht natürlich nach dem Brennpunkt weiter.

◨ **Abb. 5.3** Mit einer Sammellinse wird Papier entzündet.

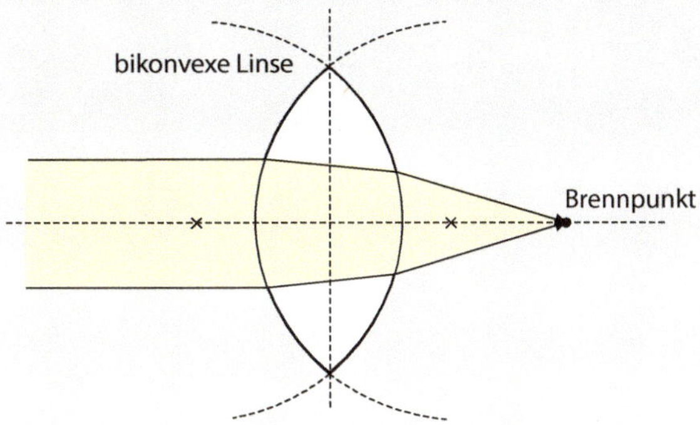

Abb. 5.4 Lichtstrahlen enden im Brennpunkt.

Im Gegensatz dazu gibt es auch Kontexte, in denen Lernende damit argumentieren, dass „*Licht schwächer wird*" oder an „*Ausbreitungskraft verliert*". Aus Alltagserfahrungen bildet sich häufig die Überzeugung, dass Licht bei seiner Ausbreitung weniger wird und ein Lichtstrahl schließlich endet. Als Beispiele können hier Scheinwerferkegel von Fahrzeugen oder Straßenlaternen genannt werden. Die Verteilung des Lichtes auf ein größeres Volumen bzw. eine größere Fläche oder Streuverluste werden hier nicht als Begründung angeführt. Wie weit sich Licht ausbreiten kann, bis es verschwindet oder an „*Ausbreitungskraft verliert*", hängt nach Meinung der Lernenden von der „*Stärke der Lichtquelle*" ab. Sonnenlicht, das von einer „*starken Quelle*" kommt, kann demzufolge bis zur Erde gelangen. Ein Auszug aus einem Interview, in dem ein Interviewer (I) nach dem Einführungsunterricht einem Schüler (E) als Bildimpuls die Abb. 5.5 vorlegt, zeigt ein typisches Argumentationsmuster:

I: *Wovon hängt's ab, wie weit das Licht kommt?*

E: *Von der Strahlung.*

I: *Wie meinst du das?*

E: *Also wenn das Licht heller ist, dann strahlt es auch mehr aus (…).*

I: *Was muss man tun, damit das Licht heller ist oder man helleres Licht kriegt?*

E: *Ahm (…) ein größeres Lagerfeuer machen.*

I: *Kannst du dir vorstellen, dass sich das Licht unendlich weit ausbreitet, also immer weiter, weiter, weitergeht?*

E: *Nein.*

I: *Wie ist das denn mit dem Licht von den Sternen? In der Nacht sieht man die Sterne ja. Kommt es zu uns auf die Erde?*

E: *Nein. (…) nein, glaub ich nicht."*

● **Abb. 5.5** Lichtausbreitung: Reichweite von Licht.[3]

5.2.2 Vorstellungen zum Sehvorgang

■ „Sehen geht auch ohne Licht."

Völlige Dunkelheit gehört nicht zu unserer alltäglichen Erfahrungswelt. Alltagssprache lässt hier allerdings viel Interpretationsspielraum, wir sprechen etwa von „stockfinster" und bezeichnen damit Umgebungen, in denen immer noch ein Rest von Streulicht vorhanden ist. Hinzu kommt, dass unser Auge extrem anpassungsfähig ist, was Lichtintensitäten betrifft. Daher ist es wenig verwunderlich, dass Lernende aus diesen Alltagserfahrungen ableiten, dass Licht zum Sehen nicht notwendigerweise vorhanden sein muss, sondern dass unsere Augen sich an die Dunkelheit gewöhnen können und zumindest die Umrisse von Gegenständen auch ohne Licht wahrgenommen werden können. Anfangsoptikunterricht greift diese Schülerperspektive zu selten bzw. nicht nachhaltig genug auf. Fachdidaktische Untersuchungen zeigen allerdings recht deutlich, dass ein physikalisch angemessenes Konzept des Sehvorgangs für das Verständnis mehrerer Teilgegenstandsbereiche der Anfangsoptik grundlegend ist (▶ Kasten 5.2).

---

3   Bildquelle: https://www.pexels.com/de/foto/campen-camping-lagerfeuer-leo-carrillo-state-park-67055/ (Zugriff am 4. 2. 2018)

Der Sehvorgang ist ein komplexer Prozess, der drei verschiedene Aspekte umfasst und verknüpft: physikalische Prozesse, physiologische Vorgänge und mentale Erlebnisse.

Aktuelle neurobiologische Sehtheorien definieren das Gehirn als Organ, mit dem mentale Seh-erlebnisse erzeugt werden. Die Funktion des Auges liegt darin, auf Basis der in ihm durch elektromagnetische Strahlung ausgelösten sensorischen Prozesse neuronale Erregungsmuster im Gehirn zu verändern. Die so verursachten spezifischen Erregungsmuster der Hirnrinde sind mit modernen bildgebenden Verfahren nachweisbar (Gropengießer, 1997a, b).

Eine im Anfangsoptikunterricht gut brauchbare Elementarisierung des Sehvorgangs beschreiben Hosson und Kaminski (2007). Sie unterteilen diesen in einen physikalischen und einen physiologischen Teilbereich (Abbildung). Der physikalische Teilbereich umfasst Elemente eines Sender-Empfänger-Mechanismus mit den physikalischen Phänomenen Lichtausbreitung, Streuung und Bildentstehung durch Brechung. Diese Teilaspekte stellen auch Kernbereiche des Anfangsoptikunterrichts dar. Der physiologische Teil, der typischerweise Teilprozesse von der Erregung der Netzhautsensoren (Stäbchen, Zapfen) durch sichtbare elektromagnetische Strahlung bis hin zur visuellen Wahrnehmung aufgrund der Veränderung neuronaler Erregungsmuster umfasst, wird im Anfangsunterricht als Blackbox-Mechanismus gehandhabt. Lediglich die Auseinandersetzung mit der Umkehrung des Netzhautbilds und mit Körperfarben erfordert die Thematisierung physiologischer Aspekte.

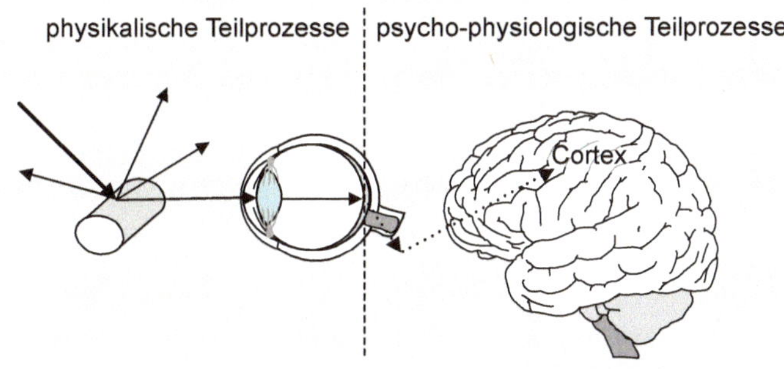

Elementarisierung des menschlichen Sehprozesses nach Hosson und Kaminski (2007)

■ **„Das aktive Auge – Sehen heißt aktiv hinschauen."**

Dieser Vorstellung zufolge wohnt dem menschlichen Auge bzw. dem Sehapparat ein aktiver Mechanismus inne, der für die visuelle Wahrnehmung verantwortlich ist. Die Idee eines aktiven Auges findet sich bereits in der Antike. Dieser aristotelischen Vorstellung zufolge tastet ein vom Auge ausgehender Sehstrahl die Umgebung ab, wodurch Gegenstände visuell wahrgenommen werden kann (◙ Abb. 5.6a). In der heutigen Zeit sind Science-Fiction-Figuren wie Superman mit derartigen aktiven Mechanismen ausgestattet. Darstellungsweisen in Medien und Schulbüchern unterstützen diese Vorstellung mitunter. So werden etwa Darstellungen verwendet, in denen „Sehstrahlen" im Sinne einer Blickrichtung eingezeichnet sind. Alltagssprachliche Formulierungen wie „etwas ins Auge fassen" oder „einen Blick darauf werden" tragen die aktive Abtastvorstellung in sich. Sie wird

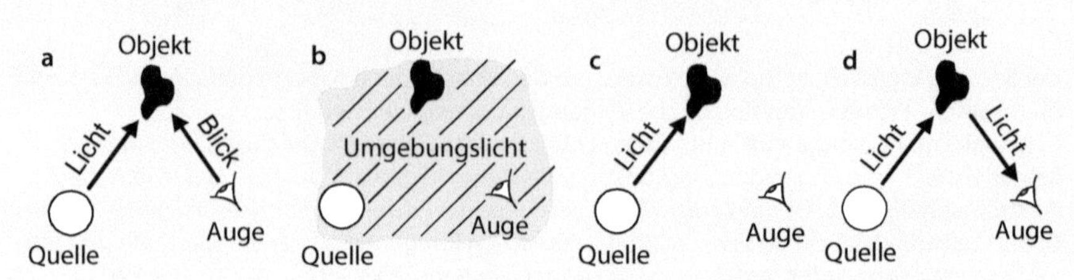

◘ Abb. 5.6   a) Der Sehvorgang: das aktive Auge, b) Lichtbadvorstellung, c) Beleuchtungsvorstellung, d) physikalische Sichtweise.

allerdings relativ selten und eher von jüngeren Schülerinnen und Schülern im Unterricht genutzt, um Phänomene zu beschreiben. Der Einsatz angemessener Repräsentationsformen bzw. die gemeinsame Reflexion unangemessener Darstellung als Teil des Lernprozesses können wesentlich dazu beitragen, angemessene Vorstellungen nachhaltig zu verankern. Allerdings tritt die Sehstrahlvorstellung in der Sekundarstufe I relativ selten auf.

- **„Wenn es hell ist, sehen wir was." (Lichtbadvorstellung)**

Die Vorstellung eines Lichtbads dominiert bei Lernenden vor dem Anfangsoptikunterricht (◘ Abb. 5.6b). Helligkeit ist dabei die einzige Voraussetzung, um Gegenstände vollständig und auch „in ihrer Farbe" sehen zu können. Die notwendige Verbindung zwischen primärer Lichtquelle, beleuchtetem Objekt und visuellem System eines Beobachters wird nicht hergestellt. Diese Vorstellung findet sich in vielen Fällen bei Personen, die Licht als etwas Statisches konzeptualisieren und somit per se einen kontinuierlichen Strömungsvorgang ausschließen.

- **„Beleuchtungsvorstellung – mit Licht bestrahlte Gegenstände sind sichtbar."**

Die Beleuchtungsvorstellung setzt im Unterschied zur Lichtbadvorstellung voraus, dass Licht einer primären Lichtquelle auf ein Objekt gestrahlt wird (◘ Abb. 5.6c). Allerdings ist es aus Sicht vieler Lernenden nicht notwendig, dass dieses Objekt Licht ins optische System des Beobachters weiterstrahlt. Vielfach wird daher angenommen, dass ein Gegenstand sichtbar wird, sobald ihn Licht erreicht.

5.2.3 Vorstellungen zur Wechselwirkung von Licht und Materie

- **„Licht bleibt an der Oberfläche liegen und macht einen hellen Lichtfleck."**

Die Vorstellung, dass Licht hell macht bzw. dass es dort, wo Licht ist, hell ist, setzt sich auch bei Vorstellungen zur Interaktion von Licht und Materie fort. Aus ihren Alltagsbeobachtungen heraus glauben Lernende häufig, dass Licht auf undurchsichtigen Oberflächen *„liegen bleibt"*, weil ein heller Fleck an dieser Stelle sichtbar ist. Manche meinen sogar, dass es besser ist, für eine Linsenabbildung einen schwarzen Projektionsschirm zu verwenden als einen weißen, weil der „weiße" Lichtfleck so besser zu sehen sei. Als Ausnahmen werden allenfalls Spiegel bzw. spiegelnde Flächen angeführt, von denen man geblendet werden könne. Folglich werde hier zumindest ein Teil des eingestrahlten Lichtes auch wieder abgestrahlt. Derartige Blendungseffekte kennen Schülerinnen und Schüler meist aus ihrer Erfahrungswelt.

- **„Pingpong: vor der Reflexion ist nach der Reflexion."**

Der Begriff der Reflexion ist den meisten Schülerinnen und Schülern bereits vor dem Unterricht bekannt und sie verbinden damit beispielsweise das Abprallen oder Zurückprallen eines Objekts (Fußball von einer Torstange, Billardkugel/Puck von der Bande, …) von einer Fläche ohne jegliche gegenseitige Beeinflussung der Interaktionspartner. Auch eine bestimmte Gerichtetheit bzw. Vorzugsrichtung des abprallenden Objekts ist meist schon vor dem Unterricht vertraut. Dieses Vorwissen eignet sich meist gut, um mit dem Reflexionsgesetz daran anzuknüpfen. Andererseits blockiert diese pingpongartige Vorstellung von Reflexion als bloßem Umlenkmechanismus, bei dem das Licht nach der Reflexion „dasselbe" ist wie vor der Reflexion, beispielsweise Lernprozesse zu Körperfarben. Auch wenn es nicht lernendengerecht scheint, in der Sekundarstufe I Wechselwirkungsprozesse zwischen Licht und Materie auf atomarer Ebene bzw. Quantenebene zu elementarisieren, so erweist es sich doch als sinnvoll, zumindest den Mechanismus der selektiven Absorption bzw. Reflexion qualitativ einzuführen (▸ Kasten 5.3). Dies erlaubt eine größere Erklärungsmächtigkeit bzw. Anschlussfähigkeit bei Körperfarben.

- **„Schatten – eine Substanz, die aus Körpern ausströmt."**

Vorstellungen über Schatten unterscheiden sich in verschiedenen Altersgruppen. Grundsätzlich bereitet dieser Sachverhalt wenig Schwierigkeiten, vor allem da die geradlinige Ausbreitung von Licht gut akzeptiert ist. Problematischer hingegen ist die Fragestellung, was als Schatten konzeptualisiert wird. Dies hat zwei verschiedene Dimensionen: Einerseits eine ontologische, andererseits eine sprachliche. Erstgenannte Dimension bezieht sich darauf, was ein Schatten wesensmäßig ist bzw. auf die Unterscheidung

---

Kasten 5.3: Streuung

Einfache Gesetzmäßigkeiten zur Ausbreitung von Licht wie das Reflexionsgesetz sind meist aus dem Alltag bekannt. Das Erklärungsmodell der Richtungsumkehr mittels Reflexionsgesetz bewegt sich auf makroskopischer Ebene und kann durch eine zu starke Vereinfachung in die Irre führen[4]. Bei submikroskopischer Betrachtungsweise kristallisieren sich beobachtbare Phänomene wie Reflexion, Brechung und Transmission als Streuvorgänge heraus. Fällt Licht in Form einer elektromagnetischen Welle auf die Oberfläche eines Gegenstands, regt das Wechselfeld Streuzentren (elektrisch geladenen Teilchen) im Eintrittsmedium zu Schwingungen an. Diese angeregten Streuzentren emittieren in Folge wieder elektromagnetische Wellen. Je nach Geometrie bzw. Verteilung der Streuzentren des Eintrittsmediums kann hier entweder eine Verstärkung in eine Vorzugsrichtung stattfinden (spiegelnde Reflexion) oder das Licht kann in alle Richtungen abgestrahlt werden. Dabei werden in der Fachliteratur verschiedene Mechanismen erläutert (diffuse Reflexion, Mie-Streuung, Rayleigh-Streuung). Diese Mechanismen lassen sich unter dem Oberbegriff Streuung zusammenfassen.

---

4 Hecht (2014), S. 151

von wahrnehmungsbezogenem und physikalischem Phänomen. Nicht nur junge Kinder, sondern durchaus auch noch solche der Sekundarstufe I, wenngleich dort deutlich seltener, beschreiben Schatten als eine materielle Substanz, die unter Umständen aus Körpern ausfließt. Anstatt Schatten als Fehlen von Licht zu interpretieren, zeigt sich also die Vorstellung vom Vorhandensein von etwas meist Substanzartigem.

Was die sprachliche Komponente betrifft, so unterstützen Wendungen und Begriffe wie „einen Schatten werfen" oder „der Schattenspender" diese substanzartige Vorstellung. Daneben birgt auch die nicht einheitliche Verwendung des Begriffs Schatten Missverständnisse für Lernprozesse. Offen bleibt nämlich im schulischen Kontext häufig, was der Begriff „Schatten" meint: den dreidimensionalen Raum, der lichtfrei bzw. lichtreduziert bleibt, oder die zweidimensionale Projektion dieses Schattenraums auf eine Wand o. Ä. oder beides. Tendenziell verbinden Lernende mit dem Begriff „Schatten" ein zweidimensionales Gebilde, dem bildähnliche Eigenschaften zugeschrieben werden. Zudem tragen Redewendungen wie *„Das ist mein Schatten."* oder *„Gegenstände haben einen Schatten."* zu Schwierigkeiten bei. Daraus lässt sich ableiten, dass der Schatten ein fester Bestandteil eines Körpers ist. Licht ist für die Schattenbildung aus dieser Sichtweise heraus nicht nötig. Für den Unterricht erweist sich eine sprachliche Differenzierung zwischen Schattenraum und Schlagschatten (bzw. Schattenbild, Schattenprojektion) für Verständnisprozesse überaus hilfreich. Grundschulkinder haben noch Probleme, wie groß und wo der zweidimensionale Schlagschatten ist (▶ Abschn. 12.3.3).

Weitere Verwirrung stiftet die nicht getroffene Unterscheidung zwischen a) Schatten als lichtfreiem bzw. weniger intensiv beleuchtetem Raumabschnitt, der durch das Abblocken der Lichtströmung durch ein undurchsichtiges Objekt entsteht, und b) der Tatsache, dass Teile von Körpern nicht beleuchtet werden. Im Speziellen trägt dies zu Missverständnissen im Bereich Mondphasen und Finsternisse bei. Häufig werden Finsternisse und Mondphasen im Unterricht in einem Atemzug genannt. Dabei sind nur Finsternisse auf Schattenbildung im engeren Sinne zurückzuführen: Ein undurchsichtiges Objekt verursacht einen Schattenraum, der auf einem anderen, typischerweise beleuchteten Objekt einen zeitweiligen Schattenbereich bewirkt. Bei der Entstehung der Mondphasen ist hingegen kein zusätzliches Objekt involviert, das die Lichtausbreitung behindert.

Typische Schwierigkeiten im Zusammenhang mit zweidimensionalen Schlagschatten ergeben sich dadurch, dass Lernende „Schattenbilder" mit klassischen Abbildungen der Objekte verbinden und so unabhängig von der Anordnung von Lichtquelle, Objekt und Projektionsfläche ein Schattenbild erwarten, welches die typische Form des Objekts wiedergibt (◼ Abb. 5.7).

5.2.4 Vorstellungen zu Abbildungsvorgängen

■ **„Bilder wandern als Ganzes."**

Unabhängig davon, durch welches optische System eine Abbildung entsteht, herrscht bei Lernenden die holistische Abbildungsvorstellung vor: Bilder wandern als Ganzes vom ‚Bildgeber' (abzubildender Gegenstand) zum jeweiligen ‚Bildträger' (Bildschirm, Projektionsfläche, Spiegeloberfläche). Derartige Vorstellungen können sich insbesondere dann manifestieren, wenn im Anfangsunterricht darauf verzichtet wird, die Bildentstehung über ein Leuchtpunkt-zu-Bildpunkt-Abbildungsschema (◼ Abb. 5.8) einzuführen

◘ Abb. 5.7 Als Schattenbild wird meist eine frontale Abbildung des Objekts erwartet, die dessen typische Form erkennen lässt. Schattenprojektionen wie diese eines Radfahrers, bei der sich die Lichtquelle schräg über dem Radfahrer und die Projektionsfläche unter dem Radfahrer befinden, stiften Unverständnis.[5]

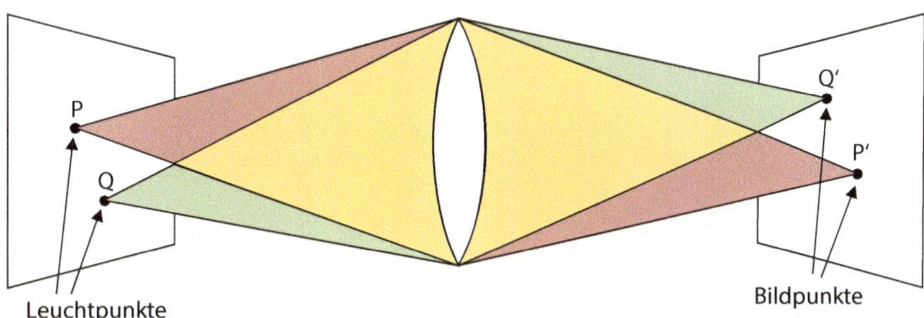

◘ Abb. 5.8 Leuchtpunkt-zu-Bildpunkt-Abbildungsschema (nach Haagen-Schützenhöfer, 2016)

und stattdessen strahlengeometrische Konstruktionen zu früh und ohne Thematisierung deren Modellcharakters eingesetzt werden. Lernenden gelingt es zumeist zwar relativ leicht, Bildpositionen gemäß formalen strahlengeometrischen Konstruktionsvorschriften zu ermitteln, aber sie müssen dafür kein tieferes Verständnis für das dahinterliegende physikalische Konzept entwickeln.

---

5 Bildquelle: https://www.pexels.com/de/foto/action-aktion-baume-draussen-73353/ (Zugriff am 4. 2. 2018)

Zum einem qualitativen Grundverständnis der optischen Abbildung gehört z. B., dass von jedem Leuchtpunkt Licht in alle Raumrichtungen ausgesandt wird und dass alle Teile einer Linse, in die Licht von einem Leuchtpunkt einfällt, zur Abbildung dieses Leuchtpunkts beitragen. Wenn ein solches Grundverständnis fehlt, kommt es zu der falschen Vorhersage, es fehle eine Bildhälfte, wenn man die obere oder untere Hälfte einer Sammellinse mit einem Tuch verdeckt (während das Bild tatsächlich nur dunkler wird).

- **„Die Sammellinse dreht das Bild, deshalb steht es auf dem Kopf."**

Durch die meist ungünstige Wahl von links-rechts-symmetrischen abzubildenden Gegenständen und deren Lage zur Linse (auf der optischen Achse) entsteht der Eindruck, dass Sammellinsen Bilder erzeugen, die am Bildschirm lediglich auf dem Kopf stehen (◨ Abb. 5.9), während die Links-Rechts-Umkehr nicht wahrgenommen wird. Ausgehend von der Erfahrung, dass die Bilder von Sammellinsen häufig auf dem Kopf stehen, wird die holistische Bildentstehung erweitert: Das Bild, das nach Meinung der Schülerinnen und Schüler Informationen des Objekts als Ganzes mit sich trägt, verlässt das Objekt und wird in der Linse bzw. *von der* Linse auf den Kopf gestellt und eventuell in seiner Größe verändert. Die Funktion der Linse wird auf das „Bild-Umdrehen" beschränkt; der Vorgang der Brechung bleibt häufig unerwähnt.

Durch explizites Nachfragen bezüglich der Richtungsänderung der Lichtstrahlen z. B. im Zusammenhang mit Konstruktionsvorschriften („Parallelstrahl wird zum Brennpunktstrahl"), werden die Form der Linse, das Material oder auch der Begriff Brechung genannt.

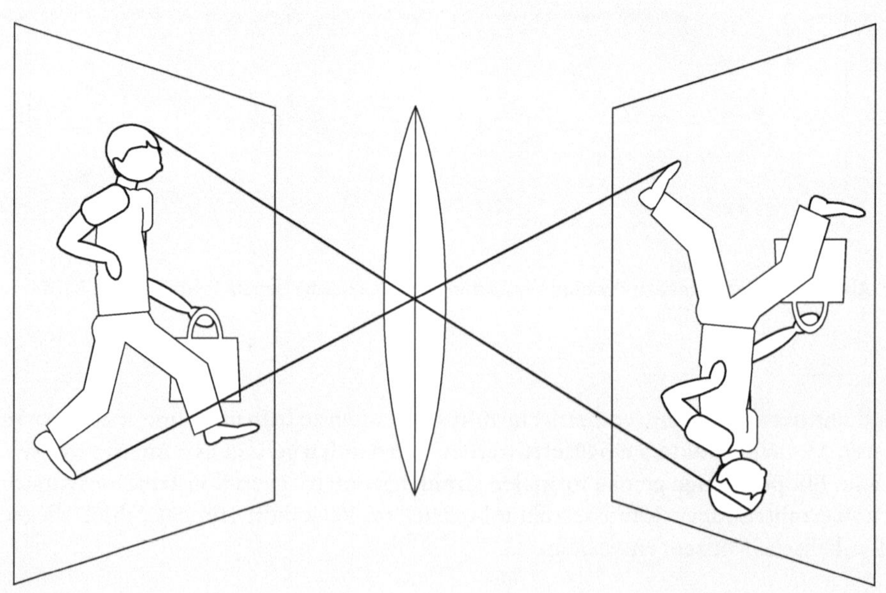

◨ **Abb. 5.9** Ein typisches Ein-Strahl-Diagramm, das aus Sicht von Lernenden erklärt, warum *„das Bild auf dem Kopf steht"*. (nach Wiesner, Engelhard & Herdt, 1996).

Allerdings besteht häufig die Annahme, dass die Richtungsänderung eines Lichtstrahls von der Linsenebene in der Mitte der Linse verursacht wird. Eine Richtungsänderung durch den Übergang des Lichtes zwischen optisch verschieden dichten Medien steht selten im Fokus der Erklärung. Hierfür zeichnen u. a. übervereinfachte Abbildungen von strahlengeometrischen Konstruktionen mit Linsen verantwortlich (z. B. Richtungsänderung in der Linsenmitte).

- **„Der Linsendurchmesser bestimmt die Bildgröße."**

Lernende meinen, eine Linse könne nur Objekte vollständig abbilden, wenn diese nicht größer sind als die Linse selbst. Diese unterrichtsinduzierte Vorstellung rührt daher, dass häufig eine zu frühe bzw. von Realphänomenen abgekoppelte Abstraktion von Abbildungsvorgängen durch strahlengeometrische Konstruktionen umgesetzt wird. Schülerinnen und Schüler arbeiten Bildkonstruktionen dadurch meist kochrezeptartig ab und zeichnen zuerst einen Parallelstrahl von den Enden des Gegenstands. Ist das Objekt nun größer als der Linsendurchmesser, scheitert diese Konstruktion und Lernende schließen daraus, dass kein Bild zustande kommen kann. Es zeigt sich, dass durch den Einsatz von Lichtkegeldarstellungen und deren schrittweise Abstraktion in Richtung Strahlendarstellung (Lichtstrahlen als Repräsentanten dieser Bündel) derartige verständnishinderliche Vorstellungen vermindert werden können.

- **„Ohne Schirm kein Bild."**

Die Funktion des Schirms liegt für Lernende häufig darin, dass er „Bilder auffängt" bzw. materialisiert. Das Konzept einer Abbildung unabhängig vom Vorhandensein einer Projektionsfläche als Menge von Bildpunkten, die sich eindeutig zu Gegenstandspunkten zuordnen lassen, wird im Unterricht oft nicht etabliert. Der Alltagsbegriff ‚Bild' ist vorwiegend an materielle Erscheinungen geknüpft, Luftbilder sind unbekannt. Mit dieser Interpretation von Schirm und Bild liegt aus Sicht der Lernenden oft auch der Schluss nahe, dass das Vorhandensein eines Schirms für die Bildentstehung nötig ist. Dabei ist es nach ihrer Meinung für die Bildentstehung belanglos, wo, also in welcher Entfernung von der Linse bzw. in welchem Verhältnis zur Gegenstandsweite der Schirm aufgestellt wird. Die Position des Schirms bestimmt aus Sicht vieler Schülerinnen und Schüler letztlich nur die Bildgröße.

- **„Der Spiegel zeigt, was er sieht."**

Diese Vorstellung über Spiegel führt in weiterer Folge zu einer Reihe von hartnäckigen Verständnisschwierigkeiten im Zusammenhang mit Spiegelbildern. Besonders jüngere Kinder schreiben Spiegeln quasi anthropomorphe Fähigkeiten zu: Der Spiegel sieht seine Umgebung, wie wir Menschen das tun, und dieses Bild, das sich der Spiegel macht, zeigt er: *„Weil der Spiegel ja alles spiegelt, was er sieht; Der Spiegel kann ja nicht um die Ecke schauen; Der Spiegel ist kein Lebewesen, er kann nicht rechts oder links schauen. [...]"* (Jung, 1981c).

Aus dieser Logik heraus erscheint es für Lernende plausibel, dass nur Objekte, die sich direkt vor dem Spiegel befinden, ein Spiegelbild liefern können. Auch die weit verbreitete Tendenz, einen Schritt vom ebenen Spiegel nach hinten zu machen, um einen größeren Ausschnitt des eigenen Spiegelbilds zu sehen, steht damit in Verbindung: Durch den größeren Abstand hat der Spiegel vermeintlich die Chance, mehr von uns zu sehen. Die Bildentstehung bei ebenen Spiegeln wird meist nicht mit Reflexion in Verbindung

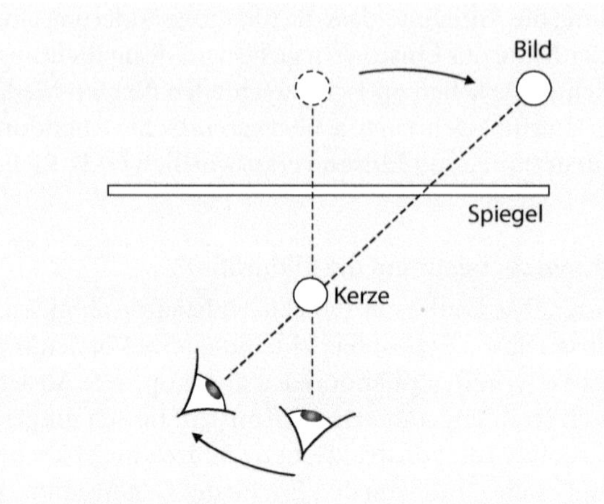

Abb. 5.10 Sichtlinienvorstellung: der Bildort ändert sich mit der Bewegung des Beobachters. (nach Goldberg & McDermott, 1986)

gebracht. Vielfach können Lernende zwar auf die Erfahrung zurückgreifen, dass sie mit einem Spiegel geblendet wurden, allerdings wird die der Blendung zugrundeliegende Reflexion in keinem ursächlichen Zusammenhang mit der Bildentstehung gesehen.

Eine weitere Vorstellung zur räumlichen Konstellation von Objekt, Spiegelbild und beobachtender Person zeigt sich durch die sogenannte Sichtlinienvorstellung (**Abb. 5.10**): Wechselt die Person ihre Position vor dem Spiegel (z. B. von links nach rechts), so wandert nach Meinung der Lernenden das Spiegelbild des Objekts in die entgegengesetzte Richtung. Person, Objekt und Spiegelbild des Objekts befinden sich demnach immer auf einer Linie. Durch Positionsveränderungen der beobachtenden Person ändert sich in dieser Vorstellung auch die Lage des Spiegelbilds – mit der Begründung, dass sich die Blickrichtung (Auge–Gegenstand) ändere. Tatsächlich jedoch ist die Lage des Spiegelbilds unabhängig von der Position der beobachtenden Person.

■ **„Das Spiegelbild liegt auf dem Spiegel.“**

Da der Spiegel nach Meinung der Schülerinnen und Schüler das *zeigt*, was er *sieht*, liegt die Vorstellung nahe, dass das Spiegelbild auf der Spiegeloberfläche liegt. Auch Lernende, bei denen keine anthropomorphe Deutung des Spiegelbilds auftritt, beschreiben den Bildort häufig auf der Spiegeloberfläche. Dafür wird eine Reihe von Argumenten angegeben. Diese entspringen einerseits der individuellen Wahrnehmung, wie in *„Ich sehe mich auf dem Spiegel“*, und andererseits auch Plausibilitätsargumenten, wie in *„Das Spiegelbild muss auf dem Spiegel sein, dahinter ist ja die Wand.“* Die Spiegeloberfläche verhält sich in dieser Vorstellung wie eine sich ständig selbst neu entwickelnde Fotoplatte.

Schülerinnen und Schülern fällt es schwer, das Konzept von virtuellen Bildern nachzuvollziehen. Es mutet ihnen eigenartig an, dass unser Wahrnehmungssystem ein Bild mental errechnet, obwohl kein Bild „da ist“ (was durchaus auch im materiellen Sinne verstanden wird) bzw. auf einem Schirm sichtbar gemacht werden kann. Um diese verwirrende Situation zu plausibilisieren, werden virtuelle Bilder immer wieder als Schein- oder

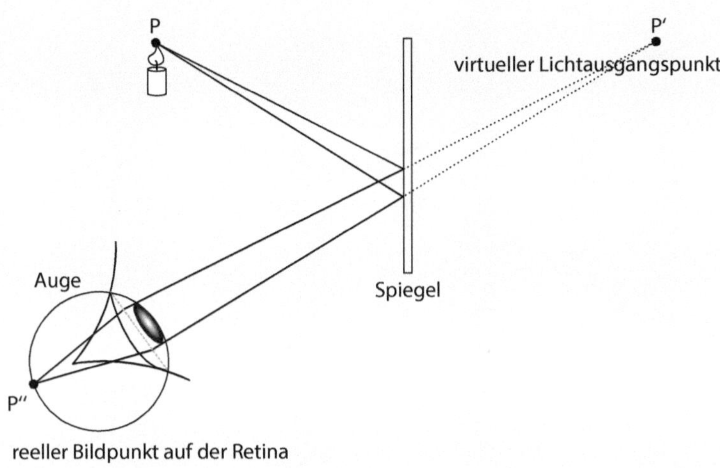

◘ Abb. 5.11   Zur Konstruktion der Lage des Spiegelbilds.

Trugbilder interpretiert. Die Grundidee, dass unsere Augen ein Objekt oder dessen Bild aus der Richtung wahrnehmen, aus der Licht einfällt, unabhängig davon, ob die Lichtwege geradlinig oder mit Richtungsänderungen durch optische Geräte verlaufen, ist für Lernende kontraintuitiv. Das Rolle des Auges für die Entstehung von Bildpunkten aus divergent einfallenden Lichtbündeln auf der Netzhaut sollte im Unterricht auf jeden Fall thematisiert werden (◘ Abb. 5.11). Damit kann man auch der Vorstellung entgegenwirken, Konstruktionen mit einem einzelnen Lichtstrahl, der von einem Leuchtpunkt ausgeht, würden ausreichen, um die Lage des Spiegelbilds zu ermitteln.

- **„Spiegelbilder sind seitenverkehrt.“**

Die Vorstellung, dass der (ebene) Spiegel links und rechts (jedoch nicht vorne und hinten vertauscht), ist weit verbreitet und sehr stabil. Bezeichnet man Bewegungen in einer Ebene parallel zur Spiegelebene als links/rechts und oben/unten, dann vertauscht der Spiegel tatsächlich jedoch vorne und hinten, links und rechts bleiben ebenso erhalten wie oben und unten. Zudem bleibt auch die Räumlichkeit erhalten. Warum die Vorstellung der Seitenvertauschung so hartnäckig erhalten bleibt, hängt mit unseren alltäglichen Erfahrungen vor dem Spiegel zusammen. Die Schwierigkeit besteht vor allem darin, dass wir meistens gleichzeitig beobachtende Person und abgebildetes Objekt sind. Wenn wir uns selbst im Spiegel betrachten und z. B. unsere rechte Hand ausstrecken, dann erwarten wir gedanklich die Begegnung mit einem realen Gegenüber. Wir drehen uns gedanklich also 180° um unsere vertikale Achse und erwarten somit eine kreuzweise Umkehrung der Seiten im Spiegelbild. Diese Erwartungshaltung wird allerdings nicht erfüllt und unser Spiegelbild streckt uns im Vergleich zu einer Realperson nicht die aus *seiner* „Spiegelbild“-Sicht rechte Hand entgegen, sondern die Hand auf der rechten Seite von unserer Beobachterposition aus gesehen.

Im Unterricht lohnt es sich daher, die Lernenden erst Objekte und deren Spiegelbilder (◘ Abb. 5.12a) untersuchen zu lassen und anschießend in einem zweiten Schritt das eigene Spiegelbild (◘ Abb. 5.12b) zum Thema zu machen. Hilfreich ist auch ein Spiegelspiel.

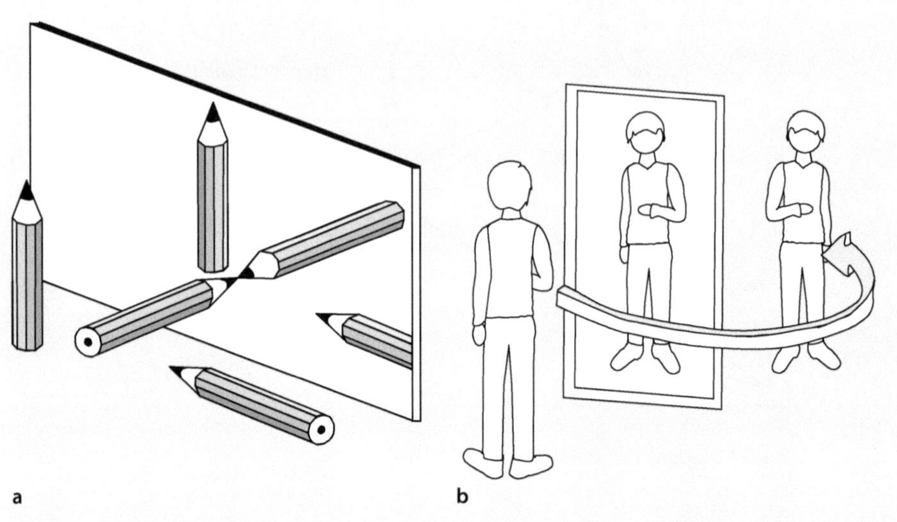

◘ Abb. 5.12   Der Mythos der Links-Rechts-Vertauschung durch das gedankliche Wechseln des Bezugssystems am Beispiel a) eines abgebildeten Bleistifts und b) einer im Spiegel abgebildeten Person.

Dafür wird in der Mitte des Klassenraums gedanklich eine Ebene zwischen Boden und Decke eingespannt und je eine Schülerin oder ein Schüler spielen auf den beiden Seiten dieser gedachten Ebene Objekt und Spiegelbild. Die Spiegelperson soll sich so verhalten wie das Spiegelbild der Objektperson. Hat man vorher ein Koordinatensystem festgelegt, dann zeigt sich, dass die Spiegelperson sich nur dann in eine andere Richtung bewegt als die Objektperson, wenn diese auf den gedachten Spiegel zugeht.

5.2.5 Vorstellungen zu Farben

■ „Farbe meint Farbstoff."

Wenig Beachtung fand bisher in der Auseinandersetzung mit Schülervorstellungen die sprachliche Problematik des Begriffs „Farbe". Alltagssprachlich verwenden wir diesen Begriff synonym für Sinneswahrnehmungen und für Eigenschaftsausprägungen von materiellen Objekten, aber auch für Licht. Eine fehlende Differenzierung zwischen Farbe als Farbstoff bzw. Farbpartikel und Farbe im Sinne von Lichtfarbe stellt ein Hindernis für eine Reihe von Lernprozessen im Anfangsoptikunterricht dar. Die Alltagserfahrung aus dem Kunstunterricht etwa besagt, dass die Mischung von roter und grüner Farbe ein dunkles Braun oder Grau ergibt. Diese Regel ist nicht auf die Mischung von Lichtfarben anwendbar, denn rotes und grünes Licht ergeben eine gelbe Lichtfarbe. Wird andererseits ein unter weißem Licht rot erscheinender Gegenstand, den wir landläufig als rot bezeichnen, mit grüner Lichtfarbe bestrahlt, erscheint der Gegenstand schwarz. Aus dieser Problematik heraus empfiehlt es sich, im Unterricht bereits frühzeitig eine sprachliche Trennung dieser beiden Entitäten einzuführen und etwa von Farbstoff oder Farbpartikel und Lichtfarbe zu sprechen und dies wiederum von der menschlichen Farbwahrnehmung zu trennen.

- **„Licht kann (k)eine Farbe haben."**

Es gibt eine Reihe von Vorstellungen bezüglich des Farbeindrucks, den wir von Licht erlangen. Hier zeigt sich, dass weniger die Altersgruppe bzw. das Vorwissen eine Rolle spielen als der Kontext, in dem diese Frage beantwortet wird. Unter dem Begriff „Licht" als solches, der von Schülerinnen und Schülern auch „normales Licht" genannt wird, wird landläufig eine Mischung verschiedener Wellenlängen verstanden, die in der Physik als weißes Licht bezeichnet werden. Lernende tendieren dazu, diesen Begriff nicht zu verwenden, denn sie charakterisieren Licht als „farblos", „hell", „durchsichtig".

Während die Akzeptanz groß ist, Tageslicht in diese Kategorie einzuordnen, die fachsprachlich als weißes Licht bezeichnet wird, herrscht bei Lernenden selbst nach dem Anfangsunterricht in der Optik immer noch große Einigkeit darüber, dass Sonnenlicht gelb ist bzw. in den Bereich gelb-orange-rot einzuordnen ist. Als Argumente werden häufig angeführt *„weil die Sonne gelb-orange glüht"* oder *„Die Sonne und Sonnenstrahlen sind ja auch immer gelb in Abbildungen"* und schließlich *„Ich habe gelernt, Sonnenstrahlen gelb zu zeichnen, schon im Kindergarten"*. Analysen von Schulbüchern bzw. Medien bestätigen dies. Sonnenlicht, aber auch Licht, das im weitesten Sinne als weiß kategorisiert werden kann, wird übermäßig oft in gelber Farbe dargestellt. Die Vorstellung vom *„gelben Licht, das die Physiker weiß nennen"* blockiert jedoch das für verschiedene Teilbereiche der Optik relevante Konzept, dass weißes Licht als Zusammensetzung von Spektralfarben bzw. Grundfarben in diese zerlegbar ist (▶ Kasten 5.4). Somit ist die Anschlussfähigkeit in Richtung selektiver Absorption und Re-Emission bei Körperfarben oder subtraktiven Prozessen bei Farbfiltern nicht gegeben.

- **„Licht kann eingefärbt werden."**

Für Lernende ist es wenig glaubwürdig, dass „durchsichtiges Licht" – etwa beim Durchgang durch ein Prisma – in unterschiedliche Lichtfarben aufgespalten werden kann. Ebenso stößt die Idee des Herausfilterns einzelner Lichtfarben durch einen Farbfilter auf Ablehnung. Die Schülervorstellungen basieren hier meist auf einem additiven Mechanismus, dem zu Folge ein Farbfilter das durchgehende Licht als Ganzes umfärbt. Dem durch den Filter strömenden Licht wird Farbe hinzugefügt, es kommt also gleich viel Licht aus dem Filter heraus, wie auf der anderen Seite hineingegeben wurde.

Kasten 5.4: Weißes Licht

Die Idee von weißem Licht als Gemisch aller Farben des sichtbaren Spektrums wurde von Newton nachgewiesen. Bis dahin galt die Meinung, dass bei Prismenversuchen mit weißem Licht dieses durch das Prisma verändert werde. Newton konnte experimentell zeigen, dass durch eine Sammellinse das farbige Licht wieder zu einem weißen Lichtfleck zusammengeführt werden kann. Grundsätzlich ergibt sich die Bezeichnung „weiß" wohl durch die menschliche Wahrnehmung des Tageslichtspektrums auf der Erde (Hecht, 2014, S. 136). Für die menschliche Farbwahrnehmung zuständig ist die Großhirnrinde, die eine Mischung verschiedenster Frequenzen als weiß interpretiert, wenn die Farbrezeptoren des Auges in gleicher Weise angeregt werden. Trotzdem nehmen wir viele verschiedene Verteilungen als mehr oder weniger weiß wahr. Obwohl das Licht einer Glühlampe und das Tageslicht spektral unterschiedlich zusammengesetzt sind, erscheint uns ein Blatt Papier unter beiden Beleuchtungsarten als weiß. Unser Auge kann nicht immer zwischen verschiedenen Weißtönen unterscheiden, „da es das Licht nicht durch Zerlegung in seine harmonischen Komponenten analysieren kann, wie es etwa das Ohr mit dem Schall vermag." (Hecht, 2014, S. 137)

- **„Farbe ist eine fixe Eigenschaft eines Objekts."**

Farbe wird typischerweise als feste Eigenschaft eines Körpers gewertet. Diese sehr stabile Vorstellung stammt aus unserer Erfahrungswelt, in der wir überwiegend Lichtquellen finden, die näherungsweise weißes Licht emittieren und somit Objekte in unserer Umgebung immer in ähnlichem Farbton erscheinen lassen. Diese Idee der fixen Körperfarbe ist zudem in unserer Alltagssprache angelegt, wie z. B. in der Aussage *„Der Pullover ist blau."* oder *„Der Pullover hat die Farbe Blau."* Dieses Beispiel zeigt sehr deutlich, dass eine in diesem Zusammenhang fachsprachlich angemessene Ausdrucksweise nicht mit dem Alltag kompatibel ist und zu sperrig wäre: „Das vom Pullover bei Bestrahlung mit weißem Licht re-emittierte Licht erzeugt im visuellen System von Menschen den Farbeindruck blau."

Werden Objekte mit ihren vermeintlich fixen Farben mit farbigem Licht beleuchtet, so wenden Lernende zwei typische Erklärungsmuster dafür an, dass ‚*seine Farbe*' jetzt nicht mehr zu sehen ist: Nach einer Vorstellung wird dieser Vorgang als eine Art Wettstreit zwischen den beiden Farben (Körper und Licht) interpretiert, bei dem sich die „stärkere Farbe" durchsetzt. Zum Beispiel: Wenn ein gelber Körper mit rotem Licht bestrahlt wird, ist das Rot stärker und der Körper erscheint unter dieser Beleuchtung rot. Die zweite Variante ist eine Mischvorstellung, in der sich die Farbe des Körpers mit der Beleuchtungsfarbe nach den Malkastenregeln mischt. So besteht z. B. vielfach die Meinung, dass ein blauer Körper, der mit rotem Licht bestrahlt wird, violett erscheint.

5.3   Unterrichtskonzeptionen

- **Geometrische Optik auf Grundlage des Sender-Strahlung-Empfänger-Konzepts**

  Wiesner, H., Engelhard, P., Herdt, D., Müller, R. und Schmidt-Roedenbeck, C. (in verschiedenen Autorenteams, 1995, 1996, 2003 und 2005). *Unterricht Physik – Optik, Bd. 1–4.* Köln: Aulis.
  Haagen-Schützenhöfer, C.; Rottensteiner, J. und Fehringer, I. (2017). *Optikunterricht für die Sekundarstufe I – Unterrichtsmaterial.* Universität Graz: Eigendruck.

Der Lehrgang von Wiesner et al. basiert auf Forschungsergebnissen zu Schülervorstellungen in der Optik und wurde sorgfältig evaluiert. In der Reihe „Unterricht Physik" erschien dazu das vierbändige Lehrerheft. Der Lehrgang umfasst alle Bereiche der Strahlenoptik, enthält Unterrichtsskizzen, fachdidaktische Hinweise, fachliche Klärungen und Kopiervorlagen. Im Zentrum steht das Sender-Empfänger-Streukonzept: Lichtwege werden konsequent von der Lichtquelle über optische Systeme bis zum Empfänger verfolgt. Der Zugang zur Optik erfolgt phänomenorientiert und versucht, Schülerbeobachtungen in das objektive System der Physik zu integrieren und physikalische Erklärungsansätze wieder an individuelle Wahrnehmungen rückzukoppeln. So wird etwa das Strahlenmodell als Abstraktion von Lichtbündeln erst allmählich eingeführt und strahlengeometrische Konstruktionen werden auf Realbeobachtungen bezogen.

Der Schülertext von Haagen-Schützenhöfer et al. ist eine Weiterentwicklung des Optiklehrgangs von Wiesner et al. In verschiedenen empirischen Studien wurden Variationen des sachstrukturellen Aufbaus untersucht. So schließt beispielsweise das typischerweise am Ende der Anfangsoptik unterrichtete Thema Farben nun zu Beginn des Lehrgangs an das Kapitel zum Sender-Empfänger-Streukonzept an. Zudem wurden sprachliche und bildliche Repräsentationsformen weiterentwickelt. Schließlich setzt der Lehrgang auf klingende Slogans, die Schülerinnen und Schüler darin unterstützen sollen, in unterschiedlichen Kontexten nicht in vorunterrichtliche Denkstrukturen zurückzufallen und unterstützt so die Entwicklung der epistemologischen Überzeugungen der Lernenden (▶ Abschn. 2.4.3).

- **Vom phänomenorientierten Anfangsunterricht bis zum Fermatprinzip**

  Schön, L., Erb, R., Weber, T., Werner, J., Grebe-Ellis, J. und Guderian, P. (2003). Optik: Optik in Mittel- und Oberstufe. Online unter http://didaktik.physik.hu-berlin. de/material/forschung/optik/download/veroeffentlichungen/veroeffentlichungen_ didaktik-hu.pdf (Zugriff: März 2018).

Schön, Erb et al. präsentieren Unterrichtsideen zur Anfangsoptik, die zur Fermatoptik erweitert werden. Ausgangspunkt dieses Curriculums ist das Sehen und Wahrnehmen mit einem am Subjekt orientierten Zugang, auch mit emotionalen Anteilen. Die Reflexion bildet das zentrale Phänomen zur Erarbeitung der Anfangsoptik. Das sicht- und erlebbare Spiegelbild bildet den Einstieg in dieses Curriculum und führt ein in die Spiegelwelt und das dafür eingesetzte „Prinzip Ameise". In einem weiteren Schritt wird das Fermatprinzip zur Erklärung von Reflexion und Brechung herangezogen.

- **Active Learning in Optics**

  Sokoloff, D. (Hrsg.). (2006). *Active learning in optics and photonics: Training Manual.* Online unter: www.light2015.org/dam/LightForDevelopment/activelearning.pdf (Zugriff: Dezember 2017).

Im Zentrum dieses Lehrgangs steht die aktive Beteiligung von Schülerinnen und Schülern. Es wird ein experimentorientierter Zugang gewählt, der auf bekannte Schülervorstellungen und Lernhürden abgestimmt ist. Methodisch kommen *Interactive Lecture Demonstrations* zum Einsatz.

5.4 Testinstrumente

Im Gegensatz zu anderen Bereichen der Physik, etwa der Mechanik, gibt es kein weit verbreitetes Standardtestinstrument für den Unterricht in der geometrischen Optik. Im Folgenden werden Tests bzw. auch Sammlungen von Items und offenen Fragen vorgestellt, die gut für den Einsatz im Unterricht adaptiert werden können.

- **The Test of Image Formation by Optical Reflection (TIFOR)**

In diesem Instrument steht die Bildentstehung bei ebenen Spiegeln im Mittelpunkt (Chen, Lin und Lin, 2002).

- **Light Propagation Diagnostic Instrument (LPDI)**

Der Multiple-Choice-Test von Chu, Treagust und Chandrasegaran (2009) enthält Aufgaben zu Sehvorgang, Sichtbarkeit und Lichtausbreitung. Zusätzlich zur jeweiligen Lösung wird nach der physikalischen Begründung gefragt.

- **Light and Optics Conceptual Evaluation (LOCE)**

Zur Evaluation und Verbesserung von Unterricht wurde die Light and Optics Conceptual Evaluation (LOCE) als Teil des Projekts „Active Learning in Optics and Photonics" (ALOP) (Sokoloff, 2006) entwickelt. In der Handreichung von ALOP (Sokoloff, 2006) finden sich 51 Multiple-Choice-Items zur Strahlen- und Wellenoptik. Ergebnisse zum Einsatz des Testinstruments finden sich bei Thapa und Lakshminarayanan (2014).

- **Weitere Testaufgaben**

Multiple-Choice-Items und einige offene Fragestellungen zu verschiedenen Teilbereichen der Optik, die sich vor allem für den Einsatz im Unterricht eignen, finden sich bei Fetherstonhaugh und Treagust (1992), Herdt (1990) oder Blumör (1993).

5.5   Literatur zur Vertiefung

Viennot, L. (2003). *Teaching physics* : Springer Netherlands.
Dieser Band enthält drei Abschnitte (Chapter 1 „Watersheds", Chapter 5 „Superposition of Waves and Optical Images", Chapter 6 „Colour Phenomena"), die jeweils auf Schülervorstellungen und typische Lernschwierigkeiten anhand einer Fülle von Beispielen eingehen. Zudem werden Unterrichtsvorschläge evaluiert und analysiert.

Haagen-Schützenhöfer, C. (2016). *Lehr- und Lernprozesse im Anfangsoptikunterricht der Sekundarstufe I.* Habilitation. Universität Wien.
Haagen-Schützenhöfer hat sich in ihrer Habilitationsschrift umfassend mit Schülervorstellungen und Lernprozessen in der geometrischen Optik befasst. Darüber hinaus wird die Entwicklung des oben genannten Lehrgangs dokumentiert.

5.6 Übungen

In Lernunterlagen in Internet findet sich folgende Abbildung:

- **Übungsaufgabe:**
a. Begründen Sie, warum Sie diese Zeichnung in Ihrem Anfangsoptikunterricht bei der Behandlung von Abbildungen mit Linsen einsetzen oder nicht einsetzen!
b. Welche Schülervorstellungen können durch diese Darstellung aktiviert werden?
c. Welche Darstellung schlagen Sie alternativ vor?

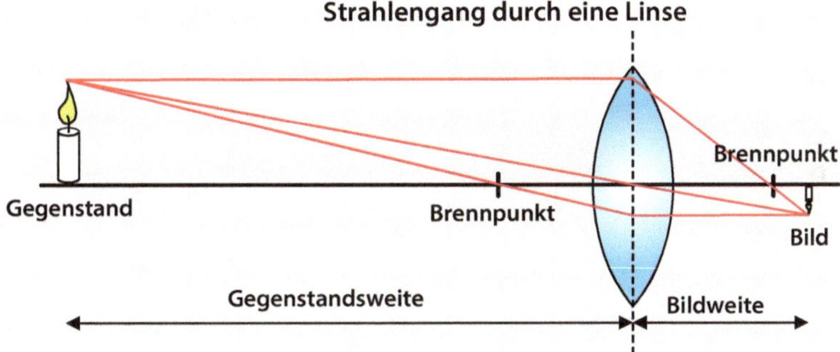

In einer Leistungsüberprüfung im Rahmen des Optikunterrichts finden Sie folgende Aufgabe:

„Ein Spiegel wurde bei einer der Mondlandungen auf dem Mond montiert. Auf der Erde kann dieser Spiegel benutzt werden, um die Entfernung zum Mond zu bestimmen. Dazu strahlt man von der Erde aus kurz mit einem Laserstrahl auf diesen Spiegel und sieht nach etwa 2,5 Sekunden den Laserblitz. Berechne die Entfernung zwischen Erde und Mond, wenn wir die Lichtgeschwindigkeit gerundet mit 300.000 Kilometer pro Sekunde annehmen."

Bis auf zwei Schülerinnen kommt der Rest der Klasse zum Ergebnis, dass der Mond in etwa 750000 Kilometer von der Erde entfernt ist.

- **Übungsaufgabe:**
Interpretieren Sie dieses Ergebnis und diskutieren Sie mögliche weitere Schritte für Ihren Unterricht.

Übung 5.3

In einem Vorstellungstest zur Optik wird folgende Aufgabe gestellt:

„Wenn man den Taschenspiegel im gezeigten Abstand hält, erkennt man im Spiegelbild nur einen Ausschnitt des Gesichts. Kann man mehr vom Gesicht sehen, wenn man den Spiegel näher an die Augen heranführt oder ihn weiter weghält?"

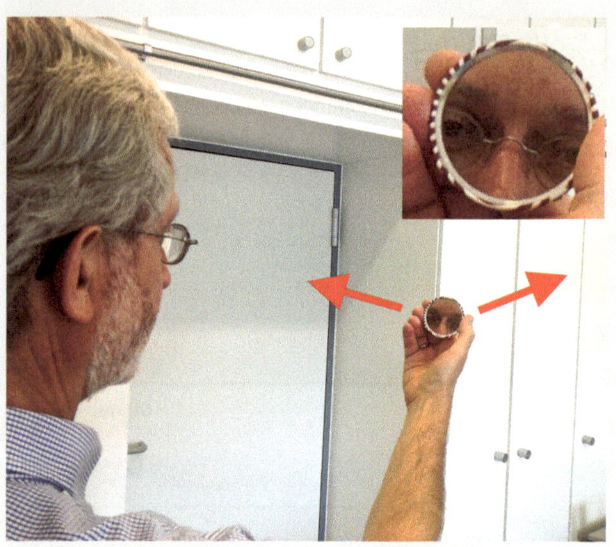

- **Übungsaufgabe:**
  Welche Antwort tritt bei Schülerinnen und Schülern besonders häufig auf? Auf welche Vorstellung kann sie zurückgeführt werden? Wie lautet die richtige Antwort?

5.7   Literatur

Andersson, B. & Kärrqvist, C. (1983). How Swedish pupils, aged 12–15 years, understand light and its properties. *International Journal of Science Education, 5*(4), 387–402.

Blumör, R. (1993). *Schülerverständnisse und Lernprozesse in der elementaren Optik: Ein Beitrag zur Didaktik des naturwissenschaftlichen Unterrichts in der Grundschule.* Magdeburg: Westarp Wissenschaften.

Chauvet, F. (1996). Teaching colour: designing and evaluation of a sequence. *European Journal of Teacher Education, 19*(2), 121–136.

Chen, C., Lin, H. & Lin, M. (2002). Developing a Two-Tier Diagnostic Instrument to Assess High School Students' Understanding-The Formation of Images by a Plane Mirror. *Proceedings – National Science Council Republic of China Part D Mathematics Science and Technology Education, 12*(3), 106–121.

Chu, H., Treagust, D. & Chandrasegaran, A. L. (2009). A stratified study of students' understanding of basic optics concepts in different contexts using two-tier multiple-choice items. *Research in Science and Technological Education, 27*, 253–265.

Eaton, J., Anderson, C. W. & Sheldon, T. (1986). *Light: a teaching module*: Institute for Research on Teaching.

Feher, E. & Meyer, K. R. (1992). Children's conceptions of color. *Journal of research in Science Teaching, 29*(5), 505–520.

Fetherstonhaugh, A., Happs, J. & Treagust, D. (1987). Student misconceptions about light: A comparative study of prevalent views found in Western Australia, France New Zealand, Sweden and the United States. *Research in Science Education, 17*(1), 156–164.

Fetherstonhaugh, T. & Treagust, D. F. (1992). Students' understanding of light and its properties: Teaching to engender conceptual change. *Science Education, 76*(6), 653–672.

Galili, I. (1996). Students' conceptual change in geometrical optics. *International Journal of Science Education, 18*(7), 847–868.

Galili, I. & Hazan, A. (2000). Learners' knowledge in optics: interpretation, structure and analysis. *International Journal of Science Education, 22*(1), 57–88.

Goldberg, F., Bendall, S. & Galili, I. (1991). Lenses, pinholes, screens, and the eye. *The Physics Teacher, 29*, 221–224.

Goldberg, F. M. & McDermott, L. C. (1986). Student difficulties in understanding image formation by a plane mirror. *The Physics Teacher, 24*(8), 472–480.

Goldberg, F. M. & McDermott, L. C. (1987). An investigation of student understanding of the real image formed by a converging lens or concave mirror. *American Journal of Physics, 55*(2), 108–119.

Gropengießer, H. (1997a). *Didaktische Rekonstruktion des „Sehens"*. Oldenburg: BIS-Verlag.

Gropengießer, H. (1997b). Schülervorstellungen zum Sehen. *Zeitschrift für Didaktik der Naturwissenschaften, 3*(1), 71–87.

Guesne, E. (1985). Light. In R. Driver, E. Guesne & A. Tiberghien (Eds.), *Children's ideas in science* (S. 10–32). Buckingham: Open University Press.

Haagen-Schützenhöfer, C. (2016). *Lehr- und Lernprozesse im Anfangsoptikunterricht der Sekundarstufe I*. Habilitation. Universität Wien. 2016.

Haagen-Schützenhöfer, C., Rottensteiner, J. & Fehringer, I. (2017). *Optikunterricht für die Sekundarstufe I – Unterrichtsmaterial*. Universität Graz: Eigendruck.

Hecht, E. (2014). *Optik* (6. Auflage). München: de Gruyter.

Herdt, D. (1990). Einführung in die elementare Optik. *Vergleichende Untersuchung eines neuen Lehrgangs.* Essen: Westarp-Wissenschaftsverlag.

Hosson, C. de & Kaminski, W. (2007). Historical Controversy as an Educational Tool: Evaluating elements of a teaching–learning sequence conducted with the text „Dialogue on the Ways that Vision Operates". *International Journal of Science Education, 29*(5), 617–642.

Jorde, D. & Dillon, J. (Hrsg.). (2012). *Science education research and practice in Europe*: Rotterdam: Sense.

Jung, W. (1981a). Ergebnisse einer Optik – Erhebung. *physica didactica, 8*(19), 19–34.

Jung, W. (1981b). Erhebungen zu Schülervorstellungen in der Optik (Sekundarstufe I). *physica didactica, 8*, 137–153.

Jung, W. (1981c). Erhebungen zu Schülervorstellungen in der Optik (Sekundarstufe I). *physica didactica, 8*, 137–153.

Jung, W. (1982). Fallstudien zur Optik. *physica didactica, 9*, 199–220.

La Rosa, C., Mayer, M., Patrizi, P. & Vicentini-Missoni, M. (1984). Commonsense knowledge in optics: Preliminary results of an investigation into the properties of light. *European Journal of Science Education, 6*(4), 387–397.

Langley, D., Ronen, M. & Eylon, B. S. (1997). Light propagation and visual patterns: Preinstruction learners' conceptions. *Journal of research in Science Teaching, 34*(4), 399–424.

Martinez-Borreguero, G., Pérez-Rodríguez, Á. L., Suero-López, M. I. & Pardo-Fernández, P. J. (2013). Detection of Misconceptions about Colour and an Experimentally Tested Proposal to Combat them. *International Journal of Science Education, 35*(8), 1299–1324.

Müller, R., Wodzinski, R. & Hopf, M. (Hrsg.). (2007). *Schülervorstellungen in der Physik* (2nd ed.). Köln: Aulis.

Palacios, F. J. P., Cazorla, F. N. & Madrid, A. C. (1989). Misconceptions on geometric optics and their association with relevant educational variables. *International Journal of Science Education, 11*(3), 273–286.

Rice, K. & Feher, E. (1987). Pinholes and images: Children's conceptions of light and vision. I. *Science Education, 71*(4), 629–639.

Schmidt-Roedenbeck, C., Müller, R., Wiesner, H., Herdt, D. & Engelhardt, P. (2005). *Unterricht Physik, Optik III/2. Wölb- und Hohlspiegel, Spiegelteleskop, Auge, Farben* (3/2). Köln: Aulis.

Schön, L., Erb, R., Weber, T., Werner, J., Grebe-Ellis, J. & Guderian, P. (2003). Optik: Optik in Mittel- und Oberstufe. Zugriff am 22.1.2018 unter http://didaktik.physik.hu-berlin.de/material/forschung/optik/download/veroeffentlichungen/veroeffentlichungen_didaktik-hu.pdf

Seidel, T., Prenzel, M., Duit, R. & Lehrke, M. (2003). Technischer Bericht zur Videostudie. *Lehr-Lern-Prozesse im Physikunterricht, IPN-Materialien*, Kiel.

Sokoloff, D. (Hrsg.). (2006). *Active learning in optics and photonics: Training Manual*. Zugriff am 22.1.2018 unter http://www.light2015.org/dam/LightForDevelopment/activelearning.pdf.

Thapa, D. & Lakshminarayanan, V. (2014). Light & Optics Conceptual Evaluation Findings from First Year Optometry Students. In M. Costa & M. Zhal (Hrsg.), *Education and Training in Optics and Photonics*. https://doi.org/10.1117/12.2070519

Treagust, D., Glynn, S. M. & Duit, R. (1995). Diagnostic assessment of students' science knowledge. In S. M. Glynn & R. Duit (Hrsg.), *Learning science in the schools: Research reforming practice* (pp. 327–436). New York: Routledge.

Viennot, L. (2003). *Teaching physics*. New York: Springer Netherlands.

Viennot, L. & Hosson, C. de. (2012). Beyond a Dichotomic Approach, The Case of Colour Phenomena. *International Journal of Science Education, 34*(9), 1315–1336.

Wiesner, H., Engelhardt, P. & Herdt D. (1995). *Unterricht Physik, Optik I: Lichtquellen, Reflexion. Unterricht Physik: Vol. 1*. Köln: Aulis Verlag Deubner & Co.

Wiesner, H., Engelhardt, P. & Herdt D. (1996). *Unterricht Physik, Optik II: Brechung, Linsen. Unterricht Physik: Vol. 2*. Köln: Aulis Verlag Deubner & Co.

Wiesner, H., Herdt, D. & Engelhardt, P. (2003). *Unterricht Physik, Optik III/1. Optische Geräte* (3/1). Köln: Aulis.

Schülervorstellungen zum elektrischen Stromkreis

Thomas Wilhelm und Martin Hopf

© Springer-Verlag GmbH Deutschland, ein Teil von Springer Nature 2018
H. Schecker, T. Wilhelm, M. Hopf, R. Duit (Hrsg.), *Schülervorstellungen und Physikunterricht*,
https://doi.org/10.1007/978-3-662-57270-2_6

6.1   Einführung

Plötzlich musste Julia lachen. Ihr Physiklehrer hatte gerade thematisiert, dass die elektrische Stromstärke vor und hinter einer Glühlampe gleich groß ist, also von der Glühlampe kein Strom verbraucht wird. Julia war klar, dass ihr Physiklehrer gerade Unsinn erzählte und sie rief ihm zu: *„Und wie soll die Lampe dann leuchten, wenn sie keinen Strom verbraucht?"*

Diese Szene zeigt, dass viele Schülerinnen und Schüler die beiden Begriffe Strom und Energie nicht voneinander trennen. Tatsächlich zahlen wir ja beim Betrieb einer Glühlampe auch nicht für den elektrischen Strom, sondern für die Energie, die mit seiner Hilfe übertragen wird (▶ Kap. 8). Der „Stromverbrauch" ist aber in aller Munde und jedes Kind weiß, dass es ‚Strom sparen' soll. „Strom" meint in unserer Alltagssprache in etwa das, was in der Physik mit ‚Energie' bezeichnet wird.

Untersuchungen zum Begriff „Energie" zeigen umgekehrt, dass Schülerinnen und Schüler dazu häufig ‚Strom' bzw. den Kontext Elektrizität im Allgemeinen assoziieren (▶ Kap. 8).[1] Es ist also nicht einfach, voneinander getrennte und jeweils zuverlässig verankerte Konzepte für die Begriffe Strom, Stromstärke, Spannung und Energie zu erwerben. In den Schülervorstellungen herrscht der Begriff „Strom" vor, dem energetische und kausale Aspekte zugeordnet werden.

Die zentralen Befunde zu den Vorstellungen stammen bereits aus den 1980er und 1990er Jahren.[2] Sie ließen sich in vielen verschiedenen Ländern finden und zeigen sich in Replikationsstudien immer wieder. Bei der Beschreibung dieser Vorstellungen gibt es das Problem, dass die einzelnen Schülervorstellungen oft voneinander abhängen und sich gegenseitig verursachen.

6.2   Schülervorstellungen

6.2.1   Vorstellungen im Anfangsunterricht

Der einfache Stromkreis begegnet den Schülerinnen und Schülern bereits in der Primarstufe. Manche der dort auftretenden Vorstellungen finden sich aber auch noch in späteren Schuljahren.

■ **„Es genügt ein Kabel von der Batterie zur Lampe."**

Die meisten Kinder sind der Meinung, dass ein Lämpchen bereits dann leuchtet, wenn man mit einem Kabel eine Verbindung zwischen einer Batterie und dem Lämpchen herstellt (◙ Abb. 6.1a). Die Schülerinnen und Schüler gehen davon aus, dass eine Substanz von der Batterie zur Lampe fließt, die dort verbraucht wird. Dies ist ein Ein-Stoff-Verbrauchsmodell

---

1   Behle und Wilhelm (2017); Burger (2001); Crossley, Hirn und Starauschek (2009)

2   Diesem Kapitel liegen vor allem folgende Veröffentlichungen zugrunde: Andersson (1984); Burde und Wilhelm (2016c); Closset (1984); Cohen, Eylon und Ganiel (1983); Duit, Jung und v. Rhöneck (1985); Jung und Voss (1986); Maichle (1982); McDermott und Shaffer (1992); Menge, Schwedes und Dudeck (1990); Osborne (1983); v. Rhöneck (1980); v. Rhöneck (1986); v. Rhöneck und Grob (1989); v. Rhöneck und Völker (1984); Shipstone (1984); Shipstone et al. (1988); Stork und Wiesner (1981).

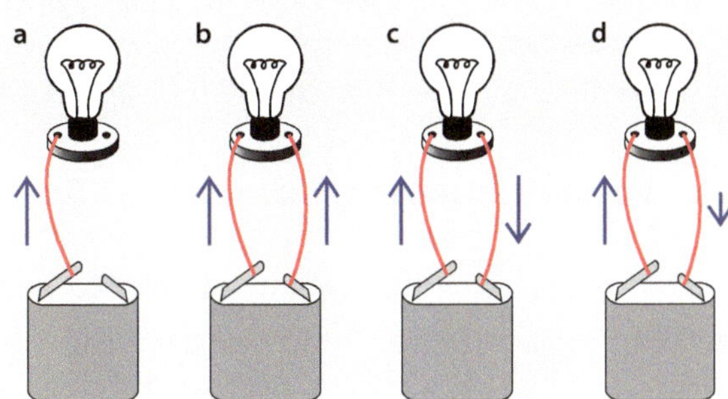

Abb. 6.1 Verschiedene Strom-„Kreis"-Vorstellungen mit eingezeichneter Stromstärke in den Leiterkabeln: a) Ein-Weg-Zuführungsvorstellung; b) Zwei-Wege-Zuführungsvorstellung; c) physikalische Vorstellung; d) teilweiser Stromverbrauch.

mit einer Ein-Weg-Zuführungsvorstellung. Wenn man den Schülerinnen und Schülern zeigt, dass das Lämpchen bei der Verwendung nur eines Kabels nicht leuchtet, vermuten sie meistens defekte oder ungeeignete Materialien, wie z. B. eine kaputte Batterie, ein kaputtes Lämpchen oder ein verstopftes Kabel.

Diese Vorstellung ist verständlich, denn im Alltag wird ja auch nur „ein" Kabel von der Steckdose zum ‚Verbraucher' verwendet. Dass in diesem Kabel wiederum zwei oder drei Kabel stecken und wie diese verbunden sind, kann man nicht sehen.

„Erst in zwei Kabeln fließt genügend Strom."

Nachdem man den Schülerinnen und Schülern gezeigt hat, dass die Lampe leuchtet, wenn man die Lampe mit zwei Kabeln mit der Batterie verbindet, entwickeln sie ohne Führung durch eine Lehrkraft alternative Vorstellungen. Die meisten Schülerinnen und Schüler überlegen sich, dass wohl ein Kabel nicht reicht, damit genügend ‚Strom' zur Lampe hinfließt. Man braucht demnach zwei Wege, um damit genügend ‚Strom' zu transportieren. Das Ein-Stoff-Verbrauchsmodell wird hier um eine Zwei-Wege-Zuführvorstellung ergänzt (Abb. 6.1b).

„Man braucht einen Plus- und einen Minusstrom."

Andere Grundschüler vermuten, dass aus dem Plus- und dem Minuspol zwei verschiedene Stoffe kommen, die beide zur Lampe fließen. Die Lampe brennt demnach nur, wenn dort beide Stoffe ankommen und zusammentreffen. Es handelt sich also um ein Zwei-Stoff-Verbrauchsmodell. Hier wird richtig erkannt, dass die Lampe nur leuchtet, wenn die beiden Kabel an den zwei verschiedenen Polen einer Batterie angeschlossen sind. Diese Vorstellung findet man zwar seltener und vor allem bei jüngeren Kindern; sie könnte aber durch das (nicht empfohlene) gleichzeitige Unterrichten der technischen und physikalischen Stromrichtung sogar noch unterstützt werden.

Die physikalische Vorstellung eines Kreisstroms (Abb. 6.1c) entwickeln Schülerinnen und Schüler nicht von selbst. Dass eine Substanz von der Batterie zum Lämpchen fließt, dort etwas bewirkt, ohne verbraucht oder verändert zu werden, ist für die Schülerinnen und Schüler unglaubhaft. Dafür genügt es auch nicht, mit einem Amperemeter zu zeigen, dass auf beiden Seiten des Lämpchens die gleiche Stromstärke vorhanden ist, da dies nicht gegen die Zwei-Wege-Zuführungsvorstellung spricht. Man muss stattdessen jeweils die Stromrichtung feststellen: Auf einer Seite fließt Elektrizität zur Lampe hin und auf der anderen Seite gleich viel wieder weg. Dies kann man z. B. dadurch nachweisen, dass man Kompassnadeln unter die Kabel legt. Experimentell ist dabei zu beachten, dass das nur funktioniert, wenn in den Leitungen ein Strom genügend großer Stromstärke fließt.

6.2.2 Vorstellungen im Kontext der Spannung

■ **„Spannung ist eine Eigenschaft des elektrischen Stromes."**

Fragt man Schülerinnen und Schüler bei einem ganz einfachen Stromkreis wie in ◘ Abb. 6.2 nach der Spannung zwischen zwei nebeneinanderliegenden Eckpunkten, so geben viele an, dass man nicht nur zwischen den Punkten 2 und 3, sondern auch zwischen den Punkten 1 und 2 sowie zwischen 3 und 4 eine Spannung von 6 V hat. Manche Jugendliche verwirrt schon das „zwischen" in der Frage und sie wollen wissen, welcher der Punkte gemeint ist, da sie Spannung lokal einem Punkt zuordnen. Diese und auch andere Aufgaben zeigen, dass die elektrische Spannung häufig als eine Eigenschaft oder als ein Bestandteil des elektrischen Stromes verstanden wird, z. B. als ‚Kraft' des Stromes. So bezeichnen wir ja auch Drehstrom fälschlich als „Starkstrom", eben als starken Strom.

Zeigt man Schülerinnen und Schülern experimentell, dass in der Schaltung nach ◘ Abb. 6.2 die Spannung zwischen den Punkten 1 und 2 tatsächlich null ist, dann folgern einige daraus, dass zwischen 1 und 2 auch kein Strom fließt. Dies ist eigentlich für widerstandsbehaftete Drähte ja auch richtig, Lernende kommen jedoch nicht aus physikalisch anschlussfähigen Überlegungen zu der Schlussfolgerung. Der Grund für die Aussage ist vielmehr, dass für diese Jugendlichen Spannung und Stromstärke zwei Aspekte eines gemeinsamen Konstrukts darstellen und sie daher davon ausgehen, dass Strom und Spannung immer direkt gekoppelt sind: *„Wo Spannung, dort auch Strom – und umgekehrt"* (und nicht die physikalisch richtige Erkenntnis, dass – von Supraleitung abgesehen – ohne Spannung kein Strom fließen kann). Dass umgekehrt auch elektrische Spannung ohne elektrischen Strom auftreten kann, wird ebenso von der Mehrheit der Schülerinnen und Schüler als falsch eingestuft: ohne Strom könne es keine Spannung geben. Bei einem Schalter in einem einfachen Reihenstromkreis vermuten Schülerinnen und Schüler fälschlich eine Spannung an dem geschlossenen Schalter, wenn ein Strom fließt, und ebenso fälschlich keine Spannung an dem offenen Schalter, wenn kein Strom fließt.

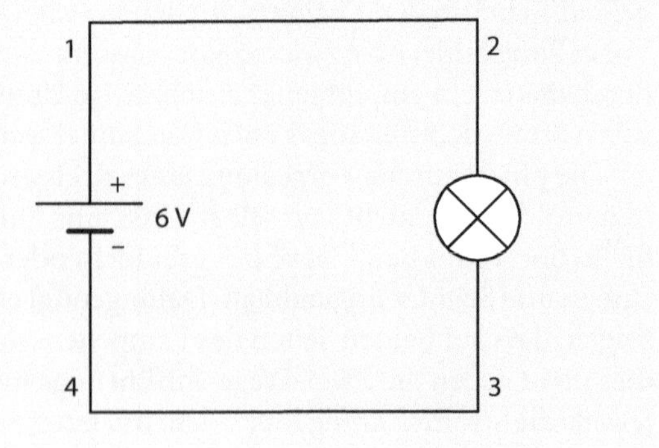

◘ **Abb. 6.2** Viele Schülerinnen und Schüler geben an, dass zwischen den Punkten 1 und 2, 2 und 3 sowie 3 und 4 jeweils eine Spannung von 6 V sei.

Möglicherweise wird die Strom-Spannungs-Kopplung dadurch unterstützt, dass im Unterricht zu Stromkreisen sehr früh mathematisiert und die Gleichung $U = R \cdot I$ behandelt wird. Hier können die Schülerinnen und Schüler den Eindruck bekommen, Spannung und Stromstärke träten immer gemeinsam auf und seien immer proportional zueinander.

Der Begriff „Spannung" wird also von den Schülerinnen und Schülern konzeptionell nicht klar von den Begriffen „Strom" bzw. „Stromstärke" getrennt. Man darf hier nicht denken, Lernende würden die Begriffe verwechseln. In der Regel fehlt ein Konzept für die Spannung (und manchmal auch für die Stromstärke), denn die Entwicklung eines unabhängigen Spannungsbegriffs stellt eine große Schwierigkeit dar. Zumindest bildet der Spannungsbegriff für Schülerinnen und Schüler kein vom Strombegriff unabhängiges Konzept.

So wie in der Mechanik (▶ Abschn. 4.2) für manche Schülerinnen und Schüler die Beschleunigung eine der Geschwindigkeit ähnliche Größe ist, für die es nur unterschiedliche Formeln gibt, und sie nicht zwischen gleichförmiger und gleichmäßig beschleunigter Bewegung unterscheiden können, sind für manche Schülerinnen und Schüler Spannung und Stromstärke ähnliche oder zumindest immer proportionale Größen. Der Alltagsbegriff „Stromspannung", der es sogar in den Duden schaffte, unterstützt eine solche Vermengung der Begriffe. Zum Verständnis von einfachen Stromkreisen ist die Spannung aber essenziell (▶ Kasten 6.1).

Die schlichte Angabe „Spannung ist die Ursache von Strom" und die abstrakte Definition von Spannung als Arbeit pro Ladungsmenge sind hier nicht hilfreich. Studien zeigten des Weiteren, dass die häufig verwendete Analogie des ebenen, geschlossenen Wasserkreislaufs (▶ Kasten 6.2), in der Spannung mit der ebenso unanschaulichen Druckdifferenz im Wasser verglichen wird, auch nicht hilfreich ist. So bleibt für Schülerinnen und Schüler der Strom die dominante Größe, anhand derer sie eine Schaltung analysieren.

Kasten 6.1: Spannung, Stromstärke, Widerstand

Eine Batterie erzeugt in den angeschlossenen Kabeln auf der einen Seite ein hohes und auf der anderen Seite ein niedriges Potenzial. Sind zwei solche Bereiche über ein leitfähiges Material verbunden, führt dies zu einem Stromfluss. In der Näherung der elementaren Elektrizitätslehre behandeln wir Batterien so, als ob diese Potenzialdifferenz konstant wäre. In alten Physikbüchern wird diese Potenzialdifferenz auch als Klemmenspannung bezeichnet. (In der Realität ist der Innenwiderstand der Batterie zu berücksichtigen, der sich aufgrund der chemischen Prozesse im Inneren der Batterie im Laufe der Zeit vergrößert.)

Zwischen den beiden Anschlüssen eines Geräts in einem Stromkreis kann ebenfalls eine Potenzialdifferenz gemessen werden. Die Potenzialdifferenz zwischen den beiden Seiten der Batterie und die Potenzialdifferenz zwischen den beiden Seiten eines Geräts nennt man auch elektrische Spannung U. Die elektrische Stromstärke I durch das Gerät ist immer eine Folge der anliegenden Spannung U. Für einfache Bauelemente kann man einen Widerstand $R := U/I$ definieren. Für solche einfachen Widerstandsbauelemente stellt sich dann eine Stromstärke entsprechend $I = U/R$ ein. Falls das Ohm'sche Gesetz gilt, dass der Widerstand einen konstanten Wert unabhängig von der Spannung, der Stromstärke oder der Temperatur hat, dann kann die Stromstärke, die sich einstellt, leicht berechnet werden, wenn man R kennt. (Fälschlicherweise wird die Gleichung $I = U/R$ oftmals als „Ohm'sches Gesetz" bezeichnet, obwohl diese Gleichung immer gilt, auch wenn der Widerstand R nicht konstant ist.)

Die elementare Elektrizitätslehre wurde bis Anfang des 20. Jahrhunderts vorrangig über die Elektrostatik und über das Potenzial vermittelt. Der Begriff der Spannung wurde als Potenzialdifferenz eingeführt und bereits vor der Behandlung von Stromkreisen in der Elektrostatik behandelt. Anfang des 20. Jahrhunderts wurde ohne didaktische Begründung das Potenzial aus den meisten Lehrbüchern entfernt und der Strom- und der Spannungsbegriff wurden als Ausgangspunkt für die Einführung der Elektrizitätslehre gewählt und zum zentralen Lerngegenstand gemacht. Während aber das Potenzial einem Punkt bzw. Leiterabschnitt zugeordnet werden kann, bezieht sich die Spannung als Potenzialdifferenz immer auf zwei Punkte in einem Stromkreis und ist somit abstrakter. Ein Verständnis für den Differenzcharakter der Spannung zu entwickeln, ohne die zugrunde liegende Größe des Potenzials zu kennen, gelingt meist nicht. Das Potenzial wäre vermutlich leichter zu verstehen.

Manche Sprechweisen von Expertinnen und Experten vermischen die beiden Begriffe Potenzial und Spannung. Der Begriff des „Spannungsabfalls" suggeriert, es gäbe vor und nach dem Widerstand eine lokal messbare Spannung. Tatsächlich ist das Potenzial gemeint, das abfällt. Die Formulierung „an dem Punkt liegt eine Spannung" ist genauso falsch. Experten ist bei technischen Schaltungen klar, dass ein Punkt der Schaltung geerdet ist, also das Potenzial null hat. Misst man die Spannung immer gegenüber diesen Punkt, haben Potenzial und Spannung identische Werte.

Kasten 6.2: Analogien zum elektrischen Stromkreis

Im Unterricht der Elektrizitätslehre werden verschiedene Modelle verwendet. Sie sollen durch Analogien zwischen Modell und Stromkreis den Lernenden das Verständnis der abstrakten Konzepte der Elektrizitätslehre erleichtern. Wie bei jedem Vergleich zwischen etwas Neuem und etwas Bekanntem haben die Modelle jeweils Grenzen und damit Vor- und Nachteile.[3]

1. *Der ebene, geschlossene Wasserkreislauf*: Das Modell besteht aus dichten Wasserrohren, die in einer Ebene zu einem geschlossenen Wasserstromkreis zusammengesteckt sind. Als Antrieb dient eine Wasserpumpe und geschlossene Wasserräder (Turbinen) stehen für die Energiewandler. Es lassen sich fachlich korrekte Vergleiche anstellen: Der in den Rohrstücken herrschende Druck entspricht dem elektrischen Potenzial, ein Druckunterschied der Spannung und die Wasserstromstärke der elektrischen Stromstärke. Studien zeigten aber, dass Schülerinnen und Schüler zum Wasserkreis viele Fehlvorstellungen haben und das Lernen der Zusammenhänge im Wasserkreis genauso schwer ist wie das der Zusammenhänge im elektrischen Stromkreis.
2. *Das Elektronengasmodell*: Anschaulicher ist es, die Elektronen im Leiter als Gasteilchen anzusehen und mit strömender Luft zu vergleichen. Demnach erzeugt die Batterie einen Dichte- und damit Druckunterschied zwischen ihren beiden Enden. Der Druck entspricht auch hier dem elektrischen Potenzial, ein Druckunterschied der Spannung und die Intensität der Strömung entspricht der elektrischen Stromstärke. Erste empirische Studien zeigten, dass dieses Modell lernförderlich ist.
3. *Der offene Wasserkreislauf*: In diesem Modell wird Wasser auf eine Höhe über einer Ebene hochgepumpt und fließt offen über Wasserräder wieder hinunter. Die Wasserhöhe entspricht dem elektrischen Potenzial, der Höhenunterschied der elektrischen Spannung und die Wasserstromstärke der elektrischen Stromstärke. Zwar wird hier die elektrische Spannung gut veranschaulicht, aber es werden viele falsche Vorstellungen unterstützt, z. B. bleibt hier die Gesamtstromstärke auch dann konstant, wenn noch ein Zweig parallel dazu geschaltet wird.

---

3   Burde und Wilhelm (2017)

4. *Das Stäbchenmodell*: Das abstraktere Stäbchenmodell (oder das Mauermodell) veranschaulicht das Potenzial ebenfalls über die Höhe. Hier wird auf beiden Seiten jedes Bauteils das Potenzial über ein unterschiedlich langes Stäbchen dargestellt. Verbindet man deren obere Enden, hat man über dem Stromkreis das jeweilige Potenzial als Höhe visualisiert (analog: auf den Stromkreis wird eine Mauer gesetzt, deren Höhe das Potenzial darstellt). Das Modell hat sich in Untersuchungen als lernförderlich erwiesen, aber es eignet sich nicht zur Veranschaulichung der elektrischen Stromstärke.

5. *Das Fahrradkettenmodell*: Beim Fahrradkettenmodell wird der elektrische Stromkreis mit dem Kreislauf der Kettenglieder einer Fahrradkette oder einem Keilriemen verglichen. Dabei entspricht die Kettenspannkraft (bewirkt durch die Antriebskraft an den Pedalen) dem elektrischen Potenzial und die Gleichgewichtsgeschwindigkeit der Kettenglieder der elektrischen Stromstärke. Das Modell ist geeignet, den Unterschied zwischen umlaufendem Ladungsträgerstrom und linearem Energiestrom (vom Kurbelblatt zum Hinterrad) in Stromkreisen zu erarbeiten. Schwieriger ist dabei die Vermittlung der Spannung.

6. *Das Rucksackmodell*: Im Rucksackmodell, Energiehutmodell oder Bienchenmodell transportieren einzelne Ladungsträger, wie Männchen oder Bienchen, die Energie von der Batterie zum Lämpchen, an dem sie ihre Energie abgeben. Die Anzahl der vorbeilaufenden Männchen pro Zeit entspricht der elektrischen Stromstärke, die abgegebene Energieportion pro Männchen der Spannung. Das Modell ist anschaulich, aber fachlich problematisch und hilft nicht bei Reihen- und Parallelschaltungen oder bei Wechselstrom. Es unterstützt zudem einige Fehlvorstellungen, z. B. die, dass die Ladungsträger im Stromkreis sich wie Bienchen individuell bewegen. Ein Verständnis der Spannung kann damit nicht vermittelt werden.

Empfehlung: Zur Thematisierung der Energieübertragung in einer Reihenschaltung eignet sich das Modell einer Fahrradkette oder eines Keilriemens am besten. Zur Behandlung von Spannung und Stromstärke in Parallel- und Reihenschaltungen hat sich das Elektronengasmodell am besten bewährt.

■ **„Eine Batterie ist eine konstante Stromquelle."**

Schülerinnen und Schüler gehen davon aus, dass eine Quelle, wie eine Batterie, immer eine konstante Stromstärke liefert – unabhängig von der Anzahl angeschlossener Glühbirnen. Verändert man in einem einfachen Stromkreis mit nur einem Widerstandsbauelement dessen Widerstand oder fügt man ein zweites Widerstandsbauelement in Reihe hinzu, ändert sich nach dieser Vorstellung die Stromstärke an der Batterie nicht, denn es ist ja die gleiche Batterie, die nach Meinung der Lernenden einen bestimmten ‚Strom' liefert. Die elektrische Stromstärke ist hier eine Eigenschaft der Batterie, keine Folge der angeschlossenen Widerstände. Aus Schülersicht entscheidet die Batterie autonom, wie viel ‚Strom' sie abgibt. Der Stromkreis wird nicht als System analysiert (▶ Abschn. 6.2.4); d. h., es wird nicht erkannt, dass ein lokaler Eingriff (zweites Widerstandsbauelement) Folgen für andere Systemgrößen (Stromstärken, Potenziale) haben kann.

In einer Aufgabe wird in einer Parallelschaltung wie in ◙ Abb. 6.3 der Widerstand in einem Zweig von 40 Ω auf 50 Ω erhöht, sodass sich die Stromstärke dort erniedrigt. Nun gehen die Schülerinnen und Schüler davon aus, dass sich die Stromstärke im parallelen Zweig erhöht, sodass die Gesamtstromstärke gleichbleibt. Die Stromstärkeänderung in einem Zweig wird durch eine gegenläufige Änderung im anderen Zweig kompensiert (auch „Kompensationsvorstellung" genannt). Die Quelle ist also eine Konstantstromquelle. Der Strom kann sich danach nur unterschiedlich aufteilen. Möglicherweise liegen hier Assoziationen zu offenen Wasserkreisläufen wie einem sich verzweigenden Bachlauf vor,

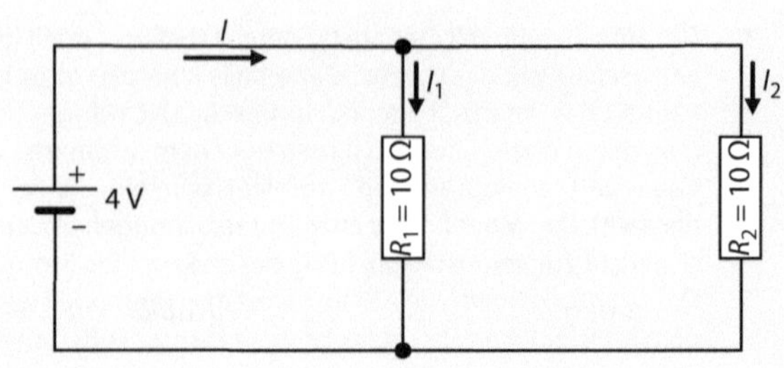

◘ Abb. 6.3 Viele Schülerinnen und Schüler vermuten: Nimmt I_2 ab, nimmt I_1 zu, sodass I konstant bleibt.

bei dem diese Vorstellung richtig wäre (▶ Kasten 6.2). Beim Erfassen eines Stromkreises als System und bei der Entwicklung eines Verständnisses vom elektrischen Widerstand kann sich diese Vorstellung hinderlich auswirken.

Der verbreitete Begriff „Stromquelle" fördert diese Fehlvorstellung einer Konstantstromquelle, da er die Vorstellung hervorruft, dass aus der Quelle immer ein bestimmter Strom fließt. Tatsächlich sind Batterien genauso wie die Netzsteckdosen Spannungsquellen, die eine (in gewissen Grenzen) konstante Spannung erzeugen (▶ Kasten 6.1). Auch die meisten Netzgeräte, die im Physikunterricht vorkommen, sind Spannungsquellen, bei denen man eine Spannung einstellt, die konstant gehalten wird. Daneben gibt es mittlerweile auch echte, elektronisch geregelte Stromquellen, bei denen eine konstante Stromstärke eingestellt werden kann, was aber eher die Ausnahme darstellt. Aus diesen Gründen ist der Begriff „Stromquelle" im Unterricht unbedingt zu vermeiden und stattdessen sind die richtige Bezeichnung „Spannungsquelle", nichtssagende Bezeichnungen wie „Elektrizitätsquelle" oder neutrale Bezeichnungen wie „Netzgerät" zu verwenden. „Energiequelle" wäre auch nicht korrekt, da man nicht einstellen kann, wie viel Energie die Spannungsquelle abgibt. Auch die Analogie eines offenen Wasserkreislaufs, in dem Wasser gemäß einer Höhenanalogie hochgepumpt wird und dann über Wasserräder wieder nach unten fließt (▶ Kasten 6.2), kann die Vorstellung einer Konstantstromquelle verstärken, da sich das obere Reservoir mit einem konstanten Ausfluss leert, auch wenn weitere Wasserräder parallel zugeschaltet werden.

6.2.3 Vorstellungen zum Strom als Brennstoff

„Strom" oder „elektrischer Strom" wird in den Medien und im Alltagsgespräch in einer Bedeutung verwendet, die physikalisch betrachtet weitgehend der elektrischen Energie entspricht (▶ Kap. 8). Aussagen wie „*Strom aus Windkraft gewinnt in Deutschland an Bedeutung – gleichzeitig bleibt die Speicherung von Strom ein technisches Problem*" können entsprechend gedeutet werden. Insofern bieten sich hier Chancen für das Anknüpfen an Schülervorstellungen im Rahmen einer Aufbaustrategie (▶ Abschn. 3.3.1). Schülervorstellungen zum ‚Stromverbrauch' lassen sich so jedoch nicht einfach durch Ersetzung mit „Energie" in ein physikalisch adäquates Verständnis umdeuten, da beim Schülerverständnis von ‚Strom' gleichzeitig Aspekte mitschwingen, die physikalisch in die Bereiche Ladung und Ladungsträger fallen.

- **„Strom wird verbraucht."**

Die bekannteste und verbreitetste Vorstellung ist die, dass in der Batterie ‚Strom' (oder ‚Elektrizität') gespeichert ist, der dann zur Lampe fließt und dort schließlich ganz oder zumindest teilweise verbraucht wird. Beim teilweisen Verbrauch fließt nach der Lampe weniger Strom zur Batterie zurück (◘ Abb. 6.1d). ‚Strom' ist hierbei eine mengenartige Substanz bzw. eine Art Brennstoff, der sich zuerst wie Öl in einem Fass in der Batterie befindet, von dort in den Stromkreis strömt und dann im Lämpchen verbraucht wird. Dies wird auch Stromaussendevorstellung genannt. ‚Strom' entspricht dabei in etwa dem, was in der Physik mit „Energie" bezeichnet wird. Diese Schülervorstellung ist in gewissem Sinne richtig, wenn man mit ‚Strom' den Energiefluss von der Batterie zum Lämpchen meint (▶ Kasten 6.3). Tatsächlich meint die Physik mit „Strom" aber einen abstrakten Ladungsfluss, der ohne Verluste im Kreis fließt. Man darf sich das aber nicht so vorstellen, als ob die Elektronen aus der Quelle einzeln herauskommen und dann im Kreis herumgepumpt werden. Anschlussfähiger ist die Vorstellung eines starren Ringes aus Elektronen, der beim Schließen des Schalters in Bewegung gesetzt wird. Ebenso geeignet für Reihenschaltungen ist die Vorstellung einer Kette mit fest aneinandergekoppelten Elektronen (Kettenglieder) (▶ Kasten 6.3).

Kasten 6.3: Modelle des elektrischen Stromkreises

Es gibt kaum ein anderes Gebiet der Physik, in dem so viele verschiedene fachliche Modellvorstellungen verwendet werden, wie in der Elektrizitätslehre. Viele dieser Modellvorstellungen kommen dabei auch im Unterricht vor. Problematisch wird das dann schnell dadurch, dass die meisten Modelle Annahmen machen und Voraussetzungen haben, die nicht expliziert werden, aber das Verständnis der Modellvorstellung behindern. Gleichzeitig haben alle Modellvorstellungen Beschränkungen, die oft so offenkundig sind, dass auch Schülerinnen und Schüler sie bemerken.

Modellvorstellung 1: Elektronen fließen im Kreis
Im einfachsten Modell des Stromkreises, das auch schon im Sachunterricht verwendet wird, heißt es, dass Elektronen von der Batterie im Kreis herumgepumpt werden. Zunächst ist in diesem Modell (auch aus Sicht der Physik!) nicht verständlich, wie Objekte eines Festkörpers überhaupt beweglich sein können. Nimmt man dies als Tatsache zur Kenntnis, so ist deswegen noch nicht klar, weshalb die beweglichen Elektronen den Leiter trotzdem nicht verlassen können, wenn man z. B. das Kabel durchzwickt. Auch die komplexen Vorgänge im Inneren einer Batterie bleiben im Dunkeln. In diesem Modell kann außerdem auch der Energietransport nur als phänomenologische Tatsache behandelt werden.

Verfeinert man dieses Modell zum in der Mittelstufe verwendeten Modell inklusive Ohm'schem Widerstand von Geräten, so bleiben ebenfalls Fragen offen. Da in diesem Modell alle (mit Lichtgeschwindigkeit ablaufenden) Prozesse während des Einschaltvorgangs vernachlässigt werden, ist nicht verständlich, weshalb eine Änderung an einer Stelle des Stromkreises zu Änderungen im gesamten Stromkreis führen kann. Der Systemcharakter des elektrischen Stromkreises kann erst dadurch modelliert werden, dass die Einschaltvorgänge mitberücksichtigt werden.

Unklar bleibt in diesem Modell auch, weshalb Vorgänge so schnell ablaufen. Der Elektronentransport im Leiter ist ja sehr langsam (mm/h). Der Fluss der Elektronen kann also nicht erklären, weshalb eine Lampe sofort angeht, wenn der Schalter geschlossen wird. Oft wird dann der „starre Elektronenring" als Erklärungsmodell hinzugezogen. In dieser Erweiterung bilden die Elektronen das Äquivalent einer Fahrradkette, die von jedem Punkt aus als Ganzes in Bewegung gesetzt werden kann.

Zu bemerken bleibt, dass in diesem Modell in der Regel auch der Widerstand der Leiter (zu Unrecht) als null angenommen wird. Das vereinfacht zwar die Argumentation bei der Berechnung von Netzwerken, erschwert aber das Unterrichten von Phänomenen, die wesentlich auf dem Leitungswiderstand beruhen wie z. B. dem Energietransport mit Hochspannungsleitungen oder bei Sicherheitsaspekten im Haushalt.

Modellvorstellung 2: Felder und Ströme
Mit den Maxwellgleichungen können die meisten Effekte des einfachen Stromkreises gut erklärt werden. Dabei wird mit elektrischen und magnetischen Feldern, mit Ladungen sowie mit Strömen argumentiert. Man mache sich dabei aber klar, dass in diesem Sinne Ladungen und Ströme abstrakte Bilanzgrößen sind, die nur manchmal etwas mit Elektronen und Elektronenströmen zu tun haben. Der einfache elektrische Stromkreis besteht dann aus zwei Punkten mit unterschiedlichem elektrischen Potenzial („Batterie") sowie einer leitenden Verbindung zwischen diesen Punkten. Im gesamten Raumgebiet (also im Inneren und im Äußeren des Leiters) bildet sich dann ein elektrisches Feld aus, es fließt ein Strom durch den Leiter und zusätzlich gibt es ein Magnetfeld im Äußeren des Leiters. Im einfachsten Fall geht man davon aus, dass ein gerader, homogener Leiter die beiden Pole der Batterie verbindet. Dann kann man das Ohm'sche Gesetz anwenden und es ergibt sich ein linearer Abfall des Potenzials entlang des Leiters.

Unklar bleibt bisher aber noch, wie „der Strom um die Ecke fließen" kann, also wie es möglich wird, dass das Feld im Inneren eines beliebig geformten Leiterstücks immer in Richtung des Leiters zeigt bzw. wie es zum linearen Abfall des Potenzials entlang des Leiters kommt. Dafür sind auf der Oberfläche des Leiterstücks sitzende „Oberflächenladungen" verantwortlich. Analog sorgen „Grenzflächenladungen", also z. B. am Übergang zwischen einem Kabel und einem Widerstandsbauteil sitzende Ladungen, dafür, dass die Felder bzw. die Potenzialabfälle sich entsprechend der Leitfähigkeiten der verwendeten Bauelemente verhalten.

In diesem Zusammenhang ist dann die Frage nach der Kausalität zu stellen: All diese Phänomene (Ladungen, Ströme, Felder, Ladungen usw.) treten gleichzeitig auf und es ist eigentlich nicht sinnvoll, hier von „eines verursacht das andere" zu sprechen.

Gut erklärbar ist im Maxwellbild jedoch der Energiefluss. Der sogenannte Poynting-Vektor beschreibt darin den Energietransport. Dieser verläuft im einfachen Stromkreis im Äußeren des Feldes entlang des Leiters von beiden Polen der Batterie gleichmäßig ausgehend hin zum Widerstand. In diesem Sinne dient der Leiter nur dazu, die elektromagnetischen Felder richtig dorthin zu führen, wo die Energie genutzt werden soll. Der Energiefluss bleibt dabei auch bei Wechselstrom unverändert, da sowohl Magnetfeld als auch elektrisches Feld ihre Richtung umkehren und sich diese beiden Änderungen gegenseitig aufheben.

In dieser Modellvorstellung wird auch verständlich, wie durch eine offene Stelle des Stromkreises („Kondensator") trotzdem ein Strom fließen kann, da eben die Ströme der Maxwellgleichungen nicht automatisch etwas mit Elektronen- oder Ionenströmen zu tun haben müssen.

Modellvorstellung 3: Bändermodell
Erst durch Verwendung eines quantenphysikalischen Ansatzes kann geklärt werden, weshalb Elektronen oder Löcher in manchen Festkörpern frei beweglich sind. Versteht man ein Leiterstück als einen Kristall, so kann man dort für eine genaue Analyse die Schrödingergleichung lösen und erhält die sogenannte Bandstruktur des Festkörpers. Je nach Aufbau des Kristalls ergibt sich dann, dass es frei bewegliche Ladungsträger im Leitungsband geben kann („Leiter") oder dass die Ladungsträger weitgehend unbeweglich sind, da sie an die Atome gebunden bleiben („Isolator"). Das Bändermodell der elektrischen Leitfähigkeit ermöglicht es dann auch, das Verhalten von Halbleitern und darauf basierenden Bauelementen wir Dioden oder Transistoren zu verstehen.

Der elektrische Strom ist ein Prozess, nämlich der Prozess fließender Ladung, der an jeder Stelle des Stromkreises gleichzeitig beginnt. In den Schülervorstellungen wird Strom jedoch als ein Objekt gesehen, das übergeben oder transportiert wird. Dabei ist die Batterie der Geber, die Quelle oder der Ausfluss, während die Lampe der Nehmer, der Empfänger oder der Verbraucher ist (Geben-Nehmen-Schema).

Alltagsbegriffe wie „Strom sparen", „Stromrechnung" und „leere Batterie" unterstützen die Vorstellung des Stromverbrauchs. Selbst Fachleute fragen im Alltag, wenn sie wissen wollen, ob eine Steckdose angeschlossen ist: *„Ist da Strom drin?"*. Im Unterschied zu Schülerinnen und Schülern ist ihnen klar, dass es sich dabei um eine alltagssprachliche Formulierung handelt. Sie wissen, was eigentlich gemeint ist. Bei Lernenden liegt eine solche Differenzierungsfähigkeit gerade nicht vor. Im Unterricht sollten daher Begriffe wie „Strom erzeugen" oder „Stromverbraucher" unbedingt vermieden werden, um die Stromverbrauchsvorstellung nicht unnötig zu fördern.

Die Stromverbrauchsvorstellung führt dazu, dass Schülerinnen und Schüler davon ausgehen, dass vor einer Lampe die Stromstärke größer ist als hinter ihr. Die Demonstration der gleichen Stromstärke vor und nach der Lampe garantiert keine dauerhafte Veränderung der Schülervorstellung. Aus der Literatur sind Fälle bekannt, in denen sich Schülerinnen und Schüler in späteren Unterrichtsstunden sicher waren, dass im vorgeführten Experiment die Stromstärke nach der Glühbirne kleiner war als vorher.[4] Empfehlenswert ist hier die Verwendung von Stromstärkemessgeräten, die nicht zu genaue Werte anzeigen, damit Unterschiede durch Messunsicherheiten von den Lernenden nicht als Beleg für Unterschiede in den Stromstärken interpretiert werden können.

Bei Reihenschaltungen führt das dazu, dass Schülerinnen und Schüler davon ausgehen, dass bei zwei identischen Lämpchen das erste heller brennt als das zweite. Sie denken nämlich, dass nach dem ersten Lämpchen die Stromstärke geringer geworden ist.

Mit dieser Vorstellung hängt auch zusammen, dass die Notwendigkeit des geschlossenen Stromkreises nicht immer bewusst ist (▶ Abschn. 6.2.1), sondern nur als Lehrsatz genannt, aber nicht verstanden und angewandt wird. Warum sollte es auch nicht ausreichend sein, wenn wie im Alltag nur ein Kabel von der Steckdose zur Lampe geht?

Die große Widerstandsfähigkeit der Schülervorstellung vom ‚Stromverbrauch' gegenüber unterrichtlichen Bemühungen, den Sachverhalt korrekt zu beschreiben, ist auch darin begründet, dass die Messung von Stromstärken vor und nach einer Lampe die Grundüberzeugung, dass „irgendetwas doch verbraucht werden müsse" (▶ Abschn. 6.1) im Kern nicht tangiert. Oftmals entsteht im Unterricht folgende Situation:

- Die Schülerinnen und Schüler meinen mit ‚Stromverbrauch' bei einer Glühlampe den ‚Verbrauch' elektrischer Energie (was ja im Sinne der Umwandlung der Energieerscheinungsform zutrifft).
- Die Lehrkraft unterstellt ihnen, dass sie mit ‚Strom' den Ladungsträgerfluss meinen, und misst die Stromstärke an beiden Seiten der Lampe mit einem Amperemeter. Mit einem Wattmeter hingegen hätte die aufgenommene elektrische Leistung – und damit das, was die Schülerinnen und Schüler eigentlich meinen – an der Glühlampe gemessen werden können.
- Die beiden Parteien reden aneinander vorbei und der Sachverhalt wird nicht wirklich geklärt, die Schülervorstellung bleibt im Hintergrund bestehen.

---

4   Gauld (1986, S. 52)

Abb. 6.4   Frage auf der Internetplattform gutefrage.net (Zugriff am 15. 9. 2017; Fragesteller anonymisiert).

Es ist in einer solchen Situation sinnvoll, beide Aspekte im Zusammenhang zu thematisieren: die Kontinuität des Ladungsträgerstroms *und* die Umwandlung von elektrischer Energie.

- **„Strom wird geliefert."**

‚Strom' wird nach Schülermeinung von einer Batterie oder vom E-Werk geliefert. Gedeutet als Bereitstellung elektrischer Energie erscheint das zunächst physikalisch anschlussfähig zu sein. Oftmals ist jedoch die Treibstoffvorstellung mit der Lieferung von etwas Materiellem, einer Substanz, verbunden. Das kommt in **Abb. 6.4** zum Ausdruck, wenn der ‚Strom' z. B. „hinter einer Steckdose wartet".

- **„Die Stromstärke ist unabhängig vom Widerstand."**

Unterschiedliche Vorstellungen gibt es, welchen Einfluss die Veränderung eines Widerstands auf die Stromstärke hat. Wenn die Batterie immer gleich viel ‚Brennstoff' liefert, dann muss die Stromstärke – zumindest vor dem Widerstand – immer gleich groß sein. Eine Änderung des Widerstands wirkt sich damit nicht auf die Stromstärke aus. Dies wurde auch „degenerierte Stromregel" genannt.

In der Aufgabe der **Abb. 6.5** führt diese Vorstellung dazu, dass die Schülerinnen und Schüler überzeugt sind, dass die Lampe in der Mitte immer gleich hell brennt – unabhängig davon, ob man den Widerstand davor oder den Widerstand dahinter vergrößert oder verkleinert. Denkbar ist, dass die Schülerinnen und Schüler hier die im Unterricht behandelte Regel der konstanten Stromstärke übergeneralisieren und sie für zeitlich statt für räumlich konstant halten.

- **„Ein größerer Widerstand braucht mehr Strom."**

Manche Schülerinnen und Schüler denken aber auch, dass ein größerer Widerstand mehr Strom braucht und deshalb aus der Quelle mehr von diesem Brennstoff erhält. Sie sagen

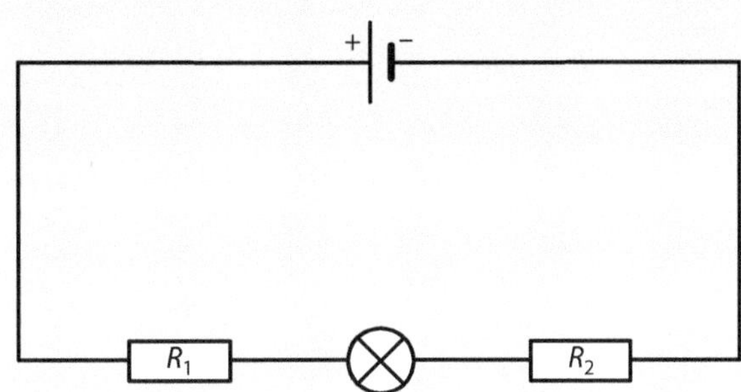

Abb. 6.5 Wie ändert sich die Helligkeit der Lampe, wenn der Widerstand davor oder danach geändert wird?

voraus, dass sich bei einer Vergrößerung des Widerstands in einer Schaltung auch die Stromstärke durch diesen Widerstand erhöht. Die Batterie strengt sich gewissermaßen mehr an. Dies nennt man „inverse Widerstandsvorstellung", da sie invers zur richtigen Vorstellung ist. Diese Vorstellung tritt eher in Parallelschaltungen auf, in denen der Widerstand eines Zweiges erhöht wird, aber weniger in Reihenschaltungen.

- **„Ein größerer Widerstand verbraucht mehr Strom."**

Andere Schülerinnen und Schüler sagen richtig vorher, dass bei einer Vergrößerung des Widerstands in einer Schaltung die Stromstärke durch diesen Widerstand kleiner wird. Sie begründen es aber falsch damit, dass der größere Widerstand mehr Strom verbraucht, anstatt damit, dass der größere Widerstand den Stromfluss stärker hemmt. In dieser Vorstellung ist gerade hinter dem größeren Widerstand die Stromstärke geringer. Bei in Reihe geschalteten, verschiedenen Widerständen wird entsprechend angenommen, dass der größere Widerstand den meisten Strom verbraucht.

6.2.4 Grundlegende Denkmuster

- **„Es genügt, einen Punkt zu betrachten."**

Ein Stromkreis ist ein System. Das bedeutet, eine Änderung an einer Stelle kann sich auf alle anderen Stellen des Stromkreises auswirken, was den Sachverhalt kompliziert macht. Schülerinnen und Schüler richten ihre Aufmerksamkeit bei der Analyse aber oft auf einen bestimmten Punkt des Stromkreises und ignorieren den Systemcharakter des Stromkreises. Dies wird *lokales Denken* genannt.

Beim lokalen Denken wird an einem Verzweigungspunkt eine Aufspaltung des Stromes in gleiche Teile erwartet. Der Strom ‚sieht' demnach nur die lokale Verzweigung, aber nicht den Rest des Stromkreises. Er entscheidet sich dafür, was lokal am naheliegendsten ist, d. h. für eine Gleichverteilung auf die Zweige. Ein Beispiel ist die Aufgabe aus ◻ Abb. 6.6. Da es sich um drei gleiche, parallel geschaltete Lampen handelt, muss die Stromstärke in jedem Zweig $0,4$ A sein. Viele Schülerinnen und Schüler sagen aber $0,3$ A, $0,3$ A und $0,6$ A voraus, so als ob der Strom sich an den beiden nacheinander kommenden Verzweigungen jeweils hälftig aufteilt. Bei dieser Vorstellung wird also aus

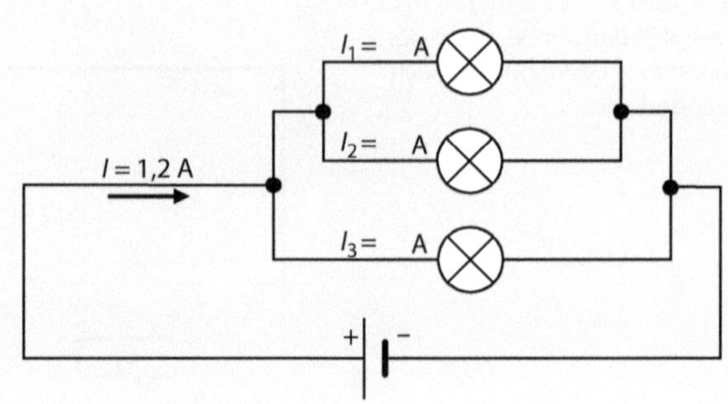

◘ Abb. 6.6 Lokales Denken: Bei dieser Aufgabe wird angenommen, dass sich der Strom an jedem Verzweigungspunkt halbiert.

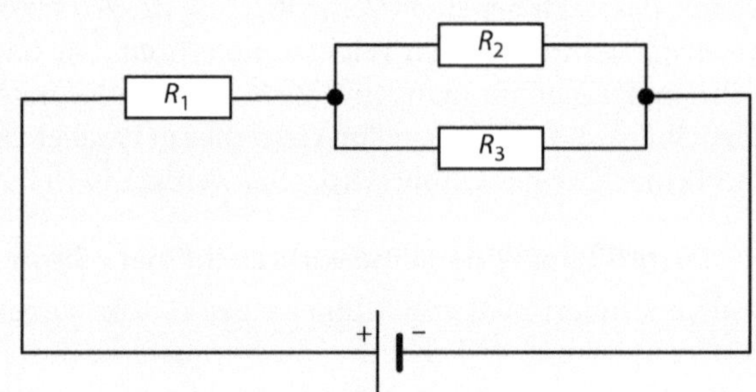

◘ Abb. 6.7 Lokales Denken geht davon aus, dass eine Widerstandsänderung in einem Zweig der Parallelschaltung nur Auswirkungen auf die Stromstärke in der Parallelschaltung hat.

Sicht des Stromes argumentiert und nicht im Systemansatz gesehen, dass die Stromstärke immer die Folge der an den vorhandenen Lämpchen anliegenden Spannungen und der Widerstandswerte ist.

Ein anderes Beispiel für lokales Denken ist die Schaltung nach ◘ Abb. 6.7, bei der nach der Veränderung der Stromstärken bei Veränderung eines Widerstands in der Parallelschaltung gefragt wird. Einige Schülerinnen und Schüler meinen, dass sich nur in der Parallelschaltung die Stromstärken ändern, in einem Zweig wird die Stromstärke größer und im anderen kleiner, ohne dass sich die Gesamtstromstärke ändert (Kompensationsdenken, ▶ Abschn. 6.2.2). Tatsächlich ändert sich der Gesamtwiderstand und damit die Gesamtstromstärke, sodass sich auch die Helligkeit der in Reihe geschalteten Lampe ändert. Hier wird die Parallelschaltung losgelöst vom Rest des Stromkreises betrachtet, also ein ganzes Gebilde wie eine Parallelschaltung lokal betrachtet. Lokales Denken wird gerade dann verwendet, wenn die Aufgaben für die Schülerinnen und Schüler zu komplex werden.

Manche Schüler nehmen auch an, dass sich bei der Änderung eines Widerstands in einer Parallelschaltung wie in ◘ Abb. 6.7 nur die Stromstärke lokal in diesem Zweig ändert, aber weder in den anderen Zweigen noch der Gesamtstrom vor der Verzweigung. Damit wäre der Gesamtstrom aber nicht die Summe der Teilströme. In gewisser Weise zeigt sich auch in der Vorstellung der Konstantstromquelle (▶ Abschn. 6.2.2) ein lokales Denken: Der Strom der Quelle ist unabhängig vom Rest der Schaltung.

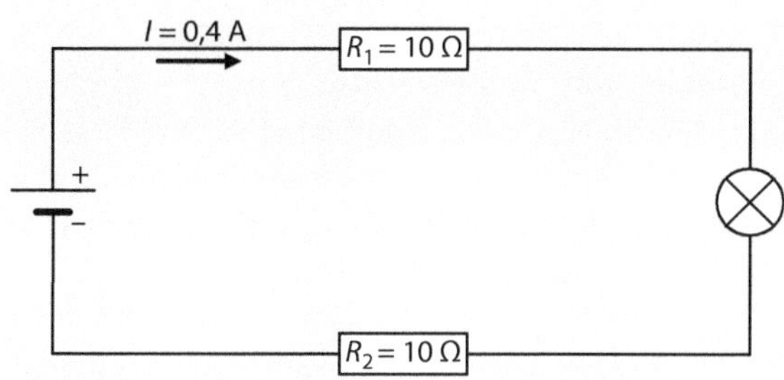

Abb. 6.8 Sequenzielle Argumentation: Die Änderung eines Widerstands hat nur Auswirkungen auf das, was danach kommt.

■ „Wichtig ist, wo vorne und hinten ist."

Schülerinnen und Schüler analysieren Stromkreise mit Begriffen wie „vor" und „hinter" dem Widerstand, wobei sich „vor" und „hinter" auf die Stromrichtung bezieht. Eine Änderung ,vorne' im Stromkreis wirkt sich auf ,hinten' aus, aber eine Änderung ,hinten' wirkt sich nicht auf ,vorne' aus. Dies wird *sequenzielle Argumentation* genannt.

Wird in einer Reihenschaltung ein Widerstand geändert, so wirkt sich das in der Vorstellung vieler Schülerinnen und Schüler auf die Stromstärke ,vor' diesem Widerstand nicht aus, sondern nur auf die Stromstärke ,nach' dem Widerstand. Wie bereits bei der Stromverbrauchsvorstellung (▶ Abschn. 6.2.3) deutlich wurde, verbraucht der Widerstand nach Schülermeinung ,Strom' und deshalb ist diese Überlegung schlüssig. In der Aufgabe aus ■ Abb. 6.8 oder ■ Abb. 6.5 macht es deshalb einen Unterschied, welcher Widerstand geändert wird. Eine Veränderung des Widerstands R_1 ändert gemäß dieser Vorstellung die Helligkeit des Lämpchens, eine Veränderung des Widerstands R_2 ändert die Helligkeit des Lämpchens nicht.

Diese Vorstellung kann auch bei der Aufgabe in ■ Abb. 6.6 mitschwingen, denn an der Verzweigung ,weiß' der Strom, der ein Bauteil nach dem anderen passiert, noch nicht, was hinten kommen wird. Spätere Verzweigungen können sich so nicht auf die Aufteilung des Stromes auswirken.

Das sequenzielle Denken wird unterstützt, wenn bei den Gleichstromkreisen immer angegeben wird, wo der Plus- und wo der Minuspol ist, dies mit roten und blauen Kabeln visualisiert und bei der Analyse der Stromkreis von Plus nach Minus (bei Verwendung der technischen Stromrichtung) oder von Minus nach Plus (bei Verwendung der physikalischen Stromrichtung) abgefahren wird. Da die Polung bei einfachen Gleichstromkreisen aber keine Rolle spielt, sollte sie auch nicht angegeben werden und im Experiment sollten die Kabel des Stromkreises in einer einzigen Farbe gehalten werden. Mit anderen Worten, die Stromrichtung sollte im Unterricht bewusst nicht angezeigt werden, da sie nicht von Bedeutung ist und nur zu falschen Argumentationen führt.

Zusammenfassend kann man sagen, dass die Schülerinnen und Schüler mit einer einfachen Verbrauchsvorstellung in den Unterricht kommen. Während des Unterrichts entwickelt sich aus dieser Verbrauchsvorstellung eine Vorstellung mit einem übermächtigen Strombegriff mit lokalem und sequenziellem Denken, aber ohne Ergänzung durch einen unabhängigen Spannungsbegriff. Allerdings sind in diesem Strombegriff auch Aspekte von Spannung und Energie verankert und es wird oft synonym ein „Stromspannungsenergie"-Begriff verwendet.

6.2.5 **Weitere Lernschwierigkeiten**

- **Erfassen von Parallelschaltungen**

Einige Schülerinnen und Schüler haben Probleme, zwischen Reihen- und Parallelschaltungen zu unterscheiden. Entscheidend ist für sie nur die Anzahl der Bauteile, nicht aber deren Schaltung. Sie vermuten, dass alle irgendwie angeschlossenen Lämpchen mit der gleichen Stromstärke versorgt werden.

Parallel geschaltete Widerstände werden vor allem dann als solche erkannt, wenn sie im Schaltbild auch tatsächlich parallel zueinander gezeichnet sind. Die geometrischen Eigenschaften des Schaltbilds sind also entscheidend dafür, ob erkannt wird, dass die Widerstände parallel geschaltet sind. So wird in ◘ Abb. 6.9 zwar der Stromkreis 1 als Parallelschaltung erkannt, nicht aber der Stromkreis 2, da die Widerstände nur in Schaltung 1 parallel gezeichnet sind. Bereits leichte Verformungen oder Drehungen von Schaltskizzen führen dazu, dass diese als andere Stromkreise aufgefasst werden. Eine Zeichnung gemäß Stromkreis 1 in ◘ Abb. 6.9 ist also am Anfang für Schülerinnen und Schüler sehr hilfreich, eine Schaltung gemäß Stromkreis 2 später eine wichtige Transferübung.

- **Umsetzung Schaltbild in realen Stromkreis oder umgekehrt**

Nicht einfach ist es für einige Schülerinnen und Schüler, zu einem gegebenen Schaltbild einen realen Stromkreis aufzubauen oder umgekehrt zu einem real aufgebauten Stromkreis eine korrekte Schaltskizze zu zeichnen. Das ist nicht verwunderlich, wenn schon leichte Verformungen oder Drehungen von Schaltskizzen dazu führen, dass sie nicht mehr als gleich angesehen werden, denn reale Schaltungen sehen oft ganz anders aus als die Schaltskizze. Will man Schülerinnen und Schülern helfen zu erkennen, dass eine reale Schaltung zu einer vorgegebenen Schaltskizze passt, müssen die Bauteile jeweils genauso wie in der Skizze angeordnet sein, die Kabel möglichst kurz sein und die Farben der Kabel in Skizze und Schaltung sollten sich entsprechen.

- **Schaltung von Messgeräten**

Messgeräte werden oft nicht als Teil des Stromkreises aufgefasst. Es wird davon ausgegangen, dass sie einfach nur das messen, was sie messen sollen, ohne die gemessene Größe zu beeinflussen. Zum Teil wird sogar davon ausgegangen, dass sie das unabhängig davon tun, wie sie in die Schaltung eingebaut sind.

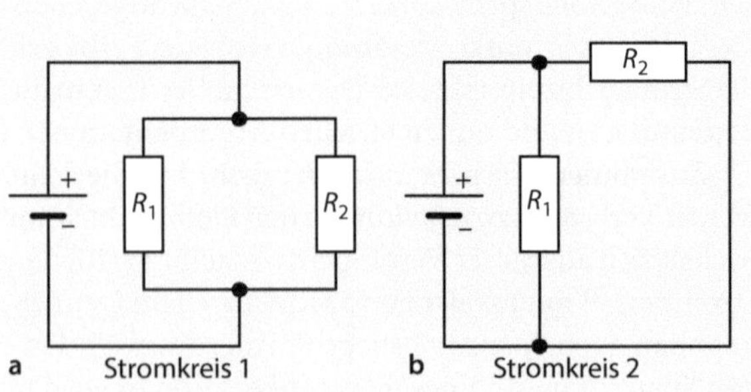

◘ **Abb. 6.9** Welcher Stromkreis ist eine Parallelschaltung?

6.3   Unterrichtskonzeptionen

- **Linearer Energiestrom versus zirkularer Ladungsstrom**

- Muckenfuß, H. (1990). Handgetriebene Generatoren als Energiequelle im Unterricht. Hilfen für eine anschauliche Begriffsbildung in der Elektrik. *Naturwissenschaften im Unterricht Physik*, 1(38) 2, 20–29.
- Muckenfuß, H. (1993). Der Sinngehalt von Alltagsvorstellungen. Konsequenzen für ein neues Gesamtkonzept zur Elektrizitätslehre. *Naturwissenschaften im Unterricht Physik*, 4(41) 16, 11–15.
- Muckenfuß, H. und Walz, A. (1997). *Neue Wege im Elektrikunterricht*, Aulis-Verlag, 2., überarbeitete Auflage.

Dem Unterrichtskonzept liegt das Ziel zugrunde, dass das zu erwerbende Wissen für die Schülerinnen und Schüler in ihrer Erfahrungswelt bedeutsam ist. Deshalb wurde als Leitidee des Unterrichts gewählt, ein Verständnis für die Energieübertragung durch elektrische Stromkreise zu schaffen, und entschieden, Stromkreise vorrangig als System der Energieübertragung zu behandeln. Außerdem soll das Thema auch durch erlebbare Erfahrungen erschlossen werden, wozu mit handgetriebenen Generatoren, genannt DynaMot, gearbeitet wird. Die Leitungskabel werden dann mit dem rundumlaufenden Keilriemen einer Dampfmaschine verglichen. Die Schülerinnen und Schüler lernen, dass es einen zirkularen Ladungsstrom (entsprechend dem Keilriemen), aber einen linearen Energiestrom gibt. Im Alltag meint man mit ‚Strom‘ das zweite. Eine empirische Untersuchung des ausgearbeiteten und in einigen Schulbüchern aufgegriffenen Unterrichtskonzepts steht noch aus.

- **Stäbchenmodell**
- Gleixner, C. (1998). *Einleuchtende Elektrizitätslehre mit Potenzial*. LMU München. Dissertation.
- Koller, D., Waltner, C. und Wiesner, H. (2008). Zur Einführung von Stromstärke und Spannung. *Praxis der Naturwissenschaften – Physik in der Schule*, 57 (6), 6–18.
- Waltner, C., Späth, S., Koller, D. und Wieser, H. (2010). Einführung von Stromstärke und Spannung – Ein Unterrichtskonzept und Ergebnisse einer Vergleichsstudie, Bd. 30. In D. Höttecke (Hrsg.): *Entwicklung naturwissenschaftlichen Denkens zwischen Phänomenen und Systematik: Jahrestagung der GDCP in Dresden* 2009. Münster: Lit-Verlag, 182–184.

Zur Veranschaulichung der elektrischen Spannung eignen sich verschiedenste Höhenanalogien, bei denen eine Höhe einem Potenzial entspricht und somit ein Höhenunterschied einer Spannung. Eine Variante dieser Höhenanalogie ist das Münchner Stäbchenmodell. Hier bekommt jedes Bauteil des elektrischen Stromkreises zwei Stäbchen zugewiesen, deren Höhen das elektrische Potenzial vor und nach dem Bauteil veranschaulichen. Da die Spannung bzw. Potenzialdifferenz stets einer Höhendifferenz entspricht, lassen sich leicht Spannungen an Parallel-, Reihen- und gemischten Schaltungen überlegen. Unterrichtsmaterialien für die Sekundarstufe I können unter https://www.didaktik.physik.uni-muenchen.de/archiv/inhalt_materialien/einf_elektrizitaet/index.html (Zugriff am 30. 1. 2018) kostenfrei heruntergeladen werden. Eine empirische Untersuchung zeigte, dass Schülerinnen und Schüler, die so unterrichtet wurden, typische Aufgaben zu Stromstärke und Spannung höchst signifikant besser lösen.

- **Elektronengasdruckmodell**
- Burde, J.-P. und Wilhelm, T. (2016b). Ein Unterrichtskonzept auf Basis des Elektronengasmodells. *PhyDid B – Didaktik der Physik – Frühjahrstagung Hannover* 2016, http://phydid.physik.fu-berlin.de/index.php/phydid-b/article/view/666/808 (Zugriff am 30. 1. 2018)
- Burde, J.-P. und Wilhelm, T. (2016a). Das Elektronengasmodel im Anfangsunterricht. *Praxis der Naturwissenschaften – Physik in der Schule* 65(8), 18–24.
- Burde, J.-P. und Wilhelm, T. (2015). Mit elektrischem Druck die Spannung verstehen lernen. *Plus Lucis* 1-2/2015, 28–32, http://www.univie.ac.at/pluslucis/PlusLucis/151/S28.pdf (Zugriff am 30. 1. 2018)

Das Elektronengasmodell versucht, ein qualitatives Verständnis der Grundgrößen Stromstärke, Widerstand und insbesondere der Spannung zu vermitteln. Hierzu baut es auf den Erfolgen von Potenzialansätzen auf und setzt das elektrische Potenzial mit einem in Leitern herrschenden elektrischen Druck gleich. Der elektrische Druck wird mit dem intuitiven Luftdruckkonzept der Lernenden verknüpft und die Spannung auf diese Weise als elektrischer Druckunterschied eingeführt. Zu diesem Unterrichtskonzept wurden viele passende Unterrichtsmaterialien für die Sekundarstufe I entwickelt, die alle unter www.einfache-elehre.de kostenfrei heruntergeladen werden können. Eine empirische Untersuchung zeigte, dass Schülerinnen und Schüler, die so unterrichtet wurden, typische Aufgaben zu Stromstärke und Spannung höchst signifikant besser lösen.

6.4 Testinstrumente

Es gibt einige Tests, um das konzeptuelle Verständnis von elektrischen Stromkreisen zu untersuchen, wobei sich die Aufgaben meist stark ähneln. Aus den Tests kann man Aufgaben für Unterrichtsmaterialien verwenden.

- **Test von Christoph von Rhöneck**

Ein sehr bekannter Test geht auf v. Rhöneck zurück. Eine Testversion mit 12 Aufgaben ist bei v. Rhöneck (1986) zu finden. In dem Zeitschriftenaufsatz wird ein Überblick über die wichtigsten Vorstellungen gegeben, die dann auf diese Testaufgaben bezogen werden. Die Aufgaben, die in den Test aufgenommen wurden, stammen aus Untersuchungen in verschiedenen europäischen Ländern. Sie werden auch in aktuellen Studien weiterhin berücksichtigt.

- **Zweistufiger Test von Urban-Woldron und Hopf**

Urban-Woldron und Hopf (2012) haben den Rhöneck-Test weiterentwickelt.[5] Die Testaufgaben (Beispiele finden Sie in ▸ Abschn. 6.6) enthalten neben den Multiple-Choice-Auswahloptionen

---

5 Auf Anfrage stellt M. Hopf den Test zur Verfügung.

für die Lösungen auf einer zweiten Stufe weitere Auswahlantworten für mögliche Begründungen für die gewählte Lösung. Dieses Fragebogeninstrument kann für die formative, d. h. unterrichtsbegleitende Diagnose von Lernschwierigkeiten, und die summative Evaluation (Lernerfolg) von Elektrizitätslehre-Unterricht in der Schulpraxis eingesetzt werden, ist aber gleichzeitig psychometrisch so ausgereift, dass der Test auch für die empirische fachdidaktische Forschung geeignet ist.

- **Der DIRECT-Test**

Engelhardt und Beichner (2004) haben einen Test mit 29 Multiple-Choice-Aufgaben zu Gleichstromkreisen erstellt, der einiges zum Aufbau von Stromkreisen, Energie, Stromstärke, Spannung und Potenzialdifferenz testet. Dabei gehen die Inhalte teilweise über die Themen der Sekundarstufe I hinaus. Daten darüber, wie Schülerinnen und Schüler antworten, liegen aus den USA vor.

- **Aufgabenzusammenstellungen**

Sucht man keine zusammenhängenden Testinstrumente mit Vergleichsergebnissen, sondern einzelne Aufgaben, um das konzeptuelle Verständnis im Unterricht zu überprüfen, dann findet man Beispiele u. a. in folgenden Veröffentlichungen:

- Maichle (1982) zeigt einige Aufgaben zu Stromstärke und Spannung in ganz einfachen Stromkreisen.
- v. Rhöneck (1986) beinhaltet einige Varianten der oben genannten Rhöneck-Aufgaben.
- v. Rhöneck und Grob (1989) stellen verschiedene weitere Aufgaben als Kopiervorlagen zur Verfügung.
- Jung und Voss (1986) geben eine Liste von Aufgaben an, die zum Teil den oben genannten gleichen.
- v. Rhöneck und Völker (1984) beinhaltet Aussagen zu Stromkreisen, bei denen zwischen „richtig" und „falsch" unterschieden werden muss.
- v. Rhöneck (1980) umfasst fünf Schaltungen, bei denen die Schülerinnen und Schüler die Spannung zwischen verschiedenen Punkten der Schaltungen angeben sollen.

6.5 Literatur zur Vertiefung

- Duit, R., Jung, W. & v. Rhöneck, C. (Hrsg.) (1985). *Aspects of Understanding Electricity. Proceedings of an International Workshop*. Kiel: Institut für die Pädagogik der Naturwissenschaften.

Der englischsprachige Tagungsband beschäftigt sich ausschließlich mit Schülervorstellungen zu Stromkreisen, Erhebungsmethoden und dem Unterricht zu Stromkreisen; es werden also viele Aspekte des Themas berücksichtigt.

- Härtel, H. (2012). Der alles andere als einfache elektrische Stromkreis. In: *Praxis der Naturwissenschaften – Physik in der Schule*, Heft 5 / 61, S. 17–24, http://www1. astrophysik.uni-kiel.de/~hhaertel/PUB/PhiS_2012_5_S_17-24.pdf.

Der Artikel eignet sich zur fachlichen Vertiefung des einfachen Stromkreises und enthält Hinweise für den Unterricht.

6.6   Übungen

Übung 6.1a

In einem Test zum Verständnis von Stromkreisen findet man die folgende Testaufgabe (Urban-Woldron und Hopf 2012).

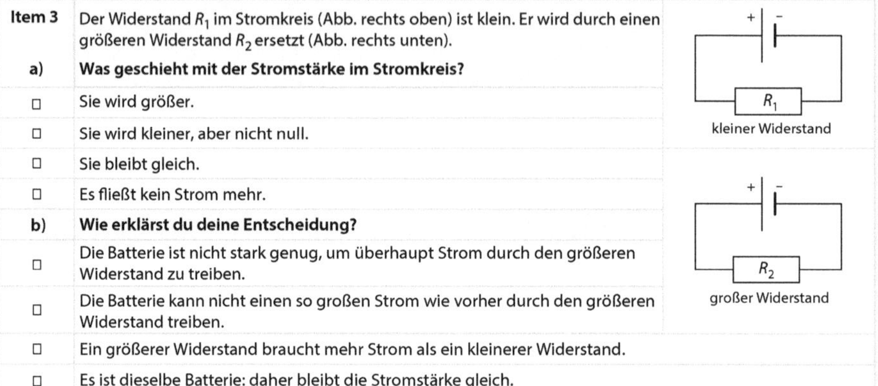

Item 3	Der Widerstand R_1 im Stromkreis (Abb. rechts oben) ist klein. Er wird durch einen größeren Widerstand R_2 ersetzt (Abb. rechts unten).
a)	**Was geschieht mit der Stromstärke im Stromkreis?**
☐	Sie wird größer.
☐	Sie wird kleiner, aber nicht null.
☐	Sie bleibt gleich.
☐	Es fließt kein Strom mehr.
b)	**Wie erklärst du deine Entscheidung?**
☐	Die Batterie ist nicht stark genug, um überhaupt Strom durch den größeren Widerstand zu treiben.
☐	Die Batterie kann nicht einen so großen Strom wie vorher durch den größeren Widerstand treiben.
☐	Ein größerer Widerstand braucht mehr Strom als ein kleinerer Widerstand.
☐	Es ist dieselbe Batterie: daher bleibt die Stromstärke gleich.

Vier Schülerinnen und Schüler wählen folgende Antworten zur Stromstärke und zur Erklärung ihrer Entscheidung:

Hans: *„Sie wird größer. Ein größerer Widerstand braucht mehr Strom als ein kleiner Widerstand."*

Mareike: *„Sie wird kleiner, aber nicht null. Ein größerer Widerstand braucht mehr Strom als ein kleiner Widerstand."*

Sara: *„Sie wird kleiner, aber nicht null. Die Batterie kann nicht einen so großen Strom wie vorher durch den größeren Widerstand treiben."*

Jakob: *„Sie bleibt gleich. Es ist dieselbe Batterie; daher bleibt auch die Stromstärke gleich."*

■ **Übungsaufgabe:**

Geben Sie für alle vier Jugendlichen an, welche Vorstellung diese wahrscheinlich zu ihrer jeweiligen Antwort bewog.

Übung 6.1b

Die folgende Testaufgabe stammt ebenfalls aus Urban-Woldron und Hopf (2012).

Item 27	Der Stromkreis rechts besteht aus zwei Amperemetern und einem regelbaren Widerstand. Beide Amperemeter zeigen die Stromstärke an. **Nun wird der Widerstand R vergrößert.**

a)	**Wie verändert sich dadurch die Anzeige von Amperemeter A_1?**	b)	**Wie verändert sich die Anzeige von Amperemeter A_2?**
☐	Sie wird größer.	☐	Sie wird größer.
☐	Sie bleibt gleich.	☐	Sie bleibt gleich.
☐	Sie wird kleiner.	☐	Sie wird kleiner.

c)	**Wie erklärst du deine Entscheidung?**
☐	Ein größerer Widerstand braucht mehr Strom als ein kleinerer Widerstand.
☐	Es ist dieselbe Batterie; daher liefert sie denselben Strom.
☐	Eine Vergrößerung des Widerstands führt zu einer Verringerung der Stromstärke überall im Stromkreis.
☐	Eine Vergrößerung des Widerstands führt zu einer Verringerung der Stromstärke nach dem Widerstand. Sie beeinflusst daher den Strom vor dem Widerstand nicht.
☐	Eine Vergrößerung des Widerstands führt zu einer Verringerung der Stromstärke nach dem Widerstand. Daher wird der Strom vor dem Widerstand größer.

Drei Jugendliche wählen folgende Antworten zur Anzeige der Amperemeter und zur Erklärung ihrer Entscheidung:

> **Jule:** *„Die Anzeige von A_1 und von A_2 bleibt gleich. Es ist dieselbe Batterie; daher liefert sie denselben Strom."*

> **Nawal:** *„Die Anzeige von A_1 bleibt gleich, die von A_2 wird kleiner, aber nicht null. Eine Vergrößerung des Widerstands führt zu einer Verringerung der Stromstärke nach dem Widerstand. Sie beeinflusst daher den Strom vor dem Widerstand nicht."*

> **Jörg:** *„Die Anzeige von A_1 und von A_2 wird kleiner. Eine Vergrößerung des Widerstands führt zu einer Verringerung der Stromstärke überall im Stromkreis."*

■ **Übungsaufgabe:**

Geben Sie für alle drei Jugendlichen an, welche Vorstellung diese wahrscheinlich zu ihrer jeweiligen Antwort bewog.

Übung 6.2

Schülerinnen und Schülern wurde die folgende Schaltung vorgelegt (Riley, Bee & Mokva, 1981):

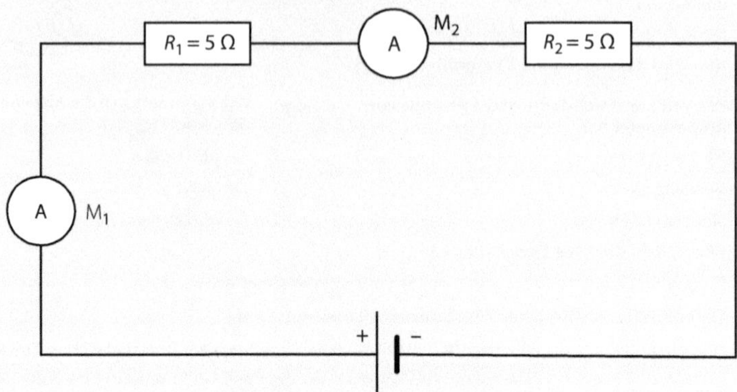

Die Aufgabe dazu lautete: „In einem Stromkreis ist die angelegte Spannung von $15\,V$ gegeben, ein Amperemeter M_1 zeigt $1{,}5\,A$, ein weiteres Amperemeter M_2 ist zwischen zwei Widerständen von je $5\,\Omega$ geschaltet. Was zeigt M_2 an?"

Ein Schüler antwortete (Übersetzung nach Jung, Wiesner, Kiowski & Weber, 1982): „*Es [das Amperemeter M_2] wird $5\,\Omega$ weniger als M_1 zeigen. Warten Sie mal. Es wird weniger sein. Oder … nein das würd's nicht. Ok. Es wird verschieden sein von dem [M_1]. Weil da ein Widerstand ist. Weil – da an der Stelle [M_1] gehen $15\,V$ durch. Und da [R_1] wird's um $5\,\Omega$ verkleinert. Es sollte also verschieden sein.*"

- **Übungsaufgabe:**

Welche Schülervorstellungen kann man in diesem Zitat vermuten?

6.7 Literatur

Andersson, B. (1984). Wie Schüler einige Aspekte des Energietransfers im elektrischen Stromkreis verstehen. *Der Physik-Unterricht, 18*(2), 32–35. Stuttgart: Ernst Klett Verlag.

Behle, J.-P. & Wilhelm, T. (2017). Aktuelle Schülerrahmenkonzepte zur Energie. *PhyDid-B – Didaktik der Physik – Frühjahrstagung*, www.phydid.de

Burde, J.-P. & Wilhelm, T. (2015). Mit elektrischem Druck die Spannung verstehen lernen. *Plus Lucis* 1-2/2015, 28–32, http://www.univie.ac.at/pluslucis/PlusLucis/151/S28.pdf (Zugriff am 30. 1. 2018)

Burde, J.-P. & Wilhelm, T. (2016a). Das Elektronengasmodel im Anfangsunterricht. *Praxis der Naturwissenschaften – Physik in der Schule, 65*(8), 18–24.

Burde, J.-P. & Wilhelm, T. (2016b). Ein Unterrichtskonzept auf Basis des Elektronengasmodells. *PhyDid B – Didaktik der Physik – Frühjahrstagung Hannover 2016*, http://phydid.physik.fu-berlin.de/index.php/phydid-b/article/view/666/808 (Zugriff am 30. 1. 2018)

Burde, J.-P. & Wilhelm, T. (2016c). Moment mal … (22): Hilft die Wasserkreislaufanalogie? *Praxis der Naturwissenschaften – Physik in der Schule, 65*(1), 46–49.

Burde, J.-P. & Wilhelm, T. (2017). Modelle in der Elektrizitätslehre. Ein didaktischer Vergleich verbreiteter Stromkreismodelle. *Naturwissenschaften im Unterricht Physik, 28*(157), Nr. 1/17, 8–13.

Burger, J. (2001). *Schülervorstellungen zu „Energie im biologischen Kontext" – Ermittlungen, Analysen und Schlussfolgerungen.* Dissertation, Universität Bielefeld.

Closset, J.-L. (1984). Woher stammen bestimmte „Fehler" von Schülern und Studenten aus dem Bereich der Elektrizitätslehre? Kann man sie beheben? *Der Physik-Unterricht, 18*(2), 21–31. Stuttgart: Ernst Klett Verlag.

Cohen, R., Eylon, B. & Ganiel, U. (1983). Potential difference and current in simple electric circuits: A study of students concepts. *American Journal of Physics, 51*(5), 407–412. College Park.

Crossley, A., Hirn, N. & Starauschek, E. (2009). Schülervorstellungen zur Energie – Eine Replikationsstudie. In V. Nordmeier & H. Grötzebauch (Hrsg.), *Didaktik der Physik* – Bochum 2009, Berlin: Lehmanns Media – LOB.de.

Duit, R., Jung, W. & v. Rhöneck, C. (Hrsg.) (1985). *Aspects of Understanding Electricity. Proceedings of an International Workshop,* Kiel: Institut für die Pädagogik der Naturwissenschaften.

Engelhardt, P. V. & Beichner, R. J. (2004). Students' understanding of direct current resistive electrical circuits. *American Journal of Physics, 72*(1), 98–115.

Gauld, C. (1986). Models, meters an memory. *Research in Science Education, 16,* 49–54.

Gleixner, C. (1998). *Einleuchtende Elektrizitätslehre mit Potenzial.* Dissertation, LMU München.

Härtel, H. (2012). Der alles andere als einfache elektrische Stromkreis. *Praxis der Naturwissenschaften – Physik in der Schule, 5*(61), 17–24.

Jung, W. & Voss, H.-P. (1986). Zum Verständnis der elementaren Elektrizitätslehre. In W. Kuhn (Hrsg.), *Didaktik der Physik Vorträge Physikertagung Gießen* (S. 257–263). Gießen-Wieseck: Gahmig Druck Gießen.

Jung, W., Wiesner, H., Kiowski, I. & Weber, E. (1982). Zum Anfangsunterricht in der Elektrizitätslehre. *physica didactica, 9,* 257–272.

Koller, D., Waltner, C. & Wiesner, H. (2008). Zur Einführung von Stromstärke und Spannung. *Praxis der Naturwissenschaften – Physik in der Schule, 6*(57), 6–18.

Maichle, U. (1982). Schülervorstellungen zu Stromstärke und Spannung. *Naturwissenschaften im Unterricht Physik/Chemie, 30*(11), 383–387.

McDermott, L. C. & Shaffer, P. S. (1992). Research as a guide for curriculum development: An example from introductory electricity. Part I: Investigation of student understanding. *American Journal of Physics, 60*(11), 994–1013.

Menge, S., Schwedes, H. & Dudeck, W.-G. (1990). Fallbeispiele von Schülern in der Auseinandersetzung mit Alltagsvorstellungen im Unterricht zur Elektrizitätslehre. In K. H. Wiebel (Hrsg.), *Zur Didaktik der Physik und Chemie Probleme und Perspektiven Vorträge auf der Tagung für Didaktik der Physik/Chemie in Kassel,* September 1989 (S. 244–246). Alsbach/Bergstraße: Leuchtturm Verlag.

Muckenfuß, H. (1990). Handgetriebene Generatoren als Energiequelle im Unterricht. Hilfen für eine anschauliche Begriffsbildung in der Elektrik. In: *Naturwissenschaften im Unterricht Physik, 1*(38) 2, 20–29.

Muckenfuß, H. (1993). Der Sinngehalt von Alltagsvorstellungen. Konsequenzen für ein neues Gesamtkonzept zur Elektrizitätslehre. *Naturwissenschaften im Unterricht Physik, 16*(4),11–15.

Muckenfuß, H. & Walz, A. (1997). *Neue Wege im Elektrikunterricht,* Aulis-Verlag, 2., überarbeitete Auflage.

Osborne, R. (1983). Towards Modifying Children's Ideas about Electric Current. *Research in Science & Technological Education, 1*(1), 73–82.

von Rhöneck, C. (1980). Schüleräußerungen zum Begriff der elektrischen Spannung beim Erklären realer Experimente. *Der Physik–Unterricht, 14*(4), 16–29. Stuttgart: Ernst Klett Verlag.

von Rhöneck, C. (1986). Problemlösen und Schülervorstellungen in der einfachen Elektrizitätslehre. *physica didactica* 13, Sonderheft, 87–96. Bad Salzdefurth: Verlag Barbara Franzbecker.

von Rhöneck, C. & Grob, K. (1989). Schülervorstellungen im Zusammenhang mit dem elektrischen Widerstand. *Naturwissenschaften im Unterricht Physik/Chemie, 37*(50), 384–388.

von Rhöneck, C. & Völker, B. (1984). Vorstellungen vom Stromkreis und ihr Einfluß auf den Lernprozeß. *Der Physik–Unterricht, 18*(2), 4–16, Stuttgart: Ernst Klett Verlag.

Riley, M. S., Bee, N. V. & Mokva, J. J. (1981). Representations in early learning: The acquisition of problem-solving strategies in basic electricity-electronics. *Proceedings of the Workshop on „Students' Representations",* PH Ludwigsburg, 107–173.

Shipstone, D. M. (1984). A study of children's understanding of electricity in simple DC circuits. *European Journal of Science Education, 6*(2), 185–198.

Shipstone, D. M., v. Rhöneck, C., Jung, W., Kärrqvist, C., Dupin, J.-J., Johsua, S. & Licht, P. (1988). A study of students' understanding of electricity in five European countries. *International Journal of Science Education, 10*(3), 303–316.

Stork, E. & Wiesner, H. (1981). Schülervorstellungen zur Elektrizitätslehre und Sachunterricht. *Sachunterricht und Mathematik in der Primarstufe, 9*, 118–230.

Urban-Woldron, H. & Hopf, M. (2012). Entwicklung eines Testinstruments zum Verständnis in der Elektrizitätslehre. *Zeitschrift für Didaktik der Naturwissenschaften, 18*, 201–227. http://archiv.ipn.uni-kiel.de/zfdn/pdf/18_Urbahn.pdf

Waltner, C.; Späth, S.; Koller, D. & Wieser, H. (2010). Einführung von Stromstärke und Spannung – Ein Unterrichtskonzept und Ergebnisse einer Vergleichsstudie, Bd. 30. In D. Höttecke (Hrsg.), *Entwicklung naturwissenschaftlichen Denkens zwischen Phänomenen und Systematik: Jahrestagung der GDCP in Dresden 2009* (S. 182–184). Münster: Lit-Verlag.

Schülervorstellungen zu Teilchen und Wärme

Helmut Fischler und Horst Schecker

© Springer-Verlag GmbH Deutschland, ein Teil von Springer Nature 2018
H. Schecker, T. Wilhelm, M. Hopf, R. Duit (Hrsg.), *Schülervorstellungen und Physikunterricht*,
https://doi.org/10.1007/978-3-662-57270-2_7

7.1   Einführung

In einem Unterrichtsgespräch über mögliche Eigenschaften von kleinsten Teilchen eines Stoffes hält der Lehrer ein Kupferblech in die Höhe und fragt: *„Erscheint uns das Kupferblech rötlich, weil die Atome bzw. Teilchen diese Farbe besitzen?"* Ein Schüler wagt sich vor: *„Ja, ich denke, die Kupferatome müssten dann auch rot sein oder rötlich."* Der Lehrer fragt nach: *„Und die Bestandteile der Atome? Haben die dann auch eine eigene Farbe?"* Der Schüler bleibt konsequent auf seiner Linie: *„Na, das könnte gemischt sein, die Protonen blau und die Neutronen rot, oder so, oder umgekehrt, weiß ich nicht"* (Peuckert, 2005, S. 111[1]).

Man könnte an der Eingangsfrage des Lehrers kritisieren, sie suggeriere dem Schüler eine Fehlvorstellung. Solche Überlegungen stellen Schülerinnen und Schülern jedoch auch von sich aus an. Zumindest fällt die Frage des Lehrers auf fruchtbaren Boden. Die knappen Aussagen des Schülers zeigen charakteristische Merkmale von Schülervorstellungen zum Themenkomplex „Teilchen und Atome". In den Äußerungen von Schülerinnen und Schülern kommt ein zentrales Grundverständnis zum Ausdruck: Den Objekten der Mikrowelt werden die Eigenschaften der aus der alltäglichen Umwelt bekannten makroskopischen Körper zugeschrieben. Damit haben beispielsweise Atome eine Farbe. In den Aussagen des Schülers ist ein weiterer Aspekt erkennbar: Noch schwach im ersten Teil ausgeprägt, aber deutlicher im zweiten ist eine gewisse Unsicherheit zu bemerken, die darauf hinweist, dass die Lehrkräfte es hier nicht mit festgefügten Vorstellungsclustern bei ihren Lernenden zu tun haben – anders als z. B. bei vielen Vorstellungen in der Optik (▶ Kap. 5) oder zum elektrischen Stromkreis (▶ Kap. 6). Die fachdidaktische Forschung muss sich sowohl mit den Strukturen der Schülervorstellungen als auch mit ihrer Stabilität im zeitlichen Ablauf und in verschiedenen Kontexten befassen.

7.2   Vorstellungen zu Teilchen[2]

- **„Teilchen besitzen eine Farbe und dehnen sich bei Erwärmung aus."**

Diese Vorstellung spiegelt die umfassende Übernahme von Alltagserfahrungen mit makroskopischen Dingen für die Beschreibung von submikroskopischen Objekten wider. Das gilt für eine vermeintliche Farbe von Atomen ebenso wie für die Annahme, dass die Volumenausdehnung eines Körpers bei Erwärmung auf die Ausdehnung seiner einzelnen kleinsten Teilchen zurückzuführen sei. Diese grundlegende Ansicht, die sich oft bei Schülerinnen und Schülern findet, wird von zwei unterrichtlichen Vorgehensweisen noch bestärkt: ungeeignete Abbildungen und problematische Erklärungen. Schülerinnen und Schüler verhalten sich wie viele andere Menschen auch, die etwas verstehen möchten, zu dem sie keinen direkten Zugang haben: Sie bilden Analogien, indem sie Bekanntes mit dem noch Unbekannten verknüpfen. Lehrkräfte möchten sie dabei unterstützen und folgen oft

---

1   Alle aus den Arbeiten von Peuckert (2005, 2006) wiedergegebenen Schülerzitate sind Aussagen von Schülerinnen und Schülern der Klassenstufe 11.

2   Die Ausführungen in diesem Kapitel beziehen sich vor allem auf die folgende Literatur: Fischler (1997); Fischler und Reiners (2006); Kesidou und Duit (1993); Mikelskis-Seifert (2002); Peuckert (2005).

dem eigentlich sinnvollen didaktischen Prinzip der bildhaften Veranschaulichung abstrakter Zusammenhänge. Zur Veranschaulichung werden in der Sekundarstufe I nun aber häufig Bilder verwendet, die Objekte aus der Alltagswelt zeigen. Damit wird der Anschein erweckt, man könne sich *alle* abstrakten Sachverhalte der Physik, und eben auch Atome, ebenso dinglich vorstellen. So steht die Anwendung eines sonst hilfreichen didaktischen Prinzips hier dem Erwerb eines angemessenen Verständnisses entgegen. Die bildlichen Darstellungen prägen sich in den Köpfen der Lernenden so fest ein, dass ein Infragestellen im weiteren Unterrichtsverlauf kaum mehr einen Verzicht auf die ursprünglich als temporäre Lernhilfe gedachte Veranschaulichung bewirkt. Hinzu kommt, dass die in den Medien (Internet, Fernsehen, Zeitschriften) angebotenen Bilder eine Sensibilität für physikalisch unangemessene Vorstellungen vermissen lassen (◘ Abb. 7.1).

Zum anderen bringen Lehrkräfte durch problematische Erklärungen und Denkanregungen die Schülerinnen und Schüler oft auf gedankliche Wege, die sich schnell als Lernhindernisse erweisen können (lehrbedingte Lernschwierigkeiten; ▶ Abschn. 1.2). So ist es z. B. eine zwar beliebte, aber problematische Verständnishilfe, wenn Lehrkräfte ein Denken in Teilchenstrukturen und damit den Abschied von der Vorstellung einer kontinuierlich verteilten Materie initiieren wollen, indem sie das Zerteilungsprinzip verwenden: Zunächst wird real und im Weiteren dann gedanklich eine immer feinere Zerteilung eines Körpers, z. B. eines Zuckerwürfels, bis hin zu „kleinsten Bausteinen" vorgenommen. Wenn die Lernenden diesen Weg bewusst mitgehen, dann werden sie fast zwangsläufig die Eigenschaften der noch erkennbaren Teilchen eines Stoffes auf die nach dem Zerteilungsprozess übrig bleibenden submikroskopischen Teilchen übertragen.

Im Unterricht der Sekundarstufe I bilden zunächst die grundlegenden Annahmen der kinetischen Gastheorie den Kern eines fachlich angemessenen Teilchenmodells. Der differenzierte Atomaufbau wird in der Regel erst in den Jahrgangsstufen 9 oder 10 behandelt, wenn das Elektron als Ladungsträger beim elektrischen Strom eingeführt wird und Grundlagen der Radioaktivität sowie Prinzipien der Kernenergie behandelt werden. ▶ Kasten 7.1 zeigt ein für die Sekundarstufe I bis etwa Jahrgangsstufe 8 angemessenes Teilchenmodell.

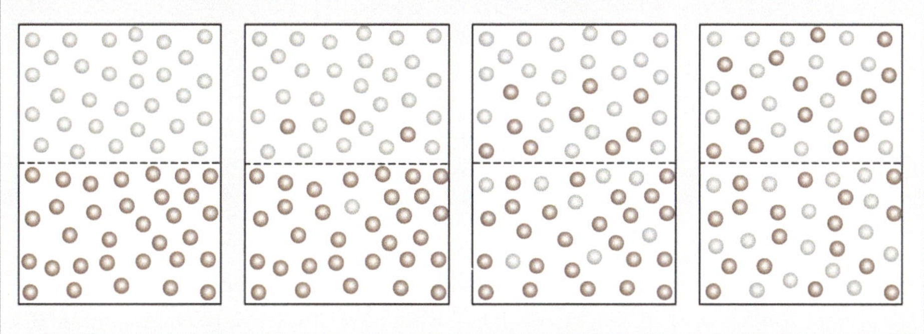

◘ **Abb. 7.1** Typische Darstellung submikroskopischer Teilchen in den Medien, hier zur Diffusion von Brom- und Luftteilchen: Die Bromteilchen sind braun gefärbt, wodurch die makroskopische Eigenschaft (Farbe) auf die mikroskopischen Teilchen übertragen wird. (Abb. in Anlehnung an Liebers, Mikelskis, Otto, Schön & Wilke, 2006, S. 37).

> **Kasten 7.1: Ein einfaches Teilchenmodell in der Sekundarstufe I**
>
> - Jede Materie, d. h. jeder Körper, besteht aus kleinsten Teilchen (Atomen, Molekülen), die einzeln nicht sichtbar sind. Zwischen den Teilchen ist leerer Raum.
> - Über Form oder andere äußere Merkmale, die man von Objekten aus der Anfass- und Vorzeigerealität kennt, lassen sich bei den kleinsten Teilchen keine Aussagen machen.
> - Die Teilchen befinden sich in ständiger Bewegung. Die Zusammenstöße zwischen den Teilchen sind vollkommen elastisch. Die mittlere kinetische Energie der Teilchen bleibt daher bei einer bestimmten Temperatur konstant.
> - Eine Temperaturerhöhung der Materie bedeutet eine Erhöhung der mittleren kinetischen Energie der Teilchen.
> - Zwischen den Teilchen wirken Kräfte, die stark von ihrem Abstand zueinander abhängen. Sie können bei (idealen) Gasen wegen der relativ großen Abstände vernachlässigt werden. Bei Flüssigkeiten sind die Anziehungskräfte verantwortlich für das konstante Volumen und bei Festkörpern sind sie der Grund für die feste Form eines Materiestücks.
> - Für die Phasenübergänge fest → flüssig und flüssig → gasförmig muss einem Körper Energie zugeführt werden, damit seine Teilchen sich trotz der Anziehungskräfte freier bewegen können. Während der Phasenübergänge bleibt die Temperatur trotz der Energiezufuhr unverändert, da die zusätzliche Energie für die Arbeit gegen die Anziehungskräfte verwendet wird.
> - Durch den Aufprall von Gasteilchen auf die Wände eines Behälters wird eine Kraft auf die Wand ausgeübt, die ein Maß für den Druck im Inneren des Gases ist.

- **„Irgendwann verdampfen die Teilchen, bevor sie so groß werden, dass man sie sehen kann."**

Die Zuschreibung makroskopischer Eigenschaften ist auch bei Äußerungen über den Einfluss einer Temperaturerhöhung auf den Zustand der Teilchen eines Stoffes zu finden. Die Vorstellungen zum Verdampfen orientieren sich an den Erfahrungen in der Alltagswelt. Wenn Wasser verdampft, sieht man das Wasser nicht mehr und auch nicht die einzelnen Teilchen, obwohl sie nach Annahme der Schülerinnen und Schüler vorher durch die Erwärmung des Wassers größer geworden sind.

Ein Indiz für den Einfluss einer Temperaturerhöhung auf die (mittlere) Geschwindigkeit von Teilchen ist die Beobachtung einer intensiveren Brown'schen Bewegung bei Temperaturerhöhung. Der Zusammenhang zwischen Temperatur und Teilchenbewegung kann verdeutlicht werden, wenn die Temperatur des Gases bei konstantem Volumen erhöht wird. Vollebregt, Klaassen, Lijnse und Genseberger (1997) beschreiben einen Unterrichtsgang, in dem sie die Schülerinnen und Schüler nach Ursachen der Druckerhöhung fragten. Die Lernenden schlugen die Geschwindigkeit der Teilchen, ihre Masse und ihre Größe vor. Im Unterrichtsgespräch konnte der Zusammenhang zwischen Temperatur und Teilchengeschwindigkeit gut erarbeitet werden. Diesen Zusammenhang zu erkennen, fällt Schülerinnen und Schüler am Beispiel der Druckzunahme offenbar leichter als bei einer Volumenzunahme.

- **„Die Bewegung von Teilchen hört nach gewisser Zeit von selbst auf."**

Die Annahme eines natürlichen Zur-Ruhe-Kommens von Teilchen ist eine der am schwierigsten zu korrigierenden Schülervorstellungen. Sie wird nachdrücklich durch Erfahrungen mit makroskopischen Körpern gestützt und ist nur sehr schwer zu erschüttern. Als Ursache für den Stillstand von Bewegungsvorgängen auf der Erde können die Energieabflüsse durch Reibung betrachtet werden. Dass den unsichtbaren Teilchen Bewegungen

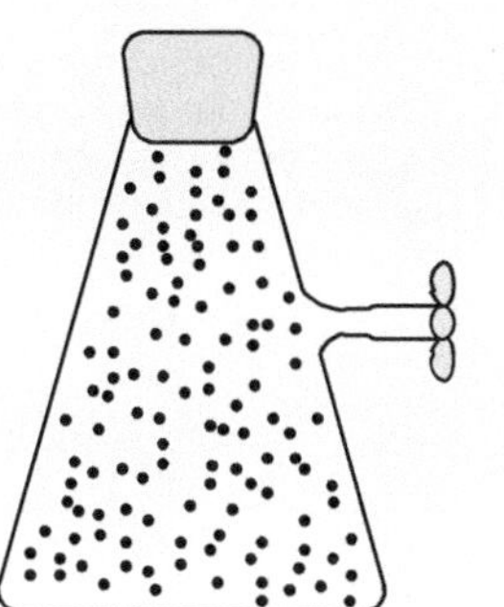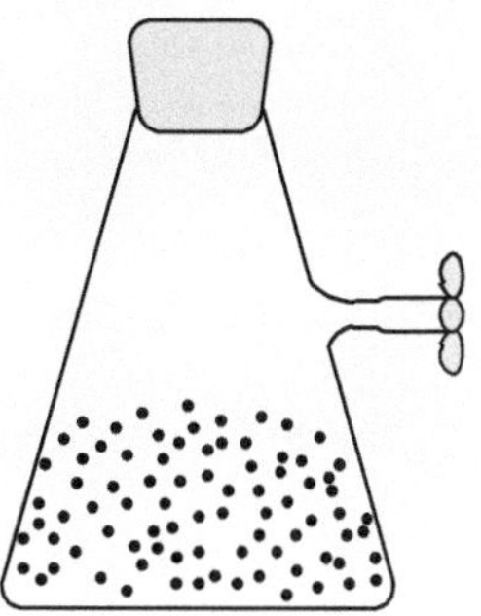

Abb. 7.2 Schülerskizzen zur Verteilung von Gasteilchen in einem Kolben, aus dem einige Teilchen abgesaugt werden (jeweils links vorher, rechts nachher); Abbildungen nach Nussbaum (1985) und Kircher und Heinrich (1984).

ohne diese „Verluste" zugeschrieben werden müssen, ist ein großer gedanklicher Schritt zum Verständnis der, wie Buck (1987) es nennt, „Andersartigkeit" submikroskopischer Objekte als ihrem wichtigsten Kennzeichen (▶ Abschn. 7.3).

Die Bewegung der Teilchen lässt sich nur indirekt erschließen. Damit erfordert der Unterricht besonders an dieser Stelle die Bereitschaft der Lernenden, mit Hypothesen zu arbeiten und Modellverständnis zu entwickeln (▶ Abschn. 13.4). Zu den Standardversuchen gehört hier die Beobachtung der Brown'schen Bewegung. Beobachtet werden unregelmäßige Bewegungen von unter dem Mikroskop sichtbaren mesoskopischen Teilchen. Wagenschein (1977; ▶ Abschn. 7.3) geht davon aus, dass von hier aus die Schülerinnen und Schüler den Weg zur Eigenbewegung der submikroskopischen Teilchen mit nur leichter Anleitung von selbst bewältigen. Folgt eine Lehrkraft dieser These nicht, dann muss sie eine instruktionale Phase mit großer Überzeugungskraft einschieben.[3] In der Experimentierliteratur gibt es viele Hinweise darauf, wie die Bewegung auch über längere Zeiträume hinweg aufrechterhalten und beobachtet werden kann.[4]

Welche Schwierigkeiten Schülerinnen und Schüler haben, die den submikroskopischen Teilchen innewohnenden Bewegungen selbst bei Gasen nachzuvollziehen, zeigen Untersuchungen über Vorstellungen zur modellhaften Verteilung von Partikeln in einem abgeschlossenen Glaskolben. In einer Skizze entsprechend ◘ Abb. 7.2 links wird die gleichmäßige Verteilung im zur Verfügung stehenden Raum gezeigt. Nun soll der Glaskolben durch einen Anschluss im oberen Teil teilweise evakuiert werden (Nussbaum, 1985). Die Skizze in ◘ Abb. 7.2 rechts zeigt die Antworten eines erheblichen Teils der Schülerinnen und Schüler (Klassenstufe 8). Offensichtlich bleiben hier Beobachtungen zum realen Verhalten von Flüssigkeiten wirksam, die einen Übergang in die modellhafte Beschreibung des Gases verhindern.

Besonders jüngere Schüler neigen zu einer statischen Vorstellung von Gasteilchen anstelle einer dynamischen. Das wird in der Zeichnung einer Fünftklässlerin in ◘ Abb. 7.3

---

3   Millar (1990, S. 290f.) nennt diese Phase „teaching by ostentation". Dabei sei eine grundlegende Verlagerung der Betrachtungsweise von der empirischen Erfahrung hin zur Theorie erforderlich.

4   z. B. Fischler und Rothenhagen (1997); Götz, Dahncke und Langensiepen (1986)

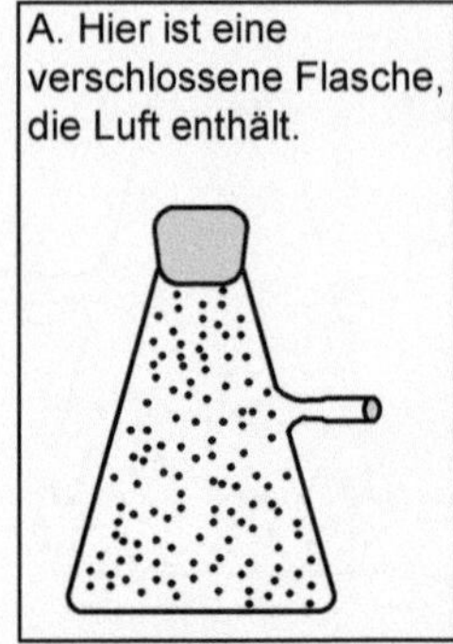

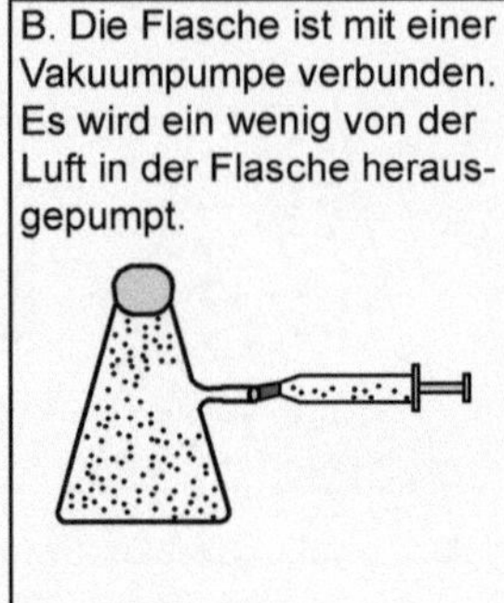

Lies die Geschichte zu den Abbildungen A, B, C.

Wie du möglicherweise weißt, wird ein Gas oft so gezeichnet, als ob es aus Teilchen zusammengesetzt sei. In Zeichnungen werden Teilchen als winzige Punkte dargestellt.

1.   Zeichne ein Bild von der Luft, bevor die Pumpe angeschlossen und benutzt wurde. Zeichne dafür Punkte in Abbildung A ein (oben links).
2.   Zeichne ein Bild von der Luft in der Flasche in die Abbildung C (oben rechts), also nachdem etwas Luft durch die Pumpe entfernt wurde.

◘ **Abb. 7.3**   Aufgabe zur Vorstellung von einer statischen Verteilung der Gasteilchen in einem Behältnis; die Punkte im Erlenmeyerkolben wurden von einer Schülerin der Klassenstufe 5 eingezeichnet[5].

deutlich. Die Vorstellung einer kontinuierlichen ungeordneten Bewegung der Gasteilchen geht vorstellungsmäßig über die grundlegende Akzeptanz des Teilchenmodells hinaus.

Die Schülervorstellungen zur Verteilung von Gasen in einem abgeschlossenen Raum können zumindest in Frage gestellt werden mit einer Demonstration zur Diffusion von sichtbarem Bromdampf in Luft, also zur Veränderung der Verteilung des schwereren Bromdampfs in der leichteren Luft.[6] Generell eignen sich Darstellungen zur Diffusion und Osmose in Flüssigkeiten und Gasen zur Unterstützung der Annahmen über Teilchenbewegungen. Experimentelle Anordnungen sind in der Literatur zu finden.[7]

■ „Zwischen den Teilchen ist Luft."

In dieser aus der Alltagserfahrung entwickelten Vorstellung ist „Luft" ein kontinuierlich vorhandener Stoff, der einen möglichen freien Raum vollständig ausfüllt. Die Aussage selbst zeigt zunächst, dass Schülerinnen und Schüler Teilchen als Grundbausteine von Materie akzeptieren. Sie bilden eine Teilchenvorstellung der Materie zwar nicht unbedingt von sich aus, diese trifft jedoch auf breite Akzeptanz, wenn sie im Unterricht eingeführt wird. Das Problem liegt vielmehr darin, dass die Vorstellung diskreter Teilchen mit

---

5   aus Cordes (2006); die Aufgabe geht zurück auf Novick und Nussbaum (1978), Übersetzung Kircher und Heinrich (1984)
6   Nur unter dem Abzug und mit Schutzhandschuhen durchzuführen!
7   z. B. bei Fischler und Rothenhagen (1997)

der Vorstellung ihrer Einbettung in eine kontinuierliche Umgebung – von den Lernenden meist als „Luft" bezeichnet – koexistiert. „Luft" könnte hier als materiefreier, also leerer Raum interpretiert werden. Verbreiteter ist jedoch bei Lernenden die Annahme, dass sich, wie in der Makrowelt, der Stoff ‚Luft' zwischen allen Teilchen befinde. Dabei denken die Lernenden nicht an Luft als Gasgemisch aus Sauerstoff, Stickstoff usw., sondern an einen ganz leichten homogenen Stoff, der die Lücken zwischen den Teilchen füllt. Beim Vorliegen eines grundlegenden konzeptuellen Verständnisses der Teilchenstruktur von Materie müsste die Teilchenvorstellung eigentlich auch auf den Stoff ‚Luft' angewendet werden. Die geforderte Abstraktionsleistung ist jedoch erheblich, denn in der Konsequenz solcher Überlegungen müsste gefolgert werden, dass es zwischen den Teilchen einen vollkommen leeren Raum gibt. Dass diese Hypothese nur bedingt in das Schülerverständnis passt, zeigt die folgende Interviewpassage. Interviewer: „*Wenn ich nun argumentiere, dass auch die Luft aus Teilchen besteht, was ist dann zwischen den Luftteilchen?*" Schüler: „*Da müsste es etwas geben, was noch leichter ist als Luft. Bestimmte Gase*". Man findet auch Schüleraussagen, nach denen zwischen Gasteilchen doch „nicht nichts" sein könne.

Die Vorstellung von ‚Luft' zwischen Teilchen tritt auch bei der Erklärung der Wärmeausdehnung zutage. Beim Betrachten des Bildes einer Eisenbahnschiene, die sich durch Wärmeeinwirkung ausgedehnt hatte, sagte ein Schüler: „*Luft ist da, sonst wären keine Zwischenräume.*" Interviewer: „*Könnte es denn nicht sein, dass diese Zwischenräume einfach leer sind, leerer Raum sozusagen?*" Schülerantwort: „*Wenn da nichts dazwischen wäre, was soll sich dann ausdehnen?*"[8]

- **„Zwischen den Teilchen eines Stoffes befindet sich derselbe Stoff in verdünnter Form."**

Man kann diese Vorstellung als Zwischenstadium auf dem Weg zu einem angemessenen Modell der Materie betrachten. Aber dieser Übergang ist schwierig, sowohl für die Lehrenden als auch für die Lernenden. Hinderlich sind viele Abbildungen in Medien, die eine unangemessene Vorstellung bekräftigen. Der kontinuierliche Hintergrund in ◘ Abb. 7.4 ist dafür ein Beispiel. Auch eine unvorsichtige Sprechweise kann eine Verstärkung der Vorstellung bewirken: Wenn gesagt wird, dass sich Teilchen in einem Stoff befinden, dann kann das so ausgelegt werden, dass es sich um zwei nebeneinander existierende Dinge handelt.

Untersuchungen zeigen, dass Aussagen zum diskreten oder kontinuierlichen Charakter von Materie stark kontextabhängig sind. Pfundt (1981) fragte Schülerinnen und Schüler der Klassen 7, 8 und 9 nach ihren Vorstellungen über die Vorgänge des Verdampfens bzw. Kondensierens von Wasser und des Lösens bzw. Kristallisierens von Vitriol in Wasser. Ein wesentliches Ergebnis der Schülerbefragungen war die Inkonsistenz der Antworten. Pfundt (1981, S. 82) bot für die Beschreibung der Vorgänge drei Varianten an: „(1) Wasser bzw. Vitriolkristalle sind kontinuierlich aufgebaut. Beim Verdampfen bzw. Lösen ‚verdünnen' sich die Kontinua, beim Kondensieren bzw. Kristallisieren ‚verdichten' sie sich wieder. (2) Wasser bzw. Vitriolkristalle sind kontinuierlich aufgebaut: Beim Verdampfen bzw. Lösen werden die Kontinua in nicht vorgebildete winzige Teilchen zerlegt, beim Kondensieren bzw. Kristallisieren treten diese Teilchen wieder zusammen und ‚verschmelzen' miteinander zu Kontinua. (3) Wasser bzw. Vitriolkristalle sind diskontinuierlich, d. h., aus

---

8   Interviewausschnitte aus Peuckert (2005)

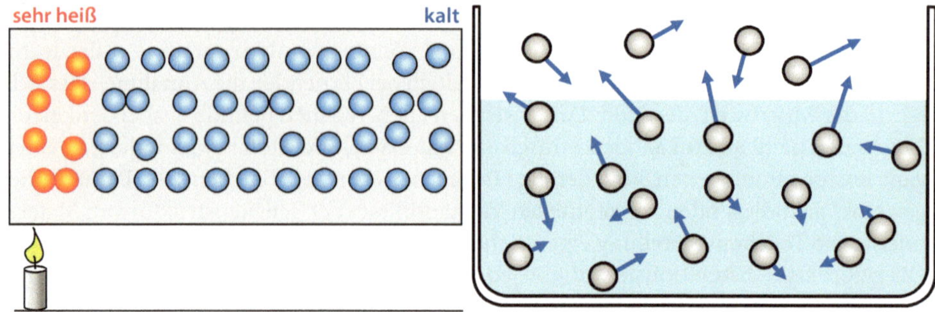

Abb. 7.4 Typische Teilchenabbildungen in den Medien. Links: Wärmeleitung eines Festkörpers[9]; rechts: Verdunsten einer Flüssigkeit[10]; in beiden Abbildungen sind die Teilchen in einem farblichen Hintergrund eingebettet, den Schülerinnen und Schüler als kontinuierliche Verteilung von Materie interpretieren können; links werden zudem Teilchen mit unterschiedlicher (mittlerer kinetischer) Energie in unterschiedlichen Farben dargestellt.

vorgebildeten Teilchen aufgebaut. Beim Verdampfen bzw. Lösen zerfallen die Diskontinua in die vorgebildeten Teilchen, beim Kondensieren bzw. Kristallisieren treten diese Teilchen wieder zusammen, ohne zu ‚verschmelzen‘." Zur Überraschung der Chemiedidaktikerin deuteten nur zwei der befragten 49 Schülerinnen und Schüler das Verdampfen und Kondensieren von Wasser durchgängig in einem diskreten oder kontinuierlichen Ansatz, und nicht ein einziges Mal wurden alle vier Vorgänge konsistent mit der Annahme vorgebildeter Teilchen erklärt.

Pfundt fand mit ihren Ergebnissen eine Aussage von Jung (1978, S. 245) bestätigt, die sich auf ein generelles Problem bezieht, das Forschern bei Untersuchungen zu Schülervorstellungen begegnet: „Common-sense-Vorstellungen werden nicht aufgearbeitet und vagabundieren kontextabhängig durch die physikalische Begriffswelt" (▶ Abschn. 3.3.1). In ähnlicher Weise fasst Kircher (1986) die zu dieser Zeit vorhandenen Untersuchungsergebnisse zusammen. Peuckert (2006) hat viele Jahre später ähnliche Ergebnisse erhalten: „*Kontinuumsdenken* scheint vor allem *kontextuell bedingt* zu sein. Die Möglichkeit lokal erfolgreicher Lösungen bzw. kognitiver Konflikte entscheidet hier über die jeweiligen Schülervorstellungen" (S. 85). Eine ganzheitliche, durchgehend verwendete Sichtweise ist daher kaum anzutreffen. Peuckert gibt weitere Beispiele für die Kontextabhängigkeit der Vorstellungen an: Ein Teil der Phänomene lege die Annahme von vorgebildeten Teilchen nahe: Die beobachtete Volumenverminderung beim Mischungsversuch von Wasser und Alkohol könne leicht mit der Annahme erklärt werden, dass der leere Raum zwischen Teilchen bzw. Molekülen ausgefüllt werde.[11] „Hier, und auch beim Rutherford'schen Streuversuch, tritt der seltene Fall ein, dass ein Kontinuumskonzept zu einem kognitiven Konflikt führen würde" (S. 86). Bei anderen Phänomenen gebe es keinen Konflikt: Für die Längenausdehnung der Festkörper könne die Vorstellung „Zwischen den Teilchen ist

---

9   vgl. die Animation zur Wärmeleitung auf der Website Leifi Physik; https://www.leifiphysik.de/waermelehre/waermetransport/grundwissen/waermeleitung-animation (Zugriff am 18.7.2017)

10   in Anlehnung an eine Abbildung in Backhaus et al. (2008, S. 252)

11   Fachlich richtig ist eine andere Erklärung als die der unterschiedlich großen Teilchen. Ausschlaggebend für die beobachtete Volumenkontraktion ist die Polarität der Moleküle (Winkelmann und Behle, 2018).

Luft" herangezogen werden, und das Aufsteigen von Gasblasen beim Erhitzen von Wasser könne als Beweis für die Existenz von Luft zwischen den Teilchen angesehen werden, die nun das Wasser verlasse.

- **„Elektronen sind Teilchen, die um den Atomkern kreisen."**

Zum Themenkomplex Teilchen gehört auch die Erörterung von Grundvorstellungen über den Aufbau der Atome. In diesem Inhaltsbereich verstärken fast alle Medien, die darüber berichten, eine Vorstellung, die für Schülerinnen und Schüler ein nahezu „alternativloses" Konzept darstellt. Darin umkreisen Elektronen den Kern auf definierten Bahnen (◨ Abb. 7.5). Manchmal wird diese Vorstellung auch im Unterricht mit Bildern unterstützt. Eine ‚Zentrifugalkraft' (▸ Abschn. 4.3) sorgt nach Meinung der Lernenden dafür, dass die Elektronen trotz der Anziehungskraft des Kerns auf ihren Bahnen bleiben. Das mechanistische Planetenmodell beherrscht auch nach einem Quantenphysikunterricht in der Oberstufe unangefochten die Vorstellung über die Struktur des Atoms. ▸ Kap. 10 dieses Buches befasst sich ausführlich mit der Problematik.

In der Fachdidaktik gibt es seit den 1980er Jahren eine intensive Diskussion über die Sinnhaftigkeit einer Einführung des Bohr'schen Modells (zunächst für den Grundzustand des Wasserstoffatoms als ‚Planetenmodell'). Argumente gegen eine Behandlung verweisen auf die Ergebnisse empirischer Untersuchungen, in denen der Widerstand der Schülerinnen und Schüler gegenüber allen nachfolgenden Bemühungen, quantenphysikalische Modelle im Unterricht zu vermitteln, gezeigt wurde.[12] Offensichtlich sind die mit dem Bohr'schen Modell verbundenen Bilder als Vorstellungsmuster so einprägend, dass sie nur schwerlich gegen abstraktere Überlegungen eingetauscht werden.[13] Aus dem Dilemma „anschaulich oder richtig?" gibt es keinen einfachen Ausweg. Schülerinnen und Schüler haben unterschiedliche Fähigkeiten und Bereitschaften, abstrakten Gedankengängen zu folgen. Ein weiterer Aspekt betrifft die Lehrkraft: Oft handeln Lehrkräfte nach ihren eigenen Lernerfahrungen und haben sich selbst nicht ganz von einer mechanistischen Vorstellung befreien können.

- **„Modelle sind unbefriedigend; man will doch wissen, was Teilchen wirklich sind!"**

Schülerinnen und Schüler wollen möglichst genau wissen, wie die Welt „wirklich" aufgebaut ist. Stellt man im Unterricht über Atome den Sinn und Zweck von Modellen als gedankliche Hilfsmittel zur Erschließung komplexer Sachverhalte ohne direkten Abbildcharakter der Realität dar, dann sind Lernende damit oftmals unzufrieden. Ein von Peuckert (2005) befragter Schüler übte Kritik an einem Text, nach dem Atome und Teilchen in unserer Vorstellung existierten: *„Das ist nicht richtig – also, man kann sie ja sehen, sie*

---

12 Lichtfeldt (1992)

13 Argumente für die Behandlung des Modells betonen die gute Gelegenheit für den Physikunterricht, die Ideengeschichte der Atomvorstellungen vom einfachen Korpuskelmodell über das Bohr'sche Modell bis zu den modernen Sichtweisen, die vor allem mit der Ablösung klassischer Prinzipien verbunden sind, im Unterricht als nachvollziehbaren Prozess zu behandeln. Gegen das Modell sprechen u. a. die Unterstützung des mechanistischen Denkens (Elektronen als Teilchen auf Bahnkurven) und die Zwei- statt Dreidimensionalität des Modells. Dazu kommen fachliche Grenzen, z. B. dass die Energiezustände nur für das Wasserstoffatom richtig vorhergesagt werden. Über einige dieser Kontroversen wird in Fischler (1992) berichtet.

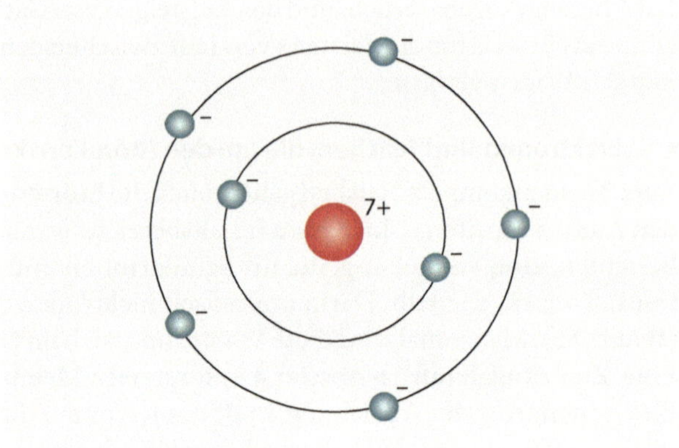

▣ Abb. 7.5 Skizze zum Bohr'schen Atommodell; Zeichnungen dieser Art prägen sich bei Lernenden besonders ein.[14]

existieren ja real." Modelle werden als Vorstufe zu einem gesicherten Wissen über Atome bewertet: *„Man weiß, wie das aufgebaut ist, aber eben nicht genau"*. Auch hinter der folgenden Schüleräußerung kann eine gewisse Unzufriedenheit mit Modelldarstellungen vermutet werden (*„nur so … eben"*): *„Alphateilchen und so etwas gibt es nur als Modell. Die gibt's nicht in echt, das ist nur so als Vorstellung eben"*.

Die hier vertretenen Positionen zum Stand der physikalischen Erkenntnis über das Wesen der Materie zeigen ein breites Spektrum. Es reicht von einer eher naiv-realistischen Sichtweise mit Teilchen als Bestandteilen unserer erfahrbaren Welt über eine Ansicht, dass Teilchen Bestandteile der erfahrenen Welt sind, ihre Charakterisierung jedoch vorläufig ist, bis zur Vorstellung, dass es sich bei ‚Teilchen' eher um ein gedankliches Konstrukt handelt. ▶ Abschn. 13.4 befasst sich ausführlich mit Schülervorstellungen über die Natur physikalischen Wissens. Zweifellos spiegeln die Äußerungen unterschiedliche Unterrichtserfahrungen der Schülerinnen und Schüler wider. Ein Unterricht, der den Modellcharakter der submikroskopischen Entitäten betont[15], wird eher zur Schüleraussage *„(nur) so als Vorstellung"* führen, während ein Unterrichtskonzept, das die Teilchenstruktur der Materie als hinreichend gesicherte Erkenntnis darstellt, eher die erste Schüleraussage zur Folge hat (*„existieren real"*). Die Aussage, dass man *„sie"* (Atome und Teilchen) ja sehen könne, wird vermutlich durch eine Darstellung und Erörterung von mit Rastertunnelmikroskopen gewonnenen Bildern unterstützt.[16] Hier besteht die Gefahr, dass Schulbücher oder Lehrkräfte die aus Daten von Rasterkraft- und Rastertunnelmikroskopen (RTM) durch Computer berechneten „Bilder" zu eng mit dem Attribut „sichtbar" verbinden.

Peuckert (2005, S. 211) fand bei der Mehrheit der untersuchten Schülerinnen und Schüler, denen RTM-Bilder gezeigt wurden, ohne vorherige Verweise darauf, dass es um

---

14   Abbildung nach http://physikunterricht-online.de/jahrgang-12/das-bohrsche-atommodell/ (Zugriff am 8.6.2018)

15   z. B. bei Mikelskis-Seifert (2006)

16   Ein entsprechendes Unterrichtskonzept wird z. B. von Parchmann und Schwarzer (2016) vorgeschlagen.

das Teilchenmodel gehen soll, allerdings genau gegenteilige Aussagen, in denen die vom Computer erzeugten Bilder nicht mit dem direkten ‚Sehen' von Atomen in Verbindung gebracht wurden:

> *Das sind keine Atome, da müsste man noch genauer sein.*
> *Die Oberfläche besteht aus was, und das müsste dann wieder aus kleinsten Teilchen bestehen.*
>
> *Nee, das kann eigentlich nicht sein. Also ich denke, das ist ja alles eine Masse, und das geht nicht, weil zwischen den Atomen soll ja eigentlich Vakuum sein. Also das ist was anderes, vielleicht eine Oberfläche aus Papier oder so.*

Interessant ist das Ergebnis von Peuckert (2006) zum Zusammenhang zwischen Schülervorstellungen über das Wesen physikalischer Erkenntnisse und Schülervorstellungen zu Teilchen. Er fand heraus, dass Schülerinnen und Schüler umso eher auf unangemessene makroskopische Attribute für submikroskopische Teilchen verzichten, je zurückhaltender sie in ihrem Wirklichkeitsanspruch an physikalische Beschreibungen sind. Intensive Modelldiskussionen und Erörterungen zu Modellierungsprozessen scheinen also ein wesentliches Problem im Unterricht zu entschärfen, nämlich die in vielen Schülervorstellungen erkennbare Zuschreibung makroskopischer Eigenschaften (z. B. Form, Farbe, Temperatur), die bei den Beschreibungen zahlreicher submikroskopischer Phänomene wirksam ist.

7.3 Vorstellungen zu Temperatur und Wärme

■ **„Wärme ist ein Stoff."**

„Bitte schließ' das Fenster, damit die Wärme drinnen bleibt!" Diese im Alltag oft gehörte Aufforderung, die ‚Wärme' im Raum zu halten, zeigt ein doppelt problematisches Verständnis: ‚Wärme' wird hier als etwas Stoffliches betrachtet, das einen Raum verlassen kann, wie umgekehrt ‚Kälte' in einen Raum von draußen hineinkommen kann. Damit erhält ‚Wärme' den Charakter einer extensiven Größe: *„Ein großer Raum enthält mehr Wärme als ein kleiner"*.

Ein Wärmetransport von einem Körper in einen anderen oder innerhalb eines Gegenstands wird von Lernenden oft als die Bewegung eines ‚Wärmestoffs' betrachtet. Über dessen Eigenschaften könnten keine näheren Aussagen gemacht werden, außer dass vielleicht ein innerer Antrieb der ‚Wärme' verantwortlich sei. Manchmal werden besondere Vorgänge innerhalb eines Stoffes angenommen, etwa dass die darin enthaltene Luft für den Transport sorgt.[17] Selbst Schülerinnen und Schüler, mit denen das physikalische Teilchenmodell der Materie erarbeitet wurde (▶ Kasten 7.1), greifen nicht von sich aus auf dieses Modell zurück, um Wärmeleitung zu erklären. Die Vorstellung von einem ‚Wärmestoff' ist ziemlich stabil. Das wird auch erkennbar in Äußerungen, die von zwei verschiedenen ‚Wärme'-Arten ausgehen, nämlich von ‚Wärme' und ‚Kälte'. Dabei bleiben die Vorstellungen über die Art dieses Stoffes ziemlich diffus. Insbesondere in der Primarstufe, aber auch noch in der Sekundarstufe I gehen Schülerinnen und Schüler davon aus, dass

---

17 Erickson (1979)

Körper eine Art Gemisch von ‚Wärme' und ‚Kälte' beinhalten, was dann bestimmt, wie warm bzw. kalt sie sind.

Die Physik sieht Wärme, auch Wärmemenge genannt und mit dem Formelzeichen Q beschrieben, als eine Größe an, die den *Prozess* des Energieaustauschs zwischen Systemen beschreibt, nicht den *Zustand* eines Systems (dieser wird durch die innere Energie oder die Temperatur gekennzeichnet). Die Zuführung oder Abführung einer Wärme(menge) ist eine der Möglichkeiten, durch Energietransfer den Betrag der inneren Energie eines Systems zu verändern. Oft wird dieser Transfer dadurch angetrieben, dass zwei Körper, die sich berühren, unterschiedliche Temperaturen besitzen. Eine für die Sekundarstufe I angemessene Definition von Wärme lautet: „Wärme ist Energie im Fluss. Sie fließt aufgrund eines Temperaturunterschieds von einem Körper mit höherer Temperatur zu einem kälteren Körper." Der thermische Energieaustausch ist nicht die einzige Möglichkeit für die Änderung der inneren Energie. Auch auf mechanischem Wege lässt sich Energie übertragen. ▶ Kap. 8 geht im Zusammenhang mit Schülervorstellungen zur Energie auf die fachlichen Aspekte näher ein (▶ Kasten 8.4).

Ein Teil der Schwierigkeiten beim Verständnis von Wärme als Prozessgröße liegt in der physikalischen Fachsprache selbst und ist damit lehrbedingt. Die Worte „spezifische Wärmekapazität" oder „Wärmemenge" legen eine stoffliche oder zumindest quasistoffliche Vorstellung nahe (so wie bei „Stoffmenge"). Wenn ein Körper eine Wärmekapazität besitzt, liegt es nahe, dass der Köper diese Kapazität auch nutzt, um Wärme zu speichern. Diese auch heute noch in Lehrbüchern verwendeten Begriffsbezeichnungen haben ihre Wurzeln in der Physik des 18. Jahrhunderts, als in der Physik noch stoffliche Vorstellungen von Wärme diskutiert wurden. Dass die Wärmekapazität sich auf das Vermögen eines Stoffes bezieht, Wärme, also thermisch zugeführte Energie, aufzunehmen, nicht jedoch diese *als Wärme* zu speichern, ist Schülerinnen und Schülern schwer zu vermitteln. Das gilt ebenso für die diffizile Unterscheidung zwischen *Wärme* als Maß für den Energiefluss auf makroskopischer Ebene und *innerer Energie* auf der mikroskopischen Ebene als der kinetischen und potenziellen Energie der Atome bzw. Moleküle eines Körpers.

■ **„Die Temperatur zeigt die Wärme an, die sich in einem Stoff befindet."**

Die Unterscheidung zwischen Temperatur und Wärme ist nach den obigen Darlegungen nicht nur eine zwischen zwei physikalischen Größen, sondern eine zwischen zwei Größenarten: einer Zustands- und einer Prozessgröße. Dieser Unterschied ist so lange nicht verständlich, wie Wärme fälschlich als mengenartig erhaltene Größe angesehen wird, weil man erwartet, dass diese Menge nach dem Prozess irgendwo sein muss.

Meist ist ‚Wärme' mit hohen bzw. angenehmen Temperaturen konnotiert. Es fällt Schülerinnen und Schülern schwer, sich vorzustellen, dass auch ein Eiswürfel mittels Wärme Energie abgeben kann. Im Alltagsgespräch werden die Wörter „warm" und „Wärme" in vielfältigen und physikalisch ganz unterschiedlichen Bedeutungen verwendet. Aussagen wie „Mir ist warm!" oder „Das ist heute wieder eine Wärme draußen!" verweisen auf die Temperatur und damit verbundene körperliche Empfindungen. Der Satz „Der Ofen strahlt eine angenehme Wärme ab." kann durch das physikalische Konzept des Energietransports durch Wärmestrahlung aufgegriffen werden. Mit der inneren Energie verbinden sich Aussagen wie „Die von der Sonne beschienene Mauer gibt abends ihre Wärme wieder ab". Es ist daher nicht verwunderlich, dass – ähnlich wie Kraft/Energie/Impuls in der Mechanik (4.3) – Temperatur/Wärme bei Schülerinnen und Schülern ein Begriffscluster bildet, dessen konkrete Bedeutung sich erst im jeweiligen Verwendungskontext erschließt. Eine klare vorstellungsmäßige Unterscheidung zwischen Temperatur und Wärme stellt an die Lernenden hohe Anforderungen. Im Alltagsgespräch wissen Schülerinnen und Schüler auch ohne eine strenge Trennung von Begriffen und Worten, was jeweils gemeint ist – warum also sollen sie in der Physik eine so klare Unterscheidung vornehmen? Um das zu verdeutlichen, muss der Nutzen der Fachsprache für die fachliche Verständigung einsichtig gemacht werden. Für die Primarstufe empfehlen Wiesner und Stengl (1984), man solle die Lernenden nicht mit einem „verschwommenen" Wärmebegriff überfordern, sondern stattdessen nur den Temperaturbegriff ausführlich behandeln.

- **„Wärme macht Gegenstände leicht."**

Wer hätte nicht schon die Faustregel gehört, dass „Wärme nach oben steigt"? Physikalisch ist gemeint, dass Gase höherer Temperatur in kalter Umgebung aufgrund ihrer geringeren Dichte eine Auftriebskraft erfahren. Schülerinnen und Schüler unterscheiden jedoch oftmals nicht zwischen einer „warmen" Luftportion und der ‚Wärme' an sich. Eine Variante der Vorstellung besteht darin, dass eine Art Wärmestoff in einen Gegenstand eindringt und ihn dadurch leichter macht: *„Heiße Stoffe enthalten heiße Gase, und wenn die Stoffe abkühlen, dann entweichen diese Gase in die Luft".*[18]

- **„Wolle macht warm."**

Schülerinnen und Schüler schreiben bestimmten Materialien die Eigenschaft „warm" zu. Das gilt z. B. für Wolle: Ein Wollschal sorgt im Winter für einen warmen Hals – also „ist" oder „macht" er aus Schülersicht warm. Sie halten es daher für wenig sinnvoll, eine aus dem Kühlschrank genommene Cola-Dose zusätzlich in eine Wolldecke einzuwickeln, um sie möglichst kühl ins Freibad mitzunehmen. Jüngere Schülerinnen und Schüler meinen, eine Puppe, die man unter eine Bettdecke legt, würde von dieser gewärmt. Andere Materialien, insbesondere Metalle, werden im Gegensatz dazu als kalt eingestuft. Hintergrund sind wiederum die Alltagssprache und vereinfachte Deutungen von Alltagserfahrungen. Dazu zählt das Berühren metallischer Gegenstände, wie Geländer oder Fahrradlenker. Bei Wolle kann man relativ einfach experimentell im Unterricht zeigen, dass Stoffe sich nicht dadurch unterscheiden, wie warm oder kalt sie empfunden werden, sondern dass es auf ihre Fähigkeit zur Isolation ankommt, also auf das Kalt- oder Warmhalten. Die Erklärung der Temperaturempfindung beim Berühren von Gegenständen ist recht komplex. In einer vereinfachten physikalischen Sicht hängen unsere sensorischen Empfindungen von der Richtung des Wärmeflusses ab. Dabei spielt neben der Temperaturdifferenz zwischen Hand und berührtem Gegenstand (Antrieb für den Wärmefluss) die Wärmeleitfähigkeit die zentrale Rolle.[19] Ein schlechter Wärmeleiter wie Holz wird durch die Berührung mit dem Finger an der Oberfläche warm, sodass der Finger auf einer warmen Oberfläche liegt. Ein guter Wärmeleiter wie Metall bleibt trotz der Berührung durch den warmen Finger an der Oberfläche kühl, weil die Energie sich im Metall schneller verteilt. Ein intensiver Wärmestrom aus dem Finger heraus wird als „der berührte Gegenstand ist kalt" interpretiert – und umgekehrt. Der verbreitete Schulversuch mit drei Eimern mit kaltem, lauwarmem und

---

18 Zitat nach Erickson (1979)

19 Schlichting und Rodewald (1988)

warmem Wasser, in die in einer bestimmten Reihenfolge die Hände eingetaucht werden, kann zeigen, dass die Haut kein direkter Temperatursensor ist. Bei genauerer Betrachtung müssen auch physiologische Aspekte der Rezeptoren in der Haut beachtet werden.

7.4   Herausforderungen beim Unterricht zum Teilchenmodell

Zu den grundlegenden Schwierigkeiten bei der Einführung eines Teilchenmodells gehört der Umstand, dass die Schülerinnen und Schüler im Alltag erfahren, dass man die meisten Phänomene auch mit Kontinuumsvorstellungen erklären kann. Sie müssen in der anschaulichen makroskopischen Welt des Alltags ihren Denkrahmen nicht verlassen. Daraus resultiert ein gewisser Widerstand gegen das Umlernen in Richtung einer fachwissenschaftlichen Sichtweise.

In der Fachdidaktik sieht man diese Situation als Beispiel für eine in zahlreichen Untersuchungen bestätigte grundsätzliche Lernbarriere, die aus dem Unterschied zwischen dem Alltagsverständnis und dem im Unterricht angebotenen wissenschaftlichen Verständnis folgt. Das Denken der Schülerinnen und Schüler wird vom Alltagsverständnis geprägt. Für Buck und Redeker (1988) ist der Widerstand gegenüber der fachwissenschaftlichen Sichtweise typisch für eine „nicht hintergehbare Widerständigkeit" (S. 139) beim Chemie- und Physiklernen. Sie habe ihre Ursache darin, „dass sowohl die lebensweltlich-praktischen Interessen wie die Gültigkeit der empirisch-anschaulichen Kausalität aus dem physikalischen Erkenntniszusammenhang ausgeblendet werden" (S. 139). Im Lernen von Physik müsse mit der unmittelbaren Verständlichkeit der empirisch-anschaulichen Phänomene wie mit der sinnlich gegebenen Realität als letzter Entscheidungsinstanz aller Annahmen, Vermittlungen und auch Hypothesen gleichsam „gebrochen" werden. Es gebe daher keinen nahtlosen Weg von Alltagserfahrungen zu wissenschaftlichen Konzepten. „Weder die Physik noch die anderen Naturwissenschaften entstehen als kontinuierliche Fortentwicklung der Einsichten, die sich aus der unbefangenen Wahrnehmung der Phänomene ableiten lassen" (Muckenfuß, 2001, S. 166).

Die fachdidaktischen Reaktionen auf diese Situation lassen sich in vier Ansätzen zusammenfassen: 1. die emotional-affektiven Voraussetzungen seitens der Schülerinnen und Schüler stärker berücksichtigen, 2. stärker auf die Schülervorstellungen eingehen und die Aspekte der Modellierung besonders betonen, 3. auf Erörterungen zur Modellierung im Unterricht verzichten oder 4. bewusst auf jegliche Modellbildung verzichten.

- **Emotionen der Lernenden ansprechen**

Der Pädagoge und Naturwissenschaftsdidaktiker Wagenschein (1970, 1980) hat in vielen Beispielen Vorschläge für einen Physikunterricht gemacht, in dem ausgehend von einer Präsentation erstaunlicher und überraschender Phänomene die Schülerinnen und Schüler behutsam auf den Weg zur wissenschaftlichen Sichtweise geführt werden. „Behutsam" heißt, dass den Lernenden immer wieder Freiräume zum Verfolgen eigener Ideen und Erklärungsversuche eingeräumt werden. In Bezug auf die Teilchenbewegung schlägt Wagenschein vor, den Lernenden zunächst die Projektion eines Mikroskopbilds zu zeigen, in dem die dort sichtbaren mesoskopischen Teilchen in einer „unaufhörlichen, durcheinander irrenden, torkelnden, ziellosen Bewegung" erkennbar sind (Wagenschein 1977,

S. 131). Eigene Vorschläge der Lernenden zur Erklärung dieses Phänomens führen nach Wagenschein schließlich zur Annahme, dass (unsichtbare) Wasserteilchen für diese Bewegung verantwortlich sein müssen. Daher sei die Brown'sche Bewegung „ein Motivations-, Initiations-Phänomen ersten Ranges" (Wagenschein 1977, S. 131). Die Interpretation, dass „hier ein zwingender Vorstoß zur Diskontinuität" (S. 131) vorliege, wird von anderen Fachdidaktikern angezweifelt.

Theis (2005) zufolge gibt es dagegen nur einen überzeugenden Weg von der Beobachtung zur begründeten Teilchenannahme, allerdings mit einem Versuch, der eher dem Chemieunterricht zugerechnet wird. Das Gesetz der konstanten (oder multiplen) Proportionen ist mit der Vorstellung eines kontinuierlichen Aufbaus der Materie kaum zu verstehen, dafür sehr wohl mit der Atomhypothese: In Versuchen wird immer wieder bestätigt, dass sich Elemente in konstanten Masseverhältnissen zu chemischen Verbindungen vereinigen. Vor allem in Experimentierbüchern der Chemie, aber auch für Physik-Lehrkräfte wird dieser Versuch ausführlich beschrieben (Götz, Dahncke und Langensiepen, 1986, S. 13).

■ **Die Modellierung betonen**

Der mühsame Weg, die Schülerinnen und Schüler selbst auf die Fährte zum Teilchenmodell zu setzen, wird vermieden, wenn die Lehrkraft das Modell den Lernenden präsentiert und seine Tauglichkeit für das Erklären der Makro-Phänomene wie z. B. die Ausdehnung bei Temperaturerhöhung und das Verdampfen veranschaulicht. Vollebregt et al. (1997) schlagen vor, den Unterricht mit gemeinsamen Erörterungen über das Verhalten von Gasen zu beginnen und die Schülerinnen und Schüler auf die guten Erfahrungen hinzuweisen, die bisher mit Analogiebildungen gemacht wurden. „Es liegt in diesem Fall nahe (bzw. wird vom Lehrer nahegelegt), das Verhalten eines Gases mit dem einer Ansammlung sich bewegender und zusammenstoßender Kügelchen zu vergleichen" (S. 18). Den Schülerinnen und Schülern wird viel Zeit gewährt, um zwischen den „makroskopischen Eigenschaften und Aspekten des Modells intuitiv Verknüpfungen" herzustellen, die dann mithilfe näherer Überlegungen explizit zu machen sind.

Den Prozess des Modellierens stellt Mikelskis-Seifert in den Vordergrund. Mit der systematischen und immer wieder reflektierten Trennung von Erfahrungswelt und Modellwelt wird angestrebt, „ein Bewusstsein für die Existenz dieser zwei Welten aufzubauen, die Unterschiede beider Welten herauszuarbeiten sowie ein angemessenes Verstehen der Mikrowelt zu fördern" (Mikelskis-Seifert, 2006, S. 179). Dieser Ansatz gehört zu den wenigen, die empirisch gründlich evaluiert wurden.

■ **Teilchen als gesicherte Erkenntnis darstellen**

Eine gegensätzliche Position zur Behandlung von Modellierungsprozessen kommt in den Unterrichtsbeschreibungen von Eilks und Möllering (2001) zum Ausdruck. Für sie ist die besondere Betonung der Modellvorstellung für die Teilchenstruktur der Materie nicht notwendig; diese sollte vielmehr als eine hinreichend gesicherte Erkenntnis vermittelt werden. „Vielfach wurde gezeigt, dass Schülerinnen und Schüler die vermittelten Modellaussagen häufig ohnehin eher als Tatsachen wahrnehmen und ihnen eine klare Trennung zwischen der reinen Modellhaftigkeit der Teilchenebene und der Realität der erfahrbaren Welt kaum möglich ist" (Eilks und Möllering, 2001, S. 424).

- **Unterricht mit Verzicht auf jegliche Modellbildung**

Buck und Rehm gehen noch einen Schritt weiter und empfehlen, auf jegliche Visualisierung zu verzichten und von vornherein die Möglichkeit für eine Konstruktion eines Modells in Frage zu stellen (Buck, 1987; Rehm und Buck, 2006). Die Mikrowelt sei andersartig, und den Schülerinnen und Schülern sei der Sprung in die sich jeder Anschauung entziehende Welt nicht zu ersparen.

- **Wie soll man sich entscheiden?**

Bei einer Abwägung, wie man im Unterricht mit dem Problem der „Widerständigkeit" gegenüber der physikalischen Teilchenvorstellung umgehen soll, ist das *Ziel* des Unterrichts zu bedenken. Will man Schülerinnen und Schüler primär in die Lage versetzen, in den Klassenstufen 5 bis 8 der Sekundarstufe I ein fachlich angemessenes Modell zur Erklärung von Phänomenen anwenden zu können, kann man das Daltonmodell der kleinen harten Kugeln als fachlich korrekte Darstellung präsentieren und weitergehende Fragen, z. B. was sich zwischen den Kugeln befindet, zumindest für einen längeren Unterrichtszeitraum ausblenden (im Sinne einer Aufbaustrategie; ▶ Abschn. 3.3). Will man hingegen ein tieferes Verständnis des Teilchenmodells erzielen, dann muss man den Prozess physikalischer Modellierung ausführlich thematisieren. Lernen über Modellierung ist Teil des Kompetenzbereichs „Erkenntnisgewinnung" der Bildungsstandards (Kultusministerkonferenz, 2004) und Teilchen sind ein klassischer Inhaltsbereich dafür. Die Grundanlage des Unterrichts folgt dann einer Konfliktstrategie (▶ Abschn. 3.2). Eine inhaltliche Alternative, bei der die Schülerinnen und Schüler ebenfalls einen Einblick in den Prozess der Modellierung erhalten können, ist etwa der elektrische Stromkreis.

- **Gibt es einen typischen Lernweg zum Teilchenverständnis?**

Dass die Vorstellungen über die Struktur der Materie mit anderen Ansichten über die Materie zusammenhängen, ist den Ergebnissen einer Untersuchung von Hadenfeldt, Neumann, Bernholt, Liu und Parchmann (2016) zu entnehmen. Die Resultate zeigen, dass die Vorstellungen zur Teilchenstruktur der Materie eingebettet sind in eine Gruppe von vier grundlegenden Ansichten (*big ideas*), die verschiedene Aspekte des Verständnisses der Materie kennzeichnen. Zu dieser Gruppe gehören neben den Vorstellungen über die Struktur der Materie auch diejenigen über physikalische Eigenschaften und Veränderungen, chemische Reaktionen und die Erhaltung der Materie. Die Untersuchungen stützen die Annahme, dass diese Aspekte Teile einer generellen, die *big ideas* umfassenden Auffassung über die Materie sind.

Hadenfeldt et al. (2016) berichten über eine Abfolge von fünf Lernstufen, die bei der Erfassung der Vorstellungen über die vier grundlegenden Ansichten bei Schülerinnen und Schülern der Jahrgangsstufen 6 bis 13 in Gymnasien identifiziert wurden. Die unterste Stufe bildet ein Alltagskonzept, in dem Teilchen kleine Portionen eines Stoffes bedeuten. Es folgt ein Hybridkonzept (Teilchen im als kontinuierlich gedachten Stoff). Auf Stufe 3 werden Teilchen als alleinige Bausteine der Materie gesehen (zwischen den Teilchen ist „nichts"). Auf Stufe 4 (Kern-Hülle-Vorstellungen des Atoms) folgen elaborierte Vorstellungen, die den Grundannahmen der kinetischen Gastheorie sehr nahekommen. Diese Stufe wird aber nur von sehr wenigen Schülerinnen und Schülern erreicht. Darüber liegt auf Stufe 5 ein tieferes Verständnis, das es z. B. erlaubt, makroskopische Eigenschaften von Körpern auf Interaktionen zwischen kleinsten Teilchen zurückzuführen.

Morell, Collier, Black und Wilson (2017) verweisen darauf, dass bei Lernstufenstudien (*learning progression*) oftmals keine Informationen über den Unterricht erhoben werden, den die Schülerinnen und Schüler erfahren haben. Es sei außerdem insbesondere erforderlich, Lehrkräfte, die zu den entscheidenden Gestaltern der Instruktionen gehören, in die Untersuchungen einzubeziehen. Es bleibt daher eine Aufgabe, aufbauend auf Annahmen über Lernstufen eine jahrgangsübergreife Unterrichtsstrategie mit entsprechenden Unterrichtseinheiten für den langfristigen Aufbau des Teilchenverständnisses zu entwickeln.

7.5 Unterrichtskonzeptionen

- **Lernen über Teilchen als Modell**

  Mikelskis-Seifert, S. (2006). *Lernen über Modelle: Entwicklung und Evaluation einer Konzeption für die Einführung des Teilchenmodells*. In H. Fischler & C. S. Reiners (Hrsg.), *Die Teilchenstruktur der Materie im Physik- und Chemieunterricht* (S. 165–198). Berlin: Logos.

Mikelskis-Seifert hat ein konsistentes Curriculum als Verbindung von Lernzielen, Unterrichtsentwürfen, Arbeitsmaterialien und Aufgabensammlung entwickelt. Ausgehend von den Schwierigkeiten, die Schülerinnen und Schüler mit der Trennung von Modellvorstellungen und Erfahrungen in der Realwelt haben, wird ein Unterrichtsgang konzipiert, der anstrebt, die Lernenden auf dem Weg zu einem metakonzeptuellen Verständnis zu unterstützen. Eine Modellierung bezieht sich auf zwei Welten, nämlich auf die Realwelt und auf die im Modell konstruierte Welt. Metakonzeptuelles Denken liegt dann vor, wenn die Schülerinnen und Schüler sich der Unterschiedlichkeit beider Welten bewusst sind und Regeln für den Prozess der Modellierung kennen. Für den ausführlich beschriebenen Unterrichtsgang wird eine umfassende Evaluation beschrieben.

  Leisner, A. (2005). *Entwicklung von Modellkompetenz im Physikunterricht: eine Evaluationsstudie in der Sekundarstufe I*. Berlin: Logos.

Auch in der Dissertation von Leisner steht der Aspekt der Modellierung im Vordergrund. Zum Thema Teilchen werden die wichtigsten Teile einer Unterrichtssequenz beschrieben.

- **Schülervorstellungen zu Teilchen aktivieren**

  Driver, R. & Scott, P. (1994). Schülerinnen und Schüler auf dem Weg zum Teilchenmodell. *Naturwissenschaften im Unterricht – Physik* 5(22), S. 24–31.

Der Unterrichtsansatz knüpft explizit an Schülervorstellungen zu Teilchen an und beginnt damit, diese hervorzulocken. Die Einführung des Teilchenmodells ist gleichzeitig als Einführung in den Prozess der naturwissenschaftlichen Erkenntnisgewinnung aufgebaut, „ähnlich derjenigen eines Detektivs bei der Aufklärung von Verbrechen" (S. 26). Die Lernenden werden angeregt, eigene Erklärungsansätze für eine Reihe einfacher Experimente zu entwickeln.

- **Teilchen im Chemieunterricht**

  Eilks, I. (2002). Von der Rastertunnelmikroskopie zur Struktur des Wassermoleküls – Ein anderer Weg durch das Teilchenkonzept in der Sekundarstufe I. Teil 1: *Chemie und Schule* (3), S. 7–12; Teil 2: *Chemie und Schule* (4), S. 26–30.

Aus der Gruppe von Eilks liegen umfangreiche Vorschläge und Materialien für eine systematische Erarbeitung eines Teilchenkonzepts im Chemieunterricht vor. Die Arbeiten sind auch für den Physikunterricht interessant – insbesondere, um ein über beide Fächer konsistent zu unterrichtendes Modell zu entwickeln.

- **Mit Teilchen Probleme lösen**

  Vollebregt, M., Klaassen, K., Lijnse, P. L. & Genseberger, R. (1997). Einführung des Teilchenmodells. Ein problemaufwerfender Unterricht. *Naturwissenschaften im Unterricht – Physik 8*(45), S. 16–21.

Die Autoren beschreiben einen Unterrichtsgang über neun Stunden. Die Wiedergabe von Arbeitsblättern verdeutlicht die didaktische Konzeption eines „problemaufwerfenden" Unterrichts: Die Lehrkraft regt die Schüler und Schülerinnen an, ihr Wissen über Gase zusammenzutragen. Von der Lehrkraft selbst kommt dann der Vorschlag, die Phänomene mit der Annahme einer Teilchenstruktur zu erklären.

- **Wärme als Entropie**

  Herrmann, F. (2014). *KPK – Der Karlsruher Physikkurs für die Sekundarstufe I. Band 1: Energie – Impuls – Entropie.* Zugriff unter http://www.physikdidaktik.uni-karlsruhe.de/dl-counter/download/Sek_I_Band_1.pdf am 16. 08. 2017.

In dem Kurs wird für den umgangssprachlichen Begriff Wärme, der oft als extensive mengenartige Größe verstanden wird, die Entropie eingeführt. Mit dieser Größe kann man an die Vorstellungen, die Schüler und Schülerinnen mit dem Begriff Wärme verbinden, anknüpfen (z. B. Speicherung von ‚Wärme'). Der Kurs wurde umfassend empirisch evaluiert (Starauschek, 2001, 2002).

7.6   Testinstrumente

- **Ordered Multiple Choice Items zu Materievorstellungen**

  Modeling Students' Progression in Understanding. Big Ideas of the Matter Concept. OMC items.

Der im Supplement zu Hadenfeldt, Neumann, Bernholt, Liu und Parchmann (2016) in englischer Fassung veröffentlichte Test umfasst 33 Multiple-Choice-Aufgaben zum Materieverständnis. Teilchenvorstellungen spielen dabei eine wichtige Rolle.

- **Ein Test über Gas**

  Anhang zu: Kircher, E. & Heinrich, P. (1984). Eine empirische Untersuchung über Atomvorstellungen bei Hauptschülern im 8. und 9. Schuljahr. *chimicia didactica* 10, S. 199–222.

Die Aufgaben des Tests beziehen sich auf Grundvorstellungen zur Bewegung von Gasteilchen und auf Kontinuumsvorstellungen von Materie. Es handelt sich um eine Übertragung eines im Original vom Novick und Nussbaum (1978) publizierten Tests (deutsche Bearbeitung E. Kircher, Universität Würzburg). Aufgaben, die sich an diesem Instrument orientieren, wurden und werden in zahlreichen Studien über Teilchenvorstellungen verwendet.

- **Thermal Concept Inventory**

Yeo und Zadnik (2001) haben einen Multiple-Choice-Test mit 26 Aufgaben zu Vorstellungen über Wärme und Temperatur entwickelt. Die Aufgaben beziehen sich auf Schülervorstellungen in den Themenbereichen Wärme, Temperatur, Wärmeleitung und Temperaturänderung, thermische Eigenschaften von Materie.

7.7   Literatur zur Vertiefung

Fischler, H. (Hrsg.) (1997). Teilchen – Themenheft. *Naturwissenschaften im Unterricht – Physik, Heft 41.*
In diesem Themenheft werden die wesentlichen Probleme markiert, die für den Unterricht über Teilchen aus der Existenz von Schülervorstellungen folgen. Ein curricularer Entwurf beschreibt einen möglichen Unterrichtsgang einschließlich Erprobungserfahrungen.

Fischler, H. & Reiners, C. S. (Hrsg.) (2006). Die Teilchenstruktur der Materie im Physik- und Chemieunterricht. Berlin: Logos.
Der Band enthält Beiträge zum Thema mit unterschiedlichen didaktischen Positionen. Den Schwerpunkt bilden Texte, in denen der Aspekt der Modellierung im Vordergrund steht. Es werden sowohl Berichte aus empirischen Untersuchungen als auch detaillierte Vorschläge für die Abfolge von Unterrichtssequenzen wiedergegeben.

Mikelskis-Seifert, S. (2002). Die Entwicklung von Metakonzepten zur Teilchenvorstellung bei Schülern. Berlin: Logos.
Leisner, A. (2005). Entwicklung von Modellkompetenz im Physikunterricht. Berlin: Logos.
In beiden Arbeiten wird erörtert, welches konzeptuelle Verständnis bei Schülerinnen und Schülern notwendig ist, wenn sie den Modellcharakter der Teilchenvorstellung verstehen wollen. Beide Bände beschreiben umfangreiche empirische qualitative und quantitative Untersuchungen und machen Vorschläge zur Anwendung der Untersuchungsergebnisse in Form von curricularen Bausteinen.

Peuckert, J. (2005). Stabilität und Ausprägung kognitiver Strukturen zum Atombegriff. Berlin: Logos.
In diesem Buch werden Schülervorstellungen zum Teilchenkonzept mithilfe mehrerer Forschungsmethoden untersucht. Einen wesentlichen Teil der Arbeit bildet als Längsschnittstudie der Vergleich kognitiver Strukturen zum Atombegriff über einen Zeitraum von mehr als einem Jahr.

7.8   Übungen

Der ersten ▶ Übung 7.1 liegt eine Aufgabe in Anlehnung an Brook, Briggs und Driver (1984) zugrunde (Übersetzung Duit, 1986). Ähnliche Aufgaben werden nach wie vor in Vorstellungstests eingesetzt.

Übung 7.1

In einem Schülervorstellungstest unterschieden sich zwei Versionen einer Aufgabe zu Teilchenvorstellungen lediglich im einführenden Satz (Abb. oben und Mitte). Der Test wurde in mehreren Klassen nach Abschluss des Themengebiets Wärmelehre in Klasse 9 durchgeführt. Jeweils die Hälfte einer Klasse erhielt eine der beiden Versionen.

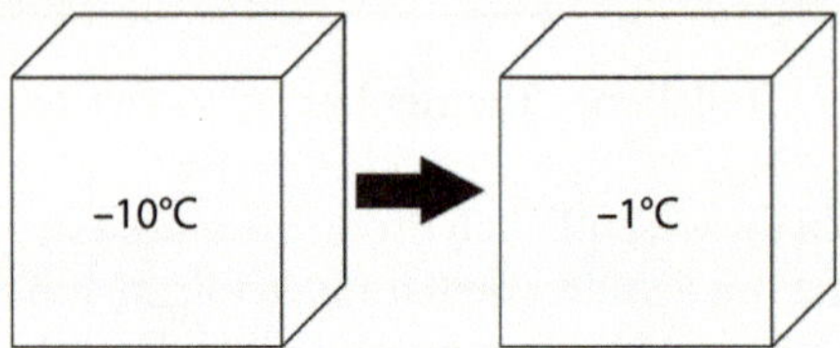

Ein Eisblock der Temperatur -10°C wird aus einem Gefrierschrank genommen. Er erwärmt sich auf -1°C.

Beschreibe, was dabei mit dem Eisblock geschieht.

Fertige zur Unterstützung deiner Erklärung eine Zeichnung an.

Alle Stoffe sind aus Teilchen aufgebaut. Benutze diese Vorstellung, um die folgende Frage zu beantworten.

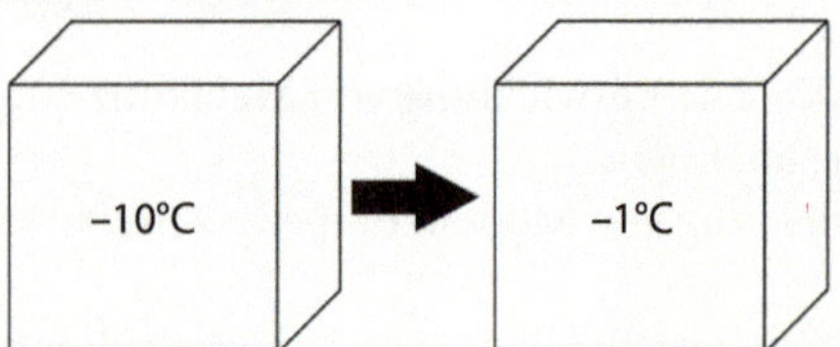

Ein Eisblock der Temperatur -10°C wird aus einem Gefrierschrank genommen. Er erwärmt sich auf -1°C.

Beschreibe, was dabei mit seinen Teilchen geschieht.
Fertige zur Unterstützung deiner Erklärung eine Zeichnung an.

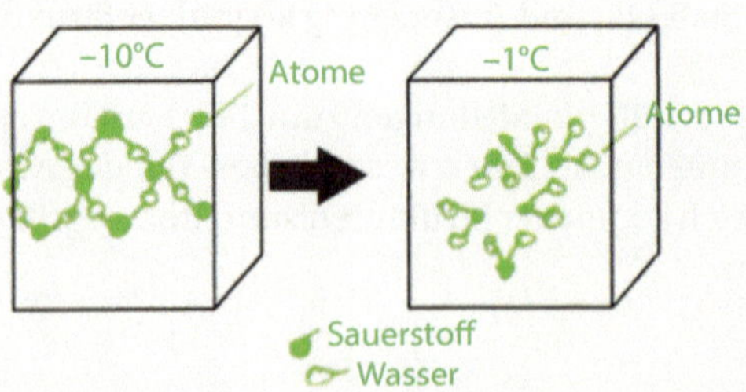

Oben, Mitte: zwei unterschiedliche Versionen einer Aufgabe zu Teilchenvorstellungen; unten: Beispiel für eine Schülerbearbeitung mit erkennbarer Verwendung von Teilchen
Die Ergebnisse fielen unterschiedlich ausw:

- Version 1 (Abb. oben): 18 % Antworten (Texte/Bilder) mit mikroskopischen Teilchen, 57 % makroskopische Texte und Bilder, 25 % andere oder keine Antwort
- Version 2 (Abb. Mitte): 47 % mikroskopisch, 25 % makroskopisch, 28 % andere/keine

Die untere Teilabbildung zeigt ein Beispiel für eine mikroskopische Schülerlösung.

■ **Übungsaufgabe:**

Wie lassen sich die Unterschiede in den Antwortverteilungen erklären?

Übung 7.2

Schülerinnen und Schüler einer 7. Klasse sollten die Vorgänge beim Erhitzen von Wasser in einem Wasserkocher genau beobachten und beschreiben.

■ **Übungsaufgabe:**

Welche Vorstellungen werden in dem folgenden Gespräch in einer Schülergruppe deutlich?

Anna: *Wenn man das Wasser erhitzt, fängt es erst an zu blubbern und es steigen Luftblasen auf. Und wenn die Luft ziemlich raus ist, fängt das Wasser selbst an zu verdampfen.*

Mark: *Genau. Und wenn man den Kopf darüber hält, wird man nass. Der Dampf ist ja verdünntes Wasser.*

Marvin: *Du musst aufpassen, dass dein Gesicht dabei nicht zu heiß wird. Der Dampf nimmt viel Wärme mit.*

7.9 Literatur

Backhaus, U., Boysen, G., Burzin, S., Heepmann, B., Heise, H., Kopte, U., …, Schön, L. (2008). *Fokus Physik, Rheinland-Pfalz, Gymnasium Gesamtband*. Berlin: Cornelsen.

Brook, A., Briggs, H. & Driver, R. (1984). *Aspects of secondary students' understanding of the particulate nature of matter*: Centre for Studies in Science and Mathematics Education, University of Leeds.

Buck., P (1987). Der Sprung zu den Atomen. *physica didactica, 14*, 41–45.

Buck, P. & Redeker, B. (1988). Verstehen lernen – zum Sprung verhelfen. Ein Dialog über das Lernen von Physik bei Martin Wagenschein. *chimica didactica, 14*, 129–154.

Cordes, M. (2006). *Schülervorstellungen zum Teilchenmodell und zu Atomen in der Sekundarstufe I* (Hausarbeit, unveröffentlicht). Universität Bremen.

Driver, R. & Scott, P. (1994). Schülerinnen und Schüler auf dem Weg zum Teilchenmodell. *Naturwissenschaften im Unterricht – Physik, 5*(22), 24–31.

Duit, R. (1986). Wärmevorstellungen. *Naturwissenschaften im Unterricht – Physik/Chemie, 34*(13), 30–33.

Eilks, I. (2002). Von der Rastertunnelmikroskopie zur Struktur des Wassermoleküls – Ein anderer Weg durch das Teilchenkonzept in der Sekundarstufe I. Teil 1: *Chemie und Schule* (3), 7–12; Teil 2: *Chemie und Schule* (4), 26–30.

Eilks, I. & Möllering, J. (2001). Neue Wege zu einem fächerübergreifenden Verständnis des Teilchenkonzepts. *Der Mathematische und Naturwissenschaftliche Unterricht, 54*, 240–247.

Erickson, G. (1979). Children's Conceptions of Heat and Temperature. *Science Education, 63*, 221–230.

Fischler, H. (Hrsg.) (1992). *Quantenphysik in der Schule*. Kiel: IPN.

Fischler, H. (Hrsg.) (1997). Teilchen – Themenheft. *Naturwissenschaften im Unterricht – Physik, Heft 41*.

Fischler, H. & Reiners, C. S. (Hrsg.) (2006). *Die Teilchenstruktur der Materie im Physik- und Chemieunterricht*. Berlin: Logos.

Fischler, H. & Rothenhagen, A. (1997). Experimente zum Teilchenmodell. *Naturwissenschaften im Unterricht – Physik, 8*, 203–209.

Götz, R., Dahncke, H. & Langensiepen, F. (Hrsg.) (1986). *Handbuch des Physikunterrichts: Sekundarbereich I*. Band 8. Köln: Aulis.

Hadenfeldt, J. C., Neumann, K., Bernholt, S., Liu, X. & Parchmann, I. (2016). Students' progression in understanding the matter concept. *Journal of Research in Science Teaching, 53*(5), 683–708. https://doi.org/10.1002/tea.21312

Herrmann, F. (2014). KPK – Der Karlsruher Physikkurs für die Sekundarstufe I. Band 1: Energie – Impuls – Entropie. Zugriff unter http://www.physikdidaktik.uni-karlsruhe.de/dl-counter/download/Sek_I_Band_1.pdf am 16. 08. 2017.

Jung, W. (1978). Zum Problem der „Schülervorstellungen" (2. Teil). *physica didactica, 5*, 231–248.

Kesidou, S. & Duit, R. (1993). Students' conceptions of the second law of thermodynamics – an interpretive study. *Journal of Research in Science Teaching, 30*(1), 85–106. https://doi.org/10.1002/tea.3660300107

Kircher, E. (1986). Vorstellungen über Atome. *Naturwissenschaften im Unterricht – Physik/Chemie, 34*(13), 34–37.

Kircher, E. & Heinrich, P. (1984). Eine empirische Untersuchung über Atomvorstellungen bei Hauptschülern im 8. und 9. Schuljahr. *chimicia didactica, 10*, 199–222.

KultusministerkonferenzKultusministerkonferenz (Hrsg.) (2004). *Bildungsstandards in den Fächern Biologie, Chemie und Physik für den Mittleren Bildungsabschluss*. München: Luchterhand.

Leisner, A. (2005). *Entwicklung von Modellkompetenz im Physikunterricht: eine Evaluationsstudie in der Sekundarstufe I*. Berlin: Logos.

Lichtfeldt, M. (1992). *Schülervorstellungen in der Quantenphysik und ihre möglichen Änderungen durch Unterricht*. Essen: Westarp.

Liebers, K., Mikelskis, H. F., Otto, R., Schön, L.-H. & Wilke, H.-J. (2006). *Physik plus. Klassen 7/8 Berlin*. Berlin: Cornelsen.

Mikelskis-Seifert, S. (2002). *Die Entwicklung von Metakonzepten zur Teilchenvorstellung bei Schülern*. Berlin: Logos

Mikelskis-Seifert, S. (2006). Lernen über Modelle: Entwicklung und Evaluation einer Konzeption für die Einführung des Teilchenmodells. In H. Fischler & C. S. Reiners (Hrsg.), *Die Teilchenstruktur der Materie im Physik- und Chemieunterricht* (S. 165–198). Berlin: Logos.

Millar, R. (1990). Making sense: what use are particle ideas to children? In P. L. Lijnse, P. Licht, W. de Vos & A. J. Waarlo (Hrsg.), *Relating macroscopic phenomena to microscopic particles* (S. 283–293). Utrecht: Centre for Science and Mathematics Education (CD-ß).

Morell, L., Collier, T., Black, P. & Wilson M. (2017). A Construct-Modeling Approach to Develop a Learning Progression of how Students Understand the Structure of Matter. *Journal of Research in Science Teaching*. https://doi.org/10.1002/tea.21397

Muckenfuß, H. (2001). Retten uns die Phänomene? Anmerkungen zum von Verhältnis von Wahrnehmung und Theorie. *Naturwissenschaften im Unterricht – Physik, 12, 63/64*, 166–169.

Novick, S. & Nussbaum, J. (1978). Junior High School Pupils' Understanding of the Particulate Nature of Matter: An Interview Study. *Science Education, 62*(3), 273–281.

Novick, S. & Nussbaum, J. (1981). Pupils' understanding of the particulate nature of matter: A cross-age study. *Science Education, 65*(2), 187–196.

Nussbaum, J. (1985). The Particulate Nature of Matter in the Gaseous State. In R. Driver, E. Guesne & A. Tiberghien (Hrsg.), *Children's Ideas in Science* (S. 124–144). Ballmore: Open University Press.

Parchmann, I. & Schwarzer, S., unter Mitarbeit von Anderson, S., Kliever, J., Rathlev, J. & Stamer, I. (2016). Kann man Atome sehen? *Naturwissenschaften im Unterricht – Chemie, Heft 153*, 15–17.

Peuckert, J. (2005). *Stabilität und Ausprägung kognitiver Strukturen zum Atombegriff.* Berlin: Logos.

Peuckert, J. (2006). Stabilität und Ausprägung von Teilchenvorstellungen. In H. Fischler & C. S. Reiners (Hrsg.), *Die Teilchenstruktur der Materie im Physik- und Chemieunterricht* (S. 77–105). Berlin: Logos.

Pfundt, H. (1981). Das Atom – letztes Teilungsstück oder erster Aufbaustein? *chimica didactica, 7*, 75–94.

Rehm, M., Buck, P. (2006). Der Teil und das Ganze – ein Lehr-Lern-Arrangement vor der Einführung von Atommodellen. In H. Fischler & C. S. Reiners (Hrsg.), *Die Teilchenstruktur der Materie im Physik- und Chemieunterricht* (S. 145–162). Berlin: Logos.

Schlichting, H.-J. & Rodewald, B. (1988). Leben im Wärmebad. *Praxis der Naturwissenschaften – Physik, 30*(5), 30–36.

Starauschek, E. (2001). *Physikunterricht nach dem Karlsruher Physikkurs. Ergebnisse einer Evaluationsstudie.* Berlin: Logos.

Starauschek, E. (2002). Ergebnisse einer Evaluationsstudie zum Physikunterricht nach dem Karlsruher Physikkurs. *Zeitschrift für Didaktik der Naturwissenschaften, 8*, 7–21.

Theis, W. (2005). Zum einführenden Unterricht über die Teilchenstruktur der Materie – Von Beobachtungen zu beschreibenden Begriffen. *Der mathematische und Naturwissenschaftliche Unterricht, 58*, 228–231.

Vollebregt, M., Klaassen, K., Lijnse, P. & Genseberger, R. (1997). Einführung des Teilchenmodells. Ein problemaufwerfender Unterricht. *Naturwissenschaften im Unterricht, Physik, 8*(4), 16–21.

Wagenschein, M, (1970). *Ursprüngliches Verstehen und exaktes Denken II.* Stuttgart: Klett.

Wagenschein, M. (1977). Rettet die Phänomene! *Der mathematische und Naturwissenschaftliche Unterricht, 30*, 129–137.

Wagenschein, M. (1980). *Naturphänomene sehen und verstehen. Genetische Lehrgänge.* Stuttgart: Klett.

Wiesner, H. & Stengl, D. (1984). Vorstellungen von Schülern der Primarstufe zu Temperatur und Wärme. *Sachunterricht und Mathematik in der Primarstufe, 12*, 445–452.

Winkelmann, J. & Behle, J. (2018). Moment mal …: Erklärt das Teilchenmodell die Volumenreduktionen bei Mischversuchen? In T. Wilhelm (Hrsg.), *Stolpersteine überwinden im Physikunterricht. Anregungen für fachgerechte Elementarisierungen.* Seelze: Friedrich.

Yeo, S. & Zadnik, M. (2001). Introductory Thermal Concept Evaluation: Assessing Students' Understanding. *The Physics Teacher, 39*(8), 496–504.

Schülervorstellungen zu Energie und Wärmekraftmaschinen

Horst Schecker und Reinders Duit

© Springer-Verlag GmbH Deutschland, ein Teil von Springer Nature 2018
H. Schecker, T. Wilhelm, M. Hopf, R. Duit (Hrsg.), *Schülervorstellungen und Physikunterricht*,
https://doi.org/10.1007/978-3-662-57270-2_8

8.1   Einführung

„Wenn Energie nicht verbraucht wird – wofür bezahlen wir dann bei der Rechnung vom E-Werk?" Pfiffige Schülerinnen und Schüler kommen selbst auf diese Frage, sonst sollte man sie als Lehrkraft stellen. Die Klärung des ‚Energieverbrauchs' trägt wesentlich zum Aufbau eines angemessenen Energieverständnisses bei. Man kann die Vorstellung des Verbrauchs aufgreifen und umdeuten, wenn man im Unterricht die Aspekte der *Energieerhaltung* und der *Energieentwertung* in einen engen Zusammenhang bringt. Die *Erscheinungsformen* der Energie sowie *Transport und Austausch* von Energie stellen die zwei weiteren zentralen Aspekte des Energiebegriffs dar. Über diesen vier Aspekten steht die Frage nach der grundlegenden Konzeptualisierung von Energie als rechnerische Bilanzierungsgröße oder als etwas Quasi-Dingliches, das fließen und gespeichert werden kann.

Energie ist das zentrale Basiskonzept der Physik und daher auch der nationalen Bildungsstandards[1] für das Fach Physik. In allen Themengebieten der Physik sind Betrachtungen unter dem Aspekt der Energie hilfreich. Man denke z. B. an Stromkreise als Energietransportsysteme, Licht als Form des Energieflusses in der Optik oder Energiezustände von Atomen in der Quantenphysik. Schülerinnen und Schüler stellen sich ‚Energie' als eine Art Treibstoff vor. Beim Antrieb von Vorgängen wird der Treibstoff – die ‚Energie' – verbraucht. Physikalisch betrachtet ist Energie eine abstrakte Erhaltungsgröße – eine Größe, deren Wert sich bei Vorgängen in abgeschlossenen Systemen nicht ändert. Es ist fachlich und fachdidaktisch schwierig, zwischen diesen beiden Aspekten zu vermitteln, da Energie auch in der physikalischen Fachsprache oftmals wie etwas Quasi-Stoffliches erscheint. Im vorliegenden Kapitel sind fachliche Klärungen der Schülervorstellungen besonders wichtig. Dazu zählt insbesondere auch die Frage, wie anschaulich der Energiebegriff im Unterricht behandelt werden kann, wenn er gleichzeitig fachlich fruchtbar bleiben soll.

8.2   Vorstellungen zur Energie[2]

8.2.1   Energie als mengenartige Größe

- **„Energie braucht man, um etwas zu bewirken."**

In der Regel verbinden Schülerinnen und Schülern mit dem Wort „Energie" etwas Positives: „Energie" wird mit Aktivität, Schwung, Freude und Schaffenskraft in Verbindung gebracht. ‚Energie' ist etwas, was man braucht, um zu handeln und Wirkungen zu erzielen. Man kann hier vom anthropozentrischen Energieverständnis sprechen. Menschen und Tiere können über ‚Energie' verfügen oder mit ‚Energie' aufgeladen sein. Müden und abgeschlagenen Menschen fehlt ‚Energie'. ‚Energie' kann man z. B. durch körperliche Aktivität freisetzen. Das intuitive Schülerverständnis von ‚Energie' hat ein Potenzial,

---

1   KMK. Ständige Konferenz der Kultusminister der Länder in der Bundesrepublik Deutschland (2005)

2   Diesem Kapitel liegt insbesondere die umfassende Ausarbeitung zum Energiebegriff von Duit (1986) zugrunde, außerdem Behle und Wilhelm (2017); Crossley und Starauschek (2010); Duit (1981); Duit (1987); Fedra (1989a); Kesidou und Duit (1993); Labudde (1986, 1993); Papadouris, Constantinou und Kyratsi (2008); Schecker und Theyßen (2007); Solomon (1983a, 1983b); Trumper (1993); Warren (1982).

an dem man im Sinne einer Aufbaustrategie (▶ Abschn. 3.3) anknüpfen kann. Problematisch ist die assoziative Nähe zu „Kraft" als Teil des Clusterkonzepts Kraft/Energie/Wucht/ Schwung (▶ Abschn. 4.3).

- **„Energie ist ein speicherbares Etwas – eine Art Treibstoff."**

Viele Schüleraussagen zur Energie lassen sich verstehen, wenn man von einer Vorstellung der Energie als etwas Stofflichem oder Quasi-Stofflichem ausgeht. ‚Energie' ist demnach so etwas wie ein in Körpern enthaltener unsichtbarer Treibstoff. Teilweise findet man eine Verwechslung oder Gleichsetzung von Energie und Energieträger. Dann *ist* Benzin aus Schülersicht ‚Energie'.

Die quasi-stoffliche Vorstellung von Energie wird im Unterricht durch Sprechweisen und Begriffe gefördert, z. B. „Energiereservoire", „spezifische Wärmekapazität" oder „Energiegehalt". Energieflussdiagramme legen es nahe, Energie als eine Quasi-Substanz zu verstehen, die zwischen Körpern bzw. Systemen ausgetauscht werden kann. Quasi-stoffliche Darstellungen von Energie sind zwar anschaulich und werden

---

Kasten 8.1: Wie anschaulich darf Energie für den Unterricht konzeptualisiert werden?

Physikalisch handelt es sich bei Energie um eine abstrakte rechnerische Größe, die den Zustand eines Systems kennzeichnet und deren Wert sich bei Vorgängen innerhalb des Systems nicht ändert. Erst wenn zwei Systeme in Wechselwirkung treten, kann sich der Wert der Größe für jedes der beiden Systeme ändern. Die Summe bleibt jedoch gleich. Feynman, Leighton und Sands (1991; S. 59f.; Hervorhebung im Original) schreiben zur Energieerhaltung: „Es ist nicht die Beschreibung eines Mechanismus oder von irgendetwas Konkretem. (…) Es ist wichtig, dass wir in der heutigen Physik nicht wissen, was Energie *ist*. … Jedoch gibt es Formeln zur Berechnung einer numerischen Größe, und wenn wir alles zusammenaddieren, ergibt es … immer die gleiche Zahl."

Folgt daraus für den Physikunterricht, dass jegliche anschauliche Vorstellung von Energie unzulässig sei – dass man also Formulierungen, die etwas Quasi-Dingliches assoziieren, wie „Energieinhalt" oder „Wärmemenge", vermeiden müsse? Abgesehen davon, dass dies fachsprachlich kaum möglich wäre und zu einer extrem gekünstelten Ausdrucksweise führen würde – es entspräche auch nicht der Praxis in der physikalischen Forschung. Harrer (2017) zeigt, dass in physikalischen Veröffentlichungen historisch und aktuell Metaphern wie „Energieaustausch" oder „Energiespeicherung" verwendet werden und verdeutlicht das Veranschaulichungspotenzial gegenüber reinen Zahlenangaben für Energiewerte. Duit (1987) hat herausgearbeitet, dass eine quasi-materielle Vorstellung mit der klassischen Physik durchaus verträglich ist. Schülerinnen und Schüler können damit z. B. Energiebilanzen anschaulich anhand von Energieflüssen durchdenken. Lehrkräfte müssen allerdings darauf achten, dass die *mengenartige* Vorstellung nicht zu einer *materiellen* Treibstoffvorstellung wird.

Als Analogie zu Energie als Bilanzierungsgröße und Erscheinungsformen von Energie (z. B. potenziell und kinetisch) bietet sich der Währungsumtausch an[3]: In Deutschland und in England gibt es unterschiedliche Währungen und der Wechselkurs regelt den Umtausch. Die Angaben in Pfund und Euro beziehen sich auf den gleichen abstrakten Wert, früher auf den Wert von Gold. Dieser abstrakte Wert steht für die Energie, die Währungen für konkrete Erscheinungsformen von Energie. (Man könnte die Analogie noch weitertreiben und eine Gebühr einführen, die bei jedem Umtausch anfällt. Das wäre die Energie, die als Wärme aus dem System herausfließt bzw. sich bei der Bank ansammelt.) Eine Geldanalogie, die weniger auf die Unterschiede zwischen Energieerscheinungsformen abhebt und stärker betont, dass Energie stets Energie bleibt, verwendet keine unterschiedlichen Währungen, sondern unterschiedliche Konten, zwischen denen die Energie umgebucht wird, z. B. vom „Konto chemische Energie" zum „Konto thermische Energie", so wie man Geld vom Girokonto auf ein Sparbuch überweist.

---

3   Duit (1987)

von Schülerinnen und Schülern gerne aufgegriffen, sie werden der physikalischen Konzeptualisierung von Energie als abstrakter *Erhaltungsgröße* jedoch nicht gerecht. ▶ Kasten 8.1 setzt sich mit der Frage auseinander, inwieweit die Vorstellung von einem strömenden Etwas vertretbar ist.

- **„Energie wird von A nach B gebracht."**

Die Vorstellung eines Flusses, Transfers oder Transports von Energie wird von Lernenden selbst gebildet oder im Unterricht schnell aufgegriffen. Für den Energiefluss suchen Schülerinnen und Schüler nach mechanischen Modellen. Sie denken dabei an materielle Träger wie strömende Luft oder Elektronen im Stromkreis. Elektrischer Strom und elektrische Energie sind für Lernende mit sehr ähnlichen Bedeutungen belegt (▶ Abschn. 6.2.3).

Träger- und Energiefluss werden oftmals vermengt. Das zeigt der folgende Interviewausschnitt. Darin äußert sich ein Schüler (6. Klasse) zu der Frage, warum sich die Flügel eines Ventilators drehen, der an eine Batterie angeschlossen ist.

> **Schüler:** *Die Batterie enthält Energie und da sie (die Batterie, d. Verf.) mit den Propellerflügeln verbunden ist, kann sie Energie zu ihnen übertragen und sie zum Drehen bringen.*

> **Interviewer:** *Kannst Du das ein bisschen mehr erklären?*

> **Schüler:** *Die Elektronen, die sich in der Batterie befinden, werden zu den Flügeln transferiert, sie gehen durch sie durch, sie versorgen sie mit Energie, und das bringt sie zum Drehen.*[4]

Während die erste Schüleraussage noch als physikalisch angemessen interpretiert werden kann, bringt die auf Nachfrage gegebene Erklärung der Energieübertragung das „Rucksackmodell" (▶ Kasten 6.3) für den Energietransport im Stromkreis zum Ausdruck: Elektronen machen sich aus der Batterie auf den Weg zum Ventilator und versorgen diesen mit Energie.

8.2.2 Energieverbrauch

- **„Energie wird verbraucht."**

Die Vorstellung des Verbrauchs von Energie wird durch die Alltagssprache und Darstellungen in den Medien nahegelegt. Auf der Website des Umweltbundesamts findet man: „Die Raumwärme macht nun rund drei Viertel des Energieverbrauchs in Haushalten aus."[5] „Energieverbrauch in Deutschland steigt weiter" überschreibt Zeit-Online einen Beitrag zum Klimawandel[6] und führt aus: „Überdurchschnittlich stark nahm der Mineralölverbrauch zu." In solchen Formulierungen wird der ‚Energieverbrauch' mit dem Verbrauch

---

4   nach Papadouris et al. (2008, S. 460; Übersetzung d. Verf.)

5   Umweltbundesamt; http://www.umweltbundesamt.de/daten/energiebereitstellung-verbrauch/energieverbrauch-nach-energietraegern-sektoren (Zugriff am 2. 3. 2017)

6   Zeit online, 15. August 2016, 22:47 Uhr; http://www.zeit.de/wirtschaft/2016-08/energieverbrauch-deutschland-anstieg-erneuerbare-energie (Zugriff am 2. 3. 2017)

des Energieträgers gleichgesetzt. Es ist daher verständlich, dass Schülerinnen und Schüler bei ‚Energie' an einen Quasi-Stoff oder sogar Treibstoff denken, der z. B. beim Heizen oder dem Antrieb von Motoren verbraucht wird. In enger Verbindung damit steht die Vorstellung des ‚Stromverbrauchs' (▸ Abschn. 6.2.3).

Die im Denken der Schülerinnen und Schüler dominante Verbrauchsvorstellung ist ein schwerwiegendes Hindernis für das qualitative Verständnis der Energieerhaltung. Häufig wird im Mechanikunterricht versucht, anhand eines Fadenpendels zu verdeutlichen, dass zwar die Erscheinungsformen der Energie (Lage- und Bewegungsenergie) wechseln, die Energie selbst aber erhalten bleibe. Das hat gegenüber der medialen Präsenz des ‚Energieverbrauchs' außerhalb des Physikraums jedoch wenig nachhaltige Wirkungen. Die Verbrauchsvorstellung wird dadurch entweder kaum berührt oder die Lernenden meinen, Energie bleibe nur unter idealen Bedingungen im Physiklabor erhalten, unter realen Alltagsbedingungen gelte das aber nicht. Da zudem die idealisierte Energieerhaltung beim Fadenpendel wenig bis gar nichts mit der Verwendung des Energiebegriffs in der Lebenswirklichkeit der Schülerinnen und Schüler zu tun hat, befördert das Beispiel die Schülerwahrnehmung eines separaten Energiebegriffs des Physikunterrichts ohne sinnvolle Vernetzung mit Alltagserfahrungen.

Sinnvoll ist es daher, Schülerinnen und Schülern ein Angebot zu machen, das ihre Vorstellungen des ‚Energieverbrauchs' aufgreift und physikalisch umdeutet (Aufbaustrategie, ▸ Abschn. 3.3), statt sie als falsch abzutun. Dazu muss der Aspekt der Erhaltung von Energie mit dem Aspekt der Entwertung verbunden werden. Bei Prozessen, in denen sich die Erscheinungsformen der Energie ändern, bleibt der Gesamtbetrag der Energie konstant, jedoch nimmt fast immer der Nutzwert der Energie ab. Dies ist z. B. beim Übergang von chemischer zu thermischer Energie der Fall, d. h. zu der Erscheinungsform der Energie, die sich etwa in der ungeordneten Bewegung von Luftmolekülen ausdrückt. Backhaus und Schlichting[7] haben fachliche Klärungen und Unterrichtsvorschläge dazu ausgearbeitet: Der Antrieb von Vorgängen beruht nicht auf einem ‚Energieverbrauch', sondern hat mit der Entwertung von Energie zu tun. Näheres wird in ▸ Kasten 8.2 ausgeführt.

▪ „Energie geht verloren."

Die Vorstellung des Energieverlusts ist eine Variante der Energieverbrauchsvorstellung. Während die Energie aus Schülersicht beim ‚Verbrauch' bewusst für nützliche Zwecke eingesetzt wird – Heizen, Antrieb, Fortbewegung – ist der ‚Energieverlust' bei vielen anderen realen Vorgängen ungewollt, jedoch unvermeidbar, z. B. bei der Pendelschwingung oder beim Abbremsen eines Fahrrads. Schülerinnen und Schüler gehen im Mechanikunterricht problemlos darauf ein, statt von ‚Energieverlust' davon zu sprechen, dass Energie auf thermischem Wege abfließt – was im Unterricht oft unzulässig als „Umwandlung in Wärme" bezeichnet wird. Damit rückt für Lernende jedoch keineswegs der Energieerhaltungsaspekt in den Vordergrund. Die gedankliche Fixierung auf den eigentlich interessierenden Vorgang – die Pendelschwingung oder die Fortbewegung – lässt den ‚Verlust' als das Hervorzuhebende erscheinen. Die Schülerinnen und Schüler ziehen, physikalisch formuliert, die Systemgrenze um den sich bewegenden Körper. Die von der Umgebung

---

7   Schlichting (1983); Schlichting und Backhaus (1984, 1987)

Bei der Energieentwertung handelt es sich um eine spezielle Formulierung des zweiten Hauptsatzes der Thermodynamik: Thermisch vorliegende Energie lässt sich nicht vollständig in andere Erscheinungsformen, insbesondere mechanische oder elektrische, überführen. Sie hat daher einen geringeren Wert.

Über den „Wert" von Energie zu sprechen, ist im Rahmen des physikalischen Denkens erklärungsbedürftig, denn Werturteile im Sinne eines praktischen Nutzwerts oder sogar Preises von Energie beziehen sich auf außerhalb der Physik liegende Kriterien. Den höheren Nutzwert von elektrisch bereitgestellter Energie kann man pragmatisch so verstehen: Elektrische Energie kann man im Haushalt für mehr Zwecke einsetzen als thermisch bereitgestellte Energie. Es lässt sich damit sowohl eine Waschmaschine betreiben als auch eine Kochplatte heizen. Die gleiche Menge Energie thermisch bereitgestellt könnte man nur zu Heizzwecken verwenden – es sei denn, man hat im Keller einen Stirlingmotor mit angeschlossenem Generator. Und auch dann wäre nur ein Teil in elektrische Energie überführbar (▶ Kasten 8.5).

Schlichting (1983, S. 31) hat den Gedankengang zur Energieentwertung so formuliert: „Ein Vorgang (Prozess, Zustandsänderung) ist mit Energieentwertung verbunden, wenn aus dem Endzustand nicht ohne Weiteres der Anfangszustand wiederhergestellt werden kann." „Ohne Weiteres" bedeutet hier nicht „von selbst", sondern nur „mit äußerem Eingriff" und unter Aufwand von Energie.

Die Energie(erscheinungs)formen mechanisch, elektrisch und chemisch sind höherwertiger als thermisch; bei thermisch vorliegender Energie sinkt der Wert mit abnehmender Temperatur. Damit lässt sich die am Beginn dieses Kapitels gestellte Schülerfrage beantworten, wofür wir beim Energieversorgungsunternehmen bezahlen. Das Unternehmen liefert Energie in hochwertiger elektrischer Form. Elektrische Energie kann für praktisch alle Zwecke im Haushalt verwendet werden, für den Betrieb von Geräten ebenso wie für Beleuchtungszwecke und vieles mehr. Nehmen wir an, wir nutzen sie für einen Heizstrahler. Selbst wenn man dem Energieversorger die dabei auftretende thermische Energie zurückliefern könnte, könnte dieser daraus nicht wieder die gleiche Menge elektrischer Energie zurückgewinnen. Mit thermischer Energie kann man deutlich weniger bewerkstelligen als mit elektrischer. Ihr Gebrauchswert ist geringer. Wir zahlen also für die Verringerung des Gebrauchswerts der Energie, d. h. für den Nutzen, den wir gezogen haben.

aufgenommene Energie erscheint von untergeordneter Bedeutung. Von daher ist für sie der ‚Energieverlust' viel sichtbarer als die im Gesamtsystem geltende Energieerhaltung.

Dieser Fokus auf die kleinen „Verluste" statt auf die globale Erhaltung führt bei Aufgaben wie in ◘ Abb. 8.1 dazu, dass Schülerinnen und Schüler Wert darauflegen, die Kugel rolle auf der rechten Seite *„nicht ganz auf die gleiche Höhe"*, zumindest bei den Aufgabenteilen b und c. Auch beim Fadenpendel trete ein *„klitzekleiner Unterschied"* immer auf. Hinweise im Aufgabenstamm auf Reibungsfreiheit werden überlesen oder von der dominierenden Verlustvorstellung überspielt. Das eigentliche Problem liegt darin, dass die Lehrkraft mit dem skizzierten Vorgang ein Gedankenexperiment meint, das frei ist von allen störenden äußeren Einflüssen, während die Lernenden überlegen, wie der Vorgang unter realen Bedingungen tatsächlich ablaufen würde. Es trägt zur Klarheit bei, wenn man im Unterricht nicht nur die beiden unterschiedlichen Vorhersagen, sondern auch die beiden damit verbundenen Denkrahmen gegenüberstellt.

▪ „Energie bleibt nur unter idealen Bedingungen erhalten."

Schülerinnen und Schüler interpretieren ihre Erfahrungen bei Alltagsvorgängen mit den Konzepten des ‚Verbrauchs' oder ‚Verlusts' von Energie. Im Physikunterricht hingegen

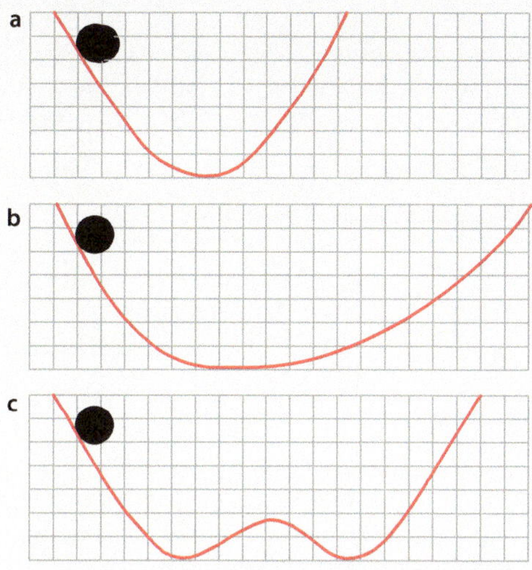

In den drei Diagrammen bewegt sich eine Kugel auf einer gekrümmten Bahn. Die Kugel wird an dem markierten Punkt losgelassen und rollt *ohne eigenen Antrieb*. Wir gehen bei allen Experimenten davon aus, dass keine Reibung herrscht.

Markiere mit (1) den Punkt, den die Kugel deiner Meinung nach erreicht, bevor sie beginnt wieder zurückzurollen. Gib eine kurze Begründung für deine Antwort.

Die Kugel bleibt nicht an dem Punkt, den du mit (1) markiert hast. Sie rollt entlang der gekrümmten Bahn zurück und erreicht einen Punkt auf der anderen Bahnseite. Markiere diesen Punkt mit (2). Gib auch hier eine kurze Begründung für deine Antwort.

◙ Abb. 8.1   Aufgabe zur Energieerhaltung (Abbildungen nach Duit, 1981, S. 298; Übersetzung d. Verf.).

wird ihnen die Erhaltung der Energie nahegebracht. Das erfolgt meist an Versuchsanordnungen, die dafür speziell konstruiert sind, wie z. B. einem Stabpendel, das in einem speziellen Lager sehr reibungsarm aufgehängt ist. Die Lehrkraft verbindet das oft mit Formulierungen wie „unter idealen Bedingungen … " oder „ … wenn man die Reibung vernachlässigt". Damit wird eine Schülervorstellung gefördert, wonach bei Vorgängen außerhalb des Physikraums bzw. Physiklabors das Prinzip der Energieerhaltung nicht gelte oder zumindest nicht bedeutsam sei.

Natürlich sollten im Unterricht Experimente eingesetzt werden, um den Sinn der Annahme der Energieerhaltung zu veranschaulichen, aber man sollte darauf verzichten, die Energieerhaltung als experimentelle Tatsache darzustellen. Vielmehr sollte die Energieerhaltung als fundamentale physikalische Grundüberzeugung eingeführt werden, die sich sehr bewährt hat, auch wenn sie bei Messungen nur mit viel Aufwand bestätigt werden kann (► Kasten 8.3). Diese Darstellung entspricht der historischen Genese des Energiekonzepts. Die Energieerhaltung ist kein aus der Erfahrung oder aus Messungen abgeleitetes Prinzip. Es handelte sich vielmehr zunächst um eine theoretische Spekulation, dass „Etwas" bei allen Prozessen in der Natur erhalten bleibt (im Sinne von „von nichts kommt nichts"). Wenn man dieses Etwas in geeigneter Weise quantifiziert (mithilfe von Masse, Geschwindigkeit, Ort, Temperatur etc.), kann man unter der Erhaltungsannahme Vorhersagen machen, die sich empirisch überprüfen lassen.[8] Wenn die Erhaltung in einem Experiment einmal nicht gegeben zu sein scheint, sucht man so lange nach der fehlenden Energie, bis die Summe wieder stimmt, oder man führt zu diesem Zweck eine neue Erscheinungsform der Energie ein, die in die Berechnungen aufzunehmen ist.

---

8   Sexl (1981)

Kasten 8.3: Innere Energie und Energieerhaltung

Es ist ein fundamentales Prinzip der Physik, dass bei jeglichem Vorgang eine bestimmte Größe, die sich für alle beteiligten Körper berechnen lässt, in der Summe erhalten bleibt: die Energie.

Nehmen wir als Körper einen gasgefüllten Zylinder (Abbildung); das System besteht dann aus Gasteilchen, Zylinderwand und Kolben.

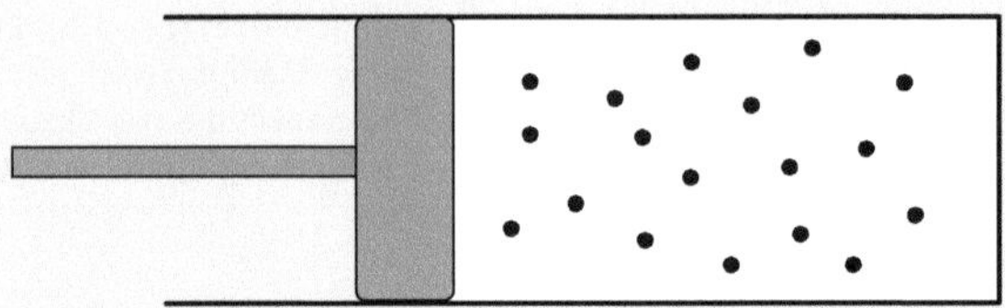

Gasgefüllter Zylinder mit Kolben

Dem System kann auf verschiedenen Wegen Energie zugeführt werden. Zwei einfache Beispiele:

- Man kann den Kolben gegen den Gasdruck weiter in den Zylinder hineindrücken, d. h. am System Arbeit W verrichten bzw. Energie auf mechanischem Wege zuführen. Wenn das System gut wärmeisoliert ist, erhöhen sich der Druck des Gases und die Temperatur des Gesamtsystems: Seine *innere Energie U* nimmt zu. Das erfolgt auf Kosten der Energie, die für das Hineindrücken des Kolbens erforderlich ist. Umgekehrt gibt das System auf mechanischem Wege Energie ab (es verrichtet selbst eine Arbeit W), wenn der Kolben sich gegen einen äußeren Widerstand im Zylinder nach links verschiebt. Dies geht auf Kosten der inneren Energie.
- Ist der Zylinder ein guter Wärmeleiter, kann man ihn mit einem Widerstandsdraht umwickeln und elektrisch heizen. Auch dadurch nimmt die innere Energie U zu (wenn man den Kolben fixiert). Dafür wird elektrische Energie aufgewendet, die auf thermischem Wege zugeführt wird (als Wärme Q). Ebenso kann das System bei Kontakt mit einem kühleren Körper innere Energie thermisch abgeben.

Die Energiebilanz bei Prozessen dieser Art, die für Wärmekraftmaschinen eine wichtige Rolle spielen, wird in der Thermodynamik beschrieben mit:

$$\Delta U = W + Q$$

In Worten: Die innere Energie U eines Systems kann auf mechanischem oder thermischem Wege verändert werden – d. h. als Arbeit W oder Wärme Q. Dabei muss die dem System zugeführte Energie anderen Systemen entnommen werden. Insgesamt bleibt die Energie erhalten.

Die innere Energie eines Systems setzt sich zusammen aus der kinetischen Energie der Gasteilchen (Translation, Rotation, Schwingung) und der Energie aufgrund von Wechselwirkungen zwischen diesen Teilchen (insbesondere bei Aggregatzustandsänderungen) sowie gegebenenfalls der Energie chemischer Bindungen und der Kernbindungsenergie.

Es ist wichtig, die äußeren Grenzen der betrachteten Systeme im Auge zu behalten. Energie fließt stets über die Grenze von einem System in ein anderes. Nur wenn man alle beteiligten Systeme mit in die Bilanzierung einbezieht, gilt die Energieerhaltung. Anders herum formuliert: Scheint die Gesamtenergie einmal nicht erhalten zu bleiben, hat man ein oder mehrere beteiligte Systeme außer Acht gelassen.

Man kann den Zylinder auch auf eine Luftkissenbahn stellen und beschleunigen. Dadurch erhöht sich die kinetische Energie des Gesamtsystems. Die dafür notwendige Energie kann z. B. einer gespannten Feder entnommen werden, die als Katapult dient. Um die kinetische Energie des Gesamtsystems von der inneren Energie abzugrenzen, spricht man manchmal auch von äußerer Energie.

Vor dem Physikunterricht verbinden einige Schülerinnen und Schüler mit ‚Energieerhaltung' den nachhaltigen Umgang mit Ressourcen. Sie denken dann nicht an die Konstanz einer physikalischen Größe, sondern sehen das Energieerhaltungsprinzip als Aufforderung für eine schonende Nutzung eines begrenzten Vorrats an ‚Energie'.

8.2.3 Energieformen und Arbeit

■ **Energietransfer und Energieformen**

Aus Untersuchungen zu Schülervorstellungen sind bezüglich des Energietransfers – anders als bei der Energieerhaltung – keine grundsätzlichen Lernhemmnisse bekannt. Die Grundidee, dass Energie von einem Körper auf einen anderen übergeht, wird von Schülerinnen und Schüler selbst geäußert oder problemlos akzeptiert. Sie können damit bei der Beschreibung von Energietransferketten gut umgehen. Bei diesem Transfer können unterschiedliche Perspektiven eingenommen werden:

- Perspektive Energie(erscheinungs)form: chemische Energie → elektrische Energie → kinetische Energie,
- Perspektive Energie(form)wandler: Kohlekraftwerk → Ventilator → Windrad.

Differenzierter zu betrachten ist die Frage, ob etwas und – falls ja – was dabei mit der Energie passiert. Lernende verbinden mit dem Wechsel der Energieform unterschiedliche Vorstellungen:

- *wesensmäßige* Unterschiede: *„Kinetische Energie ist eine ganz andere Art von Energie als z. B. chemische Energie"*,
- andere *Erscheinungsformen* des Gleichen: Energie bleibt Energie – ganz egal, ob sie sich in einer Bewegung als kinetische Energie ausdrückt oder in einem Zuckerwürfel als chemische Energie vorliegt,
- Wechsel des *Energieträgers*: Energie bleibt Energie, sie geht z. B. nur vom Zuckerwürfel auf einen Marathonläufer über.

Hier bestehen Unklarheiten, die zum Teil lehrbedingt sind, etwa wenn im Unterricht von „Energieumwandlungen" die Rede ist und damit die Vorstellung einer *anderen Art* von Energie nahegelegt wird. Anschlussfähig für die physikalische Begriffsbildung ist die Vorstellung der *Erscheinungsformen*. Daran anknüpfend kann man, wie auch bei der Energieträgervorstellung, die Energieerhaltung als Prinzip der Erhaltung einer über die gesamte Transferkette erhaltenen übergeordneten Systemgröße Energie deuten.[9] Bei der Energieträgervorstellung, die im Chemieunterricht und Biologieunterricht vorherrscht, besteht die Gefahr, dass Lernende Träger und Energie gleichsetzen, im Sinne von *‚Benzin ist eine Form von Energie'*. Andererseits kann man mit der Unterscheidung zwischen Energie und Energieträger[10] das Prinzip „Energie bleibt Energie" gut veranschaulichen. Andere

---

9   Kaper und Goedhart (2002) zeigen, dass die Annahme von Energieformen ein sinnvoller Zwischenschritt von den Alltagsvorstellungen zu einem thermodynamischen Verständnis von Energie ist.

10   Der Karlsruher Physikkurs (Haas et al., 1995) nennt als Energieträger neben materiellen Trägern wie Pressluft oder Wasser auch abstrakte, wie die Stoffmenge oder die Entropie.

Darstellungsweisen von Energieflussdiagrammen vermitteln den Eindruck, dass unterschiedliche Formen von Energie transferiert werden (◘ Abb. 8.2).

Unter Energieformen verstehen Schülerinnen und Schüler neben den physikalischen Erscheinungsformen (kinetische, potenzielle etc.) auch Verbindungen mit Energieträgern oder Quellen, z. B. Windenergie, Sonnenenergie.

■ „Arbeit bedeutet Anstrengung."

Fachlich steht Energie in enger Verbindung mit dem Begriff der Arbeit. Im Mechanikunterricht wird der Zusammenhang häufig über den Satz „Energie ist die Fähigkeit, Arbeit zu verrichten" hergestellt. Zwischen dem Arbeitsbegriff der Physik und dem Alltagsverständnis von Arbeit bestehen jedoch grundlegende Unterschiede. Mit „Arbeit" assoziieren Schülerinnen und Schüler körperliche Anstrengung. Sie denken an das, was sie selbst oder andere Personen beim „Arbeiten" tun. Anders als „Energie" ist „Arbeit" negativ konnotiert (unangenehm, anstrengend).[11]

Ein verbreitetes Unterrichtsbeispiel ist das statische Halten einer schweren Tasche mit ausgestrecktem Arm. Daran soll herausgestellt werden, dass keine Arbeit verrichtet wird, wenn zwar eine Kraft wirkt, aber keine Ortsverschiebung parallel zur Kraftrichtung erfolgt. Mit dem Beispiel wird die Schülervorstellung ‚Arbeit bedeutet Anstrengung' aktiviert. Für das physikalische Verständnis ist ein Perspektivwechsel notwendig – weg von der Person oder dem System, die bzw. das „arbeitet", und hin zum Energiefluss zwischen Systemen. Nur wenn Energie auf mechanischem Wege von einem System in ein anderes fließt, kann

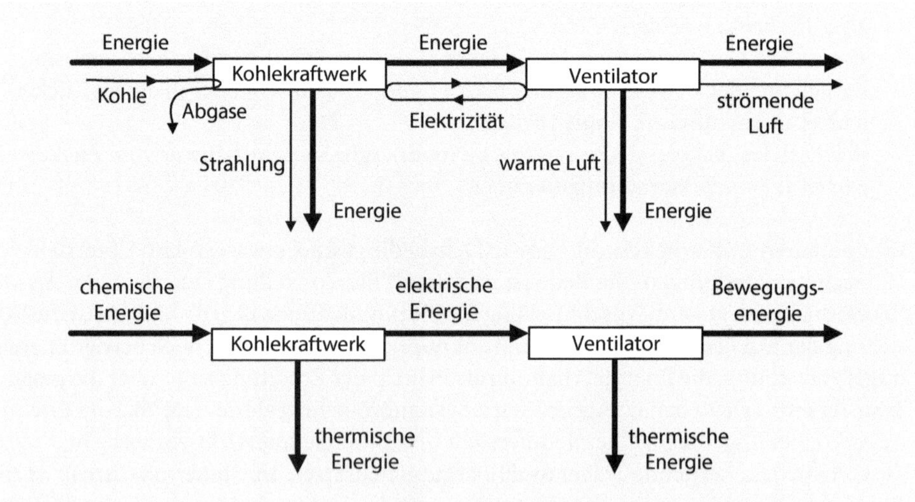

◘ Abb. 8.2 Zwei Arten von Energieflussdiagrammen; das obere Diagramm trennt zwischen dem Energiefluss (dicke Pfeile) und dem Fluss von Energieträgern (dünne Pfeile); das untere zeigt den Fluss von Energie in unterschiedlichen Energieerscheinungsformen. (Abb. nach Schecker & Theyßen, 2007).

---

11 Duit (1984, S. 133)

man von Arbeit sprechen. Es reicht nicht aus, dass der Halter der Tasche sich anstrengt, ohne dass der Tasche dadurch Energie zugeführt wird (► Kasten 8.4).

Das Halten einer Tasche ist kein gutes Thema bei der Einführung des Arbeitsbegriffs. Erklärungsansätze, bei denen die Anstrengung beim Halten durch An- und Entspannen der Muskelfasern mit mechanischer Arbeit in Verbindung gebracht werden soll, sind physiologisch anspruchsvoll und gehen am eigentlichen physikalischen Kern des Problems vorbei, nämlich dem fehlenden Energiefluss zur Tasche. Verwenden sollte man das Beispiel nur im Rahmen einer bewussten Konfrontationsstrategie von Alltags- und physikalischen Konzepten (► Abschn. 3.2).

Physikalisch bezeichnet Arbeit den *Prozess* der Energieübertragung zwischen Systemen auf mechanischem Wege (► Kasten 8.4). Aus fachdidaktischer Sicht sollte in der Mechanik der traditionelle Dreischritt Kraft – Arbeit – Energie zumindest hinsichtlich Energie und Arbeit umgekehrt werden, da Energie bessere Anknüpfungsmöglichkeiten an das Schülervorverständnis bietet.

Kasten 8.4: Energie und Arbeit

Der traditionelle Dreischritt im Physikunterricht lautet Kraft – Arbeit – Energie. Energie wird im Mechanikunterricht zumeist nachgeordnet als die Fähigkeit eingeführt, Arbeit zu verrichten. Energie ist gegenüber der Arbeit jedoch die grundlegendere physikalische Größe. Moderne Konzeptionen stellen sie daher in das Zentrum des Unterrichts (z. B. Bader, 2001). Arbeit wird im Sinne des 1. Hauptsatzes der Thermodynamik – neben der Wärme – als Austauschform von Energie behandelt (► Kasten 8.3).

Man kann noch einen Schritt weitergehen und im Unterricht auf den Arbeitsbegriff ganz verzichten: Ein System verfügt über Energie. Diese Energie kann auf verschiedene Weise verändert werden: Ein System kann Energie thermisch und mechanisch (oder auch elektrisch oder chemisch) aufnehmen oder abgeben (statt „in Form von Wärme und Arbeit").

$$\Delta E_{ges} = \Delta E_{therm} + \Delta E_{mech} + \Delta E_{chem} + \Delta E_{elekt} + \cdots$$

Für den jeweiligen Austausch ΔE wird der entsprechende Term angegeben, z. B. $p \cdot \Delta V$ für den mechanischen Energieaustausch oder $c \cdot \Delta T$ für den thermischen (c: spezifische Energiekapazität).

Damit lassen sich mehrere Probleme vermeiden:

- Die mit körperlicher Anstrengung verbundene Schülervorstellung von ‚Arbeit' wird nicht aktiviert.
- Das vielschichtig (als Phänomen und physikalischer Begriff) verwendete Wort „Wärme" (► Abschn. 7.3) wird vermieden.
- Es muss nicht zwischen Speicher- und Austauschformen von Energie unterschieden werden.
- So unterschiedliche Energieaustauschprozesse, wie sie bei der mechanischen Volumenänderung eines Gases, der Übertragung elektrischer Energie oder chemischen Stoffwechselvorgängen vorliegen, müssen nicht mehr unter dem gemeinsamen Begriff der Arbeit zusammengefasst werden.

Dass man im Unterricht ohne den Begriff der Arbeit auskommt, zeigt sich im Schulbuch Metzler Physik (Grehn & Krause, 2007), in dem eine Größe Arbeit nicht eingeführt wird. Beim 1. Hauptsatz wird die Änderung der inneren Energie stattdessen durch den Austausch von „mechanischer Energie" und „Wärmeenergie" beschrieben.

- **„Leistung ist das, was man geschafft hat."**

Alltagssprachlich bezeichnet „Leistung" das Ergebnis eines Prozesses. Eine Leistung wird „erbracht" und „belohnt". Physikalisch bezieht sich Leistung hingegen auf die Intensität des Energietransfers ($P = \Delta E/\Delta t$), d. h. einen laufenden Prozess. Dieser kategoriale Unterschied muss im Unterricht klar benannt werden, z. B. in der Elektrizitätslehre im Zusammenhang mit den Einheiten Watt und Wattsekunden (letztere für die elektrische Arbeit, d. h. die elektrisch übertragene Energie).

8.3   Vorstellungen zu Wärmekraftmaschinen[12]

Berücksichtigt man Schülervorstellungen zu ‚Kraft' (▶ Abschn. 4.3) und ‚Wärme' (▶ Abschn. 7.3), erscheint die in Schul- und Fachbüchern übliche Bezeichnung „Wärmekraftmaschinen" problematisch. Sie erweckt den Anschein, als ginge es um eine Umwandlung von ‚Wärme' in ‚Kraft', wobei ‚Kraft' im Sinne von Energie zu interpretieren ist. Eigentlich wäre „Energieumlademaschinen" passender für physikalisch-technische Systeme, die der Bereitstellung mechanisch und elektrisch nutzbarer Energie unter Nutzung innerer Energie dienen. Die Umladung erfolgt vom Energieträger Kohle oder Gas auf Stromkreise oder Antriebswellen. Ein anderes Wort würde die Verständnisschwierigkeiten in diesem wichtigen Teilgebiet der Thermodynamik aber vermutlich nicht wesentlich abbauen. Es geht um das Verständnis des ersten und zweiten Hauptsatzes der Thermodynamik. Im Folgenden werden wichtige Schülervorstellungen, die hier eine Rolle spielen, zusammengestellt.

- **„Wärmezufuhr führt immer zu einer Temperaturerhöhung."**

Grundlagen dieser Vorstellung sind a) die Annahme einer direkten Kopplung zwischen der inneren Energie eines Systems und seiner Temperatur und b) die Annahme, dass bei einem thermischen Energietransfer ‚Wärme' als eine speicherbare Energieform zugeführt werde, die zu einer Temperaturerhöhung führen müsse. Es ist für Lernende dann schwer zu verstehen, dass sich bei Aggregatzustandsänderungen die Energie eines Systems ändert, obwohl die Temperatur gleich bleibt. Eine weitere Verständnisschwierigkeit ergibt sich bei isothermen Zustandsänderungen, bei denen eine thermische Energiezuführung mit der gleichzeitigen Abgabe von Energie auf mechanischem Wege (Arbeit) verbunden ist. Schließlich führt die Vorstellung auch zu der Annahme, dass ein Körper bzw. System ‚Wärme' (innere Energie) nur durch Kontakt mit einem Körper niedrigerer Temperatur abgeben kann. Damit wird eine Abgabe innerer Energie auf mechanischem Wege (Arbeit) ausgeklammert. Schülerinnen und Schüler interpretieren den ersten Hauptsatz der Thermodynamik (▶ Kasten 8.3) $\Delta U = W + Q$ in diesem Falle folgendermaßen: *„Die innere Energie eines Systems kann zwar durch Arbeit erhöht, aber nur durch Wärmeabfluss verringert werden".*

---

12 Diesem Abschnitt liegen insbesondere die beiden Arbeiten von Fedra (1989a,b) zugrunde; außerdem Kesidou und Duit (1993) sowie Einhaus (2007).

■   **„Mit Wärmeenergie kann man nur noch heizen."**

Schülerinnen und Schüler der Oberstufe (auch Studierende) gehen vor dem Thermodynamikunterricht häufig davon aus, dass ‚Wärme' (hier als Speicherform missverstanden; physikalisch der inneren Energie verwandt) nicht für mechanische Prozesse genutzt werden kann. ‚Wärme' wird als unnütze oder eben nur noch für Heizzwecke verwendbare Energieform betrachtet. Dass man ein Peltierelement durch Berühren mit der Hand dazu verwenden kann, einen kleinen Motor zum Laufen bringen kann, bewirkt beim folgenden Schüler großes Erstaunen: *„Das wär 'nen Ding, wenn das läuft –* ... (leise zu sich selbst:) *„Das glaub' ich nicht. ... Da kann man mithilfe von Temperaturdifferenzen ... sofort Strom erzeugen, einfach nur durch unterschiedliches Material!"*[13]

Eine mögliche Ursache der Vorstellung von ‚Wärme' (innerer Energie) als prinzipiell nutzloser Energie liegt darin, dass im Mechanikunterricht die bei Bewegungsvorgängen durch Reibung bewirkte Wärme fast immer als unerwünschte, aber unvermeidbare Erscheinung behandelt wird. Das verleiht der ‚Wärme' offenbar ein übersteigert negatives Image.

■   **„Technische Ursachen begrenzen den Wirkungsgrad."**

Der zweite Hauptsatz der Thermodynamik wird von Schülerinnen und Schülern zwar in seiner qualitativen Grundaussage akzeptiert (z. B. in der problematischen Formulierung „Wärme kann durch eine periodisch arbeitende Maschine nicht vollständig in Arbeit umgewandelt werden."), jedoch nicht zutreffend interpretiert. Teilweise kommt es bei Lernenden zu einer Überkompensation der Vorstellung, man könne mit ‚Wärmeenergie' nur heizen. Sie gehen dann davon aus *„theoretisch"* sei ‚Wärme' vollständig in mechanische Energieformen umwandelbar und der Wirkungsgrad sei letztlich nur technisch begrenzt. Unvermeidbare Wärmeleitung, d. h. mangelnde Isolation, ist nach Schülermeinung der Grund für Wirkungsgrade kleiner als 1.

Schülerinnen und Schüler interessieren sich bei Wärmekraftmaschinen ohnehin mehr für die technischen, insbesondere die mechanischen Aspekte. Der Physikunterricht stellt dagegen die Kreisprozesse und den physikalischen Wirkungsgrad in den Vordergrund und behandelt technische Realisierungen, wie den Stirlingmotor, als technische Annäherungen an physikalische Prototypen von Prozessführungen. Jugendliche betrachten Wärmekraftmaschinen hingegen primär als technische Objekte. Sie machen Grenzen der Ingenieurskunst als Ursachen für Wirkungsgrade deutlich unter 1 verantwortlich und sind erstaunt, wenn sie erfahren, dass moderne Kohlekraftwerke mit thermischen Wirkungsgraden von ca. 45 % bereits dicht an dem maximalen Wert liegen, der *physikalisch* aufgrund der gegebenen Temperaturdifferenzen prinzipiell realisierbar ist.

■   **„Kraftwerke muss man kühlen, weil sie sonst kaputt gehen."**

Die Fokussierung auf die Technik führt bei Wärmekraftwerken zu Fehlannahmen. Kühlsysteme sind aus Sicht von Schülerinnen und Schülern erforderlich, um eine Überhitzung der Anlagen und damit technische Defekte zu verhindern. Die aus physikalischer Sicht entscheidende Funktion der Erhöhung des Wirkungsgrads durch Absenken des unteren Temperaturniveaus wird nicht gesehen (► Kasten 8.5). Es erscheint Lernenden

---

13   Schülerzitate in Fedra (1989a, S. 171)

Kasten 8.5: Warum kühlt man Wärmekraftmaschinen?

Der Wirkungsgrad eines Prozesses ist definiert als das Verhältnis der für die beabsichtigte Nutzung gewonnenen Energie zu der in das System eingebrachten Energie: $\eta = E_{\text{Nutzen}}/E_{\text{Aufwand}}$.
Bei einem Kohlekraftwerk wären das die elektrisch abgenommene Energie (von Wärme-Kraft-Kopplung, d. h. thermisch abgenommener Energie, soll hier abgesehen werden) und die mittels der Kohle (und des Sauerstoffs) chemisch eingebrachte Energie.

Bei periodisch arbeitenden Wärmekraftmaschinen, d. h. Prozessführungen, bei denen Druck und Volumen eines Arbeitsgases einen sich wiederholenden Zyklus durchlaufen (z. B. bei Dampfmaschinen oder Verbrennungsmotoren) gibt es eine theoretische Obergrenze für den Wirkungsgrad. Der in einem idealen Kreisprozess (Carnot-Prozess) maximal erreichbare Wert hängt dabei nur von der höchsten und der niedrigsten Temperatur ab, die das Gas im Zylinder während eines Zyklus erreicht: $\eta = 1 - T_{\text{min}}/T_{\text{max}}$ (T: Temperatur in Kelvin): Je höher die erreichte Höchsttemperatur und je niedriger die untere Temperatur, desto besser ist der Wirkungsgrad. Dieses Grundprinzip gilt trotz sehr unterschiedlicher Prozessführungen für alle Wärmekraftmaschinen, auch wenn die einfache Formel nur für die ideale Wärmekraftmaschine, d. h. ein Gedankenexperiment, gültig ist. Man kann also z. B. bei einem Stirlingmotor den Wirkungsgrad erhöhen, indem man die Temperatur der Luft im Zylinder während eines bestimmten Teils des Zyklus (Takt) auf einen höheren Wert bringt oder indem man sie durch eine bessere Kühlung in einem anderen Takt stärker absenkt (Abbildung) – am besten macht man beides.

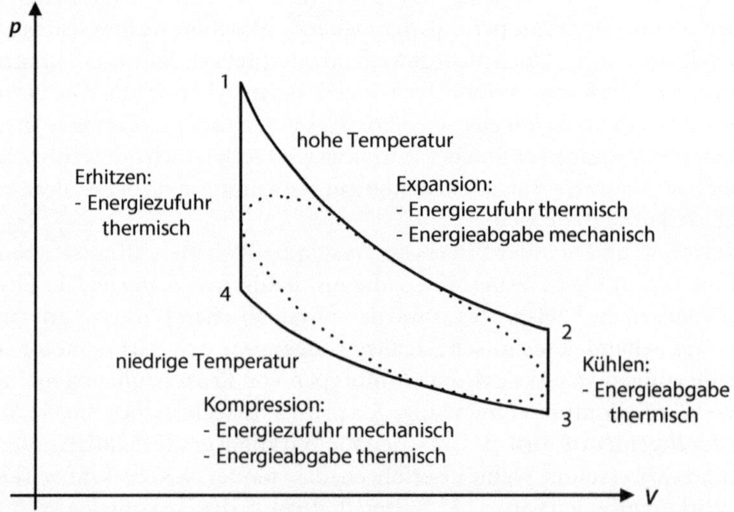

p-V-Diagramm zum Stirlingmotor (durchgezogene Linie: ideal; gestrichelte Linie: real)

Der physikalische Sinn der Kühlung besteht also in der Verbesserung des Wirkungsgrads. Qualitativ kann man diesen Effekt beim Stirlingmotor sehr vereinfacht folgendermaßen verstehen: Ein Zyklus besteht aus Expandieren, Kühlen, Komprimieren und Erhitzen der Luft; dann wieder Expandieren, Kühlen usw. Beim Expandieren wird Nutzenergie mechanisch abgegeben: Die warme Luft drückt den Kolben nach außen und treibt damit z. B. ein Schwungrad an. Für das Komprimieren muss man Energie mechanisch zuführen – der Kolben muss die Luft ja wieder zusammendrücken, damit der nächste Zyklus ablaufen kann. Nun ist es wesentlich einfacher, *kalte* Luft zu komprimieren als warme, denn der Druck im Kolben ist geringer. Je niedriger die Temperatur, desto weniger Energie wird benötigt. Dadurch dass man die Luft vor dem und beim Komprimieren kühlt, steigt der Wirkungsgrad des Gesamtprozesses. Diese Grundidee gilt auch für kompliziertere Prozesse, wie sie in bei Verbrennungsmotoren oder Dampfturbinen vorliegen.

beim Wasser-Dampf-Kreislauf eines Wärmekraftwerks geradezu widersinnig, dass man erst mit einem Kondensator den Wasserdampf herunterkühlt und das Wasser dann wieder unter Verbrennung von Kohle verdampft. Sinnvoller erscheint es ihnen, die ‚Restwärme' des Wassers im Kreislauf zu belassen und damit weniger Energie zu brauchen, um das Wasser wieder auf das obere Temperaturniveau zu bringen.

8.4 Unterrichtskonzeptionen

- **Energieerhaltung und -entwertung**

  Schlichting, H.-J. & Backhaus, U. (1984). Energieverbrauch und Energieentwertung. *Der Physikunterricht*(3), 24–40.
  Schlichting, H.-J. & Backhaus, U. (1987). Energieentwertung und der Antrieb von Vorgängen. *Naturwissenschaften im Unterricht – Physik/Chemie, 35*(24), 15–24.

Schlichting und Backhaus (1984, 1987) haben einen Unterrichtsgang für die Sekundarstufe I entwickelt, der auf der Überzeugung beruht, dass man den Begriff Energie nicht verständlich machen kann, ohne auch das Prinzip der Energieentwertung zu behandeln (▸ Kasten 8.2). Die physikalischen Grundlagen werden in Schlichting (1983) erläutert.

- **Energie mengenartig**

  Herrmann, F. (1981). *Neue Physik. Das Energiebuch.* Hannover: Schroedel.
  Haas, K., Herrmann, F., Laukenmann, M., Mingirulli, L., Morawietz, P. & Schmälze, P. (1995). *Der Karlsruher Physikkurs. Ein Lehrbuch für die Sekundarstufe I, Teil1, Energie, Impuls, Entropie.* Karlsruhe: Universität Karlsruhe, Abt. Didaktik der Physik.

„Das Energiebuch" für den Anfangsunterricht in der Sekundarstufe I gibt eine anschauliche Vorstellung von Energieströmen, Energieträgern und Energieumladeprozessen zwischen Energieträgern. Energie wird ein mengenartiger, quasi-stofflicher Charakter zugemessen. Eine wichtige Rolle spielen dabei Energieflussdiagramme. Dieser Ansatz des „Karlsruher Physikkurses" wird in Haas et al. (1995) bis zur Einführung des Entropiebegriffs fortgeführt. Kesidou und Duit (1991) konnten Vorteile in den Lernwirkungen dieses Ansatzes gegenüber einem herkömmlichen Unterricht zeigen, allerdings nicht hinsichtlich des zweiten Hauptsatzes. Starauschek (2001) wies nach, dass die Einführung von Wärme als fließende, mengenartige Größe höhere Lernwirkungen gegenüber traditionellem Unterricht in der Wärmelehre hat, z. B. bei der Beschreibung von Temperaturausgleichsvorgängen und bei der Wärmeempfindung.

- **Energie vor Arbeit**

  Bader, M. (2001). *Vergleichende Untersuchung eines neuen Lehrgangs „Einführung in die mechanische Energie und Wärmelehre"* (Dissertation). München: Ludwig-Maximilians-Universität, Fakultät für Physik. https://edoc.ub.uni-muenchen.de/191/1/Bader_Martin.pdf; (Zugriff 30. 12. 2017).
  Bader, M. & Wiesner, H. (1999). Einführung in die mechanische Energie und Wärmelehre. Das „Münchner Unterrichtskonzept". *Physik in der Schule*(6), 363–367.

Bader hat ein Unterrichtskonzept entwickelt, bei dem im Mechanikunterricht die klassischen Inhalte in einer anderen Reihenfolge unterrichtet werden. Anhand verschiedener periodischer mechanischer Abläufe wird zuerst die Annahme begründet, dass es in abgeschlossenen mechanischen Systemen eine Größe gibt, die während der Bewegung konstant bleibt, genannt „Gesamtenergie". Danach werden mechanische Energieformen eingeführt und Energieumwandlungen qualitativ besprochen. Nach der Festlegung der Gleichung für die potenzielle Energie werden Gleichungen für andere Energieformen mithilfe von Experimenten aus der Energieerhaltung hergeleitet. Die Betrachtung nicht abgeschlossener mechanischer Systeme führt zur Beschreibung der Änderung der Gesamtenergie des Systems, wozu der Begriff „Arbeit" eingeführt wird. Schließlich werden Kraftwandler unter dem Aspekt Energie betrachtet. Damit wurde die klassische Reihenfolge umgedreht, bei der die Goldene Regel der Mechanik bei Kraftwandlern die Definition der Arbeit vorbereitet, dann Energie als gespeicherte Arbeit eingeführt wird, Energieumwandlungen betrachtet werden und die Energieerhaltung erst am Ende steht.

Bader konnte zeigen, dass eine nach diesem Konzept unterrichtete Versuchsgruppe bei Aufgaben signifikant besser als eine Kontrollgruppe war, die nach dem traditionellen Vorgehen unterrichtet wurde.

8.5   Testinstrumente

- **Energy Concept Inventory (ECI)**

Nach dem Muster des Force Concept Inventory (FCI, ▶ Abschn. 4.5) haben Swackhamer, Dukerich und Hestenes (2005) einen Test zu Vorstellungen über Energie und Wärme ins Netz gestellt. Er umfasst 35 Multiple-Choice-Items. Die Items bieten Anregungen für eigene Aufgabenentwicklungen. Publikationen zum ECI liegen nicht vor.

- **Thermodynamikaufgaben**

Einhaus (2007) hat auf Grundlage von Aufgaben aus der Literatur (insbesondere Yeo & Zadnik, 2001) und mit Eigenentwicklungen einen umfangreichen Test zum Verständnis der Wärmelehre und Thermodynamik (Itemsets T.1 bis T.6) zusammengestellt. Überwiegend handelt es sich um einen Fachwissenstest. Er umfasst aber auch Aufgaben, die sich auf Schülervorstellungen beziehen, z. B. zu Wirkungsgraden und der Kühlung von Wärmekraftmaschinen.

- **Aufgaben für Unterrichtsgespräche**

Starauschek (2010) hat zwölf Aufgaben zusammengestellt, die als Anlässe für Lehrer-Schüler-Gespräche im Physikunterricht über Grundvorstellungen zu Wärme, Energie, Energiefluss und Temperatur geeignet sind. Darin werden auch Vorstellungen zu Teilchen und Wärme aufgegriffen, die in ▶ Kap. 7 behandelt sind.

8.6   Literatur zur Vertiefung

Chen, R. F., Eisenkraft, A., Fortus, D., Krajcik, J., Neumann, K., Nordine, J. C. & Scheff, A. (2014). *Teaching and Learning of Energy in K – 12 Education*. Cham: Springer. Der Sammelband gibt in 20 Beiträgen einen breiten Überblick über den Forschungsstand und Unterrichtsansätze zum Thema Energie. Zu den behandelten Aspekten zählen Schülervorstellungen, Unterrichtsziele, fachliche Fragen der Elementarisierung und Unterrichtsvorschläge.

Duit, R. (1986). *Der Energiebegriff im Physikunterricht*. Kiel: IPN
Die Habilitationsschrift von Duit gilt als Standardwerk zum Energiebegriff. Ausgehend von einer umfassenden fachlichen Analyse des Konzepts behandelt das Buch angemessene Konzeptualisierungen für den Unterricht, Studien zu Schülervorstellungen und unterrichtliche Konsequenzen.

Müller, R. (2014). *Thermodynamik. Vom Tautropfen zum Solarkraftwerk*. Berlin: de Gruyter.
Das Buch bietet eine für Lehrkräfte und Lehramtsstudierende besondere gut geeignete fachliche Darstellung der Thermodynamik, in der viele Themen, die im vorliegenden Kapitel nur kurz angerissenen werden konnten, vertieft dargestellt sind.

8.7　Übungen

► Übung 8.1 greift die Idee einer Aufgabe aus Einhaus (2007, S. 324) auf, die sich auf die Kraft-Wärme-Kopplung bei einem Wärmekraftwerk bezieht. Auch die ► Übung 8.2 orientiert sich an einer Aufgabe aus Einhaus (2007, S. 290). ► Übung 8.3 ist für das vorliegende Buch neu entwickelt worden.

Übung 8.1

Eine Aufgabe für Schülerinnen und Schüler lautet:
　Die Firma HeizTec bietet für Einfamilienhäuser kompakte Blockheizkraftanlagen an. Basis ist ein mit Erdgas beheizter Stirlingmotor mit einem angekoppelten elektrischen Generator. Damit gewinnt man elektrische Energie. Die Abwärme des Motors wird für die Heizung des Hauses genutzt.
　Herr Rath will bei der Erneuerung seiner Heizungsanlage eine solche Einheit einbauen. Sein Nachbar rät ihm: „Ich habe gehört, man erreicht eine bessere Energienutzung, wenn man bei einer solchen Anlage bei den Rücklaufleitungen von den Heizkörpern zum Heizungskeller die Wärmeisolation entfernt". Herr Rath schüttelt den Kopf: „Das ist Unsinn! Im Gegenteil: Ich werde bei der Gelegenheit alle Vor- und Rücklaufleitungen im Haus dicker ummanteln".
Welche der folgenden Aussagen trifft bzw. treffen zu? Kreuze an!
　Wenn man den Rücklauf isoliert, steigt der Wirkungsgrad der Anlage.
　　○ stimmt　　　○ stimmt nicht

　Um einen besseren Wirkungsgrad zu bekommen, müsste man auch die Isolierung bei den Leitungen aus dem Keller zu den Heizkörpern entfernen.
　　○ stimmt　　　○ stimmt nicht

　Eine dickere Ummantelung steigert den Wirkungsgrad, weil man dann Erdgas spart.
　　○ stimmt　　　○ stimmt nicht

▪ **Übungsaufgabe:**
Welche Schülerantworten kann man erwarten? Auf welcher Vorstellung beruhen die Fehler?

Übung 8.2

Eine Aufgabe für Schülerinnen und Schüler lautet:

Im Unterricht wird ein Text über eine der ersten Dampfmaschinen des Schotten James Watt gelesen. Es heißt dort, dass sie einen sehr schlechten Wirkungsgrad hatte. Man habe sehr viel Kohle benötigt, damit diese Maschine ihre Arbeit verrichten konnte.

Darüber sprechen Lisa, Lutz und Rike. Wer von ihnen hat Recht? Nehmen Sie zu den drei Aussagen in einigen Sätzen Stellung!

Lisa: *„Moderne Dampfmaschinen brauchen viel weniger Kohle, um die gleiche Arbeit zu leisten wie die alten."*

Lutz: *„Wenn man eine Dampfmaschine bauen könnte, die keine Verluste durch Reibung und sowas hat, könnte man einen Wirkungsgrad von praktisch 100 Prozent erreichen.*

Rike: *„Reale Dampfmaschinen können nie einen Wirkungsgrad von 100 Prozent haben, aber rein theoretisch – so in einem von diesen Gedankenexperimenten – wäre das möglich."*

■ **Übungsaufgabe:**

Welche Aussagen kann man in den Stellungnahmen der Schüler erwarten? Auf welchen Vorstellungen beruhen sie?

Übung 8.3

Eine Schülerin beschreibt im Folgenden die Bewegung eines Skateboardfahrers in einer Halfpipe (Abbildung). In ihrer 9. Realschulklasse waren vorher Energieformen, Energieflüsse und Energieerhaltung an Beispielen aus der Mechanik behandelt worden.

Mara: *Also, erstmal fährt er ja runter, d. h., er wird schneller, dadurch bekommt er Energie. Und dann rollt er auf der anderen Seite wieder hoch – mit dem Schwung, den er hat.*

Interviewer: *Und was ist mit der Energie?*

Mara: *Der Schwung wird aufgebraucht.*

Interviewer: *Heißt das, die Energie ist weg?*

Mara: *Die Bewegungsenergie schon – irgendwie.*

Interviewer: *Woher kommt denn die Energie beim Herunterfahren? Du hast gesagt, er bekommt dabei Energie.*

Mara: *Er wird ja angezogen – von der Erde. Die Erde zieht ihn an und dadurch wird er schneller und bekommt Energie.*

Interviewer: *Das heißt, die Energie kommt von der Erde?*

Skateboardfahrer in einer
Halfpipe

Mara (guckt skeptisch): *Von der Erde?*

Interviewer: *Irgendwo muss sie doch herkommen.*

Mara: *Ja, gut.*

Etwas später geht es um die Frage, wo die Energie bleibt, wenn der Skateboarder in der
Halfpipe ausrollt.

Interviewer: *Irgendwann bleibt der Skateboarder stehen. Wo ist dann die Energie geblieben?*

Mara: *Die ist dann weg.*

Interviewer: *Aber wo ist sie hin? Es heißt doch, Energie bleibt erhalten.*

Mara: *Es gibt ja immer Reibung. Und da geht die Energie hin.*

Interviewer: *In die Reibung? Wie soll ich mir das vorstellen?*

Mara: *Ja, als Reibungsverlust. Er kommt ja auch vorher immer schon nicht mehr ganz so hoch.*

Interviewer: *Welche Energieform ist denn bei der Reibung im Spiel?*

Mara: *Im Unterricht haben wir gesagt, dass das nun zu Wärme geworden ist.*

■ **Übungsaufgabe:**
Welche Schülervorstellungen werden im Text deutlich? Erläutern Sie mit konkretem Bezug zu
Aussagen von Mara!

8.8   Literatur

Bader, M. (2001). *Vergleichende Untersuchung eines neuen Lehrgangs „Einführung in die mechanische Ener-
gie und Wärmelehre"*. Dissertation, Fakultät für Physik, Ludwig Maximilians Universität, München.
Bader, M. & Wiesner, H. (1999). Einführung in die mechanische Energie und Wärmelehre. Das „Münchner
Unterrichtskonzept". *Physik in der Schule* (6), 363–367.
Behle, J. & Wilhelm, T. (2017). *Aktuelle Schülerrahmenkonzepte zur Energie*. PhyDid B – Didaktik der Physik –
Beiträge zur DPG-Frühjahrstagung (2017).
Chen, R. F., Eisenkraft, A., Fortus, D., Krajcik, J., Neumann, K., Nordine, J. C. & Scheff, A. (2014). *Teaching and
Learning of Energy in K – 12 Education*. Cham: Springer.

Crossley, A. & Starauschek, E. (2010). *Schülerassoziationen zur Energie. Ergebnisse auf Kategorienebene.* PhyDid B – Didaktik der Physik – Beiträge zur DPG-Frühjahrstagung.

Duit, R. (1981). Understanding Energy as a Conserved Quantity – Remarks on the Article by R. U. Sexl. *European Journal of Science Education, 3*(3), 291–301. https://doi.org/10.1080/0140528810030306

Duit, R. (1984). Kraft, Arbeit, Leistung, Energie – Wörter der Alltagssprache und der physikalischen Fachsprache. *physica didactica, 11*(2–3), 129–144.

Duit, R. (1986). *Der Energiebegriff im Physikunterricht.* Kiel: IPN.

Duit, R. (1987). *Sollte man Energie als quasi-materielles Etwas veranschaulichen?* Vorträge/ Physikertagung,Deutsche Physikalische Gesellschaft, Fachausschuss Didaktik der Physik, Tagung 1986, 207–215.

Einhaus, E. (2007). *Schülerkompetenzen im Bereich Wärmelehre* (Diss.). Berlin: Logos.

Fedra, R. D. (1989a). *Ausschärfung und Weiterentwicklung von vorwissenschaftlichen Vorstellungen bei dem Erlernen des Zweiten Hauptsatzes der Thermodynamik* (Diss.). Kassel: Universität Kassel.

Fedra, R. D. (1989b). Schülervorstellungen zum Energieverbrauch und ihre Aufarbeitung im Physikunterricht der Sekundarstufe II. In W. Kuhn (Hrsg.), *Didaktik der Physik. Vorträge auf der Physikertagung 1989 in Bonn* (S. 298–305). Gießen: Deutsche Physikalische Gesellschaft, Fachausschuss Didaktik der Physik.

Feynman, R. P., Leighton, R. B. & Sands, M. (1991). *Vorlesungen über Physik. Band I.* München: Oldenbourg.

Grehn, J. & Krause, J. (2007). *Metzler Physik* (4. Aufl.). Braunschweig: Schroedel.

Haas, K., Herrmann, F., Laukenmann, M., Mingirulli, L., Morawietz, P. & Schmälze, P. (1995). *Der Karlsruher Physikkurs. Ein Lehrbuch für die Sekundarstufe I, Teil 1, Energie, Impuls, Entropie.* Karlsruhe: Universität Karlsruhe, Abt. Didaktik der Physik.

Harrer, B. W. (2017). On the origin of energy: Metaphors and manifestations as resources for conceptualizing and measuring the invisible, imponderable. *American Journal of Physics, 85*(6), 454–460. https://doi.org/10.1119/1.4979538

Herrmann, F. (1981). *Neue Physik. Das Energiebuch.* Hannover: Schroedel.

Kaper, W. H. & Goedhart, M. J. (2002).,Forms of Energy', an intermediary language on the road to thermodynamics? Part I. *International Journal of Science Education, 24*(1), 81–95. https://doi.org/10.1080/09500690110049114

Kesidou, S. & Duit, R. (1991). Wärme, Energie, Irreversibilität – Schülervorstellungen im herkömmlichen Unterricht und im Karlsruher Ansatz. *physica didactica, 18*(2–3), 57–75.

Kesidou, S. & Duit, R. (1993). Students' conceptions of the second law of thermodynamics – an interpretive study. *Journal of Research in Science Teaching, 30*(1), 85–106. https://doi.org/10.1002/tea.3660300107

KMK. Ständige Konferenz der Kultusminister der Länder in der Bundesrepublik Deutschland (Hrsg.) (2005). *Bildungsstandards im Fach Physik für den Mittleren Schulabschluss.* München: Luchterhand.

Labudde, P. (1986). Zum Begriff der Arbeit: Wie lassen sich Alltagserfahrungen des Schülers und physikalische Definition besser in Einklang bringen? *Der mathematische und naturwissenschaftliche Unterricht, 39*(7), 406–409.

Labudde, P. (1993). „Arbeit" im Alltag und in der Physik. In P. Labudde (Hrsg.), *Erlebniswelt Physik* (S. 42–49). Bonn: Dümmler.

Müller, R. (2014). *Thermodynamik. Vom Tautropfen zum Solarkraftwerk.* Berlin: de Gruyter.

Papadouris, N., Constantinou, C. P. & Kyratsi, T. (2008). Students' use of the energy model to account for changes in physical systems. *Journal of Research in Science Teaching, 45*(4), 444–469. https://doi.org/10.1002/tea.20235

Schecker, H. & Theyßen, H. (2007). Energie – Ein Konzept in allen Naturwissenschaften? *Naturwissenschaften im Unterricht – Chemie, 17*(100/101), 82–87.

Schlichting, H.-J. (1983). *Energie und Energieentwertung in Naturwissenschaft und Umwelt.* Heidelberg: Quelle & Meyer.

Schlichting, H.-J. & Backhaus, U. (1984). Energieverbrauch und Energieentwertung. *Der Physikunterricht* (3), 24–40.

Schlichting, H.-J. & Backhaus, U. (1987). Energieentwertung und der Antrieb von Vorgängen. *Naturwissenschaften im Unterricht – Physik/Chemie, 35*(24), 15–24.

Sexl, R. U. (1981). Some Observations Concerning the Teaching of the Energy Concept. *European Journal of Science Education, 3*(3), 285–289. https://doi.org/10.1080/0140528810030305

Solomon, J. (1983a). Learning about energy: how pupils think in two domains. *European Journal of Science Education*, *5*(1), 49–59. https://doi.org/10.1080/0140528830050105

Solomon, J. (1983b). Messy, Contradictory and Obstinately Persistent: A Study of Children's Out-of-School Ideas about Energy. *The School Science Review*, *65*(231), 225–229.

Starauschek, E. (2001). *Physikunterricht nach dem Karlsruher Physikkurs. Ergebnisse einer Evaluationsstudie.* Berlin: Logos.

Starauschek, E. (2010). Mit Aufgaben Schülervorstellungen zur Wärmelehre erkunden. *Naturwissenschaften im Unterricht – Physik*, *21*(115), 8–11.

Swackhamer, G., Dukerich, L. & Hestenes, D. (2005). *Energy Concept Inventory (ECI)*. Zugriff am 15. 1. 2018 unter https://doi.org/energyeducation.eku.edu/sites/energyeducation.eku.edu/files/EnergyConceptInventory.pdf

Trumper, R. (1993). Children's energy concepts: A cross-age study. *International Journal of Science Education*, *15*(2), 139–148.

Warren, J. W. (1979). *Understanding Force – Verständnisprobleme beim Kraftbegriff.* London: Murray: (deutsche Übersetzung von Udo Backhaus & Thorsten Schneider: www.didaktik.physik.uni-due.de/veranstaltungen/LeitfachMechanikAkustikKalorik/WARREN.pdf; Zugriff am 1. 2. 2017).

Warren, J. W. (1982). The nature of energy. *European Journal of Science Education*, *4*(3), 295–297. https://doi.org/10.1080/0140528820040308

Yeo, S. & Zadnik, M. (2001). Introductory thermal concept evaluation: assessing students' understanding. *The Physics Teacher*, *39*(8), 496–504. https://doi.org/10.1119/1.1424603

Schülervorstellungen zu Feldern und Wellen

Martin Hopf und Thomas Wilhelm

© Springer-Verlag GmbH Deutschland, ein Teil von Springer Nature 2018
H. Schecker, T. Wilhelm, M. Hopf, R. Duit (Hrsg.), *Schülervorstellungen und Physikunterricht*,
https://doi.org/10.1007/978-3-662-57270-2_9

9.1   Einführung

Petra ist Schülerin einer 12. Klasse und hatte bereits Unterricht über Elektromagnetismus. Sie unterhält sich mit einem Interviewer (I; Aschauer, 2017[1]):

> **I:** *Sehr gut, bleiben wir gleich bei den Magneten. Was würde passieren, wenn ich den Magneten in die Nähe des geladenen Luftballons bring?*
>
> **Petra:** *Hm. (…) Das wird von der Ladung des Luftballons abhängen.*
>
> **I:** *Kannst Du mir das genauer erklären? Nehmen wir mal an, der ist negativ geladen.*
>
> **Petra:** *Dann wird das Positive, also das Rote, anziehen und das Grüne wird abstoßen, den Luftballon."*

In diesem Interviewausschnitt werden aus fachlicher Sicht sowohl problematische als auch erfreuliche Aspekte von Petras Denken erkennbar. Petra hat offenbar etwas über Felder und Ladungen gelernt. Sie weiß auch, dass es zwei verschiedene Arten der Ladung gibt und dass anziehende und abstoßende Kräfte zwischen Ladungen auftreten können. Sie erinnert sich zudem daran, dass sich ungleichartige Ladungen abstoßen. Problematisch ist aber Petras Übergeneralisierung des Ladungsbegriffs: Sie führt sogar magnetische Pole auf Ladungen zurück und assoziiert den Nordpol mit einer positiven elektrischen Ladung. Das ist eine typische Schülervorstellung.

Forschungsergebnisse zu den Vorstellungen von Lernenden über Felder und Wellen stammen hauptsächlich aus Untersuchungen mit Studierenden des ersten Jahres an Colleges oder Universitäten in den USA. Gleiche Vorstellungen zeigen sich aber auch in deutschsprachigen Untersuchungen.

9.2   Vorstellungen zu Feldern[2]

Untersuchungen zeigen, dass Lernende Grundideen des physikalischen Feldkonzepts unzureichend verstehen und sehr wenige Kenntnisse über Zusammenhänge zwischen elektrischen und magnetischen Feldern haben. Vermutlich sind daher viele der folgenden Vorstellungen Ad-hoc-Konstrukte in Testsituationen. Es zeigen sich dabei auch Vorstellungen, die ein Produkt des Unterrichts sind. Da dort in der Regel statische Felder deutlich im Vordergrund stehen, gehen Lernende z. B. nicht davon aus, dass Felder sich zeitlich oder räumlich ändern können.

---

1   Die Zitate stammen aus Aschauer (2017).

2   Die Darstellungen dieses Abschnitts beruhen auf Albe, Venturini und Lascours (2001); Aschauer (2017); Bar, Zinn und Rubin (1997); Bollen, van Kampen, Baily, Kelly und De Cock (2017); Borges, Tecnico und Gilbert (1998); Furio und Guisasola (1998); Galili (1995); Maloney, O'Kuma, Hieggelke und Van Heuvelen (2001) sowie Sağlam und Millar (2006).

9.2.1 Grundvorstellungen zu Feldern

- **„Es kommt auf die Kraft zwischen Körpern an – weniger auf das Feld."**

Das physikalische Konzept des Feldes ist komplex (▶ Kasten 9.1). Immer wieder zeigt sich, dass Schülerinnen und Schüler erhebliche Schwierigkeiten mit diesem Begriff haben. So gehen sie z. B. von direkten Wechselwirkungen zwischen geladenen Körpern aus und vernachlässigen das Feldbild. Näher befindliche Ladungen haben in dieser Sichtweise eine größere Wirkung als weiter entfernte Ladungen. So wurden Schülerinnen und Schüler z. B. gefragt, was mit einem positiv geladenen Pendelkörper im Inneren eines negativ geladenen Metallbechers passiert, wenn er sich nahe der linken Becherwand befindet (◨ Abb. 9.1). Die Mehrheit ging davon aus, dass das Pendel aufgrund der stärkeren Anziehung durch die linke Wand nach links ausschlagen wird. Dahinter steht die richtige Vorstellung, dass elektrische Kräfte mit dem Abstand stark abnehmen. In diesem Falle ist aber das Feld im Inneren null, sodass keine Auslenkung erfolgt. Die Konzentration auf den Abstand zu geladenen Körpern führt auch beim Plattenkondensator zu Fehlantworten, wenn man fragt, ob der Auslenkwinkel sich ändert, wenn man den Pendelkörper aus der Mitte näher zu einer der Platten bewegt.

Kasten 9.1: Felder

Es gibt verschiedene „Bilder", um physikalische Sachverhalte zu formulieren, d. h. unterschiedliche, aber jeweils zutreffende Beschreibungen. Dazu gehören das Kraftbild, das Feldbild und das Teilchenbild. Man kann bei einer Wechselwirkung z. B. die Kräfte zwischen den beteiligten Objekten beschreiben. Formulierungen der Physik im Kraftbild gehen in der Regel von einer Fernwirkung aus: Zum Beispiel wird in der Newton'schen Formulierung der Gravitationstheorie angenommen, dass die Gravitationskraft zwischen Erde und Sonne über die Entfernung instantan, d. h. unmittelbar und ohne zeitliche Verzögerung wirkt. Ein anderes Bild zur Beschreibung von Wechselwirkungen ist das Feldbild. Hier wird angenommen, dass ein Körper (z. B. die Sonne, gekennzeichnet durch ihre Masse) im Raum einen Zustand erzeugt, den man „Feld" nennt. Dieses Feld bewirkt eine Kraft auf einen anderen Körper mit Masse. Modernste Physik verwendet das Teilchenbild: Wechselwirkungen werden so modelliert, dass zwei Objekte Teilchen austauschen, z. B. Gravitonen bei der Gravitationswechselwirkung. Alle drei Bilder sind mächtige und erfolgreiche Werkzeuge, um Sachverhalte zu beschreiben.

Zunächst ist ein Feld lediglich ein *mathematisches* Objekt, nämlich eine Funktion, die jedem Ort des Raumes einen Zahlenwert (Skalarfeld) oder einen Vektor zuordnet. So kann z. B. die räumliche Verteilung des Luftdrucks in einer Wetterkarte als Skalarfeld beschrieben werden. Ein Beispiel für Felder vektorieller Größen ist das Windfeld mit Windrichtung und -stärke. Die Vektorfunktion $\vec{E}(\vec{r},t)$ beschreibt die elektrische Feldstärke (Vektorfeld) an jedem Punkt $\vec{r}$ des Raumes und zu jedem Zeitpunkt t. *Physikalische* Realität erlangt ein Feld dadurch, dass es Energie (und Impuls) aufnehmen kann, z. B. elektrische Energie im Feld eines Plattenkondensators.

Eine der großen Leistungen der Physik ist die Formulierung des Elektromagnetismus in den Maxwell'schen Gleichungen. Dabei werden die Wechselwirkungen zwischen elektrischen Ladungen, elektrischen Strömen und Magneten als Zusammenspiel elektrischer und magnetischer Felder (bzw. in einer fortgeschrittenen Version als die Auswirkungen eines vierdimensionalen Vektorfelds) formuliert. Es zeigt sich, dass die Formulierung mit Feldern eine wesentlich bessere Beschreibung elektromagnetischer Phänomene erlaubt als eine Formulierung im Kraftbild. Ähnlich ist die Behandlung komplexer Probleme der Astronomie (z. B. Lösung der Keplergleichungen) durch Verwendung des Gravitationsfelds einfacher als die Lösung im Kraftbild.

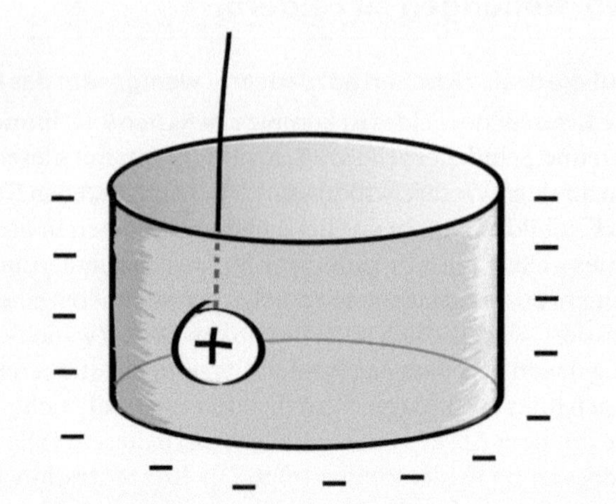

◘ Abb. 9.1 In einen negativ geladenen Metallbecher wird ein Pendel gehängt, dessen Pendelkörper positiv geladen ist. Was wird geschehen? (Nach Furio & Guisasola, 1998).

Lernende sehen oftmals keine Notwendigkeit, zwischen Kraft und Feldstärke zu differenzieren. Sie verwenden diese beiden (physikalisch eng verbundenen) Größen synonym. Wie wenig der Zusammenhang verstanden ist, zeigen z. B. Antworten zur Aufgabe in ◘ Abb. 9.2, wenn die Kraft und die zukünftige Bewegung der Teilchen vorhergesagt werden sollen. Selbst wenn Schülerinnen und Schüler verstanden haben, dass auch *zwischen* den Feldlinien ein elektrisches Feld existiert und daher eine Kraft auf den geladenen Körper wirkt, erkennen sie in der Aufgabe oft nicht, dass die Ladung des Teilchens B negativ ist. Sie sagen daher eine Kraft in Richtung der Feldlinien und eine entsprechende Bewegung voraus.

Lernende sehen elektrische und magnetische Felder als äquivalent an. Beide Felder wirken aus ihrer Sicht gleich: Es wird angenommen, dass ein elektrisches Feld auf einen Magneten wirkt. Umgekehrt ziehe ein Magnet auch eine ruhende Ladung an oder stoße

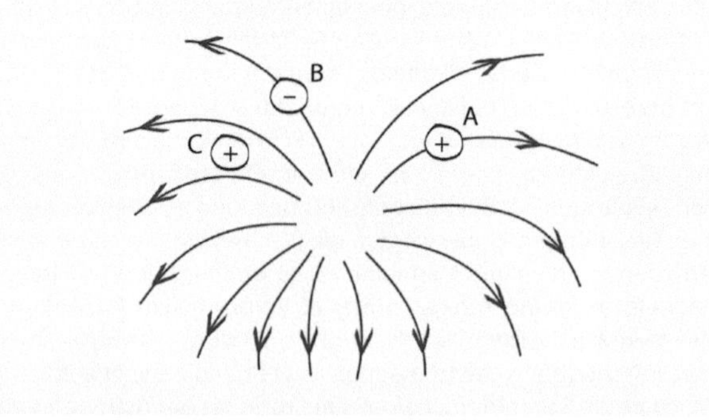

◘ Abb. 9.2 Unterschiedlich geladene Teilchen befinden sich in dem dargestellten elektrischen Feld. Geben Sie für die drei Teilchen A, B und C jeweils die Richtung der elektrischen Kraft an. (in Anlehnung an Maloney et al. (2001).

sie ab. Die Richtung der Kraftwirkungen weist nach Schülermeinung immer zum Pol bzw. zur Ladung.

- **„Das Teilchen bewegt sich entlang der Feldlinie."**

Fragt man Lernende anhand von ◨ Abb. 9.2 danach, ob eine Kraft auf die Teilchen im elektrischen Feld wirkt und wenn ja, in welche Richtung sie zeigt, erhält man folgende Ergebnisse: Die Lernenden geben bei Teilchen A und B eine Kraft in Richtung der Feldlinien ein. Bei Teilchen C argumentieren manche Schülerinnen und Schüler, dass keine Kraft wirke, da ja keine Feldlinie vorhanden sei. Andere Lernende geben an, dass ja eine weitere Feldlinie eingezeichnet werden kann, entlang derer sich das Teilchen dann bewegt. Die Bewegung von Teilchen C wird analog zu der von Teilchen B vorhergesagt, obwohl die Ladung dieses Teilchens negativ ist.

Bei Befragungen mit ◨ Abb. 9.3 geben die meisten Lernenden nicht die richtige Lösung (Pfad II) an, sondern denken, dass sich das Teilchen wie bei Pfad I bewegen wird. Sie erkennen also nicht, dass aus der Feldlinie eine Kraft in Richtung der Tangente an die Feldlinie wirkt, d. h. lediglich eine Beschleunigung resultiert. Die Bahn wird selbst bei einer Anfangsgeschwindigkeit null recht schnell von der Feldlinie abweichen. Die Vorstellung, dass Feldlinien Bahnkurven anzeigen, wird sogar von einigen Schulbüchern unterstützt, beispielsweise wenn die magnetischen Feldlinien über die Bahnkurve einer schwimmenden Magnetnadel, d. h. einer sehr langsamen Bewegung, eingeführt werden.[3]

Schülerinnen und Schüler nehmen Feldlinienbilder also oft als die Trajektorien von Teilchen wahr oder gehen zumindest davon aus, dass sich Teilchen entlang der Feldlinien

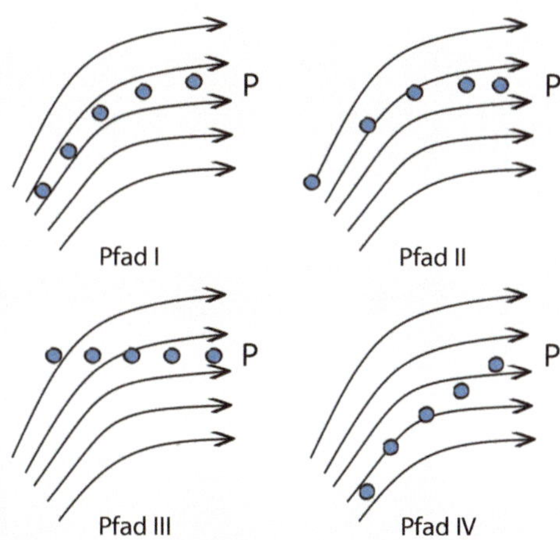

◨ **Abb. 9.3** Im Punkt P befindet sich eine negative Ladung in einem elektrischen Feld. Welcher dargestellte Pfad beschreibt am besten die Flugbahn im Vakuum? (nach Maloney et al., 2001; deutsch nach Poth, 2009).

---

3 Suleder (2016)

bewegen. Die Pfeile an den Feldlinien werden – unabhängig von der Art der Ladung – als Bewegungsrichtung der Teilchen gedeutet. Diese Sichtweise von Feldlinien passt gut zu der mechanischen Grundvorstellung, dass ein Körper sich in Richtung der jeweils wirkenden Kraft bewegt (▶ Abschn. 4.3).

Schülerinnen und Schüler halten Feldlinien für etwas real Existierendes. Dass Feldlinien nur lokale Veranschaulichungen eines überall vorhandenen Feldes darstellen, erkennen sie nicht. Die Äquivalenz der verschiedenen Darstellungsformen ist für sie auch nicht nachvollziehbar (▶ Kasten 9.2). Das geringe Verständnis von Feldlinien bei den Schülerinnen und Schülern zeigt sich auch darin, dass sie die Regeln für Feldlinien nicht kennen bzw. nicht richtig anwenden. So wundern sie sich in selbst erstellten Zeichnungen oder Testaufgaben weder über Kreuzungen noch über Knicke oder in sich geschlossene Feldlinien.

Kasten 9.2: Darstellungsformen von Vektorfeldern

Es ist unmöglich, ein sechsdimensionales Gebilde zweidimensional darzustellen. Um dennoch nicht nur auf mathematische Darstellungen angewiesen zu sein, haben sich verschiedene Darstellungsformen von Vektorfeldern entwickelt. Dabei beschränkt man sich in der Regel darauf, das ebene Vektorfeld des elektrischen oder des magnetischen Feldes in einer xy-Ebene darzustellen[4].

Feldvektoren

In einer einfachen Darstellung werden Feldvektoren an Gitterpunkten des Raumes gezeichnet (Abbildung). Die lokale Stärke des Feldes wird durch die Vektorlänge dargestellt. Der Kraftvektor beginnt dabei stets am Gitterpunkt.

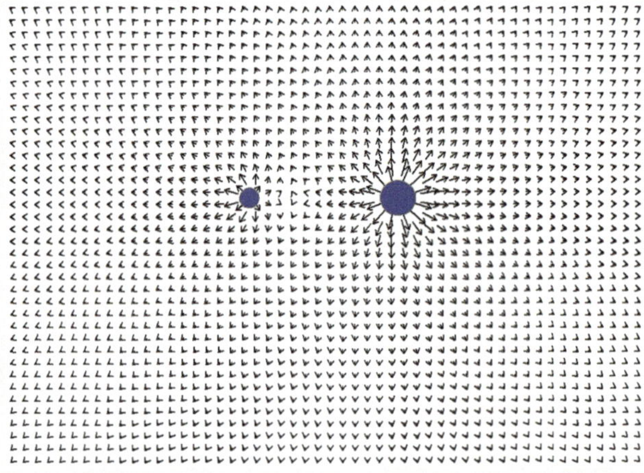

---

4   Die Abbildungen in Kasten 9.2 wurden mit dem Programm Feldlab von Suleder (2003) erstellt.

Feldlinienbilder

In Schulbüchern werden meist Feldlinien gezeigt (Abbildung). Dafür werden die Feldvektoren
zu gerichteten Linien verbunden. Die einzelne Linie veranschaulicht die jeweilige Richtung der
Feldstärke, nicht aber deren Betrag. Die Information über die Feldstärke wird durch die Dichte von
Feldlinien dargestellt. Viele nahe beieinanderliegende Feldlinien entsprechen einem starken Feld.
Feldlinien sind entweder geschlossen oder sie beginnen und enden an einer Ladung bzw. einem
Magneten. Daraus, dass an einem Ort des Feldes jeweils nur eine resultierende Kraft herrschen
kann, ergibt sich, dass sich Feldlinien weder kreuzen noch verzweigen dürfen.

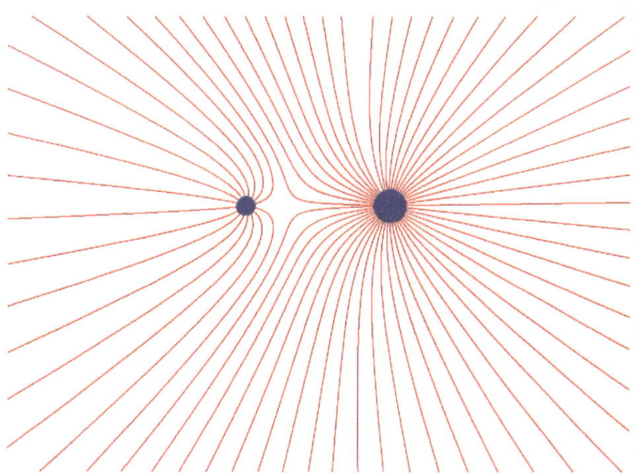

Äquipotenziallinien

Statt Feldlinienbildern können auch Bilder von Äquipotenziallinien verwendet werden
(Abbildung). Das elektrische Potenzial ist das Linienintegral über die elektrische Feldstärke von
einem Bezugspunkt (Nullpotenzial) bis zum untersuchten Punkt. Äquipotenziallinien verbinden
Punkte gleichen Potenzials miteinander. Feldlinien bzw. Kraftvektoren stehen immer senkrecht
auf den Äquipotenziallinien.

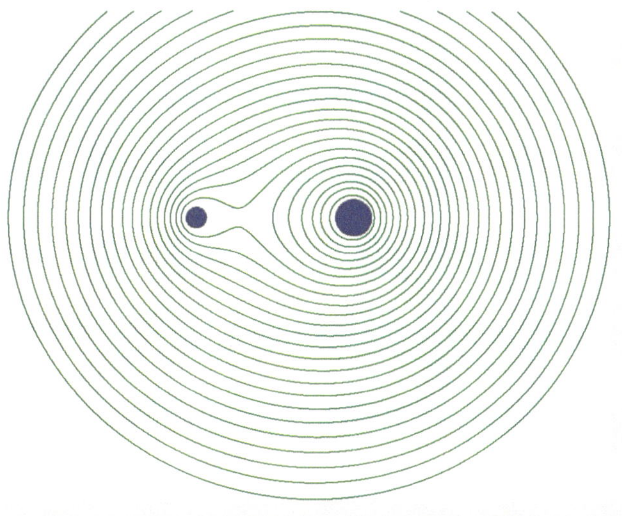

Lernende sind oft hilflos, wenn sie aus einem Feldlinienbild etwas über den Betrag der jeweiligen Feldstärke herauslesen sollen. Vielen gelingt es zwar noch, die Richtungen der Kräfte einigermaßen korrekt zu rekonstruieren, dass aber aus der Dichte der Feldlinien auch etwas über den Betrag der Kraft abgeleitet werden kann, ist Schülerinnen und Schülern oft nicht klar. Daneben kann auch vorkommen, dass Lernende gekrümmte Kraftvektoren zeichnen, wenn die Feldlinien gekrümmt sind.

9.2.2 Elektrisches Feld

- **„Ladungen sind immer beweglich."**

Im Rahmen einer größeren Studie mit Schülerinnen und Schülern der Oberstufe wurde gefragt, was passiert, wenn bei einer elektrisch neutralen Metallkugel (bzw. bei einem elektrisch neutralen Luftballon) an einem Punkt eine geringe Menge an negativer Ladung aufgebracht wird. Etwa 40 % der Lernenden gaben an, dass sich die aufgebrachten Ladungen gleichmäßig über die Innen- und Außenseite verteilen. Diese Antworten berücksichtigen jedoch nicht den Unterschied zwischen einem Luftballon und einer Metallkugel. Das – offenbar in der Sekundarstufe I gelernte – Konzept der frei beweglichen Ladung wird hier übergeneralisiert: Die Lernenden gehen davon aus, dass Ladungen immer und überall frei beweglich sind. So können sie dann weder verstehen, wie ein Isolator funktioniert, noch dass das Innere eines geladenen Leiters frei von einem elektrischen Feld bleibt (Faradaykäfig).

- **„Im Isolator ist kein Feld."**

Lernende nehmen an, dass im Inneren eines Isolators kein Feld bestehen kann. Hier wird offenbar der Begriff des Isolators übergeneralisiert: Schülerinnen und Schüler geben an, dass ein Isolator elektrische Felder blockiert. Denkbar ist aber auch, dass eine Verbindung zwischen Feldern und bewegten Ladungen angenommen wird. Da Lernende vielleicht noch wissen, dass sich Ladungen im Isolator nicht bewegen können, schließen sie, dass es dort auch keine Felder geben kann. So bleiben Effekte von dielektrischen Materialien im Kondensator unverständlich.

- **„Der elektrische Strom verursacht das elektrische Feld."**

Lernende sind sich unsicher, wie ein elektrisches Feld entsteht. Manche glauben, es werde von einem elektrischen Strom hervorgerufen. Das kann ein Resultat der traditionellen Abfolge des Unterrichts sein, in dem recht früh einfache Stromkreise unterrichtet werden und erst Schuljahre später auf Felder eingegangen wird. Andere Schülerinnen und Schüler haben gar keine Idee über den Zusammenhang von Ladungen und Feldern. Aus fachlicher Sicht ist es nicht sinnvoll, über Ursachen und Wirkungen zu sprechen. Nach den Maxwellgleichungen gibt es nur Zusammenhänge, keine Kausalitäten. Aus fachdidaktischen Studien gibt es zu den Auswirkungen der Kausalitätsannahme beim Lernen des Feldkonzepts bisher keine Forschungsergebnisse.

- **„Für das Feld ist Luft notwendig."**

Dass elektrische Kräfte über eine Distanz hinweg wirken, ist für Schülerinnen und Schüler prinzipiell problemlos nachvollziehbar. Manche gehen aber davon aus, dass dafür ein Medium, im Zweifelsfall ‚Luft', vorhanden sein muss. Dass ein elektrisches Feld auch im

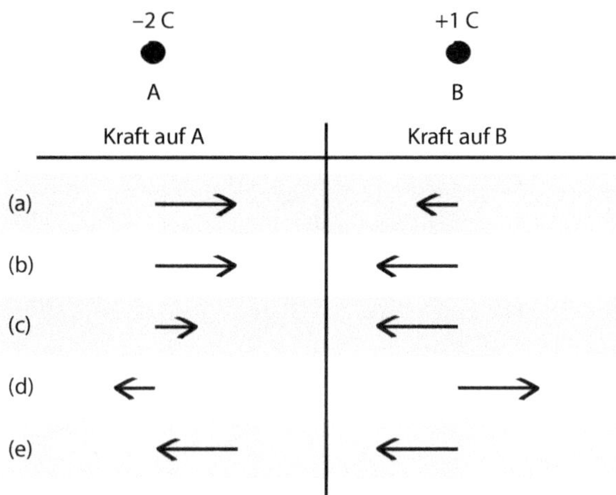

◘ **Abb. 9.4**   Aufgabe: Ein Teilchen (B) hat eine elektrische Ladung von $+1$ C. Einige Zentimeter weiter links befindet sich ein weiteres Teilchen (A) mit einer Ladung von -2 C. Wähle das Vektorpaar (= Pfeilpaar) aus, das die elektrische Kraft auf A, verursacht von B, korrekt vergleicht mit der elektrischen Kraft auf B, die von A verursacht wird! (nach Maloney et al., 2001, deutsch nach Poth, 2009).

Vakuum vorhanden sein kann, finden Lernende eher unglaubwürdig. Dies erinnert an die in der Physik bis Anfang des 20. Jahrhunderts verfolgte Theorie des „Lichtäthers" als immateriellem Träger und Vermittler der elektromagnetischen Wechselwirkung.

- **„Je mehr Ladung, desto stärker."**

Wie in ▶ Abschn. 4.3 dargestellt, haben Schülerinnen und Schüler erhebliche Schwierigkeiten im Umgang mit dem 3. Newton'schen Gesetz. Diese treten auch bei elektrischen und magnetischen Kräften auf. Fragt man z. B. nach den Kräften, die auf die verschieden geladenen Teilchen in ◘ Abb. 9.4 wirken, so wird angenommen, dass die Kraft auf das einfach geladene Teilchen doppelt so groß ist, da es ja von einem zweifach geladenen Teilchen angezogen wird.

9.2.3 Magnetisches Feld

Lernende haben auch Schwierigkeiten, Feldlinienbilder von Magneten zu erstellen oder zu interpretieren. Fragt man nach dem Feld im Umkreis eines Magneten, so zeichnen viele – unabhängig vom gefragten Ort – einen Pfeil in Richtung des Magneten ein. So können nur sehr wenige richtig angeben, dass das magnetische Feld bei der Aufgabe in ◘ Abb. 9.5 an Position 2 parallel zum Stabmagneten verläuft. Schülerinnen und Schüler greifen beim magnetischen Feld auf ihre Vorstellungen zum elektrischen Feld zurück: Sie gehen davon aus, dass sich die Kräfte bei Magneten wie die bei Ladungen verhalten und darum in Richtung des Magneten zeigen. Lernende zeichnen Feldlinien dann nicht so ein, wie sich ein Probemagnet ausrichten würde, sondern so wie sich vorstellen, dass eine Probeladung sich verhalten würde.

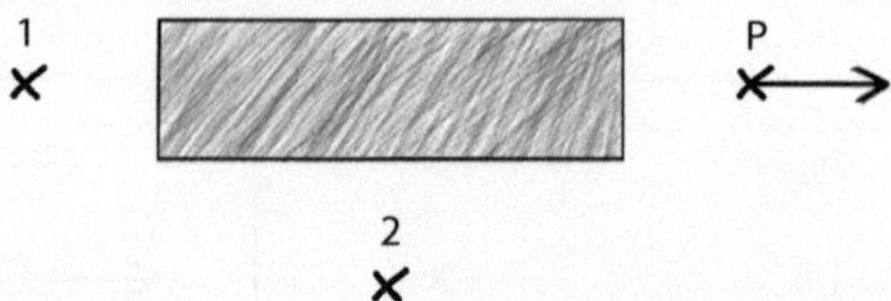

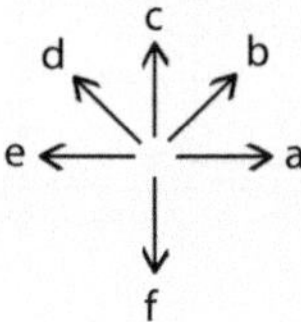

◻ **Abb. 9.5**   Aufgabe zur Richtung des magnetischen Feldes (nach Ding, Chabay, Sherwood & Beichner, 2006; deutsch von Aschauer, 2017).

Schülerinnen und Schüler gehen davon aus, dass das Feld um einen Magneten relativ rasch endet. Dies ist auf die Erfahrung zurückzuführen, dass ein Permanentmagnet nur in einem relativ kleinen Umfeld Eisenstücke anzieht. Tatsächlich ist das Magnetfeld eines Magneten (zumindest theoretisch) unendlich weit ausgedehnt, die Feldstärke fällt allerdings recht rasch ab.

◻ Abb. 9.6 zeigt eine Aufgabe, bei der die Schülerinnen und Schüler die Richtung einer Kompassnadel angeben sollten. Viele Schülerinnen und Schüler geben zwar an, dass sich die Nadel senkrecht nach oben ausrichtet, zeichnen aber keine Richtung ein. Es besteht also offenbar Unsicherheit darüber, wie ein Kompass funktioniert. Man sollte als Lehrkraft

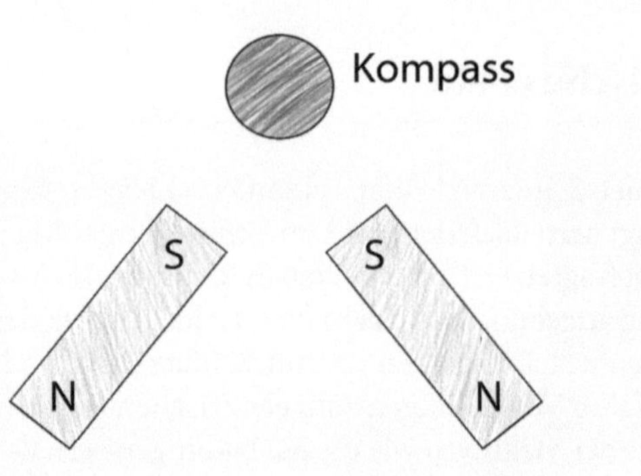

◻ **Abb. 9.6**   Zwei identische Stabmagnete und ein Kompass befinden sich auf einem Tisch. In welche Richtung wird die Kompassnadel zeigen? (nach Albe et al., 2001).

nicht stillschweigend davon ausgehen, dass die Lernenden wissen, dass die Kompassnadel selbst ein kleiner Magnet ist.

- **„Auf dem Mond funktioniert der Magnet nicht."**

Manche Schülerinnen und Schüler gehen davon aus, dass ein Magnet Luft braucht, um Eisen anzuziehen. Folgerichtig geben sie dann an, dass ein Magnet auf dem Mond nicht funktioniert. Andere Jugendliche begründen die gleiche Aussage damit, dass die Gravitation notwendig für das Funktionieren eines Magneten ist. Hier übernimmt die Gravitation die Rolle des Mediums zur Übertragung der elektromagnetischen Wechselwirkung. Andere Lernende argumentieren, dass ein Magnet nur aufgrund des Erdmagnetfelds funktioniert.

- **„Magnetismus ist etwas Elektrisches."**

Weit verbreitet ist Vorstellung, dass Magnetismus seinen Ursprung in Ladungen hat. Schülerinnen und Schüler (wie Petra am Beginn dieses Kapitels) argumentieren, dass die Pole eines Magneten positiv und negativ (und entsprechend geladen) sind. Dabei wird sehr konsequent der Nordpol eines Magneten als positiv geladen bezeichnet. Manche Lernende denken, dass ein Magnet jedes Metall anziehen müsse, da Metall ja elektrisch leitend sei. Es handelt sich hierbei nicht einfach um eine Verwechslung von Polart und Ladungsart. Die Hartnäckigkeit der Vorstellung deutet darauf hin, dass ihr eine tiefgreifende Überzeugung zugrundeliegt. Das Verständnis von Magnetismus als elektrisches Phänomen führt offenbar dazu, dass Schülerinnen und Schüler manchmal davon ausgehen, dass auch eine ruhende Ladung eine Kompassnadel beeinflussen kann.

- **„Ein Magnetfeld genügt für Induktion."**

Für manche Lernenden ist es völlig ausreichend, dass es ein Magnetfeld gibt, damit Induktion auftritt. Es reicht demnach aus, dass ein Magnet in der Nähe eines Leiters ist, damit eine Spannung im Leiter induziert wird. Dass Induktion aber nur stattfindet, wenn Ladungen im Magnetfeld bewegt werden oder das Magnetfeld sich ändert, ist für viele Schülerinnen und Schüler unklar.

9.3 Vorstellungen zu Wellen[5]

9.3.1 Grundvorstellungen zu Wellen

- **„Auf dem Seil laufen Wellen wie materielle Objekte."**

Das einfachste Modell, das oft auch im Physikunterricht eingesetzt wird, ist die Ausbreitung eines Wellenpulses („Störung") in einem eindimensionalen Medium. Zur Veranschaulichung verwendet man in der Regel ein langes flexibles Seil oder eine lange

---

5   Dieser Abschnitt beruht auf Caleon und Subramaniam (2010); Coetzee und Imenda (2012); Eshach und Schwartz (2006); Heege und Schwaneberg (1988); Maurines (2010); Mendel, Hemberger und Bresges (2013); Wittmann (2002).

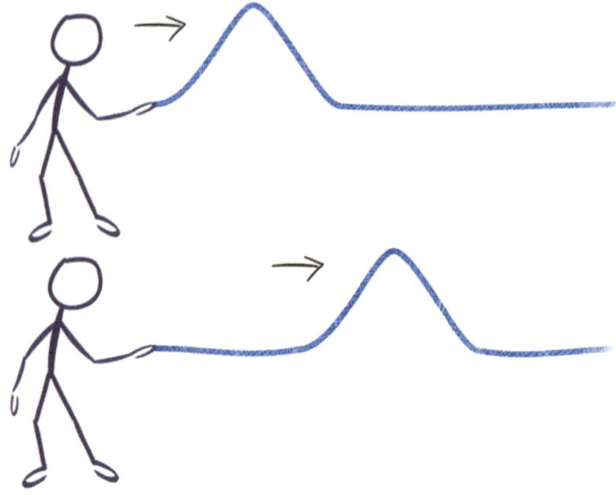

Abb. 9.7 Ein flexibles Seil wird an einem Ende ruckartig bewegt. Dadurch wird ein Wellenpuls angeregt, der durch das Seil läuft.

Spiralfeder (■ Abb. 9.7). Dann wird ein Ende des Seils bzw. der Feder ruckartig bewegt. Dadurch wird ein Wellenpuls angeregt, der durch das Seil bzw. die Feder läuft. Man kann mit diesem Modell auch eine kontinuierlich laufende Welle veranschaulichen, indem das eine Seilende periodisch hin und her bewegt wird.

Es gibt eine wesentliche Schülervorstellung, die im Bereich der Wellenlehre immer wieder auftaucht: Wellen werden von Schülerinnen und Schüler als materielle Objekte wahrgenommen, die sich nach den gleichen Gesetzmäßigkeiten verhalten wie beispielsweise geworfene Steine oder rollende Bälle. Konkret nehmen Lernende den sich ausbreitenden Wellenpuls im Seilexperiment wie die Bewegung eines Wagens auf der Fahrbahn wahr. Diese Auffassung erklärt ja z. B. die Reflexion der Wellenpulse am Seilende.

Die Vorstellung kann auch für eine Erklärung des Aufeinandertreffens von zwei Wellenpulsen in der Seilmitte verwendet werden: Schülerinnen und Schüler deuten dies als das Abprallen der beiden Objekte voneinander. Manchmal nehmen Lernende an, dass zwei gegenläufige gleichartige Wellenpulse sich gegenseitig auslöschen könnten, weil ja auch zwei gegeneinanderstoßende Autos nach dem Zusammenstoß stehen bleiben. Wenn wie in ■ Abb. 9.8 zwei unterschiedlich hohe Wellenberge aufeinander zulaufen und die Situation nach der Überlagerung angegeben werden soll, ist die richtige Antwort (a) selten, in der die Wellenpulse einander ungestört durchdringen. Stattdessen gehen Lernende davon aus, dass sich die Wellenpulse gegenseitig weitgehend auslöschen, da das „stärkere" Objekt das „schwächere" verschluckt. Dass sich Wellenpulse ungestört durchdringen können, ist für Lernende unglaubwürdig und bedarf besonderer Aufmerksamkeit im Physikunterricht.

In der korrekten physikalischen Beschreibung breitet sich längs der mechanischen Welle keine Materie aus, sondern nur Impuls und Energie. Diese Ausbreitung wird dadurch möglich, dass die einzelnen Stücke des Seils miteinander verbunden sind und so die transversale oder longitudinale Schwingung eines Seilstücks die jeweils benachbarten Seilstücke mitbewegt. Deshalb hängt die Ausbreitungsgeschwindigkeit nur von den Eigenschaften des Mediums ab und nicht von der Art der Erzeugung des Wellenpulses.

■ **„Wellenobjekte bewegen sich durch den Raum."**

Die Aussage „Licht ist eine elektromagnetische Welle" kommt Schülerinnen und Schülern leicht über die Lippen. Meist handelt es sich jedoch um eine Leerformel. Was es mit dieser

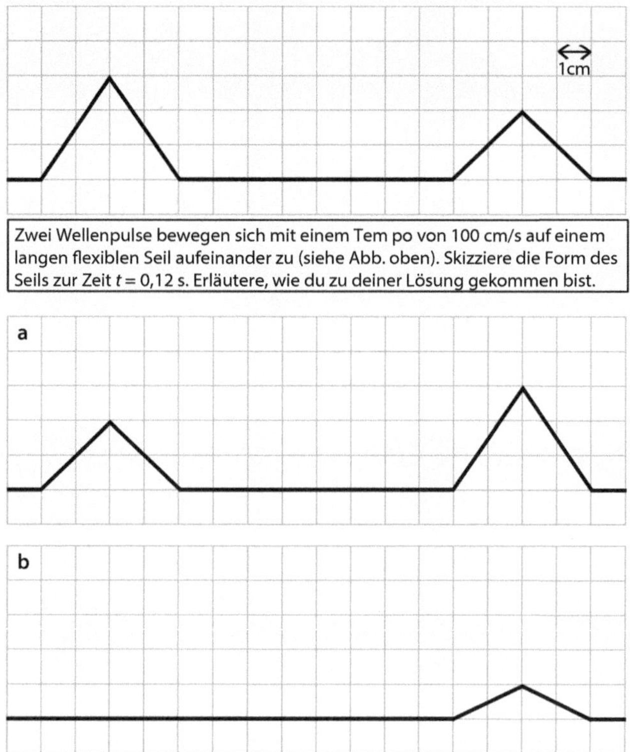

◘ **Abb. 9.8**   Oben: Zwei unterschiedlich hohe Wellenberge laufen aufeinander zu und es soll die Situation zu einem späteren Zeitpunkt angegeben werden. Unten: Die richtige Antwort ist a, die häufigere Antwort b. (nach Wittmann, 2002; Übersetzung d. Hrsg.).

Welle auf sich hat (▶ Kasten 11.1), können Lernende kaum korrekt erläutern. Vielfach gehen sie davon aus, dass sich etwas Wellenartiges durch den Raum bewegt. Lernende zeigen dann z. B. mit dem Finger eine Wellenlinie in der Luft. Das mathematische Objekt „Welle" wird so zu einem quasi-realen Objekt. Verantwortlich dafür ist die Verdinglichung der elektromagnetischen Wellen durch Analogieexperimente im Unterricht, z. B. mit der Wellenwanne. Hier laufen materielle Wellen z. B. auf einen Spalt zu und werden materiell gebeugt. Das legt eine mechanistische Vorstellung nahe, die auf elektromagnetische Strahlung („Lichtwellen") übertragen wird. Einige Oberstufenschüler vermuten, eine elektromagnetische Welle, die auf ein kleines Loch zulaufe, werde davor wie eine Ziehharmonika aufgestaut oder die Wellenberge würden beim Durchgang abgekappt (◘ Abb. 9.9). Im Unterricht sollte man klar herausarbeiten, dass Wellen ein mathematisches Hilfsmittel sind, um die Ausbreitung elektromagnetischer Strahlung zu beschreiben und zu berechnen, ebenso wie die Verwendung von Strahlen in der geometrischen Optik. Die Wellenwanne veranschaulicht das mathematische Objekt Welle – nicht die elektromagnetische Strahlung selbst. Dieser Unterschied war den Lernenden bei der Beantwortung der (bewusst missverständlich gestellten) Aufgabe in ◘ Abb. 9.9 nicht klar.

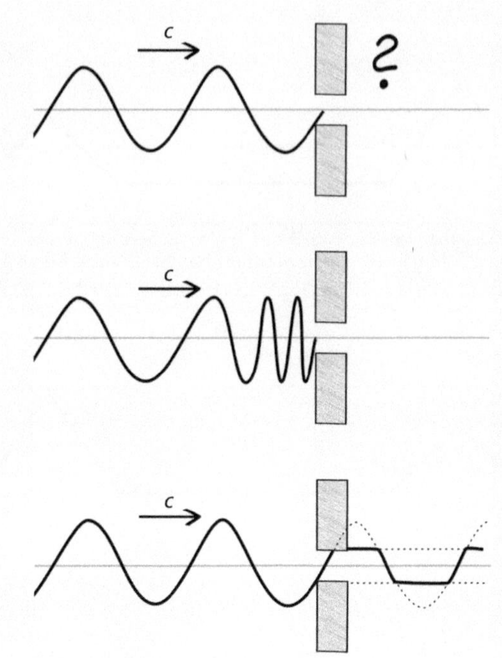

◨ **Abb. 9.9** Schülerinnen und Schüler sollen eine Welle vor und hinter einem Spalt veranschaulichen. Die mittlere und die untere Abbildung zeigen typische Schülerantworten (nach Heege & Schwaneberg, 1988).

■ **Ausbreitung von Wellen**

In der Wellenlehre gibt es eine Menge unterschiedlicher Begriffe und Zusammenhänge (▸ Kasten 11.3). Lernende haben damit große Schwierigkeiten. So gehen sie davon aus, dass die Wellengeschwindigkeit durch die Anregung beeinflusst werden kann, also dass sich beispielsweise eine Welle schneller ausbreitet, wenn die Anregungsfrequenz höher oder die Amplitude der Anregung größer ist. Fragt man Schülerinnen und Schüler, wie man bei einem Seil, das einseitig an einer Wand befestigt ist, die Zeitdauer eines Wellenpulses bis zum Erreichen der Wand verkürzen kann, geben fast alle an, dass der Wellenpuls schneller erzeugt werden muss. Sie sehen also die Geschwindigkeit der Auf- und Abbewegung als entscheidend für die Ausbreitungsgeschwindigkeit an. Manche plädieren auch für eine kleinere Amplitudenhöhe, damit weniger ‚Weg' durchlaufen werden muss. Dass die Wellengeschwindigkeit bei Wellen nur von den elastischen Eigenschaften des Mediums (bzw. den elektromagnetischen Eigenschaften des Vakuums oder des Mediums bei elektromagnetischen Wellen) abhängt, ist für Schülerinnen und Schüler schwer nachzuvollziehen. Das mag auch damit zusammenhängen, dass Wellenphänomene im Alltag in der Regel wesentlich komplexer sind als das einfache Modell harmonischer Wellen, das im Physikunterricht verwendet wird. So gibt es durchaus Alltagsphänomene, bei denen ein größerer Wellenberg einen kleineren überholen kann (z. B. bei manchen Wasserwellen oder bei sogenannten Solitonen).

Dass sich Schall in Festkörpern schneller ausbreitet als in Luft, führen Schülerinnen und Schüler auf die größere Dichte des Festkörpers zurück, wie das folgende Interviewbeispiel zeigt (Caleon & Subramaniam, 2010; Übersetzung d. Verf.):

I.: *Kannst Du mir erklären, warum du sagst, Schall sei in Stahl am schnellsten und am langsamsten in Luft?*

S.: *(Das kommt,) weil Stahl ein Festkörper ist und die Teilchen sehr nahe beieinander sind und die haben – hm, wie sagt man – eine feste Form, sodass, wenn der Schall darauf trifft, dann werden sie sich bei den geringen Abständen schneller bewegen.*

I.: *Also kann der Schall schneller weitergegeben werden? Das hängt mit dem Abstand zwischen den Teilchen zusammen?*

S.: *Ja.*

Einen ähnlichen Zusammenhang wie zwischen Dichte und Ausbreitungsgeschwindigkeit vermuten Lernende manchmal zwischen der Frequenz einer Welle und der Dichte des Mediums. So meinen sie, dass die Tonhöhe in dünnerer Luft höher ist als in dichterer.

- **„Schall kann drücken und gedrückt werden."**

Beim Schall handelt es sich um ein mechanisches Phänomen, das mithilfe von Wellen beschrieben wird. Für manche Schülerinnen und Schüler ist Schall eine Substanz, die man direkt durch Einwirkungen von außen durch den Raum schieben kann. So wurden Lernende gefragt, ob man auf dem Mond eine Explosion hören könne. Diese Lernenden wussten zwar, dass Luft für die Schallausbreitung notwendig ist, im konkreten Fall argumentierten sie aber, dass die Explosion den Knall vor sich herschieben würde und man sie daher hören könne. Auf Schall wirkt dann auch eine Reibung beim Kontakt mit Oberflächen. Vermutlich werden Erfahrungen mit dem Schalldruck unzulässig verallgemeinert. Sichtbar wird auch hier die Verwechslung einer Welle mit einem materiellen Objekt.

- **„Schallwellen bewegen Materie durch den Raum."**

Schülerinnen und Schüler gehen davon aus, dass bei einer Schallwelle nicht nur Energie und Impuls, sondern auch Materie bewegt wird. Möglicherweise gehen diese Deutungen auf Erfahrungen mit Wasserwellen zurück, die ja, wenn sie auf den Strand auflaufen, tatsächlich – im Gegensatz zu Schallwellen – mit einer Strömung einhergehen. Es ist denkbar, dass diese Schülervorstellung auf dem Erleben von Schalldruck oder Demonstrationen mit der Wirbelkanone beruhen.

Lernende stellen sich eine Schallwelle dabei so vor, dass Luftteilchen von einem Ort zu einem anderen Ort bewegt werden. Es wurden dabei verschiedene Deutungen beobachtet: Manche Lernenden glauben, dass die Schallwelle die Luftteilchen hin- und herbewegt, andere denken, dass Luftteilchen sich von der Schallquelle aus wegbewegen. Wieder andere denken, dass ein „Teilchenklumpen" von der Schallquelle ausgeht und durch die Schallwelle mitbewegt wird. Man findet auch die Vorstellung, dass sich die Luftteilchen entlang der sinusförmigen Schallwelle bewegen (Analoges gilt für die Ausbreitung von Photonen, ▶ Abschn. 11.1). Manche Schülerinnen und Schüler vermuten, dass sich die Luftteilchen senkrecht zur Ausbreitungsrichtung bewegen.

9.3.2 **Beugung und Interferenz**

■ **Probleme mit der Superposition von Wellen**

Üblicherweise werden Amplituden von Wellenzügen in Diagrammen dargestellt. Manchmal wird anhand solcher Bilder die Superposition zweier Wellenzüge diskutiert. Diese Aufgabe bereitet Schülerinnen und Schülern erhebliche Schwierigkeiten (◘ Abb. 9.10). So gehen Lernende manchmal davon aus, dass Superposition nur stattfindet, wenn sich die Maxima der Wellenpulse überlagern oder es werden immer – unabhängig von der Position – die Maxima addiert.

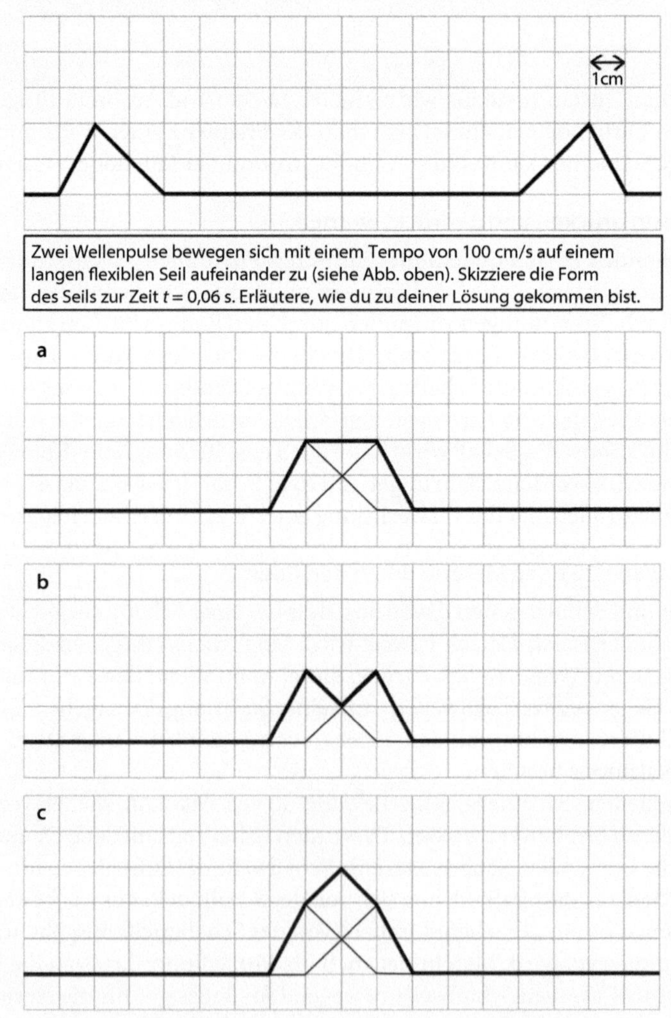

◘ **Abb. 9.10**   Lernende werden nach der Superposition zweier Wellenpulse gefragt. Antwort a ist richtig, b und c deuten auf Schülervorstellungen hin. (nach Wittmann, 2002).

Schülerinnen und Schüler verstehen unter Interferenz manchmal nur die Extremfälle, nämlich wenn sich zwei Wellenzüge völlig auslöschen oder wenn sich zwei gleiche Wellenberge zu einem doppelten Wellenberg überlagern. Dass destruktive Interferenz auch zu Abschwächung (und nicht zu völliger Auslöschung) führen kann, ist für Lernende nicht verständlich. Lernenden fällt es schwer zu verstehen, dass sich nur die Auslenkungen der beiden Wellenzüge überlagern und man durch Addition die resultierende Amplitude an jedem Ort bestimmen kann. Die unterschiedliche physikalische Bedeutung der Orts- und der Auslenkungsachse im Wellenbild ist den Lernenden nicht klar und sie verwenden mathematische Algorithmen, die ihnen in diesem Moment als sinnvoll erscheinen: Es wird in Studien berichtet, dass Schülerinnen und Schüler manchmal nicht nur die Auslenkungen, sondern auch die Orte addieren.

■ „Interferenz bedeutet Verstärkung."

So wie in manchen Alltagsmedien oder Kinderbüchern („Jim Knopf im Tal der Dämmerung") angenommen wird, dass eine Schallwelle sich durch reine Reflexion immer weiter verstärkt, so kann es vorkommen, dass Lernende die konstruktive Interferenz zweier Wellenzüge mit einer Verstärkung verwechseln. Das erscheint ihnen ganz logisch, denn „wenn in einem Auto laute Musik gespielt wird und ein anderes nebenan parkt und ebenfalls laute Musik spielt, dann wird der Lärm größer" (Coetzee & Imenda, 2012; Übersetzung d. Verf.). In Wirklichkeit addieren sich die Amplituden der beiden interferierenden Wellenzüge. Dadurch wird die Intensität tatsächlich an einem Punkt konstruktiver Interferenz größer. Aber der entscheidende Aspekt, dass es (durch destruktive Interferenz, Prinzip des Gegenschalls) auch zur Verringerung der Lautstärke kommen kann, bleibt unklar.

■ „Das Hauptmaximum bei der Beugung am Einzelspalt ist das Bild der Lichtquelle."

Studierende können oft auch nach Vorlesungen über Wellenoptik keine physikalisch angemessene Deutung des Phänomens der Beugung am Einzelspalt geben. Meist argumentieren sie so, als ob der mittlere Teil des Lichtbündels unverändert durch den Spalt geht und nur die auf den Rand des Spaltes treffenden Lichtstrahlen entweder abgelenkt werden (■ Abb. 9.11a) oder für die Beugungserscheinungen verantwortlich sind (■ Abb. 9.11b). Um solche Vorstellungen zu erkennen, kann man z. B. danach fragen, was passiert, wenn man die Breite des Spaltes verkleinert. Lernende, die nur die Randstrahlen verantwortlich machen, geben dann an, dass sich dann die Breite des Hauptmaximums verkleinern müsste.

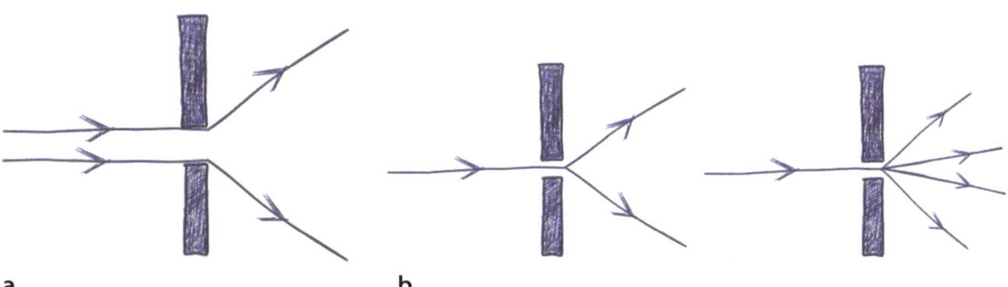

■ **Abb. 9.11** Zeichnungen von Lernenden zur Beugung am Einzelspalt (nach Maurines, 2010; Übersetzung d. Verf.)

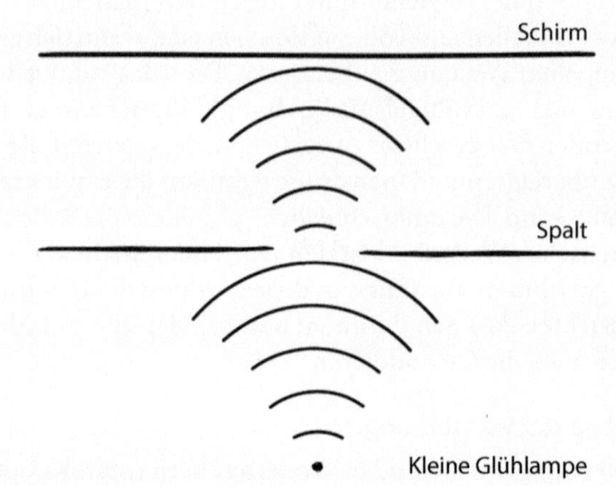

◘ Abb. 9.12 Die Zeichnung eines Lernenden lässt darauf schließen, dass der breite Einfachspalt als Ausgangspunkt einer Elementarwelle gesehen wird. (nach Ambrose et al., 1999)

Lernenden ist oftmals nicht klar, dass für Beugungs- und Interferenzerscheinungen die Spaltbreite in der Größenordnung der Wellenlänge liegen muss. Bei Interviews wurde folgende Aufgabe gestellt: Ein 1 cm breiter Spalt wird mit einer Glühlampe beleuchtet.[6] Studierende erwarten (*nach* Lehrveranstaltungen über geometrische Optik sowie über Interferenz und Beugung) Interferenzerscheinungen auf dem Schirm, obwohl der Spalt dafür zu breit ist. Lernende scheinen dabei auch einen breiten Spalt als Punktquelle von Licht auffassen (◘ Abb. 9.12).

- **„Beugung kommt von Brechung oder von Reflexion."**

Es scheint, als ob Lernende auch noch auf Hochschulniveau oft davon ausgehen, dass die Beugung eine Anwendung von Brechung oder von Reflexion ist. Selbst wenn schon unterrichtet wurde, dass Beugung und Interferenz grundsätzlich andersartige Phänomene als Brechung und Reflexion sind, wird dies von Lernenden in Anwendungssituationen nicht verwendet. Es kann auch passieren, dass argumentiert wird, dass sich eine Welle biegen (oder eben „beugen") muss, um durch einen Spalt oder ein Gitter zu kommen.

- **„Jeder Spalt beim Doppelspalt erzeugt das gleiche Interferenzbild."**

Große Unsicherheiten bestehen bei der Interferenz am Doppelspalt. So gehen Lernende manchmal davon aus, dass beide Einzelspalte jeweils ein Interferenzbild erzeugen würden, wenn man den anderen Spalt abdeckt. Offenbar erzeugt der Unterricht hier nur ein diffuses Bild der Vorgänge bei Interferenz bzw. bei Beugung und so wird das Modell von zwei interferierenden Elementarwellen bei der Erklärung des Interferenzmusters am Doppelspalt und das Modell vieler interferierender Elementarwellen entlang der Breite des Einzelspalts miteinander vermischt. Grundlegende Verständnisschwierigkeiten offenbaren

---

6   Ambrose, Shaffer, Steinberg und McDermott (1999)

Lernende, die argumentieren, dass jeder der beiden Spalte für eine Hälfte des Interferenzbilds verantwortlich ist.

- **„Das Licht passt nicht durch den Spalt."**

Eine Welle trifft auf einen Spalt, dessen Breite kleiner ist als die Wellenlänge der Welle. Für Lernende ist dann schwer nachvollziehbar, dass es trotzdem möglich ist, dass etwas „durchkommt". Dabei wird unter Umständen elaboriert argumentiert, wie das folgende Interviewtranskript zeigt (Ambrose et al., 1999, Übersetzung d. Verf.):

Schüler: *(zeigt auf die Gleichung „ $a \sin \vartheta = \lambda$ ", die er vorher aufgeschrieben hatte) Wenn a kleiner werden soll als diese Wellenlänge … dann müsste dieses $\sin \vartheta$ größer werden als eins, was es nicht sein kann.*

Interviewer: *Und was schließt Du daraus?*

Schüler: *Dass kein Licht durch einen Spalt kommt, der kleiner ist als die Wellenlänge vom Licht.*

Andere Lernende wiederum gehen davon aus, dass Beugung nur dann auftreten kann, wenn die Spaltbreite kleiner ist als die Wellenlänge.

- **Verwechslung von Polarisation und Interferenz**

Es wird berichtet, dass Lernende manchmal einen Mehrfachspalt oder ein Gitter als ein Objekt auffassen, das zu einer Polarisation der Welle führt. Es ist dabei davon auszugehen, dass hier eine Verwechslung der geometrischen Anordnung z. B. eines Beugungsgitters oder eines Mehrfachspalts mit der physikalischen Funktion vorliegt. Polarisationsfilter haben eine von der Polarisationsrichtung abhängige Absorption (z. B. Metallgitter, geordnete Polymer- oder Molekülketten). Das Metallgitter absorbiert eine elektromagnetische Welle stärker, wenn die Schwingungsrichtung entlang der Gitterachse liegt. Die transmittierte Welle ist dann linear polarisiert. Ein nicht-metallisches Gitter erzeugt keine Polarisation.

- **Ursache von Interferenz**

Lernende wurden nach der Interferenz an verschiedenen Punkten in der Umgebung von zwei Punktquellen befragt (◨ Abb. 9.13). In der Regel gelingt es Lernenden gut, die Interferenz an einem Punkt auf der Mittelsenkrechten der Verbindungslinie der beiden Quellen vorherzusagen (Punkt A in ◨ Abb. 9.13). Auch die Interferenz auf der Verlängerung der Verbindungslinie zweier Quellen gelingt (Punkt B in ◨ Abb. 9.13). Jedoch schaffen die Schülerinnen und Schüler dies bei einem anderen Punkt nicht (Punkt C in ◨ Abb. 9.13). Das könnte dadurch erklärt werden, dass Lernende auf Symmetrieargumente zurückgreifen. Für die Begründung der Interferenz wird oft argumentiert, dass für konstruktive Interferenz die Wellen aus derselben Richtung kommen müssen. Da bei A und C in ◨ Abb. 9.13 die Wasserwellen aus unterschiedlichen Richtungen kommen, erwarten solche Lernenden destruktive Interferenz. Nur selten greifen Lernende – auch nach Unterricht – auf den Gangunterschied zwischen den beiden Wellen an den verschiedenen Punkten zur Erklärung von Interferenzphänomenen zurück.

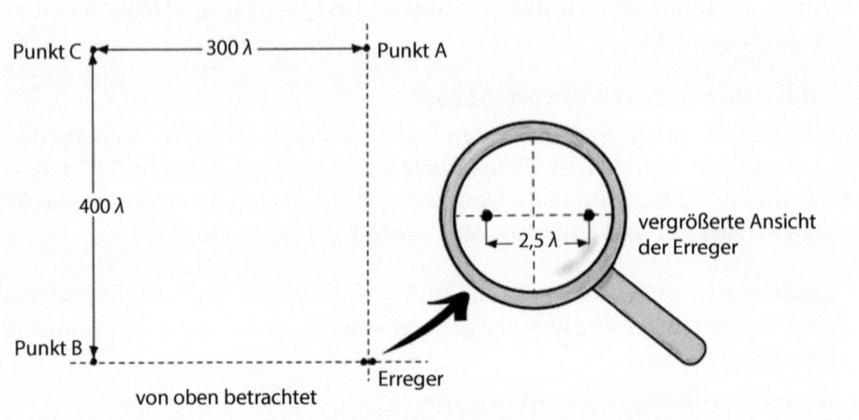

Abb. 9.13 Wellenwanne von oben. Die beiden Erreger von Kreiswellen liegen eng benachbart. Vorhergesagt werden soll die Interferenz an den Punkten A, B und C. (nach Ambrose et al., 1999)

9.4 Unterrichtskonzeptionen

- **Elektrische und magnetische Felder**

  Aschauer, W. (2017). *Elektrische und magnetische Felder – eine empirische Studie zu Lernprozessen in der Sekundarstufe II*. Berlin: Logos-Verlag.

Aschauer hat in seiner Dissertation einen Unterrichtsgang zum Einstieg in elektromagnetische Felder entwickelt und erprobt. Dabei fokussiert er von Beginn an auf dynamische Prozesse: Die Thematik wird von den elektromagnetischen Wellen her erschlossen. Es zeigt sich in diesem Vorgehen einmal wieder, dass es durchaus sinnvoll sein kann, von vornherein komplexere Zusammenhänge zu unterrichten, als immer nur von einfachen Phänomenen auszugehen.

- **Induktion**

  Erfmann, C. (2017). *Ein anschaulicher Weg zum Verständnis der elektromagnetischen Induktion. Evaluation eines Unterrichtsvorschlags und Validierung eines Leistungsdiagnoseinstruments*. Berlin: Logos-Verlag.
  Erfmann, C. (o. J.). Materialien zur Induktion. Online unter: https://www.physik-didaktik.uni-osnabrueck.de/forschung/abgeschlossene_projekte/elektromagnetische_induktion.html (Zugriff Oktober 2017).

Erfmann hat einen Unterrichtsgang zur Induktion entwickelt und erprobt. Dabei wird konsequent die Änderung des magnetischen Flusses diskutiert. Eine wichtige Rolle spielen in der Konzeption Feldlinienbilder. So ist es möglich, die Phänomene der Induktion konsequent und strukturell einheitlich zu erklären.

- **Tutorials**

McDermott, L. & Shaffer, P. (2011). *Tutorien zur Physik*. München: Pearson.

Seit den 1970er Jahren entwickelt die Arbeitsgruppe Physikdidaktik der University of Washington, Seattle, Unterrichtsgänge für die (Oberstufen-)Physik. In zahlreichen Dissertationen und Publikationen werden die einzelnen Teilbereiche vorgestellt. Das Buch enthält die Materialien für die Lernenden, die sich die einzelnen Kapitel (unter Anleitung) selbstständig erarbeiten. Begleitmaterial ist von der Forschungsgruppe auf Anfrage für Lehrende erhältlich. In den Tutorien gibt es Teile zu Feldern, mechanischen Wellen und zur Wellenoptik.

9.5 Testinstrumente

- **Elektrische und magnetische Felder**

Es gibt einige Testinstrumente zum Verständnis von elektrischen und magnetischen Feldern. Sie sind für universitäre Kurse entwickelt worden, aber gut auch in der Oberstufe einsetzbar.

Der CSEM-Test (*Conceptual Survey of Electricity and Magnetism*, Maloney et al., 2001) enthält 32 Multiple-Choice-Items zu allen Bereichen des Elektromagnetismus. In der Veröffentlichung von Maloney et al. (2001) sind auch Daten für den Vergleich mit Ergebnissen eigener Testdurchführungen enthalten. Deutsche bzw. österreichische Vergleichswerte sind den Dissertationen von Poth (2009) bzw. teilweise von Aschauer (2017) zu entnehmen.

Im BEMA-Test (*Brief Electricity and Magnetism Assessment*, Ding et al., 2006) finden sich 31 Multiple-Choice-Items, er deckt ebenfalls das gesamte Spektrum des Themenbereichs ab. Im Gegensatz zum CSEM enthält der BEMA in der Regel mehr als fünf Antwortalternativen.

- **Wellen und Schall**

Das Instrument *Mechanical Wave Conceptual Survey* (MWCS) von Tongchai, Sharma, Johnston, Arayathanitkul und Soankwan (2009) testet das konzeptuelle Verständnis von Schülerinnen und Schülern zur Wellenlehre. Dabei sind Items zu mechanischen Wellen, Wellenausbreitung, Superposition, Reflexion und stehenden Wellen enthalten.

9.6 Literatur zur Vertiefung

Aschauer, W. (2017). *Elektrische und magnetische Felder – eine empirische Studie zu Lernprozessen in der Sekundarstufe II*. Dissertation, Universität Wien.
Aschauer hat die Vorstellungen österreichischer Jugendlichen vor und nach dem Unterricht über elektrische und magnetische Felder untersucht. In seiner Dissertation stellt er die aufgefundenen Vorstellungen sowie die Ergebnisse dazu ausführlich dar.

9.7   Übungen

Im Folgenden unterhalten sich zwei Schüler über das Feldlinienbild eines Stabmagneten, das durch Eisenfeilspäne auf einer Glasplatte oberhalb des Magneten sichtbar gemacht wurde (Abbildung).

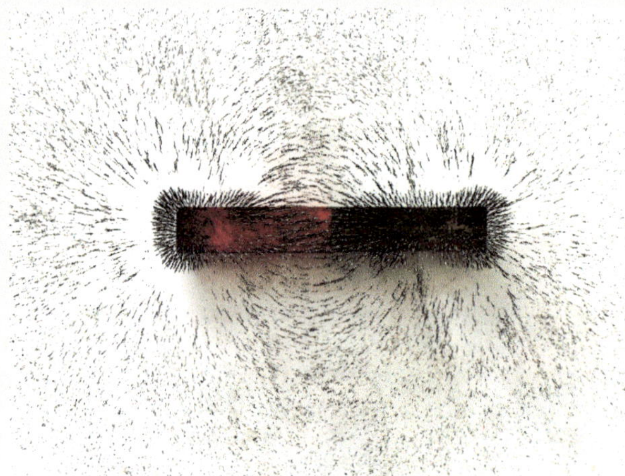

Blick von oben auf eine Glasplatte mit Eisenpfeilspänen, die auf einem Stabmagneten liegt.

Lutz: *„Also – die Eisenfeilspäne zeigen, wo die Feldlinien verlaufen. Man sieht z. B., wie sich die Linien an den Polen zusammendrängen."*

Tom: *„Was ist denn eigentlich zwischen den Linien? Und woher weiß so ein Eisenteil, wo eine Linie ist?"*

Lutz: *„Die Linien sind eigentlich immer da. Nur dass man sie nicht sieht. So ein Eisenspan sucht sich quasi eine Linie und richtet sich auf ihr aus."*

Tom: *„Wir hatten aber in der letzten Stunde, dass das elektromagnetische Feld sich im Vakuum ausbreitet. Das kriege ich nicht mit den Feldlinien zusammen."*

Lutz: *„Das mit dem Vakuum gilt nur für Funkwellen und so. Bei einem konstanten Feld von so einem Stabmagneten ist das einfacher mit den Feldlinien zu machen."*

■   **Übungsaufgabe:**
Erläutern Sie die Schülervorstellungen zu Feldern, die in den Aussagen von Lutz deutlich werden!

Übung 9.2

Julia, 17 Jahre alt, hatte schon Unterricht zu magnetischen und elektrischen Feldern. Sie wird zu Magnetfeldern befragt.

„**I:** *Warum zeigt eine Kompassnadel immer nach Norden?*

Julia: *Das hängt mit der Sonne zusammen. Und weil im Norden (…). Mit der Kraft hängt das wieder zusammen.*

I: *Kannst du mir das genauer erklären? Welchen Einfluss hat da die Sonne?*

Julia: *Die Sonne hat auch eine Kraft.*

I: *Könntest du diese Kraft benennen?*

Julia: *Gravitationskraft?*

I: *Würdest du also sagen, auf Grund der Gravitationskraft der Sonne dreht sich der Magnet nach Norden?*

Julia: *Ja.*

I: *Okay. Hat die Erde auch ein Magnetfeld?*

Julia: *Ja.*

I: *Beeinflusst das Magnetfeld der Erde auch die Kompassnadel oder ist der Einfluss der Sonne zu groß?*

Julia: *Naja, dass könnte auch sein. Wahrscheinlich spielt beides zusammen.*"

- **Übungsaufgabe:**
Erläutern Sie, ob Sie Julias Äußerungen eher mit einem synthetischen Modell (▶ Abschn. 2.4.2) oder mit einem Modell fragmentierten Wissens (▶ Abschn. 2.4.3) beschreiben würden.[7]

9.8 Literatur

Albe, V., Venturini, P. & Lascours, J. (2001). Electromagnetic Concepts in Mathematical Representation of Physics. *Journal of Science Education and Technology, 10*(2), 197–203. https://doi.org/10.1023/a:1009429400105

Ambrose, B. S., Shaffer, P. S., Steinberg, R. N. & McDermott, L. C. (1999). An investigation of student understanding of single-slit diffraction and double-slit interference. *American Journal of Physics, 67*(2), 146–155.

Aschauer, W. (2017). *Elektrische und magnetische Felder – eine empirische Studie zu Lernprozessen in der Sekundarstufe II*. Berlin: Logos-Verlag.

---

7   Die Zitate stammen aus der Studie von Aschauer (2017).

Bar, V., Zinn, B. & Rubin, E. (1997). Children's ideas about action at a distance. *International Journal of Science Education, 19*(10), 1137–1157.

Bollen, L., van Kampen, P., Baily, C., Kelly, M. & De Cock, M. (2017). Student difficulties regarding symbolic and graphical representations of vector fields. *Physical Review Physics Education Research, 13*(2), 020109.

Borges, A. T., Tecnico, C. & Gilbert, J. K. (1998). Models of magnetism. *International Journal of Science Education, 20*(3), 361–378.

Caleon, I. & Subramaniam, R. (2010). Development and application of a three-tier diagnostic test to assess secondary students' understanding of waves. *International Journal of Science Education, 32*(7), 939–961.

Coetzee, A. & Imenda, S. (2012). Alternative conceptions held by first year physics students at a South African university of technology concerning interference and diffraction of waves. *Research in Higher Education Journal, 16*, 1.

Ding, L., Chabay, R., Sherwood, B. & Beichner, R. (2006). Evaluating an electricity and magnetism assessment tool: Brief electricity and magnetism assessment. *Physical Review Special Topics-Physics Education Research, 2*(1), 010105.

Erfmann, C. (2017). *Ein anschaulicher Weg zum Verständnis der elektromagnetischen Induktion. Evaluation eines Unterrichtsvorschlags und Validierung eines Leistungsdiagnoseinstruments*. Berlin: Logos-Verlag.

Erfmann, C. (o. J.). *Materialien zur Induktion*. Zugriff am 28. 01. 2018 unter https://www.physikdidaktik.uni-osnabrueck.de/forschung/abgeschlossene_projekte/elektromagnetische_induktion.html

Eshach, H. & Schwartz, J. L. (2006). Sound Stuff? Naïve materialism in middle-school students' conceptions of sound. *International Journal of Science Education, 28*(7), 733–764.

Furio, C. & Guisasola, J. (1998). Difficulties in learning the concept of electric field. *Science education, 82*(4), 511–526.

Galili, I. (1995). Mechanics background influences students' conceptions in electromagnetism. *International Journal of Science Education, 17*(3), 371–387.

Heege, R. & Schwaneberg, R. (1988). Die Anschaulichkeit elektrischer und magnetischer Felder. In W. Kuhn (Hrsg.), *Didaktik der Physik – Frühjahrstagung 1988* (S. 275–282). Gießen: Deutsche Physikalische Gesellschaft, Fachverband Didaktik der Physik.

Maloney, D. P., O'Kuma, T. L., Hieggelke, C. J. & Van Heuvelen, A. (2001). Surveying students' conceptual knowledge of electricity and magnetism. *American Journal of Physics, 69*(S1), S12–S23.

Maurines, L. (2010). Geometrical Reasoning in Wave Situations: The case of light diffraction and coherent illumination optical imaging. *International Journal of Science Education, 32*(14), 1895–1926.

McDermott, L. & Shaffer, P. (2011). *Tutorien zur Physik*. München: Pearson.

Mendel, S., Hemberger, J. & Bresges, A. (2013). *Schülervorstellungen zu Wellen-Konzeptwechsel mit Hilfe des hypothesengeleiteten Experimentierens*. PhyDid B-Didaktik der Physik-Beiträge zur DPG-Frühjahrstagung.

Poth, T. (2009). *Adressatengerechtes Unterrichten mit dem Just-in-Time Teaching-Verfahren*. Dissertation, Universität Campus Landau (Pfalz), Koblenz, Landau (Pfalz).

Sağlam, M. & Millar, R. (2006). Upper high school students' understanding of electromagnetism. *International Journal of Science Education, 28*(5), 543–566.

Suleder, M. (2003). *Impulse Physik: Elektrische und magnetische Felder*. Stuttgart: Klett.

Suleder, M. (2016). Wie schwimmt die Magnetnadel? *Praxis der Naturwissenschaften – Physik in der Schule, 65*.

Tongchai, A., Sharma, M. D., Johnston, I. D., Arayathanitkul, K. & Soankwan, C. (2009). Developing, evaluating and demonstrating the use of a conceptual survey in mechanical waves. *International Journal of Science Education, 31*(18), 2437–2457.

Wittmann, M. C. (2002). The object coordination class applied to wave pulses: Analysing student reasoning in wave physics. *International Journal of Science Education, 24*(1), 97–118.

Schülervorstellungen zur Quanten- und Atomphysik

Rainer Müller und Horst Schecker

© Springer-Verlag GmbH Deutschland, ein Teil von Springer Nature 2018
H. Schecker, T. Wilhelm, M. Hopf, R. Duit (Hrsg.), *Schülervorstellungen und Physikunterricht*,
https://doi.org/10.1007/978-3-662-57270-2_10

10.1   Einleitung

Nach dem Unterricht über Quantenphysik, in dem das quantenmechanische Atommodell und dessen Wahrscheinlichkeitsinterpretation behandelt wurden, bringt ein Schüler seine Verwirrung über die Diskrepanz von quantenmechanischen und klassischen Vorstellungen wie folgt zum Ausdruck:

> *„Also, ich habe den gesamten Bahnbegriff ja eigentlich weggelegt in Sachen Atomphysik. Diese Funktion, die man da hat, ist lediglich die Aufenthaltswahrscheinlichkeit für ein Elektron. Aber man kann nicht sagen, dass es sich auf einer Bahn bewegt. Es lässt sich eigentlich – die Bewegung lässt sich überhaupt kaum irgendwie erklären. Eine Bahn ist das halt nicht mehr.*
>
> *Das wird ja verrückt, das Ganze. Verdammt, dann könnte es sich theoretisch auch bewegen dazwischen. Nur dass es sich im seltsamen Zickzack bewegt, aber das wäre ja im Grunde genommen wieder irgendsowas wie eine Bahn. Und das ist ja auch wieder verrückt. Also da muss ich passen irgendwie.“*[1]

Diese Schüleräußerung bringt viele der beim Lernen der Quantenphysik auftretenden Schwierigkeiten auf den Punkt. Haben Elektronen einen Ort? Bewegen sie sich auf einer Bahn? Wenn das nicht der Fall ist: Wie lässt sich darüber sprechen, wie sie von einem Ort zum anderen kommen? Das Lernen der Quantenphysik besteht zu großen Teilen im Erlernen von Sprechweisen, die auf die Phänomene und Modelle der Quantenphysik „passen" (wie z. B. das statistische *Ensemble* als Basis der Wahrscheinlichkeitsinterpretation oder die damit verknüpften Begriffe *Präparation* und *Messung*). Ähnlich wie man sich in der Mechanik (▶ Kap. 4) von irreführenden Sprach- und Denkmustern bewusst lösen muss (z. B. *„Trägheit muss überwunden werden.“*), ist es in der Quantenphysik erforderlich, sich mit den klassischen Präkonzepten auseinanderzusetzen, um Sprach- und Denkmuster zu entwickeln, die den quantenmechanischen Phänomenen angemessen sind.

Damit hängt zusammen, dass in der Quantenphysik ein reflektierter Umgang mit Modellen unumgänglich ist (▶ Abschn. 13.4). Man spricht nicht über die Realität selbst, sondern man spricht über Modelle der Realität. Die ersten beiden Sätze des Zitats zeigen, dass der Schüler gelernt hat, auf metakognitiver Ebene (▶ Abschn. 2.5) über seine Vorstellungen zu reflektieren. Im zweiten Absatz versucht er, diese abstrakten Vorstellungen auf seine Alltagserfahrungen mit klassischen Objekten rückzubeziehen und scheitert daran, beides in Einklang zu bringen. Er erfährt die Diskrepanz als kognitive Zumutung. Das ist eine allgemeine Erfahrung: Jeder Lernende gerät in der Auseinandersetzung mit der Quantenphysik zwangsläufig an einen Punkt, wo die bisherigen Denkmodelle nicht mehr tauglich sind. Niels Bohr bringt dies in dem prägnanten Satz zum Ausdruck: *„Denn wenn man nicht zunächst über die Quantentheorie entsetzt ist, kann man sie doch unmöglich verstanden haben.“*[2]

---

1   Bethge (1992, S. 223.)
2   zitiert nach: Heisenberg (1969, S. 280)

10.2 Vorstellungen zum Aufbau von Atomen

10.2.1 Planetenmodell des Atoms

„Das sind Kreise … um den Atomkern. Und die Elektronen sind dann auf verschiedenen Elektronenbahnen drauf. Die laufen und können auch von einer Bahn auf die andere springen, wenn sie mehr Energie erhalten."[3]

Das Bohr'sche Atommodell bzw. das Planetenmodell des Atomkerns ist die eindeutig dominante Schülervorstellung zu Atomen (▶ Abschn. 7.2). Wenn sie aufgefordert werden, ein Atom zu beschreiben, nennen Schülerinnen und Schüler die Vorstellung von auf bestimmten Bahnen um den Atomkern kreisenden Elektronen mit Abstand am häufigsten. Physikalisch führt das Bohr'sche Modell in mancherlei Hinsicht in die Irre (▶ Kasten 10.1). Zwar beschreibt das Modell die Quantisierung der Energie in Atomen, aber das Bild von Kreisbahnen um den Atomkern gibt zentrale Aussagen der Quantenmechanik nicht adäquat wieder. Beispielsweise besitzen die Elektronen im Bohr'schen Modell – im Gegensatz zur quantenmechanisch angemessenen Vorstellung – jederzeit einen bestimmten Ort und sie bewegen sich auf bestimmten Bahnen, zwischen denen sie unter Aufnahme oder Abgabe von Energie „springen" können. Diese Vorstellung zeigt sich auch im Schülerzitat am Beginn dieses Abschnitts. Der für den Übergang zum quantenmechanischen Modell zentrale Kritikpunkt, dass Elektronen auf Kreisbahnen wegen der ständigen Beschleunigung Energie abstrahlen müssten, spielt in den Überlegungen von Schülerinnen und Schülern keine Rolle.

Kasten 10.1: Quantenmechanisches Atommodell

Das quantenmechanische Atommodell beruht auf der Wahrscheinlichkeitsinterpretation der Quantenmechanik. Im Formalismus der Quantenmechanik ergeben sich die Zustände von Elektronen in Atomen als stationäre Lösungen der Schrödingergleichung – so etwas wie stehende Wellen im Atom. Diese Beschreibung bezieht sich jedoch nicht auf eine materielle Substanz, etwa in der Art einer Flüssigkeit. Nur das Quadrat der Wellenfunktion $|\psi(x)|^2$ besitzt eine Interpretation, es wird als Wahrscheinlichkeitsdichte interpretiert, bei einer Ortsmessung ein Elektron am Ort x zu finden. Eine angemessene bildliche Darstellung dafür wäre eine Punktwolke, die das Ergebnis sehr vieler Ortsmessungen visualisiert.

Ebenso wenig wie ein Flüssigkeitsmodell spiegelt ein Planetenmodell des Atoms, bei dem die Elektronen auf Bahnen um den Atomkern laufen, die quantenmechanische Beschreibung wider. In der stehenden Elektronenwelle ist ein Elektron über das ganze Atom delokalisiert – wie das übrigens auch für Photonen in den kilometerlangen Armen der Gravitationswelleninterferometer gilt, die dort keineswegs „hin und her" laufen. Sprachlich bringt man dies zum Ausdruck, indem man sagt, dass Elektronen in einem Atom keine klassischen Eigenschaften wie „Ort" oder „Bahn" zugeordnet werden können. Den Unterschied zwischen stehenden und laufenden Elektronenwellen zeigen Experimente, in denen mit Laserpulsen hochangeregte Elektronenzustände präpariert werden (Rydbergatome), in denen Elektronenwellenpakete wie im Planetenmodell quasi-lokalisiert um den Atomkern laufen. Solche Elektronenzustände sind physikalisch möglich, treten aber in der Natur nur in sehr speziellen Situationen auf.

---

3   Dieses und die im Weiteren verwendeten Schülerzitate stammen aus Bethge (1988); Müller (2003); Petri (1996) und Wiesner (1996). Da es sich jeweils um typische Aussagen im Themengebiet Atom- und Quantenphysik handelt, wird im Folgenden darauf verzichtet, jeweils die einzelnen Fundstellen anzugeben.

Die Atomvorstellungen, die Schülerinnen und Schüler über das Planetenmodell hinausgehend entwickeln, sind sehr individuell und entstehen aus dem Versuch heraus, die verschiedenen im Physik- und auch Chemieunterricht behandelten Modelle in eine kohärente Vorstellung zu integrieren. Das gelingt im Allgemeinen nicht. Die Untersuchungen zeigen, dass häufig verschiedene (auch untereinander unverträgliche) Vorstellungen koexistieren und je nach Bedarf aktiviert werden.

Selbst wenn sich Schülerinnen und Schüler bewusst auf ein quantenmechanisches Modell vom Atom beziehen, geschieht dies in der Regel in Abgrenzung zum immer präsenten Bohr'schen Atommodell. Diese ständige Präsenz zeigt sich in einem Interview mit einem Oberstufenschüler: *„Dieses Bild habe ich eigentlich schon noch, wenn ich an ein Atom denke, also es wird einem schon gesagt, dass es nicht so ist, aber man steckt da schon so drin, und es wird dann auch immer wieder benutzt."*

10.2.2 Ladungswolken, Schalen, Orbitale

Neben dem Planetenmodell werden weitere Vorstellungen genannt[4]:

a. konkrete Vorstellungen von Wolken oder verschmierten Ladungswolken: *„dass es das Elektron auch nicht als Kugel, sondern irgendwie … um den Atomkern so umkreist als … ja, als Verteilung",*

b. das Schalenmodell (zum Teil mit Schalen als festen, real existierenden Hüllen oder als Schale mit endlicher Dicke: *„Innerhalb dieser Dicke kann man es nicht genau definieren, wo sich das Elektron aufhält, halt nur aufgrund der Wahrscheinlichkeit",*

c. Darstellungen, die an chemische Strukturformeln von Molekülen erinnern (,Hanteln'),

d. das Orbitalmodell: *„Da gibt es die Orbitaltheorie, da kann man diese Orbitale räumlich darstellen, dann weiß man, wo sich die Elektronen ungefähr aufhalten".*

Sehr häufig findet man Mischvorstellungen aus verschiedenen Modellen und ad hoc generierte Annahmen über die Struktur von Atomen, insbesondere im Zusammenhang mit der Wahrscheinlichkeitsdeutung: *„Die Elektronen kreisen innerhalb der Schalen um den Atomkern, wobei sie immer verschiedene Positionen einnehmen können, die man halt nicht bestimmen kann."*

In einer Längsschnittstudie untersuchte Petri (1996) die Entwicklung der Vorstellung eines einzelnen Schülers im Verlauf einer mehrwöchigen Unterrichtseinheit über Atomphysik. Petri konnte mehrere koexistierende Modelle identifizieren, die unterschiedlich stark ausgeprägt waren und eine unterschiedliche Wertigkeit für den Schüler besaßen: das Planetenmodell, das Aufenthaltswahrscheinlichkeitsmodell und das Ladungswolkenmodell. Das Aufenthaltswahrscheinlichkeitsmodell war bei diesem Schüler dadurch charakterisiert, dass die Elektronen sich in durch die ψ-Funktion definierten ,Aufenthaltsräumen' befinden, wo sie sich nicht bewegen. Im Ladungswolkenmodell besteht ein Atom aus dem Atomkern und einer statischen Elektronenladungswolke. Die Elektronen werden als ,verschmiertes Etwas' aufgefasst.

---

4   Bayer (1986); Bethge (1988); Lichtfeldt (1992a, 1992b); Müller (2003); Müller und Wiesner (1998)

10.2.3 Bahnen und Ortseigenschaft

In der klassischen Mechanik lässt sich ein Körper zu jedem Zeitpunkt lokalisieren. Wenn man ihn zeitlich verfolgt, kann man eine Bahn angeben. Schülerinnen und Schüler mit einer Teilchenvorstellung von Elektronen übertragen dies auf die mikroskopische Physik: *„Und da können sie ja eine noch so große Geschwindigkeit haben, zu einem bestimmten Zeitpunkt müssen sie ja irgendwo sein!"* Die Wahrscheinlichkeitsaussagen der Quantenmechanik und die Tatsache, dass man Elektronen im Allgemeinen keinen festen Ort zuschreiben kann, werden auf Unkenntnis des wahren Ortes und praktische Schwierigkeiten zurückgeführt: *„In Wirklichkeit hat das Elektron einen bestimmten Ort, man kennt ihn nur nicht."* Eine typische Vorstellung führt die Unkenntnis des Ortes auf die schnelle Bewegung der Elektronen im Atom zurück, die es praktisch schwierig macht, den ‚wahren Ort' des Elektrons zu bestimmen: *„Die bewegen sich schnell, und da ist es sicherlich schwierig festzustellen, wo die gerade sind".*

Zur Stabilität der Vorstellungen zur Ortseigenschaft von Quantenobjekten stellt Wiesner (1996, S. 136) fest: „Die Mehrzahl der Schüler äußert spontan indifferente Bedenken gegen die Lokalisierung, geht aber sehr leicht davon ab und stimmt der permanenten Lokalisierung zu. [...] Das hier beschriebene Endverhalten erscheint in dem Sinne ‚negativ', was vielen Schülern zwar bewusst ist, dass bei Elektronen einiges anders ist, sie haben aber keine klaren, stabilen Vorstellungen darüber, was anders ist".

In der Elektronenbeugungsröhre lässt sich die Interferenz von Elektronen in einem realen Experiment beobachten. Obwohl auf dem Leuchtschirm helle und dunkle Ringe zu beobachten sind, die in der Quantenphysik als Interferenzmuster gedeutet werden, halten viele Schülerinnen und Schüler an strikt teilchenhaften Vorstellungen fest (Bormann, 1987). Die auf dem Leuchtschirm beobachtete Intensitätsverteilung wird durch Störungen der Bahn erklärt, z. B. durch Stöße: *„dass also die Elektronen durch den Kristall, der wahrscheinlich eine regelmäßige Form hat, auch auf bestimmte Bahnen gelenkt werden, dass also das Bild dann auch regelmäßig ist."*

10.3 Vorstellungen zur Quantenmechanik

10.3.1 Determinismus und Wahrscheinlichkeitsdeutung

In der Quantenmechanik sind im Allgemeinen nur Wahrscheinlichkeitsaussagen möglich. Ihre Gesetze sind statistischer Natur (▶ Kasten 10.2). Einzelereignisse lassen sich im Allgemeinen nicht vorhersagen (z. B. der Ort, an dem ein einzelnes Elektron im Doppelspaltexperiment auf dem Schirm gefunden wird). Erst die statistische Verteilung von Messergebnissen, die sich bei vielen Wiederholungen des Versuchs ergibt, wird von den Gesetzen der Quantenmechanik beschrieben. Das einfachste Beispiel sind Photonen, die auf einen halbdurchlässigen Spiegel treffen. Die Hälfte von ihnen wird reflektiert, die andere Hälfte durchgelassen. Es lässt sich aber nicht vorhersagen, ob das nächste Photon reflektiert oder durchgelassen wird.

Für Schülerinnen und Schüler hat diese Vorstellung zunächst nichts Ungewöhnliches an sich. Schließlich ist es beim Wurf eines Würfels auch nicht anders: Das Ergebnis des

Kasten 10.2: Objektiver Zufall in der Quantenphysik

Die Gesetze der Quantenmechanik sind statistischer Natur. Es liegt nahe, diese Tatsache auf einen Mangel der Theorie zurückzuführen. Auch beim Würfeln oder Roulette sind nur statistische Aussagen möglich, was sich dort jedoch auf Unkenntnis der genauen Versuchsbedingungen zurückzuführen lässt. Auch hinter der Quantenmechanik hat man immer wieder „verborgene Parameter" vermutet. Erst relativ spät hat das Bell'sche Theorem hier Klarheit geschaffen. Es besagt: Wenn es Theorien mit verborgenen Parametern gibt, dann müssen diese notwendig nichtlokal sein. Nichtlokalität bedeutet: Ereignisse an einem Ort haben Auswirkungen nicht nur unmittelbar in ihrer direkten räumlichen Umgebung, sondern es treten „Fernwirkungen" auf.

Es gibt alternative Formulierungen zur Quantenmechanik, z. B. die Bohm'sche Mechanik, die explizit nichtlokal, dafür aber deterministisch sind. Die große Mehrzahl der Physiker steht ihnen allerdings skeptisch gegenüber, insbesondere weil sie nur schwer mit der Relativitätstheorie vereinbar sind.

In der Standardinterpretation der Quantenmechanik (die historisch auf die „Kopenhagener Deutung" von Bohr und Heisenberg zurückgeht) gibt es keine expliziten Fernwirkungen. Selbst in Experimenten mit verschränkten Photonenpaaren, mit denen z. B. die Bell'sche Ungleichung überprüft wird, gibt es höchstens Korrelationen über große Entfernungen, aber keine Möglichkeit, diese im Sinne einer Fernwirkung zu beeinflussen. In dieser Sichtweise handelt es sich bei der Quantenmechanik um eine lokale Theorie.

Die Aussage des Bell'schen Theorems ist: Möchte man an lokalen Theorien festhalten, kann es keine verborgenen Parameter geben. Damit gibt es objektiven Zufall; der Determinismus der klassischen Physik muss aufgegeben werden. Die Notwendigkeit statistischer Aussagen ist nicht auf Unkenntnis eines „wahren Wertes" zurückzuführen – diesen gibt es nicht. Zum Beispiel ist der Ort, an dem ein Elektron bei einer Ortsmessung gefunden wird, in der Quantenmechanik nicht vorherbestimmt. Erst bei einer Messung wird das Ergebnis auf statistische Weise realisiert.

nächsten Wurfes kann man nicht vorhersagen, die statistische Verteilung, die sich bei häufigem Würfeln ergibt, dagegen schon. Der Unterschied zur Quantenmechanik liegt darin, dass die Newton'sche Mechanik im Grundsatz deterministisch ist. Das bedeutet: Würde man die Anfangsbedingungen beim Wurf eines Würfels nur genau genug kennen, könnte man das Ergebnis prinzipiell vorhersagen. Für Lernende ist es schwer nachzuvollziehen, dass es in der Quantenmechanik prinzipiell anders sein soll. Vor diesem Hintergrund ist die folgende Schüleraussage zu verstehen: *„Und es ist jetzt halt schwer anzugeben, wo sich jetzt das Elektron genau befindet, und der Ausweg ist eben der, dass man dann auch Wahrscheinlichkeiten angeben kann: also das Elektron befindet sich mit einer gewissen Wahrscheinlichkeit eben an einem gewissen Ort."*

Der objektive Zufall ist ein Grundprinzip der Quantenphysik. Es gibt in der Quantenmechanik keine „verborgenen Parameter", durch die schon im Voraus festgelegt wird, ob ein Photon am halbdurchlässigen Spiegel durchgelassen oder reflektiert wird. Es gibt auch keine Möglichkeit, die Anfangsbedingungen so zu wählen, dass der Ausgang des Experiments im Voraus festgelegt wird. Das bedeutet: Der Determinismus der klassischen Mechanik muss in der Quantenmechanik aufgegeben werden – der Ausgang eines Einzelexperiments wird nicht vollständig durch die Anfangsbedingungen festgelegt. Der Zufall, der die Einzelereignisse bestimmt, ist objektiver Natur und hat seine Ursache nicht in subjektiver Unkenntnis der Anfangsbedingungen.

Für Schülerinnen und Schüler ist es nicht leicht, diesen Unterschied zu akzeptieren: *„Also man kann eigentlich nicht unbedingt sagen, dass man … es überhaupt nicht vorhersehen kann, es ist nicht total rein zufällig, was das Elektron macht. Aber es ist auch nicht direkt vorhersehbar. So zwischen, also in der klassischen Mechanik kann man ja genau sagen, was eine Masse, also*

Massenpunkt im nächsten Moment macht. Und in der Statistik kann man es überhaupt nicht mehr sagen, nur mit Wahrscheinlichkeit und dazwischen liegt irgendwo die Quantenmechanik."

Im konkreten Umgang mit den Wahrscheinlichkeitsaussagen der Quantenmechanik findet man bei Schülerinnen und Schülern drei Antwortkategorien (Bethge, 1992):

a. Wahrscheinlichkeit als Interpretations- oder Übersetzungskalkül: Der Begriff der Wahrscheinlichkeit wird von den Schülerinnen und Schülern lediglich als Instrument verwendet, um damit physikalische Fragestellungen und Probleme für sie befriedigend bearbeiten zu können. Der Zusammenhang zwischen Wahrscheinlichkeiten und relativen Häufigkeiten schafft eine für die Schülerinnen und Schüler vorstellbare Situation.

b. Unzufriedenheit mit der akausalen Beschreibung durch Wahrscheinlichkeiten: Einige Schüler fordern zum Verständnis von vorgegebenen Wahrscheinlichkeitsverteilungen eine kausale Erklärung für die Entstehung dieser Verteilungen auf der Grundlage von Einzelereignissen ein: *„Wieso weiß das Quant denn, dass es da nicht hindarf? … Was für einen Grund haben die Quanten, sich so zu verteilen?"*

c. Wahrscheinlichkeit als Ungenauigkeit: Einige Schüler verbinden mit dem Begriff Wahrscheinlichkeit die umgangssprachliche Auffassung von Ungenauigkeit und Zufälligkeit. Wahrscheinlichkeitsaussagen haftet generell der Charakter des Ungenauen und Uneindeutigen an (▸ Abschn. 11.3).

Insgesamt wird die Wahrscheinlichkeitsinterpretation von den meisten Schülerinnen und Schülern als Kalkül und Hilfsmittel akzeptiert. Es bleibt jedoch oft eine Unzufriedenheit mit der im Unterricht angebotenen Deutung. Teilweise wird die Wahrscheinlichkeitsinterpretation fraglos akzeptiert, teilweise wird jedoch eine – in der Quantenmechanik nur leider nicht mögliche – Begründung über anschauliche Vorstellungen gewünscht. Die mit dem Wahrscheinlichkeitsbegriff verbundene Vorstellung von Ungenauigkeit spiegelt in den Augen mancher Schülerinnen und Schüler die nach ihrer Ansicht unzureichenden Möglichkeiten zur Beschreibung von quantenphysikalischen Phänomenen wider.

10.3.2 Wellen und Teilchen

In einer Studie wurde Physikstudierenden (5. bis 11. Semester) ein Gedankenexperiment zum Doppelspaltversuch vorgelegt.[5] Knapp die Hälfte der Studierenden konnte keinen physikalisch adäquaten Erklärungsansatz vorlegen. Ebenfalls knapp die Hälfte der Antworten ließen sich in die Kategorie „unreflektierter Welle-Teilchen-Dualismus" einordnen, in der das Wellenverhalten und das Teilchenverhalten von Quantenobjekten unverbunden nebeneinanderstehen („Mal-so-mal-so-Dualismus") und bei Bedarf zu Ad-hoc-Erklärungsansätzen herangezogen werden. Zu Doppelspaltexperimenten mit Elektronen heißt es dann z. B.: *„Das kann man sich nur erklären, wenn man das als Welle sieht. Weil wenn ich das Teilchen sehe, dann kann ich nicht verstehen, dass das Teilchen, das hier durchgeht, etwas von dem da drüben weiß."* Ein reflektierter Umgang mit den beiden Erklärungsmustern (etwa im Sinne der im ▸ Kasten 10.3 dargestellten Argumentationsmuster) wurde nur vereinzelt gefunden.

---

5   Müller (2003)

Kasten 10.3: Wellen und Teilchen

Häufig wird der „Welle-Teilchen-Dualismus" als eines der großen Rätsel der Quantenmechanik dargestellt, insbesondere in der populärwissenschaftlichen Literatur. Aus wissenschaftlicher Perspektive ist diese Darstellung nicht haltbar; es gibt nichts Unverstandenes am Welle-Teilchen-Verhalten von Quantenobjekten. Die Grundgleichung der Quantenmechanik, die Schrödingergleichung, ist eine Gleichung für die Wellenfunktion ψ. Sie sagt das Auftreten von Interferenzphänomenen, also Wellenverhalten, vorher. Das Teilchenverhalten tritt erst in der Born'schen Wahrscheinlichkeitsinterpretation zutage: Führt man an einem Elektron eine Ortsmessung durch, erhält man einen eindeutigen Messwert für den Ort – man findet Teilchenverhalten. Die räumliche Verteilung der Messwerte bei sehr vielen Messungen wird durch das Betragsquadrat der Wellenfunktion gegeben. Auf diese Weise sind sowohl Wellen- als auch Teilchenaspekte erforderlich, um das Verhalten beispielsweise von Elektronen mithilfe der Wahrscheinlichkeitsinterpretation zu beschreiben und auch vorherzusagen. Ein Quantenobjekt „ist" weder Teilchen noch Welle, sondern etwas Drittes, wie Richard Feynman es einmal beschrieb: „It is like *neither*."

In Untersuchungen zu Schülervorstellungen über die Natur des Lichts[6] zeigte sich, dass Schülerinnen und Schüler die Teilchenvorstellung des Lichts bereitwillig akzeptieren. Die Wellenvorstellung wird nur bei intensivem Nachfragen reaktiviert.[7] Die Teilchenvorstellung wird beim Fotoeffekt schnell akzeptiert und dann unreflektiert mit der Wellenvorstellung kombiniert. Lichtfeldt (1992b, S. 210) schreibt: „Schüler kommen mit einer hohen Bereitschaft in den Physikunterricht, Modelle so zu benutzen, wie es gerade in ihre jeweilige Vorstellungswelt passt. Dazu kommt die noch bei vielen Schülern vorhandene diffuse Kenntnis von Lichtteilchen, sodass dann der […] Photoeffekt die Vorstellungen der Schüler im Sinne eines mechanistischen Teilchens mit Wellencharakter stabilisiert."

Der Versuch, Teilchen- und Welleneigenschaften von Elektronen in eine Atomvorstellung zu integrieren, führt bei einigen Schülerinnen und Schülern zur Vorstellung eines Elektrons, das auf einer Welle sitzt und mit ihr auf- und abschwingt. Diese Schülervorstellung kann verfestigt werden, wenn man De-Broglie-Wellen als stehende Wellen in ganzzahligen Vielfachen der Wellenlänge auf eine Bohr'sche Kreisbahn um den Wasserstoffkern zeichnet, um die Stabilität des Wasserstoffatoms zu begründen.[8]

10.3.3 Potenzialtopf und Quantisierung der Energie

- **„Die Elektronen schwappen im Potenzialtopf hin und her wie Wasser in der Badewanne."**

Beim unendlich hohen Potenzialtopf ergeben sich stehende Wellen als Lösungen für die Schrödingergleichung. Das Quadrat der Wellenfunktion wird in der Quantenmechanik als Wahrscheinlichkeitsdichte interpretiert, ein Elektron am entsprechenden Ort zu finden.

---

6   Lichtfeldt (1992b); Wiesner (1989)

7   Lichtfeldt (1992b, S. 195)

8   z. B. http://physikunterricht-online.de/jahrgang-12/das-bohrsche-atommodell/ (Zugriff am 22. 11. 2017)

Die Bilder von sinusförmigen stehenden Wellen im Potenzialtopf werden von Schülerinnen und Schülern aber dahingehend interpretiert, dass sich die Elektronen oder die Elektronenwellen im Potenzialtopf zwischen den Wänden hin- und herbewegen[9]. Die Wahrscheinlichkeitsvorstellung scheint sich hier gut mit dem klassischen Bahnbegriff verbinden zu lassen, während die stehende Welle in den Hintergrund tritt.

In Bezug auf die Quantisierung der Energie bei gebundenen Systemen wird nicht über lernhinderliche Schülervorstellungen berichtet. Die Energiequantisierung wird von den Schülerinnen und Schülern fraglos akzeptiert und auch in eigenständigen Erklärungsansätzen herangezogen. Aus dieser bereitwilligen Übernahme der Energiequantisierung folgt allerdings auch, dass sie im Unterricht kein besonderes Erstaunen (d. h. keinen kognitiven Konflikt, ▶ Abschn. 3.2.1) bei den Schülerinnen und Schüler auslöst, an dem man den Sachverhalt als fundamental neu herausarbeiten könnte.

10.3.4 Heisenberg'sche Unbestimmtheitsrelation

■ „Δx ist der Abstand zwischen wahrem Ort und gemessenem Ort."

Wiesner (1996) kategorisiert die bei Leistungskursschülerinnen und -schülern gefundenen Vorstellungen zur Heisenberg'sche Unbestimmtheitsrelation nach dem Unterricht wie folgt:

a. Ort und Impuls sind bei Quantenobjekten nicht gleichzeitig genau *messbar* bzw. *bestimmbar* (mit 43 % die häufigste der gefundenen Vorstellungen).

b. Gegenläufiges Verhalten in den Genauigkeiten von x und p: *„Je genauer die Ortsmessung, desto ungenauer die Impulsmessung und umgekehrt".*

c. Ort und Impuls sind einem Quantenobjekt nicht gleichzeitig beliebig genau *zuzuschreiben: „Wenn ich einmal den Ort genau betrachte, kann ich den Impuls nicht genau bestimmen und umgekehrt. … Ich würde nicht nur so weit gehen, das so zu interpretieren, dass man durch die Messanordnung es nur praktisch verändert, sondern dass es eine physikalische Eigenschaft unserer Welt ist, also eine grundlegende Eigenschaft unserer Welt. Ob man misst oder nicht, diese Unschärfe ist vorhanden. Ich würde es also als eine physikalische Eigenschaft unserer Welt interpretieren."*

d. Mehrfach wurde die Ansicht geäußert, der Ort eines Quantenobjekts könne zu einem bestimmten Zeitpunkt nicht beliebig genau *gemessen* werden.

Alle diese Vorstellungen gehen davon aus, dass sich die Heisenberg'sche Unbestimmtheitsrelation auf einzelne Quantenobjekte bezieht und nicht – wie in ▶ Kasten 10.4 ausgeführt – auf ein Ensemble von Quantenobjekten. Da die Darstellung der Heisenberg'schen Unbestimmtheitsrelation in den untersuchten Schulklassen nicht dokumentiert ist, kann nicht ausgeschlossen werden, dass sich in einigen Vorstellungen Formulierungen widerspiegeln, die im Unterricht von der Lehrkraft verwendet wurden. Dann handelt es sich um lehrbedingte Lernhemmnisse (▶ Abschn. 1.2). Zur Fehlinterpretationen trägt auch die Bezeichnung „Heisenberg'sche *Unschärf*erelation" bei, die man häufig antrifft und die so etwas wie einen „verschmierten Ort" eines Elektrons nahelegt.

---

9   Bethge (1988)

Kasten 10.4: Heisenberg'sche Unbestimmtheitsrelation

Die Frage, was die Heisenberg'sche Unbestimmtheitsrelation $\Delta x \cdot \Delta p_x \geq h/4\pi$ aussagt, wird auch von Fachleuten nicht einheitlich beantwortet. Bis in die zweite Hälfte des 20. Jahrhunderts herrschte die Störungsvorstellung vor, nach der bei einer Ortsmessung eines einzelnen Quantenobjekts der Impuls dieses Quantenobjekts mindestens so stark gestört wird, dass die angegebene Ungleichung erfüllt ist. Diese Deutung geht auf Heisenberg (1927) selbst zurück, der ein entsprechendes Gedankenexperiment zur Illustration der Relation diskutierte (Heisenbergmikroskop). Problematisch bei dieser Interpretation ist, dass sie die Existenz eines „wahren Ortes" suggeriert, der in der Quantenmechanik ja gerade nicht angegeben werden kann. Modernere Formulierungen der Störungsvorstellungen beziehen sich daher auf quantenmechanische Zustände und die Breite von statistischen Verteilungen.

In den letzten Jahrzehnten hat sich weitgehend die statistische Interpretation der Quantenmechanik durchgesetzt. Hier wird die Heisenberg'sche Unbestimmtheitsrelation als eine Grenze für die gleichzeitige Präparierbarkeit von Ort und Impuls an Ensembles von Quantenobjekten angesehen. Bei Messungen von Ort oder Impuls ergibt sich bei jeder Einzelmessung ein bestimmter Wert. Viele Messungen ergeben statistische Verteilungen von Messwerten. Die Standardabweichungen dieser statistischen Verteilungen werden mit Δx oder Δp_x bezeichnet. Die Aussage der Heisenberg'schen Unbestimmtheitsrelation ist dann, dass es nicht möglich ist, ein Ensemble von Quantenobjekten so zu präparieren, dass das Produkt von Δx und Δp_x den Wert $h/4\pi$ unterschreitet.

In der gleichen Interviewserie wurde bei Wiesner (1996) nach der Bedeutung der Größen Δx und Δp_x gefragt. Er schreibt dazu: „Diese Frage bereitete den meisten Schülern Schwierigkeiten. Nur wenige waren in der Lage, spontan eine einigermaßen klare Antwort zu geben [...]. Deutlich dominierend waren Antworten mit dem Vorstellungshintergrund, dass der ‚richtige' Wert – obwohl existierend – aus verschiedenen Gründen nicht festzustellen ist." Er findet die folgenden Antwortkategorien:

a. (Orts-)Änderung, Wegzuwachs: „Δx *ist ja 'ne Ortsänderung.*"
b. Abstand des gemessenen Wertes vom eigentlichen, wahren Wert: *„Ja, das ist der Abstand vom gemessenen Ort zum Ort, wo es vorher war."* bzw. *„Die Abweichung, wo das Teilchen wirklich war und wo es gemessen wurde."*
c. Differenz zweier Ortswerte (Messwerte): *„Das Teilchen hat ja immer einen Anfangsort und danach einen zweiten Ort, den Endort."*
d. Deutung als kleine Werte: „Δx *ist – irgendwie klein."* Oder: „Δp *ist ein klein gewählter – kleiner Teil vom Impuls."*
e. eingeschränkte Definitionsmöglichkeit: *„Das sind – das ist so ein Bereich, in dem das verschwimmt. Das* Δx *ist letztlich die Unschärfe des Ortes – letztlich."*
f. Fehlergrenzen (als Maß für die Messungenauigkeit)
g. zulässiger Aufenthaltsbereich: *„Also halt – ein bestimmtes, nein, nicht bestimmtes Intervall, wo es sein könnte. Der Bereich, wo es sich aufhalten kann."*
h. Unkenntnis über den Ort vor der Messung: Durch die Ortsmessung wird das Quantenobjekt gestört; es befindet sich anschließend nicht mehr an seinem ‚eigentlichen' Ort.

Wiesner betont, dass kein einziger Schüler eine Interpretation von Δx und Δp als Standardabweichungen äußert und diese auf das Ensemble bezieht – also die heute fachlich überwiegend anerkannte statistische Deutung heranzieht.

10.4 Unterrichtskonzeptionen

- **milq – Das Münchener Unterrichtskonzept zur Quantenphysik**

  Müller, R. & Wiesner H. (2000). Das Münchener Unterrichtskonzept zur Quantenmechanik. *Physik in der Schule, 38*, S. 126–134.
  www.milq-physik.de

Das *milq*-Konzept basiert auf Forschungen über Schülervorstellungen und orientiert sich inhaltlich stark an den begrifflichen Fragen der Quantenphysik. Mithilfe von Simulationsprogrammen (Doppelspalt, Mach-Zehnder-Interferometer) werden die statistische Natur der Quantenphysik, die Komplementarität oder der quantenmechanische Messprozess untersucht. Strukturierend sind dabei die „Wesenszüge der Quantenphysik" – kurze Aussagen, die die Kerngedanken der Quantenphysik zusammenfassen (Müller, 2003; Müller und Wiesner, 2002).

- **milq10 – milq für Jahrgangsstufe 10**

  Schorn, B. & Wiesner, H. (2008). Die Quantenphysik in der Sekundarstufe. *Praxis der Naturwissenschaften – Physik in der Schule, 6*(57), 26–33
  www.milq-physik.de/milq10

Ausgehend von dem für die Oberstufe konzipierten Unterrichtskonzept *milq* wurde ein Unterrichtskonzept für die Jahrgangsstufe 10 erarbeitet und erprobt. Im Vordergrund steht dabei die qualitative Erarbeitung der Unterschiede zwischen klassischer Physik und Quantenphysik und der Merkwürdigkeiten, die sich daraus ergeben.

- **Visual Quantum Mechanics**

  Zollman, D. A., Rebello, S. & Hogg, K. (2002). Quantum mechanics for everyone: Hands-on activities integrated with technology. *American Journal of Physics, 70*(3), 252–259, und
  https://web.phys.ksu.edu/vqm (Zugriff am 15. 1. 2018).

Das *Visual Quantum Mechanics*-Projekt ist zwar kein Unterrichtskonzept, das primär von Schülervorstellungen ausgeht, dennoch zeichnet es sich durch schülerorientierte Hands-on-Aktivitäten aus. Vor allem mithilfe von Simulationsexperimenten werden visuell orientierte Aktivitäten angeboten, mit denen Lernende ihr Wissen aktiv konstruieren können. Das Unterrichtskonzept wurde in den USA in Schulen erprobt und evaluiert.

- **Quantenphysik ohne Bohr'sches Atommodell**

  Fischler, H. & Lichtfeldt, M. (1990). Quantenphysik in der Schule II: Eine neue Konzeption und ihre Evaluation. *physica didactica, 17*(1), 33–50.
  Fischler, H. (1992a). Die Berliner Konzeption einer „Einführung in die Quantenphysik": Didaktische Grundsätze und inhaltliche Details. In H. Fischler (Hrsg.), *Quantenphysik in der Schule* (S. 245–252). Kiel: Institut für die Pädagogik der Naturwissenschaften.

Der von Fischler und Lichtfeldt entwickelte Kurs zur Quantenphysik verzichtet auf halbklassische Modelle, insbesondere das Bohr'sche Atommodell. Der Einstieg erfolgt mit Elektronen als Quantenobjekten (Elektronenbeugung) statt mit Photonen (Photoeffekt). Hintergrund sind Studien über Schülervorstellungen und Lernschwierigkeiten. Der Kurs wurde hinsichtlich der bewirkten Vorstellungsänderungen evaluiert (Lichtfeldt, 1992b).

10.5 Testinstrumente

Anders als etwa in der Mechanik gibt es für die Quantenphysik kein international akzeptiertes Standardinstrument zur Untersuchung von Schülervorstellungen oder Lernerfolgen. Das liegt zum großen Teil an der Vielfalt der Curricula. Sowohl im Anspruchsniveau als auch in den verfolgten Lernzielen gibt es hier beträchtliche Unterschiede. In vielen Ländern ist die Quantenphysik zudem kein Inhalt im Schulunterricht, sondern wird erst an der Universität gelehrt. Krijtenburg-Lewerissa, Pol, Brinkman und van Joolingen (2017) geben einen Überblick über die bisher in der internationalen fachdidaktischen Forschung eingesetzten Testinstrumente.

■ **milq-Vorstellungsfragebogen**

Ein Vorstellungsfragebogen zur Quantenphysik wurde von Müller (2003, S. 149ff.) zur Evaluation des milq-Konzepts (▶ Abschn. 10.3) entwickelt. Der Test umfasst 29 Items aus den Bereichen Atomvorstellung, Doppelspaltexperiment, Eigenschaftsbegriff/Determinismus und Unbestimmtheitsrelation. Sie wurden auf der Basis von Forschungen zu Schülervorstellungen konstruiert. Das Ziel ist es, quantenmechanisch angemessene Vorstellungen der Probanden von Vorstellungen zu unterscheiden, die eher einem klassisch-deterministischen Weltbild zuzurechnen sind.

■ **QMCS – Quantum Mechanics Conceptual Survey**

Dieser Test wurde im Rahmen des PhET-Projekts (*Physics Education Technology*) an der University of Colorado entwickelt (McKagan, Perkins & Wieman, 2010). Es handelt sich um einen Multiple-Choice-Fragebogen, dessen Themenauswahl auf den Ergebnissen einer Expertenbefragung beruht. Hauptinhalte der Fragen sind Vorstellungen zu Energieniveaus und dem Verlauf von Wellenfunktionen in Potenzialen, d. h. zu Themen, die sich stark am quantenmechanischen Formalismus orientieren und in der deutschsprachigen Forschung als weniger relevant für den Quantenphysikunterricht in der Schule angesehen werden.

10.6 Literatur zur Vertiefung

Müller (2005). *Qualitative Quantenphysik – Eine Handreichung für die Sekundarstufe I im Rahmen von piko (Physik im Kontext).* Kiel: IPN. Online verfügbar unter: www.tu-braunschweig.de/Medien-DB/ifdn-physik/quantenphysik_piko.pdf (Zugriff am 15. 1. 2018)
Küblbeck & Müller (2002). *Die Wesenszüge der Quantenphysik. Modelle, Bilder und Experimente.* Köln: Aulis. Online verfügbar unter: www.milq-physik.de (Zugriff am 15. 1. 2018)

In diesen beiden Schriften werden fachdidaktisch relevante Inhalte aus der Quantenphysik besprochen und im Hinblick auf den Unterricht in der Schule fachlich geklärt.

> Müller (2003). *Quantenphysik in der Schule*. Berlin: Logos.

Der Band gibt einen Überblick über die fachdidaktische Forschung bis zum Zeitpunkt des Erscheinens und die begrifflichen Fragen der Quantenmechanik. Darüber hinaus werden das milq-Konzept (▶ Abschn. 10.3) und seine Evaluation beschrieben.

> *Fischler (1992b). Quantenphysik in der Schule. Kiel: IPN.*

Dieser Sammelband enthält Aufsätze zur fachdidaktischen Forschung über Quantenphysik, darunter auch mehrere Artikel, die sich mit Schülervorstellungen auseinandersetzen.

> Lichtfeldt (1992b). Schülervorstellungen in der Quantenphysik und ihre möglichen Veränderungen durch Unterricht. Essen: Westarp.

Eine umfassende Zusammenstellung der vom Autor durchgeführten Untersuchungen zu Schülervorstellungen aus den Bereichen Atome, Elektronen und Photonen, die auch in den allgemeineren Rahmen der Schülervorstellungsforschung eingeordnet werden.

> Petri (1996). Der Lernpfad eines Schülers in der Atomphysik – Eine Fallstudie in der Sekundarstufe II. Aachen: Verlag Mainz.

In der Dissertation von Petri wird die Entwicklung der Vorstellungen eines einzelnen Schülers im Verlauf des Quantenphysikunterrichts detailliert verfolgt und unter lernpsychologischer Perspektive analysiert – die bislang detaillierteste Rekonstruktion des Vorstellungsgefüges eines Schülers.

10.7 Übungen

▶ Übung 10.1 orientiert sich an einer Aufgabe in Bethge (1988). Der Dialog in
▶ Übung 10.2 wurde eigens für die Aufgabe konstruiert.

Übung 10.1

In einer Physikklausur im Leistungskurs lautete eine Aufgabe[10]:

> „In der linken Abbildung ist die Wellenfunktion (ψ-Funktion) zu einem Elektron eingezeichnet, das sich in einem Potenzialtopf aufhält. „x" bezeichnet die Ortskoordinate in einem linearen Potenzialtopf der Breite b mit unendlich hohen Wänden.
> In der rechten Abbildung ist eine mögliche Lokalisation des Elektrons zum Zeitpunkt t_0 eingezeichnet. Zeichnen Sie weitere Orte des Elektrons ein, an denen man es zu den folgenden Zeitpunkten t_1 bis t_{10} lokalisieren würde!"

---

10 Die Aufgabe orientiert sich an einer Aufgabe in Bethge (1988).

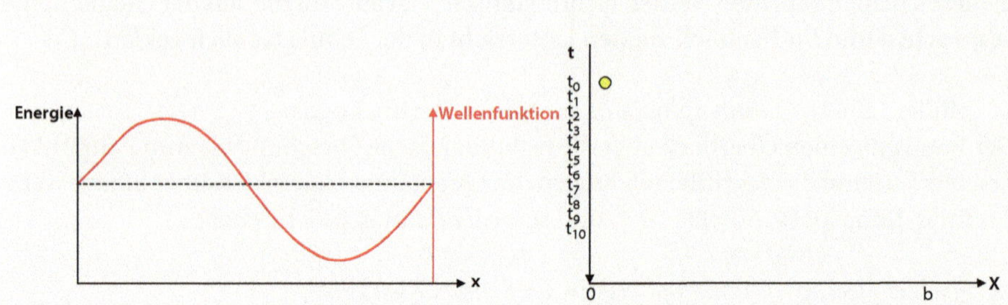

Die folgende Abbildung zeigt die Lösungen von vier Schülern aus der Klausur:

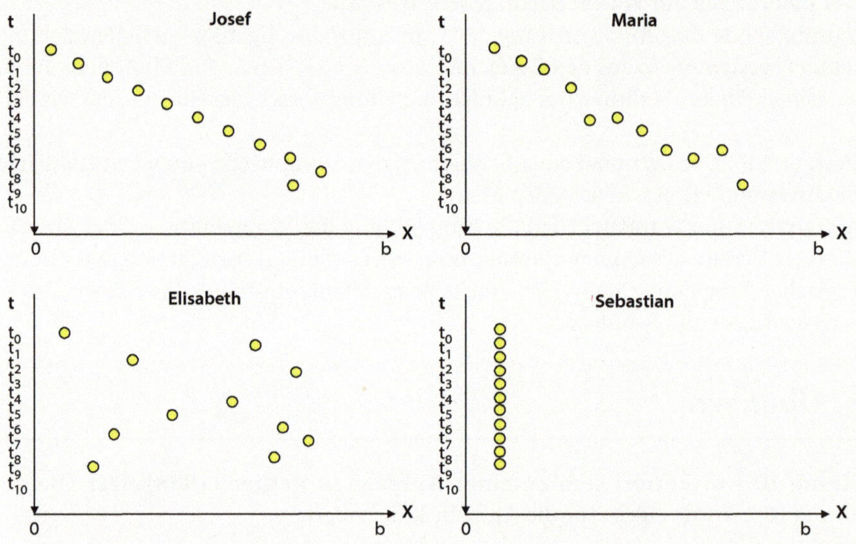

- **Übungsaufgabe:**

a. Welche Lösung kommt der physikalisch korrekten Lösung am nächsten? Geben Sie eine kurze Begründung!

b. Welche Vorstellungen kann man bei den anderen drei Schülern vermuten? Beschreiben Sie jeweils die Vorstellung und erläutern Sie, woran man sie in den Lösungen erkennen kann!

Übung 10.2

Theo ist Schüler in einem Leistungskurs Physik, in dem Farbstoffmoleküle als Beispiel für einen Potenzialtopf mit unendlich hohen Wänden behandelt wurden, in dem sich Elektronen befinden. Theo ist an Physik sehr interessiert und fragt gerne nach. In der Pause nach dem Unterricht ergibt sich folgendes Gespräch mit der Kurslehrerin:

Theo: *Wir haben gesagt, dass sich in dem Kasten – also dem Molekül – eine stehende Materiewelle ergibt, die gerade so Knoten hat an den Wänden – also den Enden von dem Farbstoff – dem Molekül, meine ich.*

Lehrerin: *Ja.*

Theo: *Und da, wo die Welle eine große Auslenkung hat, da findet man so Farbstoffelektronen halt häufig.*

L: *Man muss den Wert der ψ-Funktion quadrieren, dann hat man ein Maß für die Antreffwahrscheinlichkeit an diesem Ort.*

Theo: *Dann ist das Elektron da also häufiger – richtig?*

L: *Das kann man so nicht sagen.*

Theo: *Warum nicht? Antreffwahrscheinlichkeit heißt doch, wie wahrscheinlich es sich dort befindet.*

L: *Wo es häufiger ist, kann man nicht sagen – nur, wo man es häufiger finden wird.*

Theo: *Wenn man es dort häufiger findet, muss es doch auch häufiger dort sein. Sonst ist das doch unlogisch.*

L: *Die Quantentheorie macht keine Aussagen über die Orte oder die Messung einzelner Elektronen. Sie sagt die Wahrscheinlichkeit voraus, wo man wie viele Elektronen registrieren wird, wenn man die Messung mit einer bestimmten Versuchsanordnung durchführt – z. B. bei den Bäuchen viele.*

Theo: *Das mit den Wahrscheinlichkeiten ist doch nur ein Ersatz dafür, dass man eben nicht exakt sagen kann, wo das Elektron gerade ist. Das kann aber ja kein Zufall sein. Man würde gerne genau sagen, wo es ist – oder meinetwegen auch, wo man es findet – aber das geht eben nicht, oder noch nicht. Und daher greift man dann halt zu den Wahrscheinlichkeiten. Das ist so ähnlich wie bei Heisenberg. Auch da gibt man immer diese Deltas an, weil man den Ort nicht genau angeben kann.*

■ **Übungsaufgabe:**

Deuten Sie Theos Fragen und Aussagen vor dem Hintergrund der Schülervorstellungen in der Quantenphysik. Nehmen Sie dabei Bezug auf konkrete Aussagen von Theo.

10.8 Literatur

Bayer, H.-J. (1986). Schülervorstellungen beim Übergang vom Bohrschen zum wellenmechanischen Atommodell. In W. Kuhn (Hrsg.), *Didaktik der Physik. Physikertagung Gießen 1986* (S. 249–256). Gießen: Deutsche Physikalische Gesellschaft, Fachausschuss Didaktik der Physik.

Bethge, T. (1988). *Aspekte des Schülervorverständnisses zu grundlegenden Begriffen der Atomphysik.* Dissertation, Universität Bremen.

Bethge, T. (1992). Vorstellung von Schülerinnen und Schülern zu Begriffen der Atomphysik. In H. Fischler (Hrsg.), *Quantenphysik in der Schule* (S. 215–233). Kiel: IPN.

Bormann, M. (1987). Das Schülervorverständnis zum Themenbereich „Modellvorstellungen zu Licht und Elektronen". In W. Kuhn (Hrsg.), *Didaktik der Physik – Vorträge – Frühjahrstagung 1987* (S. 475–481). Bad Honnef: Deutsche Physikalische Gesellschaft, Fachverband Didaktik der Physik.

Fischler, H. (1992a). Die Berliner Konzeption einer „Einführung in die Quantenphysik": Didaktische Grundsätze und inhaltliche Details. In H. Fischler (Hrsg.), *Quantenphysik in der Schule* (S. 245–252). Kiel: Institut für die Pädagogik der Naturwissenschaften.

Fischler, H. (Hrsg.) (1992b). *Quantenphysik in der Schule.* Kiel: IPN.

Fischler, H. & Lichtfeldt, M. (1990). Quantenphysik in der Schule II: Eine neue Konzeption und ihre Evaluation. *physica didactica, 17*(1), 33–50.

Heisenberg, W. (1927). Über den anschaulichen Inhalt der quantentheoretischen Kinematik und Mechanik. *Zeitschr. Phys., 43,* 172–198.

Heisenberg, W. (1969). *Der Teil und das Ganze.* München: Piper.

Krijtenburg-Lewerissa, K., Pol, H., Brinkman, A. & van Joolingen, W. (2017). Insights into teaching quantum mechanics in secondary and lower undergraduate education. *Phys. Rev. ST Phys. Educ. Res., 13,* 010109.

Küblbeck, J. & Müller, R. (2002). *Die Wesenszüge der Quantenphysik. Modelle, Bilder und Experimente* (2. Aufl.). Köln: Aulis.

Lichtfeldt, M. (1992a). Schülervorstellungen als Voraussetzung für das Lernen von Quantenphysik. In H. Fischler (Hrsg.), *Quantenphysik in der Schule* (S. 234–244). Kiel: IPN.

Lichtfeldt, M. (1992b) Schülervorstellungen in der Quantenphysik und ihre möglichen Veränderungen durch Unterricht. *Vol. 15. Reihe Naturwissenschaften und Unterricht.* Essen: Westarp.

McKagan, S. B., Perkins, K. K. & Wieman, C. E. (2010). Design and validation of the Quantum Mechanics Conceptual Survey. *Phys. Rev. ST Phys. Educ. Res., 6,* 020121.

Müller, R. (2003). *Quantenphysik in der Schule. Studien zum Physiklernen.* Berlin: Logos.

Müller, R. (2005). *Qualitative Quantenphysik – Eine Handreichung für die Sekundarstufe I im Rahmen von piko (Physik im Kontext).* Kiel: IPN.

Müller, R. & Wiesner, H. (1998). *Vorstellungen von Lehramtsstudenten zur Interpretation der Quantenmechanik – Ergebnisse von Befragungen.* Alsbach: Leuchtturm.

Müller, R. & Wiesner H. (2000). Das Münchener Unterrichtskonzept zur Quantenmechanik. *Physik in der Schule, 38,* 126–134.

Müller, R. & Wiesner, H. (2002). Teaching quantum mechanics on an introductory level. *American Journal of Physics, 70*(3), 200–209. http://dx.doi.org/10.1119/1.1435346 (Zugriff am 15. 1. 2018).

Petri, J. (1996). *Der Lernpfad eines Schülers in der Atomphysik.* Aachen: Mainz.

Schorn, B. & Wiesner, H. (2008). Die Quantenphysik in der Sekundarstufe. *Praxis der Naturwissenschaften – Physik in der Schule, 6*(57), 26–33.

Wiesner, H. (1989). *Beiträge zur Didaktik des Unterrichts über Quantenphysik in der Oberstufe.* Mülheim/Ruhr: Westarp.

Wiesner, H. (1996). Verständnisse von Leistungskursschülern über Quantenphysik (1/2). Ergebnisse mündlicher Befragungen. *Physik in der Schule, 34,* 95–99 u. 136–140.

Zollman, D. A., Rebello, S. & Hogg, K. (2002). Quantum mechanics for everyone: Hands-on activities integrated with technology. *American Journal of Physics, 70*(3), 252–259.

Schülervorstellungen zu fortgeschrittenen Themen der Schulphysik

Martin Hopf und Horst Schecker

© Springer-Verlag GmbH Deutschland, ein Teil von Springer Nature 2018
H. Schecker, T. Wilhelm, M. Hopf, R. Duit (Hrsg.), *Schülervorstellungen und Physikunterricht*,
https://doi.org/10.1007/978-3-662-57270-2_11

11.1 Einführung

In diesem Kapitel geht es um Vorstellungen von Schülerinnen und Schülern zu einem breiten Spektrum an Themen der moderneren Physik. Während zu den anderen Kapiteln dieses Buchs umfangreiche Forschungen die Vorstellungen der Schülerinnen und Schüler klar und wiederholt belegen, ist die Forschungslage zu Themen wie Radioaktivität, elektromagnetische Strahlung oder Astrophysik deutlich weniger umfangreich. Solche Themen spielen genau wie klassische Themen eine wesentliche Rolle im Physikunterricht. Gerade moderne Themen stoßen oft auf großes Interesse bei den Jugendlichen. Einige dieser Themen sind physikalisch besonders anspruchsvoll, sodass man manchmal auf der Ebene populärwissenschaftlicher Darstellungen bleiben wird, wie z. B. bei der Diskussion von schwarzen Löchern. Umso wichtiger ist es daher, bekannte Vorstellungen und Lernschwierigkeiten zu kennen, um diese bei der Planung und Durchführung von Unterricht berücksichtigen zu können.

Schülervorstellungen beruhen bei modernen Themen des Physikunterrichts weniger auf Alltagserfahrungen wie es z. B. in der Mechanik oder Optik der Fall ist. Sie sind dadurch weniger tief verwurzelt. Häufig sind Vorstellungen durch den Unterricht verursacht worden – d. h. lehrbedingt – oder sie beruhen schlicht auf Unkenntnis. Dennoch gibt es typische Fehlannahmen und Lernhemmnisse, über die wir in diesem Kapitel berichten wollen. Ausdrücklich sei darauf hingewiesen, dass es sinnvoll ist, gerade in diesen Themenbereichen im Unterrichtsgeschehen wachsam zu bleiben, da es jederzeit möglich ist, dass bisher undokumentierte Vorstellungen auftreten.

11.2 Spezielle Themen der Atomphysik

Vorstellungen zur Größe und zum Aufbau von Atomen finden sich in ▶ Kap. 7 und 10. Sie sollen daher an dieser Stelle nicht weiter diskutiert werden. Allerdings gibt es einige Vorstellungen aus dem Bereich der Atomphysik, die über diese Beschreibungen hinausgehen. Umfangreiche Arbeiten zum Verständnis von Lernenden haben Ivanjek, Shaffer, McDermott, Planinic und Veza (2015) zur Spektroskopie veröffentlicht. Sie wurden zwar mit Studierenden durchgeführt, die gefundenen Vorstellungen sind aber in Oberstufenklassen in ähnlicher Weise zu erwarten.

Studierende wurden mit ◘ Abb. 11.1 konfrontiert und dann gefragt: Welche Spektrallinie(n) stammt bzw. stammen vom Übergang zwischen den am dichtesten benachbarten Energieniveaus eines Atoms? Ein Student antwortete: *„Beim Übergang zwischen Energieniveaus sendet ein Elektron eine Welle aus. Wir sehen diese Welle im Spektrum als eine Linie. 7 und 8 sind die am dichtesten zusammenliegenden Linien und daher ist die Energiedifferenz zwischen ihnen am kleinsten."* (Ivanjek et al., 2015, S. 88; Übersetzung d. Verf.). Hier

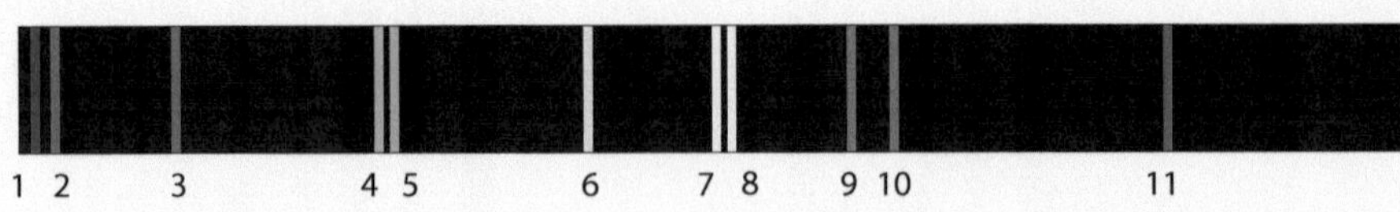

◘ **Abb. 11.1** Linienspektrum.

werden sowohl die (relative) Lage der Linien im Spektrum mit den Energieniveaus selbst vermengt als auch die abgestrahlte Energie mit dem Energieniveau. Die damit verbundenen Vorstellungen und Lernschwierigkeiten werden im Folgenden erläutert. Richtig ist, dass die Linie 11 am wenigsten Energie hat und deshalb von den am dichtesten benachbarten Energieniveaus stammt.

▪ „Übergänge?"

Bei der Betrachtung von Übergängen zwischen Energieniveaus im Atom ist mit verschiedenen Lernschwierigkeiten zu rechnen: Was hat einen Zustand: die Energie, das Elektron, das Photon oder das Atom? Und was geht über: das Elektron, das Atom, das Photon oder die Energie? Was strahlt die Energie ab: das Elektron, das Atom oder das Photon? Bereits der verkürzte Begriff des Energieübergangs kann falsche Vorstellungen erzeugen, so als nehme bei einer Anregung des Atoms ein Photon die Energie in den neuen Zustand mit. Um Verwirrungen zu vermeiden, müssen die Begriffe klar voneinander abgegrenzt werden (▸ Kasten 11.1). Sonst könnten Lernende z. B. denken, dass ein Elektron oder ein Photon (statt eines Atoms) einen Übergang zwischen zwei Energieniveaus macht und dabei Licht abstrahlt (siehe oben: „ … *sendet ein Elektron eine Welle aus*"). Ebenso könnten Lernende annehmen, dass Übergänge – wie in ◘ Abb. 11.2 dargestellt – nur zum Grundzustand erfolgen, und dabei übersehen, dass die Übergänge zwischen allen Energieniveaus vorkommen können.

▪ „Eine Spektrallinie stammt von einem Energieniveau im Atom."

Schülerinnen und Schüler gehen hier davon aus, dass es einen direkten Zusammenhang zwischen einer Spektrallinie und einem zugehörigen Energieniveau im Atom gebe. Jedes Energieniveau des Atoms trage dabei genau eine Linie zum Spektrum bei. Dabei sind auch die Anordnungen wichtig: Eine Linie weiter links in der Abbildung des Spektrums gehört nach den Vorstellungen der Lernenden zu einem tieferen Energieniveau, unabhängig davon, ob das Spektrum nach der Wellenlänge oder der Frequenz dargestellt wird. Jugendliche schließen das aus der falschen Annahme, dass man aus der Frequenz bzw. Wellenlänge der Spektrallinie auf die Energie des Niveaus durch die Formel $E = h \cdot f$ rückschließen könne. Dabei wird übersehen, dass es hier um den Energie*unterschied* der beiden beteiligten Niveaus geht.

◘ **Abb. 11.2** Skizze von Studierenden zu Übergängen zwischen Energieniveaus (nach Ivanjek et al., 2015).

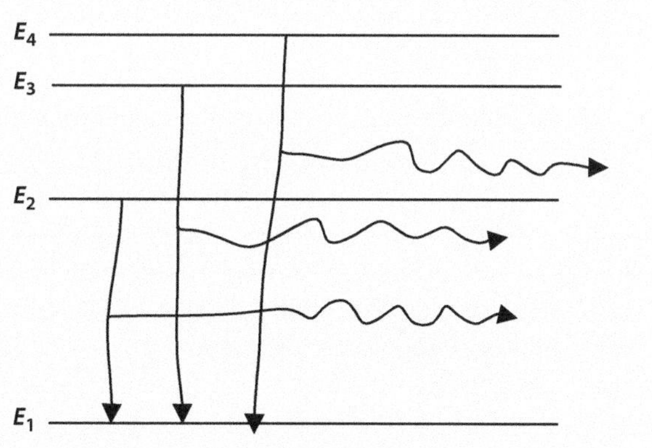

Wenn man etwas Kochsalz in eine Flamme streut, wird die Flamme gelb. Bestrahlt man diese Flamme mit einer Natriumlampe, so wirft die Flamme einen Schatten. Diese Phänomene kann man dadurch erklären, dass Atome Licht spezifischer Wellenlängen absorbieren und emittieren können. Natrium kann z. B. Licht der Wellenlänge 589 nm absorbieren und emittieren. Die verschiedenen Lichtsorten, die ein spezifisches Atom emittiert, können mit einem optischen Gitter als Linienspektrum sichtbar gemacht werden.

Diese Phänomene werden in der Quantenphysik verständlich. Dort zeigt sich, dass sich ein Atom in verschiedenen *Zuständen* befinden kann, die durch unterschiedliche Energieniveaus gekennzeichnet sind.

Damit ein Atom zwischen zwei Zuständen wechseln kann, muss es entweder Energie aufnehmen oder abgeben. Dazu wird entweder ein Photon absorbiert oder emittiert. Die Energie dieses Photons (entsprechend der Wellenlänge des Lichtes) entspricht genau dem Energieunterschied zwischen den beiden Zuständen.

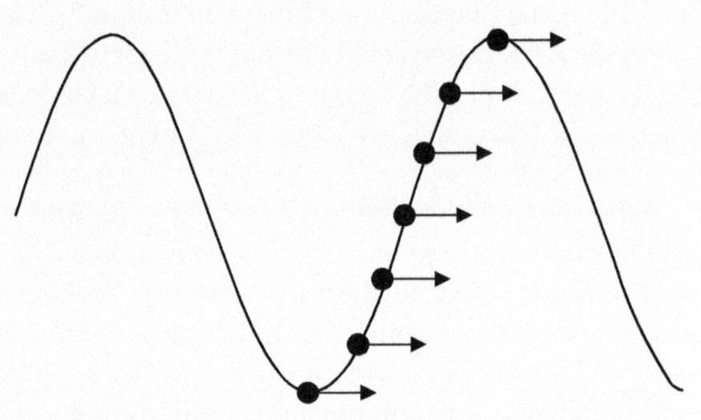

◘ **Abb. 11.3**
Schülervorstellung zum Zusammenhang von Photon und elektromagnetischer Welle: Ein Photon „bewegt" sich entlang der sinusförmigen Kurve (nach Steinberg et al., 1996, S. 1371).

- **„Die Zahl verschiedener Farben entspricht der Zahl der Energieniveaus."**

Nicht die Zahl der Spektrallinien, sondern deren Farbe wird als strukturierendes Merkmal angenommen. Bei der Analyse von ◘ Abb. 11.1 würden Schülerinnen und Schüler dann von fünf Übergängen (entsprechend den fünf vorkommenden Farben) sprechen. Es ist möglich, dass dies eine Folge des Unterrichts ist, da hier manchmal von „der gelben Linie" o. Ä. gesprochen wird.

- **„Ein Photon breitet sich sinusförmig im Raum aus."**

Oft wird in Lehrbüchern im Zusammenhang mit Interferenzexperimenten die Ausbreitung eines Photonenstroms auch im Wellenbild gezeichnet. Schülerinnen und Schüler verwechseln dann die Darstellung der Wellenamplitude mit einer Trajektorie eines Teilchens und äußern die Vorstellung, dass sich die Photonen entlang der scheinbar eingezeichneten Sinuskurve „entlangschlängeln" (◘ Abb. 11.3).[1] ▶ Abschnitt 9.3 geht auf Schülervorstellungen zu Wellen näher ein.

---

1   Steinberg, Oberem und McDermott (1996)

11.3 Zufall und Wahrscheinlichkeit[2]

Bei einem Interview zur Wahrscheinlichkeit des Zerfalls eines Kerns äußerte ein Oberstufenschüler: *„Der Kern kann in jeder Sekunde zerfallen oder nicht zerfallen. Also muss die Wahrscheinlichkeit 1/2 sein.“* In der gleichen Interviewserie meinte ein anderer Schüler: *„In der Physik gibt es keinen Zufall, weil man alles mit physikalischen Gesetzen berechnen kann.“ (Feistmantl, 2017)*.

Viele Prozesse in der Physik können sehr gut durch die Annahme zufälliger Einzelvorgänge beschrieben werden, z. B. die Radioaktivität, aber auch in der statistischen Physik (▶ Kasten 11.2). Die Verteilungen physikalischer Größen über eine große Zahl von Einzelvorgängen sind dann jedoch exakt vorhersagbar, z. B. die Wahrscheinlichkeit, Elektronen bei einem Beugungsexperiment zu messen (▶ Kasten 10.3). Wie bereits die Interviewausschnitte zeigen, gibt es hier ein breites Spektrum von Schülervorstellungen. Auch im Bereich der Vorstellungen zu Messungen in der Physik kommen deterministische Vorstellungen (*‚Es gibt eindeutige Messergebnisse, wenn man nur alles richtigmacht!‘*) zum Tragen (▶ Abschn. 13.5).

- **„In der Physik gibt es keinen Zufall.“**

Manche Jugendlichen sind der Ansicht, dass Zufall nur ein Produkt unseres ungenauen Wissens ist. Demzufolge könnten wir alles genau vorhersagen, wenn wir nur alle Informationen zur Verfügung hätten. Da dies aber im Alltag nicht möglich sei, müsse man sich auf zufällige Beschreibungen beschränken. Diese Vorstellung und die damit verbundene Unzufriedenheit mit Wahrscheinlichkeitsaussagen ist auch in der Geschichte der Physik aufzufinden: Dass es tatsächlich zufällige Prozesse geben soll, war für Albert Einstein

---

Kasten 11.2: Zufall in der Physik

Manche physikalischen Theorien, z. B. die Thermodynamik, werden auf der Grundlage eines streng deterministischen Verhaltens modelliert. Bei einer großen Anzahl der Teilchen bzw. Prozesse wird das Gebiet dann statistisch bearbeitet und man kann auf diese Weise sehr gute, reproduzierbare Vorhersagen des Systemverhaltens treffen.

In anderen Gebieten, z. B. der Radioaktivität, geht man davon aus, dass manche Vorgänge nur vom Zufall abhängen, wie z. B. der Zerfall eines bestimmten Kerns. Hier kann man ebenso statistische Modelle bilden und so das Verhalten von Systemen genau vorhersagen. Auch die Quantenphysik geht von zufälligen Einzelereignissen aus (z. B. Registrierungen von Elektronen) und kommt dennoch zu exakten Vorhersagen über das System (▶ Kasten 10.2)

Auch beim deterministischen Chaos dynamischer Systeme gehen wir vom Vorliegen strenger Gesetzmäßigkeiten aus. Da aber kleine Änderungen in den Anfangsbedingungen große Auswirkungen auf das Verhalten eines Systems haben können, erscheint es uns chaotisch; wir können seine zeitliche Entwicklung nicht verlässlich vorausberechnen. Bei einem Magnetpendel wird eine Stahlkugel z. B. über drei Magneten ausgelenkt. Wie die Kugel schwingt und über welchem Magneten sie zur Ruhe kommt, ist nicht vorhersagbar, auch wenn man sich bemüht, stets die gleiche Anfangsauslenkung einzustellen. Dennoch gehorcht das Pendel den Newton'schen Gesetzen.

---

2   Dieser und der folgende Abschnitt beruhen auf den Arbeiten von Bell (2004); Boyes und Stanisstreet (1994); Büchter, Hußmann, Leuders und Prediger (2005); Duit und Komorek (2000); Feistmantl (2017); Gougis et al. (2017); Henriksen und Jorde (2001); Komorek (1999); Pilakouta (2011); Riesch und Westphal (1975); Sarina, Shelley und Marjan (2003); Stavrou (2004).

unsympathisch („Der Alte würfelt nicht"). Er lehnte die wahrscheinlichkeitstheoretische Interpretation der Quantenphysik ab. Und es gibt auch heute Personen, die eine andere Interpretation vertreten („Bohm'sche Mechanik"). Allgemein akzeptierter Forschungsstand der Physik ist aber, dass es zufällige Einzelereignisse in physikalischen Prozessen gibt.

- **„Gleiche Ursachen haben gleiche Wirkungen."**

Die Vorstellung, dass es in der Physik „eigentlich" keinen Zufall gibt, korrespondiert mit der Schülervorstellung einer strengen Kausalität: *„Es gibt in der Physik für alle Vorgänge genau zu identifizierende Ursachen und bei genauer Kenntnis der Ursachen lassen sich die Wirkungen eindeutig vorhersagen".* Daraus erwachsen z. B. Probleme in der Quantenphysik, wenn Lernende sich nicht von der Vorstellung lösen wollen, nach der jeweils entschieden werden könne, welchen ‚Weg' ein einzelnes Photon beim Doppelspaltexperiment nimmt.

Andererseits trennen Schülerinnen und Schüler zwischen der Welt der physikalischen Theorie und der realen Welt. In der Theorie gelte die strenge Kausalität, während es in der Praxis selbst im Labor durch unkontrollierbare Einflüsse zu Zufallsereignissen kommen könne. Bei nichtlinearen Systemen kann diese Vorstellung ein Ausgangspunkt auf dem Weg zum Verständnis des Chaos sein.[3] Auch in der klassischen Physik ist das Kausalitätsprinzip eine wesentliche Grundlage für die erfolgreiche Theorieentwicklung. In der Relativitätstheorie und in der Quantentheorie gelangt man damit jedoch an Grenzen.

- **„Zufällige Ergebnisse sind gleichverteilt."**

Schülerinnen und Schüler gehen davon, dass auf lange Sicht die möglichen Ausgänge eines dem Zufall unterliegenden Vorgangs gleich häufig vorkommen. Aus Sicht der Wahrscheinlichkeitstheorie ist es zwar so, dass sich der Grenzwert der relativen Häufigkeiten der Wahrscheinlichkeit beliebig nahe annähert. Trotzdem müssen die Wahrscheinlichkeiten der einzelnen möglichen Ausgänge nicht gleichwahrscheinlich sein. Wenn man mit Reißzwecken würfelt, sind die Einzelergebnisse „Spitze" und „Kopf" nicht gleichwahrscheinlich wie beim idealen Würfel. Allerdings meinen Jugendliche etwas anderes: Nach ihrer Auffassung verändern sich die Wahrscheinlichkeiten im Laufe eines Ereignisses in der Art und Weise, dass „am Ende" alle Teilereignisse gleich häufig vorkommen. Tatsächlich ist das jedoch nicht der Fall. Beispielsweise wächst der absolute Unterschied zwischen der Zahl der gewürfelten Sechsen und der Zahl der gewürfelten Einsen im Laufe der Zeit sogar noch an.

Konkret nehmen Jugendliche beispielsweise an, dass ein instabiler Atomkern im Laufe der Zeit eine immer höhere Wahrscheinlichkeit hat, in der nächsten Sekunde zu zerfallen. Schließlich sei ja nach vielen Halbwertszeiten praktisch kein Material mehr übrig. Dass aber in Wirklichkeit die Zerfallswahrscheinlichkeit eine Naturkonstante ist, ist für Lernende mehr als unglaubwürdig. Bekannter ist diese Schülervorstellung vom Glücksspiel (*„Es muss doch nach so viel Schwarz jetzt wieder Rot kommen!"*). Für Jugendliche ist es darüber hinaus besonders schwierig, den Aspekt von Gesetzmäßigkeit („Zerfallsgesetz") mit zufälligen Ereignissen (*„Ein Kern zerfällt zufällig"*) in eine konsistente Verbindung zu bringen. In die Vorstellung der Gleichverteilung passt auch die Schwierigkeit von Schülerinnen und Schülern, mit dem Zerfallsgesetz umzugehen: Manchmal wird argumentiert, dass die Abnahme der Substanz linear erfolgen müsse. Gemeint ist damit, dass nach einer halben Halbwertszeit ein Viertel der Kerne zerfallen sein sollte.

---

3   Komorek (1999) beschreibt entsprechende Lernprozesse.

- **„Zufällige Ereignisse sind unstrukturiert."**

Wenn Sie wieder einmal mit jemandem über Lotto diskutieren, empfehlen Sie doch, die Zahlenkombination „123456" zu tippen. Sie werden auf blankes Entsetzen stoßen, wie Sie eine so unwahrscheinliche Reihe empfehlen können. Das ist eine symptomatische Antwort für das Vorliegen dieser Schülervorstellung. In der Physik wird eine unstrukturierte Verteilung von Messwerten als wahrscheinlicher angenommen als eine Häufung von Messwerten um einen Punkt. Ergibt sich ein Muster in einem Datensatz, so kann das zugrundeliegende Ereignis, so die Schülervorstellung, nicht zufällig gewesen sein. Das stellt ein besonderes Problem bei Messungen dar. Schülerinnen und Schüler erwarten dort, dass die einzelnen Messwerte möglichst gleichmäßig über ein Intervall verteilt sein sollten. Kommt ein einzelner Messwert mehrmals vor, so wird geschlossen, dass es sich dabei um den „wahren" Wert handeln muss (▶ Abschn. 13.5).

- **„Ordnung ist statisch."**

Bei einem geordneten physikalischen System denken Schülerinnen und Schüler an einen statischen, stabilen Zustand. Das Alltagsverständnis legt es nicht nahe, auch in dynamischen *Prozessen* Ordnungen zu erkennen, z. B. bei Fließgleichgewichten oder im Sinne der Periodizität eines Ereignisses bzw. bei zyklischen Vorgängen, wie sie bei Attraktoren eines nichtlinearen dynamischen Systems vorliegen. Ordnung ist in der Alltagsvorstellung das *Ergebnis* eines Prozesses, z. B. ein Zimmer aufzuräumen und damit „Ordnung zu schaffen". Als dynamisches Kennzeichen eines physikalischen Prozesses wird Ordnung kaum gesehen.

11.4 Radioaktivität

Kinder und Jugendliche haben in der Regel keine eigenen Erfahrungen mit Radioaktivität gemacht. Menschen verfügen über keinen Sensor für Radioaktivität, im Unterricht spielt das Thema Kernphysik heute eine geringere Rolle als noch in den 1990er Jahren. Das Vorwissen der Schülerinnen und Schüler stammt daher oft nicht aus dem Physikunterricht, sondern aus dem Unterricht anderer Fächer (Religion, Deutsch, Gesellschaftskunde/Politik) oder aus den Medien.

- **Bedeutung natürlicher Radioaktivität**

Viele Schülerinnen und Schüler nehmen an, dass Radioaktivität gefährlich, wenn nicht sogar tödlich ist. Nur wenigen ist die natürliche Strahlenexposition klar, also die Tatsache, dass wir ständig von radioaktiven Materialien umgeben sind (u. a. in der Luft und im Gestein) und durch die kosmische Strahlung von ionisierender Strahlung „bombardiert" werden. Die meisten Jugendlichen glauben, dass eine Belastung durch radioaktive Strahlung ganz überwiegend aus zivilisatorischen Quellen, also von Reaktoren oder medizinischen Untersuchungen stammt. Manche denken auch, dass jeder Industriebetrieb eine Quelle ionisierender Strahlung ist.

Im Unterricht sollte klar unterschieden werden zwischen Strahlung aus radioaktiven Materialien (Kernstrahlung, natürlich und zivilisatorisch bedingt) und dem Oberbegriff der ionisierenden Strahlung. Röntgenstrahlung ist eine ionisierende Strahlung, die jedoch nicht auf radioaktive Prozesse zurückzuführen ist. Je nachdem, ob man radioaktive Strahlung meint oder ionisierende Strahlung, verschieben sich die Anteile aus natürlichen und technischen Quellen an der Gesamtstrahlenexposition. Dies muss man beachten, wenn man den Lernenden die große Bedeutung der natürlichen Strahlung aus terrestrischen oder kosmischen Quellen vor Augen führen will. „Radioaktive Strahlung" ist eine sprachliche Verkürzung von „Strahlung aus radioaktiven Quellen". Der folgende Abschnitt behandelt die damit verbundenen inhaltlichen Unklarheiten bei Lernenden.

- **„‚Radioaktive' Strahlung ist radioaktiv."**

Viele Schülerinnen und Schüler verwechseln Radioaktivität als Prozess des Emittierens von Strahlung und die aus radioaktivem Material kommende ionisierende Strahlung. Strahlung wird also mit dem Transport radioaktiven Materials verwechselt. Ein erheblicher Anteil dieser Unklarheit hat mit dem Alltagssprachgebrauch zu tun. Obwohl die ionisierende Strahlung nicht selbst strahlt, wird doch oft fälschlich der Begriff „radioaktive Strahlung" verwendet. Das betrifft nicht nur die Medien, auch in der Mehrzahl der Schulbücher wird dieser Begriff nicht sauber verwendet. Es sollte deshalb nicht verwundern, dass Lernende annehmen, ionisierender Strahlung ausgesetztes Material werde selbst zum Strahler. Hier handelt es sich um eine typische lehrbedingte Schülervorstellung (▶ Abschn. 1.4). Schülerinnen und Schülern mögen dann z. B. das Blatt Papier, das die Lehrkraft zwischen einen α-Strahler und ein Zählrohr gehalten hat, nicht mehr anfassen. Viele Ängste im Zusammenhang mit Radioaktivität resultieren aus der Annahme, dass Personen, die ionisierender Strahlung ausgesetzt sind, dadurch kontaminiert werden[4]. Lernende nehmen hier intuitiv auch an, dass die Strahlung erhalten bleibt. Das führt zu der Vorstellung, dass sich ‚Strahlung' in einem Körper ablagert und dadurch kumulative Effekte auftreten. Von dieser Ablagerungsvorstellung klar zu trennen sind physikalisch auftretende Prozesse, bei denen Materialien durch Bestrahlung tatsächlich selbst zu radioaktiven Quellen werden, wie z. B. bei der Aktivierung von Silberfolie durch Neutronenbestrahlung.

11.5   Elektromagnetische Strahlung[5]

Es gibt kaum einen physikalischen Sachverhalt, der unseren Alltag so nachhaltig beeinflusst wie elektromagnetische Strahlung der verschiedensten Spektralbereiche (▶ Kasten 11.3). Schülerinnen und Schüler werden oft mit sehr unwissenschaftlichen Auffassungen zu Strahlung konfrontiert: Der kleine Ort Gerasdorf bei Wien kam im Frühsommer 2017 zu ungewollter medialer Aufmerksamkeit, als der Bürgermeister voller Stolz verkündete, dass Kindergärten, Schulen und das Rathaus der Gemeinde mit kleinen Geräten ausgerüstet worden seien, die vor Mobilfunkstrahlen schützen würden[6].

In der folgenden Beschreibung der Schülervorstellungen zur Strahlung liegt der Fokus auf den nicht sichtbaren Anteilen des elektromagnetischen Spektrums. Der Grund hierfür

---

4   Nach dem Reaktorunfall von Tschernobyl war das eine reale Gefahr, da dort durch atmosphärische Strömungen und Regen in Mitteleuropa radioaktive Isotope verbreitet wurden. Diese Isotope wurden von Organismen aufgenommen. Bis heute sind z. B. Waldpilze mit radioaktivem Caesium angereichert.

5   Dieser Abschnitt basiert auf folgenden Veröffentlichungen: Boyes und Stanisstreet (1997); Haas (2016); Langer (2015); Libarkin, Asghar, Crockett und Sadler (2011); Meiringer (2013); Neumann und Hopf (2011, 2012); Plotz (2017).

6   Online-Seiten der Zeitung „Der Standard" (Wien); http://derstandard.at/2000058650271/Gerasdorf-stattet-Schulen-mit-Schutz-vor-WLAN-Strahlen-aus (Zugriff am 3. 8. 2017)

liegt darin, dass die Vorstellungen für diese Strahlungsarten qualitativ ganz anders gelagert sind als die Schülervorstellungen zum sichtbaren Licht (▶ Abschn. 5.2.1). Die Bedeutung der Sprache im Physikunterricht und der damit verbundenen Bedeutungsvariationen zeigt sich auch am Begriff der „Strahlungsart": Die Lehrkraft denkt dabei an die Einteilung der Spektralbereiche der elektromagnetischen Strahlung. Schülerinnen und Schüler hingegen assoziieren damit oftmals unterschiedliche Typen von Strahlung – analog zu α- und β-Strahlung in der Kernphysik, wo ja auch von „Strahlungsarten" die Rede ist. Forschungsergebnisse zeigen, dass Kinder und Jugendliche Licht als etwas fundamental Anderes auffassen als Strahlung. Gleichzeitig lassen sich aber auch Gemeinsamkeiten in Vorstellungen zu nicht sichtbaren Bereichen des elektromagnetischen Spektrums finden, die wiederum teilweise mit Vorstellungen zur Radioaktivität überlappen (▶ Abschn. 11.2). Schülerinnen und Schüler differenzieren (auch nach dem Unterricht) nicht klar zwischen verschiedenen Strahlungsarten und -quellen; Röntgenstrahlung, IR, UV und Teilchenstrahlung werden relativ synonym verwendet und nur von Licht abgegrenzt.

In ihren Vorstellungen zu elektromagnetischer Strahlung aktivieren Schülerinnen und Schüler sehr oft zwei sehr grundlegende Begriffspaare: „künstlich – natürlich" und „gefährlich – nützlich". Diese beiden Kategorisierungen könnten auf grundlegende Argumentationsmuster verweisen (*p-prim*; ▶ Abschn. 2.4.3).

▪ Künstlich oder natürlich

Im Kontext „Strahlung" greifen Schülerinnen und Schüler fast immer auf eine dieser beiden Kategorisierungen zurück, manchmal sogar auf beide („… *hab ich mit jeder Strahlung Geräte verbunden und die sicher nichts Natürliches mehr an sich haben mit der Strahlung … ich glaub schon, dass die in der Natur vorkommen.*", Plotz, 2017, S. 72). Wird Strahlung als ‚künstlich' aufgefasst, so werden hier in der Regel die (von Menschen hergestellten, daher künstlichen) Quellen von Strahlung in den Blick genommen (Mikrowellenherd, Handy, UV-Lampe). Manchmal kommt es dann auch zu einer Übergeneralisierung: Alles was künstlich ist, ist Quelle von Strahlung. Das heißt dann, dass z. B. auch ein MP3-Spieler nicht in der Hosentasche getragen werden sollte oder jedes elektrische Gerät im Schlafzimmer aufgrund der von ihm ausgesendeten Strahlung für Schlafstörungen verantwortlich gemacht wird. Sehen Schülerinnen und Schüler Strahlung als ‚natürlich' an, dann beruht das auf der Annahme, die Physik könne sich nur mit natürlichen Dingen beschäftigen. Oft wird die Sonne als natürliche Quelle von Strahlung identifiziert.

Für die physikalische Beschreibung ist es irrelevant, ob Strahlung bzw. ihre Quelle künstlich oder natürlich ist. Aber da Schülerinnen und Schüler sehr stark jeweils eine der beiden Argumentationen aktivieren, sollten diese im Unterricht mit Lernangeboten berücksichtigt werden, die auf beide Arten von Quellen verweisen.

Ein fachliches Dilemma, das eng mit dieser Problematik verknüpft ist, muss hier genannt werden: Jedes Objekt sendet entsprechend seiner Temperatur thermische Strahlung („Wärmestrahlung") aus. Das wird im Unterricht meist auch thematisiert („Alles strahlt"). In anderen Kontexten geht es aber darum, Quellen spezifischer Strahlung und die Wirkung dieser Strahlungsarten zu diskutieren. Dann ist z. B. zu vermitteln, dass ein Mobiltelefon hochfrequente und damit energiereiche Strahlung abgibt (grob im Wellenlängenbereich von Radiosendern, untere Abb. in Kasten 11.3), ein MP3-Player aber nicht. Hier gilt es für die Lehrkraft, die Unterschiede zwischen beiden Argumenten klar zu machen.

- **Gefährlich oder nützlich**

Beim Thema Strahlung aktivieren die Schülerinnen und Schüler erfahrungsgemäß sehr stark eine Kategorisierung hinsichtlich ihrer Gefährlichkeit. Ionisierende Strahlung (Teilchenstrahlung und elektromagnetische Strahlung) wird stets als sehr gefährlich eingestuft. Von der Mittelstufe an ist aus dem Unterricht bekannt, dass diese Strahlungsarten für die Entstehung von Krebs verantwortlich sein können. Man findet allerdings gerade bei jüngeren Schülerinnen und Schülern die Annahme, dass Röntgenstrahlung nicht so gefährlich sei wie andere Strahlungsarten, da diese in der Medizin verwendet würde (*„nützlich – also weniger gefährlich"*). Manchmal findet sich ein Dosisargument, dass nämlich Strahlung erst ab einer gewissen Dosis gefährlich sei.[7]

Im schlimmsten Fall verbinden Schülerinnen und Schüler die beiden Vorstellungen ,*Strahlung wird künstlich erzeugt*' sowie ,*Strahlung ist gefährlich*' und übergeneralisieren sie: Von allen elektrischen Geräten geht dann gefährliche Strahlung aus. Das kann so weit gehen, dass Industrieanlagen als Ursache jeglicher Umweltschädigung von der Strahlenbelastung über den sauren Regen bis hin zum Ozonloch gesehen werden (*„Strahlung ist verantwortlich für Umweltschäden"*).

Die potenzielle Nützlichkeit der verschiedenen Arten von Strahlung ist Schülerinnen und Schülern in der Regel nicht so gut bekannt wie deren potenzielle Gefährlichkeit. Erst in der Oberstufe sind hier Erfahrungen aus dem Alltag oder aus anderen Fächern vorhanden (z. B. Behandlung von Krebs, Desinfizieren mit UV-Strahlung, Wärmebehandlung mit Infrarotstrahlung etc.).

- **Esoterische Vorstellungen**

Beim Thema Strahlung sollte die Lehrperson darauf vorbereitet sein, dass Schülerinnen und Schüler esoterische Vorstellungen aktivieren. Wenn jemand „strahlt", ist das ein Zeichen dafür, dass es diesem Menschen gut geht. Verallgemeinert besitzt dann jede Person eine „Aura", an deren ,*Strahlung*' man Emotionen erkennen kann. Daneben gibt es eine Vielzahl an Geräten, die Menschen von angenommen Strahlungswirkungen elektrischer und anderer Geräte angeblich schützen sollen. Davon zeugt die Beschaffung von Strahlungsabschirmungsgeräten durch die Gemeinde Gerasdorf (siehe oben).

- **„Infrarotstrahlung ist rot, Ultraviolettstrahlung ist blau."**

Dass Infrarot- und Ultraviolettstrahlung unsichtbar sind, erscheint Schülerinnen und Schüler aufgrund ihrer Alltagserfahrungen wenig glaubwürdig. Sie nehmen oft an, dass Infrarotstrahlung rot bzw. dass Ultraviolettstrahlung bläulich ist. Das kommt daher, dass Quellen von UV- und IR-Strahlung in der Regel auch im benachbarten sichtbaren Bereich abstrahlen. Weit verbreitet sind z. B. rötlich leuchtende Infrarotlampen für

---

7   Ionisierende Strahlung begleitet alles Leben durch inkorporierte Strahler (C-14, K-40) und durch externe Strahlung von Beginn an. Es ist naheliegend, dass die Evolution Reparaturmechanismen für dadurch entstehende Schäden in einzelnen Zellen entwickelt hat. Bei zusätzlicher radioaktiver Strahlenbelastung, z. B. durch Fallout oder medizinische Behandlungen, stellt sich die Frage, ob es für manifeste Schädigungen einen Schwellenwert gibt oder ob ein linearer Zusammenhang zwischen Dosis und Erkrankung existiert. Es gibt umfangreiche Untersuchungen dazu, aber kein klares Ergebnis. Im Sinne des Schutzes der Bevölkerung unterstellt der Gesetzgeber deshalb einen linearen Zusammenhang (Jorgensen, 2016).

Wärmebehandlungen im medizinischen Bereich oder Geldscheinprüflampen, die im UV und im benachbarten blau-violetten Spektralbereich abstrahlen.

Sollten einzelne Jugendliche auch Erfahrungen mit nicht sichtbaren Quellen von UV- oder IR-Strahlung haben, z. B. von Fernbedienungen, so sind sie anhand der scheinbar konträren Erfahrungen oft verwirrt. Dies zeigt ein Interviewausschnitt aus Plotz (2017): *„Infrarot, kennst du den Begriff?" – „Ja." – „Woher kennst du den denn?"– „So vom Handy oder von den Infrarotlampen." – „Okay, super. Kann man das sehen, dieses Infrarot?" – „Die Strahlen nicht, denk ich halt einmal … Oja, eigentlich schon, weil … Nein … Es geht irgendwie so: Beim Handy sieht man die Strahlen nicht, aber bei der Lampe wieder schon."*

■ **„Wenn ich mich neu eincreme, beginnt die Zeit von vorne."**

Am Rande sollte hier auch erwähnt werden, dass es im Umgang mit dem UV-Schutz im Alltag gravierende Fehlkonzepte auch bei älteren Schülerinnen und Schülern gibt. So ist die Bedeutung des Lichtschutzfaktors weitgehend unbekannt und es wird angenommen, dass die Zahl direkt eine Zeit angibt (*„LSF 20 bedeutet, ich kann 20 Stunden in der Sonne bleiben."*)[8]. Zudem wird angenommen, dass erneutes Auftragen von Sonnencreme dazu führt, dass die Schutzzeit von vorne beginnt. Sonnenbrillen dienen nach Meinung von Jugendlichen nur als Blendschutz und die UV-absorbierende Wirkung wird als nicht relevant erachtet.[9]

■ **„Die IR-Kamera sendet ein Signal aus."**

Schülerinnen und Schülern fällt es schwer, die Funktionsweise von strahlungsbasierten Messgeräten zu verstehen. Sie nehmen in der Regel an, dass Geräte wie Infrarotthermometer oder Infrarotkameras aktiv messen, also ein Signal aussenden und das reflektierte Signal auswerten. Diese Vorstellung wird noch dadurch unterstützt, dass Infrarotthermometer oft einen Ziellaser verwenden.

Kasten 11.3: Elektromagnetische Strahlung

Unter elektromagnetischer Strahlung versteht man den Transport von Energie (sowie von Impuls und Information) mithilfe gekoppelter elektrischer und magnetischer Felder. Anders als bei α- oder β-Strahlung ist der Energietransport nicht an den Transport von Materie gekoppelt. Er benötigt kein Medium und findet auch im Vakuum statt.

Mathematisch wird elektromagnetische Strahlung durch Wellenfunktionen beschrieben. Diese Funktionen geben den zeitlich und/oder räumlich periodischen Verlauf der beiden Feldstärken an. Dadurch wird der Strahlung eine Wellenlänge zugeordnet (Abb. oben). Man kann die Wellen (im Vakuum) durch Lösung der aus den Maxwellgleichungen ableitbaren Wellengleichungen

$$\nabla^2 E - \mu_0 \varepsilon_0 \frac{\partial^2 E}{\partial t^2} = 0 \text{ bzw. } \nabla^2 B - \mu_0 \varepsilon_0 \frac{\partial^2 B}{\partial t^2} = 0 \text{ analytisch gewinnen.}$$

---

8   Der Lichtschutzfaktor gibt an, wie viel länger eine Person sich in der Sonne aufhalten kann als ohne Sonnencreme. Die Aufenthaltsdauer ergibt sich aus der Multiplikation mit der vom Hauttyp abhängigen Eigenschutzzeit.

9   Langer (2015)

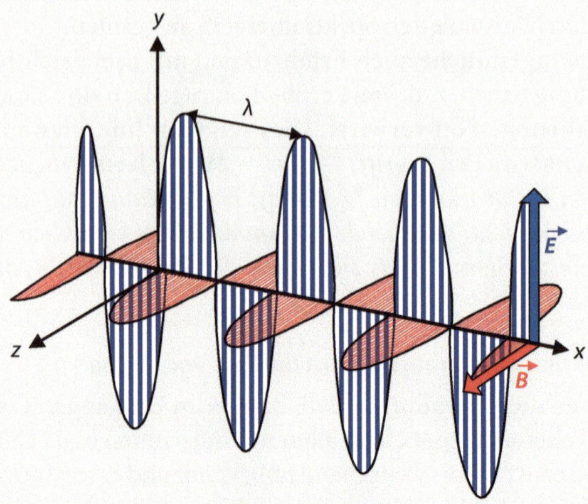

Elektromagnetische Wellen: Veranschaulichung des räumlichen Verlaufs der elektrischen Feldstärke $\vec{E}$ und der magnetischen Feldstärke $\vec{B}$.

Elektromagnetische Strahlung breitet sich mit Lichtgeschwindigkeit aus und kann anhand ihrer Wellenlänge (alternativ anhand ihrer Frequenz bzw. mittels $E = h \cdot f$ anhand ihrer Energie) in verschiedene Strahlungsarten unterteilt werden. Üblicherweise werden diese in einem Spektrum angeordnet (Abb. unten). Unterschieden werden z. B. Gamma- und Röntgenstrahlung, Ultraviolett-Strahlung, sichtbare Strahlung (Licht), Infrarotstrahlung, Mikrowellenstrahlung und Rundfunkstrahlung.

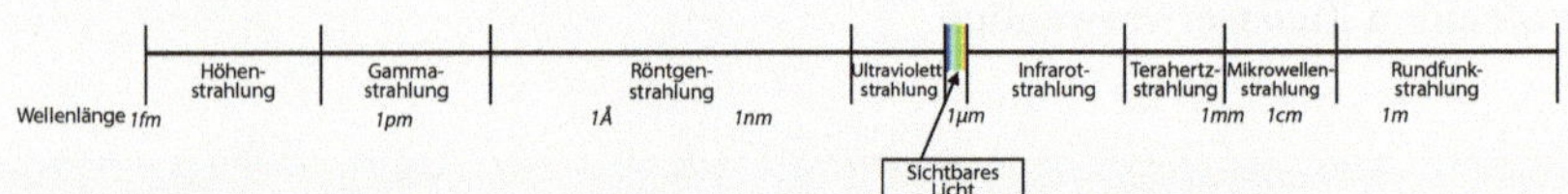

Spektrum der elektromagnetischen Strahlung

Alle diese Strahlungsarten zeigen gleiche Charakteristika: Sie werden gebrochen und reflektiert, zeigen Interferenz und Beugung, Absorption und Transmission. Allerdings sind dafür – aufgrund der unterschiedlichen Energien der Strahlungsarten – jeweils unterschiedliche Wechselwirkungsobjekte notwendig: So wird sichtbare Strahlung durch Wasser vorwiegend transmittiert, während Infrarotstrahlung darin absorbiert wird. An einer Metallplatte mit kleinen Löchern wird im Mikrowellenherd die Strahlung reflektiert, sichtbares Licht kann die Löcher durchdringen.

Eine weitere Grenze im Spektrum kann dort gezogen werden, wo die Strahlung energiereich genug ist, um zu ionisieren, d. h. aus Atomen oder Molekülen Elektronen zu entfernen. Dies beginnt ab dem ultravioletten Bereich und umfasst außerdem die Röntgen-, Gamma- und Höhenstrahlung. Allerdings ist die Abgrenzung zwischen diesen drei „Arten" nicht scharf und zum Teil auf die jeweilige Quelle bezogen.

Zu beachten ist, dass im elektromagnetischen Spektrum mit der Gammastrahlung auch eine Strahlungsart enthalten ist, die aus dem radioaktiven Zerfall stammt. Bei den anderen Strahlungsarten der ‚Kernstrahlung' (Alpha- und Betastrahlung) handelt es sich um Teilchenstrahlung, also um die Ausbreitung massebehafteter Teilchen (Heliumkerne und Elektronen). Zur Teilchenstrahlung zählt zum Teil auch die kosmische Höhenstrahlung (Myonen und andere Elementarteilchen). In der medizinischen Anwendung kommt bei der Bestrahlung sowohl elektromagnetische Strahlung als auch Teilchenstrahlung zum Einsatz.

11.6 Astrophysik[10]

Auch wenn in der Regel die Astronomie bzw. die Astrophysik nur geringen Umfang in den Lehrplänen und Curricula einnimmt, so kommen doch im Physikunterricht immer wieder astrophysikalische Aspekte vor. Vorstellungen von jüngeren Schülerinnen und Schülern z. B. zu Mondphasen o. Ä. werden in ▶ Abschn. 12.3.8 näher diskutiert.

- **„Die Sonne ist kein Stern."**

Die Sonne wird als so herausgehoben gegenüber allen anderen Himmelskörpern wahrgenommen, dass sie selbst nicht als Stern erkannt wird. Allerdings gehen manche Schülerinnen und Schüler davon aus, dass es in unserem Sonnensystem weitere Sterne gibt. Jugendlichen ist der Unterschied zwischen einem Sonnensystem und einer Galaxie, die aus Milliarden von Sonnen besteht, nicht klar. Insgesamt ist davon auszugehen, dass alle astronomischen Größenordnungen sehr schwer zu vermitteln sind und dafür im Unterricht viel Zeit veranschlagt werden sollte.

- **„Der Erdorbit ist gestauchter Kreis."**

Darstellungen der Umlaufbahn der Erde um die Sonne können sehr missverständlich sein, wenn dabei die Abweichung von einer Kreisbahn überzeichnet wird. Obwohl es zutrifft, dass der Erdorbit elliptisch ist, sollte man sich klarmachen, dass die Exzentrizität nur sehr klein ist. Man kann die Umlaufbahn der Erde in sehr guter Näherung als Kreisbahn auffassen. Die Betonung einer elliptischen Bahn führt z. B. zu Schwierigkeiten beim Verständnis der Jahreszeiten, wenn Schülerinnen und Schüler dafür die unterschiedlichen Abstände der Erde zur Sonne verantwortlich machen. In der Literatur werden daneben noch weitere Verwechslungen berichtet, z. B. die Annahme, dass sich die Erde einmal pro Jahr dreht oder dass die Erde einmal am Tag die Sonne umläuft, was Tag und Nacht verursachen solle.

- **„Im Weltall gibt es keine Schwerkraft."**

Fernsehbilder aus einer Raumstation, in der Astronautinnen und Astronauten in der Schwerelosigkeit arbeiten, suggerieren Schülerinnen und Schülern, dass die Schwerkraft nur bei uns auf der Erde wirken könne. Sie gehen dann davon aus, dass die Schwerkraft aufgehoben ist, sobald man die Erde verlassen hat. Gleichzeitig wird angenommen, dass die Raumstation weit weg von der Erde sein muss, etwa in die Nähe der anderen Planeten oder der Sterne. Es wird manchmal sogar vermutet, dass Astronautinnen und Astronauten schon weiter als bis zum Mond gereist und auf anderen Planeten gelandet sind. Schülerinnen und Schüler begründen den Einsatz von weltraumbasierten Teleskopen dann konsistent auch damit, dass diese dort näher an den Sternen seien. Hier zeigt sich wieder das bereits genannte Problem, astronomische Größenordnungen zu vermitteln. Die Tatsache, dass sich die internationale Raumstation ISS nur 400 km von der Erdoberfläche befindet und dort sehr wohl eine gegenüber dem Erdboden fast unveränderte Schwerkraft wirkt, ist dann nur schwer nachzuvollziehen.

Ein Beitrag zur Klärung der Frage der Schwerelosigkeit liegt in der klaren Unterscheidung zwischen einerseits der Schwerkraft bzw. Gravitationskraft der Erde, die auch in einer Raumstation im Orbit wirkt, und andererseits der „Schwere" bzw. dem Schweregefühl.

---

10 Dieses Kapitel stützt sich auf die Arbeiten von Aretz, Borowski und Schmeling (2016); Bailey, Prather, Johnson und Slater (2009); Bühler und Erb (2010); Sadler et al. (2009).

Schwerelosigkeit bezieht sich auf ein körperliches Empfinden. Es resultiert wesentlich daraus, dass die Wirbelsäule und die Gelenke nicht mehr durch das Zusammenwirken der Gravitationskraft und Unterstützungskraft (durch einen festen Boden) gestaucht werden. In der Raumstation fällt der Boden mit der gleichen Beschleunigung auf die Erde zu wie der Astronaut. (Zum Glück fallen beide wegen der tangentialen Geschwindigkeitskomponente stets ein bisschen an der Erde vorbei.) Der Boden übt daher keine Kraft auf den Astronauten aus.[11] Ebenso fehlt der Gegendruck durch andere Gegenstände. Der Astronaut fühlt sich schwerelos.

- **„Sterne sind brennende Gase."**

Da Schülerinnen und Schülern eine alternative Erklärung fehlt, gehen sie davon aus, dass Sterne ihre Energie durch chemische Prozesse produzieren (und nicht durch Kernfusion), am ehesten durch das Verbrennen von Gasen. Die Lernenden verbinden dafür vermutlich Folgendes: Alltagswissen ist einerseits, dass Sterne aus Gas bestehen, und andererseits ist klar, dass Sterne (zumindest die Sonne) eine enorm hohe Energie abstrahlen. Es liegt dann nahe, von einer Verbrennung des Gases auszugehen. Jugendliche nehmen konsequenterweise an, dass weiße Sterne am heißesten sind.

- **„Der Urknall hat das Sonnensystem gemacht."**

Es ist davon auszugehen, dass Schülerinnen und Schüler der Oberstufe sich schon einmal Gedanken über die Entstehung des Kosmos gemacht haben. Dabei gibt es verschiedene Ansichten. Manche nehmen an, dass der Urknall alles gemacht hat, was wir momentan sehen können, also insbesondere auch die Planeten unseres Sonnensystems und unsere Sonne; andere gehen davon aus, dass es keinen Anfang (und kein Ende) des Universums gibt. Wieder andere sehen hier Gott am Werk und nehmen an, dass das Universum durch einen Schöpfungsakt entstand, der aber in der Regel nicht mit der Schöpfungsgeschichte der Bibel assoziiert wird. Weiterhin ist die Ansicht weit verbreitet, dass es schon vor dem Urknall etwas gegeben haben müsse.

Schülerinnen und Schüler können keine Belege für den Urknall angeben. Der Urknall wird oft als eine Explosion gesehen, die vorhandene konzentrierte Materie in einen bereits zuvor bestehenden Raum hinausschleudert. Im Rahmen der heute allgemein akzeptierten Theorie sind aber der Raum und die Zeit erst durch den Urknall entstanden, wonach sich der Raum als solcher ausgedehnt hat.

11.7 Relativitätstheorie[12]

In der Physik sind wir gewohnt, die Relativitätstheorie als großen Bruch zu den scheinbar verlässlichen älteren Theorien aufzufassen. Physiklehrkräfte haben den kognitiven Konflikt bewusst erlebt, dass die richtige Anwendung von klassischer Mechanik und Elektrodynamik zu Widersprüchen führt, und darauf aufbauend ein Verständnis der

---

11 Auf das Thema Mikrogravitation – ein Begriff, der als „nur sehr kleine Gravitationskraft" zu Fehlinterpretationen Anlass geben kann – gehen wir nicht ein.

12 Den Forschungsstand zu Schülervorstellungen zur Relativitätstheorie hat Wittmann (2012) in seiner Dissertation ausführlich dargestellt und mit eigenen Interviews ergänzt. Eine gute Zusammenfassung findet man auch bei Machold (1982).

Relativitätstheorie erworben. Es gibt in der Forschungsliteratur Hinweise darauf, dass dieser Bruch für Schülerinnen und Schüler in dieser Form nicht nachvollziehbar ist. Bei ihnen sind die Kenntnisse der klassischen Physik nicht tief genug verankert, um in der Relativitätstheorie einen fundamentalen Wandel des physikalischen Weltbilds zu erkennen. Insbesondere ist es für Jugendliche sehr anspruchsvoll, die Galilei'schen Geschwindigkeitstransformationen nachzuvollziehen. Unter diesen Voraussetzungen ist es schwierig, einen kognitiven Konflikt hervorzurufen. Es wird berichtet, dass die Konstanz der Lichtgeschwindigkeit in allen Bezugssystemen für Schülerinnen und Schüler überhaupt kein Problem darstellt und sie diese Tatsache verblüffend leicht akzeptieren (ähnlich wie die Quantisierung der Energiezustände im Atom; ▶ Abschn. 10.2.6). Verständnisschwierigkeiten treten dann erst auf, wenn die Konstanz der Lichtgeschwindigkeit konsequent angewendet wird und deren Konsequenzen wie Längenkontraktion oder Zeitdilatation diskutiert werden.

- **„Es gibt einen absoluten Raum, absolute Längen und eine absolute Zeit."**
Basierend auf eigenen Erfahrungen gehen Schülerinnen und Schüler fest davon aus, dass es einen absoluten Raum (oft auf die Erdoberfläche oder – etwas elaborierter – auf einen beliebigen Punkt des Kosmos bezogen), absolute Längen und eine absolute Zeit gibt. Daher gibt es große Schwierigkeiten damit, die physikalische Bedeutung der Relativbewegung zwischen Objekt und Beobachter bei Raum, Länge und Zeit zu akzeptieren. Lernende fragen sich z. B. beim Gedankenexperiment des Einstein-Zugs[13], *wann* die beiden Blitze „tatsächlich" eingeschlagen seien. Das Urteil der Nichtgleichzeitigkeit durch den Beobachter im Zug wird als verzerrte Wahrnehmung interpretiert – man könne z. B. bei schneller Bewegung eben nur unscharf beobachten.

- **„Relativistische Effekte sind optische Täuschungen."**
Relativistische Effekte wie die Längenkontraktion oder die Zeitdilatation werden von Schülerinnen und Schülern als optische Täuschungen interpretiert. In ähnlicher Weise werden die Fragen der Gleichzeitigkeit von Ereignissen auf Signallaufzeiten zurückgeführt.

11.8 Unterrichtsvorschläge

- **Atom- und Teilchenphysik**
  Ivanjek, L., Shaffer, P., McDermott, L., Planinic, M. & Veza, D. (2015). Research as a guide for curriculum development: An example from introductory spectroscopy. II. Addressing student difficulties with atomic emission spectra. *American Journal of Physics, 83*(2), 171–178.
  Ivanjek et al. haben Unterrichtsmaterialien zur Spektroskopie entwickelt. Dabei liegt der Fokus darauf, bekannte Schwierigkeiten mit einer Konfrontationsstrategie zu adressieren. Es wird zunächst die Frage in den Raum gestellt, ob eine beobachtete Spektrallinie

---

13 Ein bezogen auf den Bahndamm ruhender Beobachter sieht unmittelbar an der Spitze und am Ende eines mit extrem hoher Geschwindigkeit vorbeifahrenden Zugs, dessen mittlerer Wagen ihn gerade passiert, zwei Blitze einschlagen – und zwar für ihn als Beobachter gleichzeitig. Ein auf dem Mittelwaggon mitreisender Beobachter geht davon aus, dass der Blitz am Zuganfang früher eingeschlagen ist.

Abb. 11.4 Typografische Illustration des Atoms im Unterrichtskonzept von Wiener et al. (2017).

von einem Energieniveau oder von einem Übergang herrührt. Danach wird der Zusammenhang zwischen einem Termschema und den beobachteten Spektrallinien erarbeitet.

- Wiener, G., Schmeling, S. & Hopf, M. (2017). Elementarteilchenphysik im Anfangsunterricht. *Praxis der Naturwissenschaften – Physik in der Schule, 67*(1).

Wiener hat ein Konzept entwickelt und evaluiert, mit dem Elementarteilchen schon im Anfangsunterricht unterrichtet werden können. Das Konzept basiert auf sprachlicher Exaktheit, der Vermittlung des Modellcharakters der Teilchenphysik (▶ Kap. 7) und auf typografischen Darstellungen (◘ Abb. 11.4).

Physik und Zufall

Duit, R. & Komorek, M. (2000). Die eingeschränkte Vorhersagbarkeit chaotischer Systeme verstehen. *Der Mathematische und Naturwissenschaftliche Unterricht, 53*(2), 94–102.

Duit und Komorek (2000) haben ein Unterrichtskonzept zum Thema chaotische Systeme ausgearbeitet und evaluiert. Ausgehend vom chaotischen Magnetpendel werden dabei den Schülerinnen und Schülern die Grundideen nichtlinearer Systeme vermittelt.

Elektromagnetische Strahlung

Hopf, M. (2015) (Hrsg.). Strahlung. Praxis der Naturwissenschaft – Physik in der Schule, 65(2).

An der Universität Wien ist eine Reihe von Unterrichtsmaterialien entstanden, die Schülerinnen und Schülern die Entwicklung angemessenerer Vorstellungen zu Teilaspekten erleichtern soll. Einige dieser Materialien wurden in einem Themenheft vorgestellt, weitere Entwicklungsarbeiten und Veröffentlichungen sind in Vorbereitung.

- **Relativitätstheorie**

Wittmann, H. (2012). Gleichzeitigkeit in der Relativitätstheorie – eine empirische Studie zu Lernprozessen in der Sekundarstufe I. Dissertation, Universität Wien.

In dieser Dissertation wurde neben Untersuchungen zu Schülervorstellungen auch der Prototyp eines Unterrichtskonzepts zur Relativitätstheorie entwickelt und empirisch erprobt. Im Mittelpunkt steht dabei die Relativität der Gleichzeitigkeit als Folgerung allgemeiner physikalischer Grundprinzipien (Relativitätsprinzip, Konstanz der Lichtgeschwindigkeit).

11.9 Testinstrumente

- **Relativitätstheorie**

Aslanides und Savage (2013) haben ein englischsprachiges Messinstrument zur speziellen Relativitätstheorie für Studierende entwickelt. Es besteht aus 24 Fragen zu verschiedenen Themenkomplexen. Es kann – entsprechend adaptiert und übersetzt – auch in Oberstufenklassen eingesetzt werden.

- **Astrophysik**

Es sind im angelsächsischen Bereich verschiedene Testinstrumente zu Astronomie und Astrophysik entwickelt worden. Die Mehrzahl davon zielt allerdings auf Studierende und versucht, den Lernzuwachs in der Anfängervorlesung zu bestimmen. Viele der Instrumente sind nur direkt bei den Autorinnen und Autoren erhältlich. Dennoch sind einige Fragebögen (relativ) leicht zugänglich und durchaus auch im Physikunterricht der Mittel- bzw. Oberstufe verwendbar.

Der TOAST (*Test Of Astronomy STandards*) misst Lernfortschritte bei verschiedenen Themen der Astronomie und Astrophysik wie Bewegungen am Nachthimmel, Größen astronomischer Objekte, Astrophysik usw. (Slater, 2015). Bailey, Johnson, Prather und Slater (2012) haben das *Star Properties Inventory* entwickelt und validiert. Es misst astrophysikalisches Grundlagenwissen rund um Sterne (Temperatur, Luminosität, Entstehung etc.).

11.10 Literatur

Aretz, S., Borowski, A. & Schmeling, S. (2016). A fairytale creation or the beginning of everything: Students' pre-instructional conceptions about the Big Bang theory. *Perspectives in Science, 10*, 46–58.

Aslanides, J. & Savage, C. (2013). Relativity concept inventory: Development, analysis, and results. *Physical Review Special Topics-Physics Education Research, 9*(1), 010118.

Bailey, J. M., Johnson, B., Prather, E. E. & Slater, T. F. (2012). Development and validation of the star properties concept inventory. *International Journal of Science Education, 34*(14), 2257–2286.

Bailey, J. M., Prather, E. E., Johnson, B. & Slater, T. F. (2009). College students' preinstructional ideas about stars and star formation. *Astronomy Education Review, 8*(1).

Bell, T. (2004). Komplexe Systeme und Strukturprinzipien der Selbstregulation im fächerübergreifenden Unterricht – eine Lernprozessstudie in der SII. *Zeitschrift für Didaktik der Naturwissenschaften, 10*, 163–181.

Boyes, E. & Stanisstreet, M. (1994). Children's Ideas about Radioactivity and Radiation: sources, mode of travel, uses and dangers. *Research in Science & Technological Education, 12*(2), 145–160.

Boyes, E. & Stanisstreet, M. (1997). Children's models of understanding of two major global environmental issues (ozone layer and greenhouse effect). *Research in Science & Technological Education, 15*(1), 19–28.

Büchter, A., Hußmann, S., Leuders, T. & Prediger, S. (2005). Den Zufall im Griff? – Stochastische Vorstellungen fördern. *Praxis der Mathematik in der Schule, 47*(4), 1–7.

Bühler, B. & Erb, R. (2010). Zum physikalischen Weltbild von Jugendlichen. *Praxis der Naturwissenschaften – Physik in der Schule, 59*(5).

Duit, R. & Komorek, M. (2000). Die eingeschränkte Vorhersagbarkeit chaotischer Systeme verstehen. *Mathematische und Naturwissenschaftliche Unterricht, 53*(2), 94–102.

Feistmantl, A. (2017). *Wahrscheinlichkeit und Zufall in der Teilchenphysik.* Paper presented at the Summerschool des ZLB der Universität Wien, Spital am Pyhrn.

Gougis, R. D., Stomberg, J. F., O'Hare, A. T., O'Reilly, C. M., Bader, N. E., Meixner, T. & Carey, C. C. (2017). Postsecondary science students' explanations of randomness and variation and implications for science learning. *International Journal of Science and Mathematics Education, 15*(6), 1039–1056.

Haas, V. (2016). *SchülerInnen sehen „rot".* Diplomarbeit, Universität Wien.

Henriksen, E. K. & Jorde, D. (2001). High school students' understanding of radiation and the environment: Can museums play a role? *Science education, 85*(2), 189–206.

Hopf, M. (2015) (Hrsg.). Strahlung. *Praxis der Naturwissenschaft – Physik in der Schule, 65*(2).

Ivanjek, L., Shaffer, P. S., McDermott, L. C., Planinic, M. & Veza, D. (2015). Research as a guide for curriculum development: An example from introductory spectroscopy. I. Identifying student difficulties with atomic emission spectra. *American Journal of Physics, 83*(1), 85–90.

Jorgensen, T. J. (2016). *Strange Glow – The Story of Radiation.* Princeton, N. J.: Princeton University Press.

Komorek, M. (1999). Eine Lernprozeßstudie zum deterministischen Chaos. *Zeitschrift für Didaktik der Naturwissenschaften, 5*(3), 3–21.

Langer, S. (2015). *Schülervorstellungen zur UV-Strahlung.* Diplomarbeit, Universität Wien. http://othes.univie.ac.at/37991/1/2015-06-03_0700325.pdf (Zugriff März 2018)

Libarkin, J., Asghar, A., Crockett, C. & Sadler, P. (2011). Invisible misconceptions: Student understanding of ultraviolet and infrared radiation. *Astronomy Education Review.*

Machold, A. (1982). Schülervorstellungen vor und während des Unterrichts in spezieller Relativitätstheorie. *physica didactica, 9*(3/4), 175–189.

Meiringer, M. (2013). *Schülervorstellungen zur Infrarotkamera und deren Aufnahmen.* Diplomarbeit, Universität Wien. http://othes.univie.ac.at/31762/1/2014-01-13_0848836.pdf (Zugriff März 2018).

Neumann, S. & Hopf, M. (2011). Was verbinden Schülerinnen und Schüler mit dem Begriff ‚Strahlung'. *Zeitschrift für Didaktik der Naturwissenschaften, 17*, 157–176.

Neumann, S. & Hopf, M. (2012). Students' conceptions about ‚radiation': Results from an explorative interview study of 9th grade students. *Journal of Science Education and Technology, 21*(6), 826–834.

Pilakouta, M. (2011). *TEI Piraeus students' knowledge on the beneficial applications of nuclear physics.*

Plotz, T. (2017). *Lernprozesse zu nicht-sichtbarer Strahlung – Empirische Untersuchungen in der Sekundarstufe 2.* Berlin: Logos-Verlag.

Riesch, W. & Westphal, W. (1975). *Modellhafte Schülervorstellungen zur Ausbreitung radioaktiver Strahlung.*

Sadler, P. M., Coyle, H., Miller, J. L., Cook-Smith, N., Dussault, M. & Gould, R. R. (2009). The astronomy and space science concept inventory: development and validation of assessment instruments aligned with the k–12 national science standards. *Astronomy Education Review.*

Sarina, C., Shelley, Y. & Marjan, Z. (2003). Australian students' views on nuclear issues: Does teaching alter prior beliefs? *Physics Education, 38*(2), 123.

Slater, S. J. (2015). The Development And Validation Of The Test Of Astronomy STandards (TOAST). *2015, 1*(1), 22. https://doi.org/10.19030/jaese.v1i1.9102

Stavrou, D. (2004). *Das Zusammenspiel von Zufall und Gesetzmäßigkeiten in der nichtlinearen Dynamik – Didaktische Analyse und Lernprozesse.* Berlin: Logos Verlag.

Steinberg, R. N., Oberem, G. E. & McDermott, L. C. (1996). Development of a computer-based tutorial on the photoelectric effect. *American Journal of Physics, 64*(11), 1370–1379.

Wiener, G., Schmeling, S. & Hopf, M. (2017). Elementarteilchenphysik im Anfangsunterricht. *Praxis der Naturwissenschaften – Physik in der Schule, 67*(1).

Wittmann, H. (2012). *Gleichzeitigkeit in der Relativitätstheorie – eine empirische Studie zu Lernprozessen in der Sekundarstufe I.* Dissertation, Universität Wien.

Schülervorstellungen im Anfangsunterricht

Rita Wodzinski und Thomas Wilhelm

© Springer-Verlag GmbH Deutschland, ein Teil von Springer Nature 2018
H. Schecker, T. Wilhelm, M. Hopf, R. Duit (Hrsg.), *Schülervorstellungen und Physikunterricht*,
https://doi.org/10.1007/978-3-662-57270-2_12

12.1 Einleitung

Bei einem Unterricht in der 3. Jahrgangsstufe hatte die Lehrkraft Experimente zum Thema Licht und Schatten vorbereitet. In einem Experiment ging es darum, verschiedene Gegenstände zwischen Lampe und Schirm zu stellen und auf Lichtdurchlässigkeit zu untersuchen. Eine Schülerin brauchte sehr lange, um dem Experiment überhaupt einen Sinn geben zu können. Sie sah sich durch das Experiment in ihrer Ansicht bestärkt, dass Gegenstände den Schatten unterschiedlich stark einfärben. Bei genauerem Nachdenken wunderte sie sich allerdings darüber, warum eine rote Porzellantasse keinen roten Schatten werfe. Erst die Frage, warum der Rest der Wand weiß erscheint, half der Schülerin, die Dunkelheit des Schattens nicht als Einfärbung, sondern als Abwesenheit von Licht zu deuten. Wie bei einem Vexierbild, bei dem man plötzlich ein anderes Bild erkennt, war es ihr schlagartig möglich, eine neue Sichtweise einzunehmen, die sie erkennbar mit Freude erfüllte.

Das Thema Licht und Schatten zählt zum Standardrepertoire des Sachunterrichts in der Grundschule sowie des Unterrichts in den Klassenstufen 5 und 6. Traditionelle Themenfelder des Anfangsunterrichts mit physikalischem Bezug sind darüber hinaus Luft, Wasser (Zustandsformen), Wetter und Wasserkreislauf, Wärme und Temperatur (▶ Abschn. 7.3), Magnetismus, elektrische Stromkreise (▶ Kap. 6), Schall sowie Schwimmen und Sinken.[1] Die Themen Hebel und Gleichgewicht sowie das Weltall spielen im Vergleich dazu in der Unterrichtspraxis eher eine untergeordnete Rolle. In der didaktischen Diskussion gewinnt vor allem das Thema Energie (▶ Abschn. 8.2) in den letzten Jahren für den Anfangsunterricht zunehmend an Bedeutung.

Der Umfang, den physikalische Themen im Sachunterricht einnehmen, ist in der Unterrichtspraxis vergleichsweise klein. Im Schnitt werden in den Klassenstufen 3 und 4 pro Schuljahr lediglich etwa 10 bis 15 Unterrichtsstunden physikalischen Themen gewidmet.[2] Dies ist der Tatsache geschuldet, dass der Sachunterricht auf alle Sachfächer der weiterführenden Schule vorbereitet und deshalb neben naturwissenschaftlichen Themen auch geografische, historische, politische und technische Themenaspekte abzudecken hat. Darüber hinaus erfüllt der Sachunterricht auch übergeordnete Aufgaben z. B. der Mobilitäts- und Gesundheitsbildung. Der *Perspektivrahmen Sachunterricht* (GDSU, 2013) gibt eine Orientierung, welche Themenbereiche für den Sachunterricht als ergiebig angesehen werden können und welche Kompetenzen in der inhaltlichen Auseinandersetzung angebahnt werden sollten. Viele bundeslandspezifische Rahmenvorgaben orientieren sich am Perspektivrahmen Sachunterricht.

In Klassenstufe 5 und 6 werden die Themen des Sachunterrichts in etwas größerem zeitlichem Umfang wieder aufgegriffen (Wodzinski, 2006c). Die meisten Untersuchungen zum Anfangsunterricht adressieren Vorstellungen von Kindern in den Klassenstufen 2 bis 4. Aufgrund der Überschneidung zwischen den Themen des Sachunterrichts und dem entsprechenden Unterricht in Klassenstufe 5 und 6 und der Tatsache, dass physikalische Themen im Sachunterricht häufig eher gemieden werden, ist in den Klassenstufen 5 und 6 mit ähnlichen Vorstellungen zu rechnen wie im Sachunterricht der Grundschule.

---

1   Efler-Mikat (2009), Wodzinski (2006a und c)

2   Altenburger und Starauschek (2011)

12.2 Physikalisch sehen und denken lernen

Eine zentrale Aufgabe wird im Anfangsunterricht in der Hinführung zu naturwissenschaftlichen Denk-, Arbeits- und Handlungsweisen gesehen. Neben dem Aufbau von fachlichen Konzepten kommt dem Anfangsunterricht auch die Aufgabe zu, die Betrachtung der Welt aus einer naturwissenschaftlichen Perspektive anzubahnen (▸ Kap. 13). Die nachfolgenden Beispiele illustrieren an sachunterrichtsbezogenen Beispielen den Unterschied zwischen der naturwissenschaftlichen Perspektive und der Alltagsperspektive.

- **Pragmatisches Denken**

In einer Untersuchung zur Physik der Wippe (Grunwald, 2007) sollten Schülerinnen und Schüler zum Einstieg eine Zeichnung (◘ Abb. 12.1) beschreiben, in der ein Elefant und eine Maus auf einer Wippe sitzen. Dabei zeigt die Seite mit dem Elefanten nach unten. Alessia beschreibt die Situation folgendermaßen:

A: *Ich seh' 'ne Sonne, die lacht, und 'nen Elefant, 'ne Maus, drei Blumen, 'n Schmetterling, 'ne Wippe und Wolken und … und 'n Schmetterling und Wiese.*

I: *Und was machen der Elefant und die Maus?*

A: *Die wippen.*

I: *Und können die gut wippen?*

A: *(9 Sekunden Pause) Ja.*

Im weiteren Verlauf des Interviews zeigt sich, dass Alessia die Bedeutung der Massenverteilung für „ausgewogenes Wippen" noch nicht bewusst ist. Vor dem Hintergrund, dass auch Erwachsene und Kleinkinder trotz großer Unterschiede in der Masse mit großem Vergnügen wippen, antwortet sie hier dennoch angemessen. Sie betrachtet das Beispiel nur eben nicht aus einer physikalischen Perspektive.

◘ **Abb. 12.1** „Was fällt dir zu dem Bild ein?"; Zeichnung in einer Interviewstudie mit Grundschulkindern zum Thema Wippe und Gleichgewicht (Grunwald, 2007).

Kasten 12.1: Die Wippe physikalisch

Eine Wippe ist dann im Gleichgewicht, wenn die Partner sich so auf der Wippe verteilen, dass die Summe der Produkte aus Masse und Abstand auf der rechten Seite gleich groß ist wie auf der linken Seite. Unter den Spielgeräten gibt es verschiedene Varianten. Meistens liegt der Balken wie im linken Teil der Abbildung auf einer Stütze auf. Man kann in diesem Fall den leeren Wippbalken zwar in eine waagerechte Position bringen, aber bei kleinster Störung kippt er zu einer der beiden Seiten.

Im Unterricht stellt man die Situation auf der Wippe häufig mit einem aufgehängten Balken nach, an den Massestücke in unterschiedlicher Entfernung zum Drehpunkt angehängt oder aufgesteckt werden können. Der Balken stellt sich auch hier horizontal ein, wenn die Summe der Produkte aus Masse und Abstand auf der rechten Seite gleich groß ist wie auf der linken Seite. Die physikalischen Bedingungen der Massenverteilung bei horizontaler Position des Balkens sind zwar identisch, aus Sicht der Kinder können die Situationen aber deutlich verschieden sein. Anders als im Fall der Wippe ist die horizontale Position stabil, d. h., bei kleinen Störungen geht der Balken in diese Position zurück.

Physikalisch unterscheiden sich das labile Gleichgewicht einer Wippe (Abb. links) und das stabile Gleichgewicht einer Balkenwaage (Abb. rechts) durch die unterschiedliche Lage von Drehpunkt und Schwerpunkt. Im labilen Gleichgewicht liegt der Drehpunkt unter dem Schwerpunkt, beim stabilen Gleichgewicht befindet sich der Drehpunkt oberhalb des Schwerpunkts.

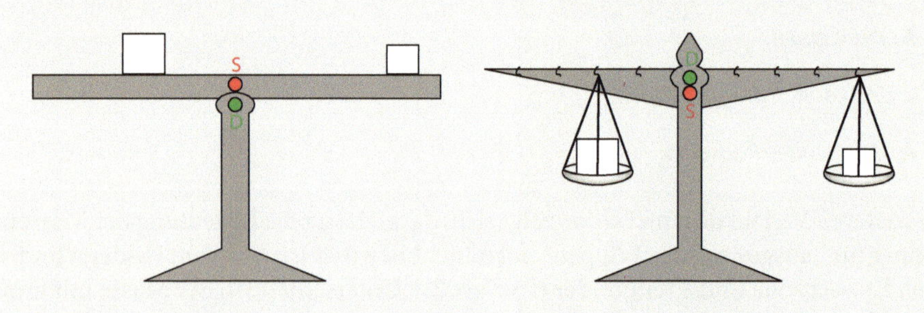

Labiles Gleichgewicht einer Wippe (links) und stabiles Gleichgewicht einer Balkenwaage (rechts)

Das Beispiel zeigt, dass zur Beurteilung der Frage, ob man „gut" wippen kann, bei Kindern andere Kriterien eine Rolle spielen als das Gleichgewicht (▶ Kasten 12.1). So achten einige Kinder darauf, dass immer gleich viele Kinder rechts und links sitzen oder dass die Personen genug Platz zum Abstoßen vom Boden haben und sich festhalten können.

Ein solches pragmatisches Denken findet man auch bei Lena, die ganz offensichtlich den Unterschied in der Masse als bedeutsam erkannt hat, aber ihren Fokus stärker auf die Frage lenkt, wie zwei Partner in einer solchen Situation sinnvoll agieren können:

„Also der Elefant und die Maus, die wippen und der Elefant bleibt unten, der muss sich … der muss sich so abstützen, damit die Maus auch mal runterkommt, weil das is' ja 'ne Wippe und 'ne Wippe … das muss ja gerecht sein. Man kann ja auch mal … bei der Wippe

da macht man, was schwer is', der muss … muss dem andren helfen, und wenn man das geschafft hat, dann … dann … und wenn man nicht mehr will, dann geht man einfach runter und dann sucht man sich 'n neuen Partner."

Während Schülerinnen und Schüler im Physikunterricht in der Regel aus dem Kontext Schule erschließen, dass eine physikalische Sichtweise erwartet wird, argumentieren Kinder im Anfangsunterricht unter Einbeziehung aller denkbaren Perspektiven. Eine Eingrenzung und Fokussierung auf physikalische Sichtweisen geschieht nicht selbstverständlich, sondern muss noch geübt und von der Lehrperson gezielt adressiert werden.

■ Konditionales und finalistisches Denken

Dass Kinder eine Frage anders verstehen als vom Fragenden beabsichtigt, kommt in der Grundschule insbesondere bei Warum-Fragen vor. Häufig werden sie nicht kausal, sondern konditional verstanden, also als Frage nach den Bedingungen. So antworten Kinder auf die Frage *„Warum schwimmt ein Schiff?"* z. B. mit, *„weil es wasserdicht ist"* und meinen damit: Ein Schiff kann schwimmen, wenn es wasserdicht ist; hat ein Boot ein Leck, geht es unter. Die Frage nach den Bedingungen, unter denen ein Phänomen auftritt, ist auch in der Beschäftigung mit naturwissenschaftlichen Phänomenen häufig ein wichtiger und notwendiger Zwischenschritt. Es ist jedoch wichtig, den Unterschied zwischen der Beschreibung der Bedingungen und einer naturwissenschaftlichen Erklärung bewusst zu machen.

Gelegentlich verstehen Kinder eine Warum-Frage auch finalistisch. Beispiele für finalistisches Denken sind: *„Warum regnet es aus der Wolke?" „Damit die Blumen Wasser haben." „Warum ist es nachts dunkel?" „Damit man besser schlafen kann."* Finalistisches Denken zeigt sich vor allem bei jüngeren Kindern. (Es ist nach Piaget ein Kennzeichen der präoperationalen Phase.) In der Biologie ist finalistisches Denken insbesondere bei Fragen der Anpassung von Pflanzen und Tieren auch unter Erwachsenen weit verbreitet, z. B. *„Eisbären haben ein dichtes Fell, damit sie in kühlen Regionen überleben können."*

Die Beispiele machen deutlich, dass im Anfangsunterricht neben den Schülervorstellungen zu bestimmten Inhaltsfeldern auch Vorstellungen zur Besonderheit naturwissenschaftlicher Arbeits- und Denkweisen bzw. zur Natur der Naturwissenschaften einbezogen werden müssen (▸ Kap. 13).

12.3 Schülervorstellungen zu physikalischen Themen des Anfangsunterrichts

Die nachfolgende Übersicht orientiert sich einerseits an der Relevanz der Themenfelder für den Anfangsunterricht und andererseits an der Bedeutung der Themenfelder in der Schülervorstellungsforschung. Es werden neben den Schülervorstellungen auch jeweils zentrale fachliche und unterrichtsmethodische Hürden benannt, die dem Verstehen der fachlichen Konzepte im Wege stehen können. Für das Thema „elektrischer Stromkreis" sei auf ▸ Abschn. 6.2.1 „Vorstellungen im Anfangsunterricht" verwiesen.

12.3.1 Vorstellungen zum Schwimmen und Sinken

- **„Was leicht ist, schwimmt."**

Über Vorstellungen von Kindern zum Themen Schwimmen und Sinken wurde in der Vergangenheit intensiv geforscht.[3] Viele Kinder (und Erwachsene) sind der Ansicht, dass für die Schwimmfähigkeit allein die Masse eines Gegenstands entscheidend ist. *„Was leicht ist, schwimmt, was schwer ist, geht unter."* Dies entspricht der Erfahrung, dass etwas von der Erde umso stärker nach unten gezogen wird, je größer die Masse ist. Im Widerspruch dazu steht die Erfahrung, dass ein schwerer Baumstamm trotz seines Gewichts schwimmt und eine leichte Stecknadel untergeht. Physikalisch betrachtet erfahren Körper in Flüssigkeiten zusätzlich zur Gewichtskraft eine Auftriebskraft, die von dem Volumen abhängt, das der Körper im Wasser verdrängt. Ob ein Körper schwimmt oder sinkt, lässt sich deshalb nicht allein aus der Masse ableiten (▶ Kasten 12.2).

- **„Was Luft enthält, schwimmt."**

Ein anderes Erklärungsmuster besteht darin, dass die in einem Gegenstand enthaltene Luft entscheidet, ob ein Gegenstand schwimmt oder untergeht. Dies entspricht der Erfahrung, dass Gegenstände durch Hinzufügen von Luft schwimmfähig werden können. So ist es beim Schwimmring und der Luftmatratze. Andererseits ist das Vorhandensein von Luft kein Garant dafür, dass ein Körper schwimmt. Die Erklärung lässt sich ebenfalls mit entsprechenden Gegenbeispielen leicht widerlegen: Ein U-Boot kann trotz der Luft im Innenraum untergehen und selbst eine große schwere Wachskerze schwimmt ganz ohne Luft.

Kasten 12.2: Schwimmen und Sinken

Physikalische Ursache: In Wasser nimmt der Druck mit der Tiefe zu. Das Wasser drückt deshalb an der Unterseite eines Gegenstands stärker als an der Oberseite. Insgesamt wird dadurch der Gegenstand vom Wasser nach oben gedrückt. Dies ist die Auftriebskraft, die der Körper im Wasser erfährt. Ein Körper schwebt im Wasser oder schwimmt an der Wasseroberfläche, wenn die Auftriebskraft und die Gewichtskraft gleich groß sind.

Archimedisches Prinzip: Die Auftriebskraft hat den gleichen Betrag wie die Gewichtskraft des Wasservolumens, das vom Körper verdrängt wird. Das heißt, ein Körper schwebt im Wasser oder schwimmt an der Wasseroberfläche, wenn die Masse des Wassers, das durch das Eintauchen verdrängt wird, genauso groß ist wie die Masse des Körpers.

Beschreibung über die Dichte: Für Vollkörper lässt sich die Schwimmfähigkeit auch über die Dichte beschreiben. Die Dichte ist das Verhältnis aus Masse und Volumen. Ist die Dichte eines Körpers kleiner als die Dichte der Flüssigkeit, schwimmt der Körper. Manchmal findet man verkürzte Formulierungen, dass z. B. Styropor schwimmt, weil Styropor leichter sei als Wasser. Gemeint ist, dass die Dichte von Styropor geringer ist als die Dichte von Wasser. Eine Aussage über die Gewichtskraft von Wasser oder Styropor macht ohne Angabe eines Volumens keinen Sinn. Für offene Körper wie Schiffe ist die Erklärung über die Dichte nicht sinnvoll.

---

3   Furtner (2016), Jonen, Hardy und Möller (2003)

Um Gegenbeispiele als Argumente gegen die Gültigkeit der Erklärungen anzuerkennen, müssen Schülerinnen und Schüler allerdings akzeptieren, dass naturwissenschaftliche Erklärungen nur dann gültig sind, wenn sie auf alle denkbaren Fälle angewendet werden können. Während aus physikalischer Perspektive klar ist, dass bereits ein Gegenbeispiel die Erklärung erschüttert, sind Alltagserklärungen häufig nur für eine begrenzte Gruppe von Beispielen gültig. Sie erheben gar keinen weitergehenden Anspruch. Kinder (und Erwachsene) argumentieren deshalb häufig in einer Weise, dass für verschiedene Fälle verschiedene Erklärungen angeführt werden: Das Schlauchboot schwimmt, weil es Luft enthält, der Styroporklotz, weil er so leicht ist, und das Floß, weil es eine flache Form besitzt. Dieses Beispiel zeigt eine grundlegende Diskrepanz zwischen Alltagsdenkweisen und physikalischen Denkweisen, die im Sachunterricht bzw. Anfangsunterricht zu Schwierigkeiten führen kann.

■ **„Mehr Auftrieb als Gewicht"**

Eine häufige Fehlvorstellung liegt in der Annahme, dass bei einem schwimmenden Körper die Auftriebskraft größer sei als die Gewichtskraft. Wenn das so wäre, würde der Körper allerdings in Richtung der resultierenden Kraft, also nach oben, beschleunigt werden.[4] Richtig ist, dass der schwimmfähige Körper, wenn er ganz unter Wasser ist, eine größere Auftriebskraft hat als die Gewichtskraft, was zu einem Aufsteigen führt. Er taucht dann genau so weit auf, bis sich ein Kräftegleichgewicht zwischen Auftriebs- und Gewichtskraft einstellt (▶ Kasten 12.2).

12.3.2 Vorstellungen zur Luft

■ **„Luft ist nichts."**

Auch wenn den meisten Schülerinnen und Schülern bekannt ist, dass sich Luft sowohl in einem offenen als auch in einem geschlossenen Gefäß befindet, treten Vorstellungsschwierigkeiten besonders in solchen Situationen auf, in denen Luft sich nicht bewegt.[5] Einige Kinder sind vor dem Unterricht zur Luft der Ansicht, dass man Luft nicht einfangen oder transportieren könne. Eine Schülerin antwortete auf die Frage, wie man einen Behälter mit Luft füllen könne, dass man mit dem Behälter über den Schulhof rennen und dabei den Behälter gegen die Windrichtung halten könne. Hier wird die enge Verknüpfung von Luft mit bewegter Luft deutlich. Später behauptete sie, dass in einer mit Luft aufgezogenen Spritze keine Luft sei, dass sie aber durch Bewegung des Kolbens Luft machen könne. Dass sich in einem geschlossenen Behälter Luft befindet und diese einen Raum beansprucht, ist für diese Kinder keineswegs selbstverständlich. Für viele Kinder ist nicht vorstellbar, dass Luft „nicht nichts" ist, sondern Materie, die sogar ein Gewicht hat, bzw. präziser gesagt, der man bei gegebenem Volumen eine Masse zuschreiben kann. Selbst am Ende der Grundschulzeit haben viele noch die Vorstellung, dass Luft kein oder sogar ein negatives „Gewicht" besitzt. Alle Gase werden als etwas Leichtes angesehen, das nicht zum Boden, sondern nach oben strebt. So sind einige Kinder der Ansicht, dass Luft

---

4   Wodzinski (2006b)

5   Diesem Abschnitt liegen folgende Veröffentlichungen zugrunde: Driver, Squieres, Rushworth und Wood-Robinson (1994); Kahlert und Demuth (2007a, 2007b); Schieder und Wiesner (1997); Seré (1985).

Gegenstände wie Bälle oder Luftballons leichter macht. Sie erwarten dementsprechend, dass ein luftgefüllter Luftballon aufsteigen müsse. Diese Vorstellung findet man gelegentlich auch bei Erwachsenen.

- **„Gase sind gefährlich."**

Viele Schülerinnen und Schüler der Grundschule wissen, dass man Sauerstoff zum Leben braucht, den man dem Körper durch Atmung zuführt. Viele unterscheiden dabei nicht zwischen Luft und Sauerstoff. Der Begriff des Gases ist weniger bekannt. Kinder verbinden damit nicht den Aggregatzustand, sondern eher das Gas beim Gasherd, das Feuerzeuggas oder schädliche Abgase. Häufig verbinden Kinder Gas mit negativen Eigenschaften wie giftig, brennbar oder übelriechend, während Luft als etwas Frisches und Gesundes angesehen wird.

- **„Luft drückt nach vorne, Vakuum saugt."**

Kinder sind sich bereits im Grundschulalter bewusst, dass die Luft einen Druck auf Gegenstände ausüben kann. Vorstellungen vom Luftdruck in dem Sinne, dass die Luft allseitig eine Kraft auf alle Körper ausübt, sind jedoch noch nicht ausgeprägt. In der Vorstellung der Kinder kann Luft nur dann eine Kraft ausüben, wenn die Luft sich bewegt. Bei statischen Zuständen werden Kräfte ausgeschlossen, die unbewegte Luft „tut nichts".

Bei Alltagsgegenständen wie Spritzen oder Strohhalmen sind Vorstellungen des Saugens und Ziehens dominant. Physikalisch korrekt wäre eine Beschreibung, der zufolge ein Druckunterschied erzeugt wird und der größere äußere Luftdruck die Flüssigkeit in die Spritze oder in den Halm drückt. Auch bei Experimenten mit Druckunterschieden schreiben Schülerinnen und Schüler die Ursache dem Unterdruck oder dem Vakuum zu (*„Das Vakuum saugt."*). Tatsächlich kann Luft bei Unterdruck nicht saugen oder ziehen, sondern die Luft kann nur drücken, aber eventuell eben weniger als die Luft, die Flüssigkeit oder ein anderer Körper auf der anderen Seite. Ein Verständnis für Druckunterschiede als Ursache ist (auch bei Erwachsenen) wenig ausgeprägt. Dies entspricht dem Alltagsdenken, das in der Regel nur einem der Wechselwirkungspartner die Rolle des Akteurs und Verursachers zuordnet (▶ Abschn. 4.3).

- **„Warme Luft steigt auf."**

Schülerinnen und Schüler erwarten vor einem entsprechenden Unterricht, dass man Luft erwärmen oder abkühlen kann, ohne dass sich dabei ihre physikalischen und chemischen Eigenschaften ändern. Insbesondere ihr Volumen, ihre Dichte oder ihr Druck ändern sich demnach nicht. Bei einem bekannten Versuch wird ein nicht aufgeblasener Luftballon über den Flaschenhals einer ausgeleerten Glasflasche gestülpt. Er bläht sich auf, wenn die Flasche in heißes Wasser gestellt wird. Den Schülerinnen und Schülern ist hierbei klar, dass die erwärmte Luft in den Luftballon hineingeht, aber sie vermuten, dass die Flasche dabei unten leer wird. Die Kinder nutzen folglich zur Erklärung des Phänomens die Idee, dass erwärmte Luft nach oben aufsteigt, aber nicht die Vorstellung, dass sie sich in alle Richtungen ausdehnt und mehr Volumen einnimmt. Wird Luft über einer heißen Fläche erwärmt, steigt diese zwar wirklich auf. Voraussetzung dafür ist allerdings, dass von der Seite kühle Luft nachströmen kann. Ursache für das Aufsteigen ist die Volumenausdehnung der Luft bei Erwärmung. Aufgrund der geringeren Dichte erfährt die erwärmte Luft in der kälteren Umgebungsluft dann eine Auftriebskraft.

12.3.3 Vorstellungen zur Schattenbildung

- **„Schatten gehören zum Gegenstand."**

Im Alltag ist von Schatten häufig in der Weise die Rede, dass alle Gegenstände einen Schatten „haben" (▶ Abschn. 5.2.3).[6] Er ist gewissermaßen fest mit dem Gegenstand verbunden. Für einige Kinder ist Licht entsprechend lediglich eine Voraussetzung, um den Schatten besser sehen zu können und nicht die entscheidende Ursache für die Entstehung des Schattens. Viele Grundschulkinder sind der Ansicht, dass Schatten auch im Dunkeln existieren, man sie nur nicht sehe.

Der Schatten wird „hinter" dem Gegenstand erwartet, zu dem er gehört, ohne explizit anzugeben, von welchem Standpunkt aus der Schatten beobachtet wird, was also „hinter" bedeutet. Die Lage der Lichtquelle wird nicht notwendigerweise in Betracht gezogen. Andere Kinder haben die Vorstellung, dass der Schatten sich direkt am Gegenstand befindet oder zumindest möglichst nahe am Gegenstand.

- **„Schatten sind Abbilder."**

Viele Schülerinnen und Schüler erwarten, dass der Schatten ein genaues Abbild des Gegenstands darstellt. Sie denken, der Schatten müsse in der Form ähnlich aussehen wie der Gegenstand. Mögliche Verzerrungen werden nicht berücksichtigt.

In einer anderen Vorstellung, die sich gelegentlich zeigt, werden Schatten als schemenhafte Bilder verstanden, die durch Licht entstehen. So bezeichneten in einer englischen Studie Kinder die Lichtflecken einer Taschenlampe als Schatten.[7] Auch unter Studierenden konnte beobachtet werden, dass sie das Bild einer Lochkamera als Schatten bezeichneten.

Einige Kinder besonders in unteren Klassen erwarten den Schattenwurf eines Gegenstands in Richtung auf die Lampe zu. Das deutet darauf hin, dass der Schatten als etwas verstanden wird, was vom Gegenstand nach dem Auftreffen des Lichtes „zurückgeworfen" wird.

- **„Schatten sind schwarz."**

In der Vorstellung vieler Kinder entsteht der Schatten beim Auftreffen des Lichtes. Entsprechend zeigen sich einige Kinder bei genauerem Nachdenken überrascht, dass der Schatten nicht die Farbe des Gegenstands annimmt, der den Schatten wirft. Vermutet wird, dass das Licht in Wechselwirkung mit dem Gegenstand eine Schwarzfärbung des Schattens bewirkt. Das Beispiel in ▶ Kasten 12.3 aus einer Interviewstudie (von Kiedrowski, 2004) verdeutlicht die Hartnäckigkeit dieser Vorstellung.

Der Kernschatten bei Verwendung von zwei Lampen (▶ Kasten 12.4) wird häufig als Überlagerung zweier Schatten interpretiert. Dabei wird der Schatten eines Gegenstands jedoch als etwas vorgestellt, das unabhängig von der Zahl der Lampen immer gleich ist.

---

6   Diesem Abschnitt liegen folgende Veröffentlichungen zugrunde: Blumör (1993); Wiesner und Claus (1985); Murmann (2002); Wiesner (1991).

7   Ollerenshaw, Ritchie und Rieder (2000)

Kasten 12.3 Kinder äußern sich zum Schatten

Sophie und Stefan besuchen die 2. Klasse. In der Interviewsituation beobachten sie den Schatten einer Hand und einer Dose.

> **Interviewer:** *Warum ist denn die Hand so schwarz?*

> **Sophie:** *Weil das Licht sie schwarz macht.*

> **Interviewer:** *Weil das Licht sie schwarz macht?*

> **Stefan:** *Nee, weil das Licht dagegen [gegen die Dose] strahlt und an den Seiten vorbeigeht und deswegen die Dose schwarz ist.*

> **Sophie:** *Stimmt, das Licht macht ja nicht schwarz.*

Sophies Formulierung deutet an, dass das Licht in Wechselwirkung mit dem Gegenstand eine Schwarzfärbung des Schattens bewirkt. Bei der Beobachtung unterschiedlich lichtdurchlässiger Objekte deutet sich diese Vorstellung nochmals an:

> **Interviewer:** *Und was könnt ihr da jetzt sehen?*

> **Stefan:** *Da ist ja kein Schatten.*

> **Sophie:** *Das Licht geht da durch.*

> **Stefan:** *Da ist nur so 'was wegen dem Dreck und Kratzern und das alles.*

> **Sophie:** *Durch die hellen [Gegenstände] kann das [Licht] durchgehen, ohne dass es 'ne Farbe ergibt, dass es dunkel wird.*

Ein Interviewauszug mit Schülern der 4. Klasse offenbart eine ähnliche Vorstellung. Hier sollte der Schattenwurf eines Kegels vorhergesagt werden.

> **Interviewer:** *Meint ihr, dass hier ein Schatten auf dem Tisch sein wird?*

> **Christian:** *Weil der Kegel, vielleicht geht das Licht auf den Kegel. Dann kann es ja sein, dass der Kegel zu dick wär' und dann kommt kein Schatten.*

Die Beschreibung des Kernschattens als „Überlagerung" der beiden Schatten unterstützt die Fehlvorstellung, Schatten sei nicht durch die Abwesenheit von Licht charakterisiert, sondern durch das Vorhandensein von „Graufärbung".

12.3.4 Vorstellungen zum Schall

- **„Der Ton wird herausgelockt."**

Zu Schülervorstellungen zum Schall gibt es nur wenige Untersuchungen mit jüngeren Schülerinnen und Schülern.[8] Einige Kinder sind der Ansicht, dass das Anschlagen eines Instruments wie z. B. einer Stimmgabel den Ton aus dem Instrument herausschlägt, der

---

8   Diesem Abschnitt zum Schall liegen folgende Veröffentlichungen zugrunde: Driver, Squieres, Rushworth und Wood-Robinson (1994); Kircher und Engel (1994); Wulf und Euler (1995).

> **Kasten 12.4 Kern- und Halbschatten**
>
> Wird ein Gegenstand von zwei punktförmigen Lampen beleuchtet, entstehen hinter dem Gegenstand zwei Halbschatten und ein Kernschatten (Abbildung). Die Halbschatten lassen sich so beschreiben, dass hier das Licht von einer Lampe hingelangt, von der anderen aber nicht. In den Kernschattenbereich kommt von keiner Lampe Licht. Der Kernschatten ist geometrisch der Schnittbereich der beiden Halbschatten.
>
> 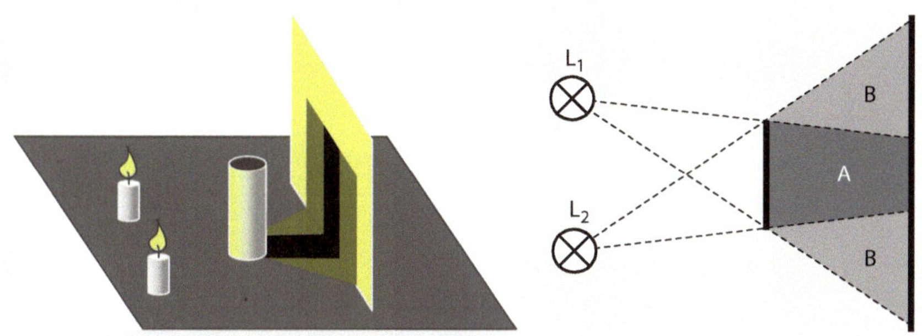
>
>
> Entstehung von Kern- und Halbschatten, Blick von der Seite (links) und von oben (rechts)

aber vorher schon in dieser Schallquelle vorhanden war. Die Vibration des Instruments ist dann nicht Ursache der Tonerzeugung, sondern lediglich eine Begleiterscheinung. Auch die Übertragung der Schwingungen auf die umgebende Luft wird kaum betrachtet.

- **„Töne fliegen durch die Luft."**

Im Alltagsverständnis wird von Tönen in einer Weise geredet, als ob sie sich wie Partikel im Raum bewegen. Sie werden mit Instrumenten „gemacht", „kommen aus dem Radio", „werden mit dem Ohr aufgefangen", „gehen durch die Wand" etc. Einige Kinder stellen sich entsprechend vor, dass der Ton in der Schallquelle erzeugt wird, dann durch den Raum vagabundiert und zur Schallquelle zurückkehrt (◘ Abb. 12.2). Ein Medium für die Schallausbreitung ist nach ihrer Meinung dabei nicht erforderlich. Insbesondere Luft wird als Ausbreitungsmedium nicht bedacht. Kinder können sich Luft als einen schwingenden Körper schwer vorstellen. Sie nehmen im Gegenteil an, dass Luft sowie andere Medien den Schall dämpfen und sich im Ausbreitungsweg kein Gegenstand befinden darf. Zeigt man, dass Schall auch durch einen langen, dicken Baumstamm gehen kann, wird zum Teil vermutet, dass Luft darin sein muss, durch die der Schall gehen kann. Löcher sind nach dieser Vorstellung in Musikinstrumenten oder anderen Körpern wichtig, damit der Schall heraus- oder hindurchgehen kann. Der Ausbreitungsmechanismus von Schall ist Kindern unbekannt.

Schall in Luft lässt sich physikalisch durch Luftdruckschwankungen beschreiben, die sich von der Schallquelle räumlich ausbreiten. Die Tonhöhe entspricht der Frequenz, mit der der Luftdruck schwankt. Je stärker der Luftdruck schwankt, desto lauter ist der Ton. Einige Kinder haben Schwierigkeiten, Tonhöhe und Lautstärke begrifflich zu trennen. Laute Töne sehen sie gleichzeitig auch als hohe Töne an. Zudem gibt es Probleme, die Begriffe „hoch" und „tief" richtig zuzuordnen.

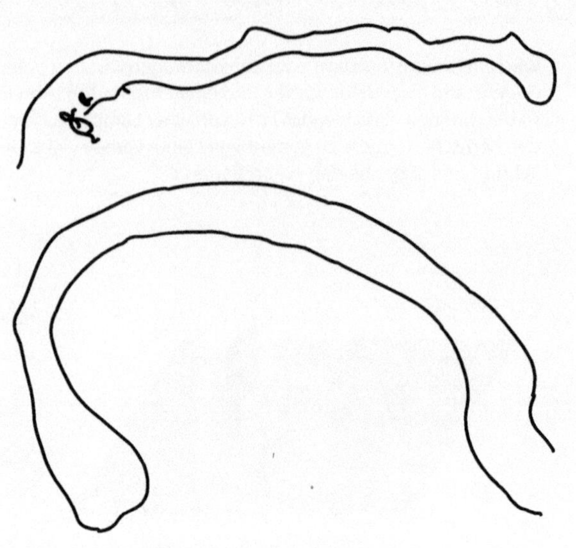

■ **Abb. 12.2** Kinderzeichnung von vagabundierenden Tönen, die im Raum umherwandern und zur Schallquelle zurückkehren (nach Wulf & Euler, 1995).

Die Vorstellung, dass Schall ein räumlich ausgedehntes Phänomen darstellt, liegt Kindern nicht nahe und tritt erst ab Klassenstufe vier auf. Der bekannte Versuch, mit einer „Schallkanone" eine Kerze zu löschen, verstärkt die Vorstellung vom Ton als einem Partikel und behindert die Vorstellung einer räumlichen Schallausbreitung. Dieser Versuch zeigt in Wirklichkeit ein anderes Phänomen, nämlich die Ausbreitung eines Wirbelrings. Eine weitere Schwierigkeit stellt die Unterscheidung zwischen einer lokalen Schwingung und einer sich im Raum ausbreitenden Welle dar. Dies wird durch die oberflächliche Ähnlichkeit der Darstellungen von Schwingungen und Wellen unterstützt (▶ Abschn. 9.3).

12.3.5 Vorstellungen zur Temperatur

Im Anfangsunterricht zeigen sich Vorstellungen zu Temperatur und Wärme, die man auch noch bei älteren Schülerinnen und Schülern findet (▶ Abschn. 7.3). Für den Sachunterricht in der Grundschule ist der Temperaturangleich relevant, wenn ein warmer und ein kalter Körper in Kontakt kommen. Fast alle Grundschulkinder wissen, dass ein warmer Körper in der Lage ist, einen anderen, kälteren Körper zu erwärmen. Dabei haben sie aber nur einen der beiden Körper im Blick. So kühlt für diese Schülerinnen und Schüler ein in kaltes Wasser gestellter heißer Löffel zwar ab, aber die Temperaturänderung des Wassers wird nicht beachtet.[9] Nach Ansicht der meisten Kinder gleichen sich die Endtemperaturen auch nach längerer Zeit nicht an.

---

9 Stengl und Wiesner (1984)

12.3.6   Vorstellungen zum Wetter und Wasserkreislauf[10]

- **„Die Bäume machen den Wind."**

Grundschulkinder kennen den Wind und wissen meist, dass es sich um bewegte Luft handelt. Sie haben aber keine konkreten Vorstellungen über die Windentstehung. Man findet jedoch die Vorstellung, dass die Bäume sich bewegen und damit die Luft in Bewegung setzen, wobei von diesem Wind wiederum die Bäume in Bewegung gesetzt werden.

- **„Die Sonne zieht das Wasser hoch."**

Wasser wird von Kindern dem Alltagssprachgebrauch entsprechend nur im flüssigen Zustand als Wasser verstanden. Dass Wasser aus naturwissenschaftlicher Sicht in unterschiedlichen Aggregatzuständen derselbe Stoff ist und die Stoffmenge beim Wechsel des Zustands erhalten bleibt, ist ohne eine Idee von der Erhaltung von Materie keineswegs naheliegend.

In der Vorstellung der meisten Kinder verschwinden Pfützen auf Steinböden, weil die Flüssigkeit im Boden versickert. Vorstellbar ist für die Kinder auch, dass sich das Wasser in Nichts auflöst. Tatsächlich verdunstet es. Einige Kinder geben an, dass das Wasser „in die Luft geht", allerdings ohne eine genauere Vorstellung von der Zustandsänderung zu besitzen. Selbst wenn Verdunstung als Ursache gesehen wird, gehen einige Kinder davon aus, dass bei der Umwandlung Substanz verloren geht. Einige Kinder beschreiben Verdunstung auch als Umwandlung von Wasser in Luft.

Im Zusammenhang mit dem Wasserkreislauf findet man häufig die Vorstellung, dass die Sonne oder die Sonnenstrahlen das Wasser aktiv nach oben ziehen. Diese Vorstellung wird nicht selten durch den Unterricht geprägt, in dem auf die besondere Rolle der Sonne hingewiesen wird. Die Sonne ist zwar der Motor des Wasserkreislaufs, aber sie „zieht" nicht. Wichtig ist in diesem Zusammenhang, dass Verdunstung auch ohne direkte Sonneneinstrahlung geschieht und nur von der Temperatur abhängt.

- **„Wolken bestehen aus Wasserdampf."**

Bei Grundschulkindern gibt es unterschiedliche Vorstellungen, woraus Wolken bestehen. Häufig wird fälschlich Rauch, ‚Dampf' oder Luft genannt. Erwachsene sind dagegen häufig der Meinung, Wolken bestünden aus gasförmigem Wasser. In diesem Fall könnte man Wolken aber nicht sehen. Tatsächlich sind Wolken eine Ansammlung aus flüssigen Wassertropfen und Eiskristallen. Eine Wolke ist nichts anderes als Nebel in größerer Höhe. Unglücklicherweise wird der Begriff Wasserdampf im Alltag als das bezeichnet, was man aus einem Kochtopf oder Kessel aufsteigen sieht und wie eine Wolke aussieht. Aus fachlicher Perspektive sind auch das sichtbare Wassertröpfchen, die durch Kondensation aus dem unsichtbaren gasförmigen Wasser entstanden sind. Es sollte im Unterricht betont werden, dass Wolken aus Wassertropfen und/oder Eiskristallen bestehen. Die korrekte Vorstellung, dass eine Wolke aus Wasser besteht, kann aber auch zu der falschen Vorstellung verleiten, dass man in einer Wolke sehr nass wird und es dort sehr unangenehm ist.

---

10   Die Vorstellungen in diesem Kapitel sind folgenden Veröffentlichungen entnommen: Bar und Galili (1994); Schieder und Wiesner (1997); Wilhelm und Schiel (2016).

Kinder beschreiben Wolken oft als blau, bläulich oder weiß-blau. Das ist nicht verwunderlich, denn in diesen Farben findet man Wolken in vielen Abbildungen. Da Wolken aber das auftreffende Licht fast wellenlängenunabhängig streuen, wäre eine Beschreibung als weiß oder grau treffender.

- **„Es regnet, wenn die Wolke zu voll ist."**

Die Ursache für das Regnen wird meist bei der Wolke als Ganzes gesucht und nicht auf die Tropfen bezogen. Kinder gehen davon aus, dass Wolken – so wie man sie zeichnet – einen festen Rand oder eine Hülle haben. Entsprechend wird vermutet, dass es regnet, wenn zu viel Wasser oder Regen in der Wolke ist, wenn die Wolke zu schwer ist, zu viele Tropfen in der Luft sind, wenn die Hülle einer Wolke platzt oder sich öffnet oder wenn eine Wolke ‚schmilzt'. Physikalisch betrachtet ist die Größe der Tropfen (bzw. in Gewitterwolken der Hagel- oder Graupelkörner) dafür entscheidend, ob ein Tropfen zu Boden fällt oder nicht. Durch den Zusammenschluss mit anderen Tropfen (bzw. Hagel- und Graupelkörnern) wachsen die Tropfen an und nehmen an Masse zu. Sie können von den Aufwinden in der Wolke nicht länger getragen werden und fallen zu Boden. So gesehen ist das Vorhandensein von viel Wasser in einem Raumgebiet zwar eine notwendige, aber keine hinreichende Voraussetzung für das Entstehen von Regen.

12.3.7 Vorstellungen zum Magnetismus

- **„Magnete ziehen an."**

Fast alle Grundschulkinder kennen die Anziehung zwischen zwei Magneten sowie zwischen Magneten und eisenhaltigen Gegenständen; das Phänomen der Abstoßung zweier Magnete ist hingegen weniger vertraut. Dies lässt sich damit begründen, dass im Alltag nur die anziehende Wirkung praktisch genutzt wird. Im Unterricht kann es hilfreich sein, das Verhalten eines Magneten im Zusammenspiel mit unterschiedlichen Materialien (insbesondere mit Eisen) vom Verhalten zweier Magnete klar zu trennen, um die gedankliche Ordnung der Phänomene zu unterstützen.

- **„Magnete ziehen alle Metalle an."**

Viele Grundschulkinder denken, die anziehende Wirkung zeige sich bei allen Metallen.[11] Tatsächlich werden aber nur Gegenstände aus Eisen, Nickel und Kobalt sowie aus Legierungen mit diesen Metallen angezogen. Von alltäglicher Bedeutung ist vor allem die Anziehung von Gegenständen aus Eisen oder Stahl. Für viele Kinder steht der Begriff Eisen synonym für alle Metalle. Eine Unterscheidung verschiedener Metalle sollte deshalb im Unterricht thematisiert werden, bevor man die magnetische Wirkung verschiedener Metalle untersucht.

- **„Magnete reichen nur begrenzt weit."**

Intuitiv denken viele Kinder, dass Magnete umso stärker sind, je größer sie sind. Zur Reichweite wird meist angenommen, dass die anziehende Wirkung nach einer gewissen

---

11   Kircher und Rohrer (1993)

Entfernung abrupt aufhört. Tatsächlich wird die Wirkung aber mit zunehmender Entfernung lediglich geringer.

An diesem Beispiel lassen sich gut die am Beginn genannten unterschiedlichen Perspektiven unterscheiden: Aus physikalischer Sicht gehört es zum Wesen des Magnetismus, dass die anziehende (oder abstoßende) Kraft unendlich weit reicht, auch wenn sie ab einer bestimmten Entfernung nicht mehr messbar ist. Aus der pragmatischen Sicht der Kinder ist die Erfahrung ausschlaggebend, dass sie einen Gegenstand, der auf dem Tisch liegt, ab einer gewissen Entfernung mit ihrem Magneten nicht mehr zu sich heranziehen können (physikalisch betrachtet, weil die Reibungskraft die Anziehungskraft kompensiert). Die begrenzte Nutzbarkeit eines Magneten ist praktisch bedeutsam und wird mit einer begrenzten Reichweite aus Schülersicht plausibel erklärt. Die Aussage, „ab einer bestimmten Entfernung funktioniert das Anziehen nicht mehr", ist deshalb nicht falsch, sondern eine alternative Beschreibung des Phänomens, dem ein unterschiedliches Verständnis der anziehenden Wirkung zugrunde liegt.

- **„Die Erdanziehung ist eine Folge des Magnetismus."**

Einige Kinder (und auch einige Erwachsene) glauben, dass die Anziehungskraft der Erde magnetisch bedingt ist. Die Erde wird als ein großer Magnet gesehen, der alle Dinge anzieht.

12.3.8 Vorstellungen zu astronomischen Themen[12]

- **„Im Weltraum gibt es oben und unten."**

Fast alle Kinder am Beginn der Grundschule beschreiben die Erde als Kugel, viele antworten bei weiterem Fragen aber trotzdem so, als wäre die Erde flach. Der Medienkonsum führt dazu, dass Kinder heute korrektere Vorstellungen haben als früher. Manchmal verstehen sie die kugelförmige Erde jedoch als eine zweite Erde, die verschieden ist von der, auf der wir leben. Es ist nicht ungewöhnlich, dass Kinder über beide Vorstellungen – die Erde als Kugel und als flache Erde – parallel verfügen und je nach Kontext eine davon aktivieren. Die Vorstellungen verändern sich mit dem Alter.

Die einfachste Vorstellung, die sich in Kinderzeichnungen von der Erde zeigt, ist die einer Erde als eine flache Ebene, über der sich der Himmel befindet. Sonne, Mond und Sterne sind im Himmel lokalisiert, ein Weltall gibt es nicht. Gegenstände fallen dorthin, wo im Bild unten ist. Einige Kinder verbinden die Vorstellung einer flachen Erde mit einer kugelförmigen Erde, indem sie sich einen flachen Boden, auf dem die Menschen leben, im Inneren einer hohlen Erdkugel vorstellen (◖ Abb. 12.3, ▶ Abschn. 2.4.2). Die Oberfläche der Erde ist somit eine flache Scheibe, unter der sich die Erde (eventuell als Halbkugel) befindet, während sich der Himmel (eventuell als obere Halbkugel) darüber befindet. In der Kugel können sich auch die verschiedenen Himmelskörper befinden. Wenn ein Weltall berücksichtigt wird, kann dies im Außenraum der Kugel verortet werden.

---

12 Diesem Abschnitt liegen folgende Veröffentlichungen zugrunde: Berge (2006); Fogolin-Kunz (2013); Hirsch (2013); Nussbaum (1979); Nussbaum und Novak (1976); Rödler (1999); Sneider und Pulos (1983); Sommer (2002); Vosniadou und Brewer (1992); Wenzel (2012).

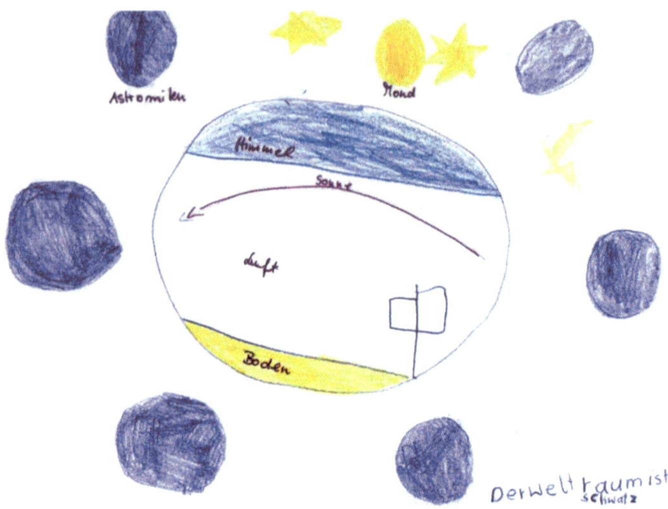

◪ Abb. 12.3   Kinderzeichnung einer flachen Erde mit Himmel in einer Erdkugel (Fogolin-Kunz 2013).

Seltener ist die Vorstellung der Erde als Kugel, bei der die Menschen nur auf ihrem oberen Teil leben. Der Himmel bzw. das Weltall kann sich oberhalb dieser Erde befinden oder die Erde ganz umgeben. Die Schwerkraft kann auch hier an einer Oben-unten-Richtung im Raum orientiert sein. Das heißt, in einer Zeichnung oder einem räumlichen Weltraummodell fällt ein im Weltraum losgelassener Ball immer in Richtung zum realen Erdboden statt zur Erdkugel.

Korrekt ist die Vorstellung einer Kugel, die von der Atmosphäre umgeben ist, während sich außerhalb der Atmosphäre das Weltall befindet. Menschen können überall auf der Kugel leben. Entscheidend ist, dass Gegenstände von jedem Punkt aus Richtung Erdmittelpunkt fallen. Laut einer Studie von Sommer (2002) haben bereits Erstklässler diese Vorstellung, aber nicht alle, die darüber verfügen, argumentieren konsistent damit.

▪ „Im Sommer ist die Erde näher an der Sonne."

Eine Vorstellung, die man bei Kindern, aber auch Erwachsenen finden kann, ist die Idee, dass die Jahreszeiten durch unterschiedliche Entfernungen der Erde von der Sonne entstehen. Im Sommer ist es bei uns demzufolge deshalb wärmer, weil die Erde dann näher an der Sonne ist. Dahinter stehen Alltagserfahrungen. So spürt man die von einem Lagerfeuer ausgehende Wärme umso mehr, je näher man sich daran befindet. Bei den Jahreszeiten erklärt dies aber nicht den Effekt. Die Erde ist im Nordhalbkugel-Sommer sogar etwas weiter von der Sonne entfernt als im Nordhalbkugel-Winter. Entscheidend ist die Neigung der Erdachse zur Ebene der Erdumlaufbahn um die Sonne. Dies wird von einigen Kindern durchaus auch gesehen, wenn sie sagen, dass die Ausrichtung der Erdhälften zur Sonne entscheidend sei. So sei die Erde im Nordhalbkugel-Sommer mehr zur Sonne ausgerichtet als im Winter. Gelegentlich wird das „Hinneigen zur Sonne" aber auch fälschlich als eine Verringerung der Entfernung zur Sonne gedeutet.

- **„Die Wolken machen die Jahreszeiten."**

Manche Schülerinnen und Schüler gehen davon aus, dass die Wolken für die Entstehung der Jahreszeiten verantwortlich sind. Im Winter ist es gemäß dieser Vorstellung kälter, weil die wärmende Sonneneinstrahlung von den Wolken behindert wird. Dahinter steht die richtige Erkenntnis, dass Wolken unterschiedlich dick sind, die Sonne verdecken und die Sonneneinstrahlung und Erwärmung beeinflussen können.

Schließlich gibt es die Vorstellung, für die Entstehung der Jahreszeiten sei verantwortlich, dass die Sonne im Sommer länger scheint und im Winter kürzer. Grundsätzlich ist richtig, dass die stärkere Erwärmung im Sommer auch mit der längeren Sonnenscheindauer zu tun hat. Entscheidend ist jedoch, dass der Einstrahlungswinkel der Sonne im Sommer aufgrund des höheren Sonnenstands größer ist und damit der Erdboden mit mehr Energie versorgt wird. Jahreszeitliche Änderungen des Verlaufs der Sonnenbahn, andere Auf- und Untergangsorte sowie unterschiedliche Sonnenstände werden von Schülerinnen und Schülern nicht angenommen.

- **„Der Mond scheint nachts."**

Manche Schülerinnen und Schüler denken, der Mond sei in klaren Nächten die ganze Nacht über zu sehen, während er am Tag niemals zu sehen sei. Dahinter kann die Idee stehen, dass Mond und Sonne sich am Himmel bei Tages- und Nachtanbruch abwechseln. Tatsächlich kann man den Mond aber oft am Tag sehen, er fällt am Himmel nur nicht so stark auf wie nachts. Einige Kinder haben Schwierigkeiten, die Entfernung des Mondes angemessen abzuschätzen und halten es für möglich, dass der Mond der Erde näher ist als die Wolken. Außerdem wird gelegentlich angenommen, der Mond sei wie auch die Sterne die ganze Nacht an der gleichen Position zu sehen.

Nicht allen Grundschulkindern ist klar, dass der Mond ein beleuchteter Körper ist, also nur das Sonnenlicht streut, und nicht selbst leuchtet. Zur Entstehung der Mondphasen denken einige Schülerinnen und Schüler, dass sich Wolken vor dem Mond befinden und ihn teilweise verdecken. Eine Vorstellung, die man auch bei Erwachsenen findet, ist, dass der Erdschatten auf den Mond fällt und so nur ein Teil des Mondes beleuchtet wird.

12.3.9 Vorstellungen zur Natur der Naturwissenschaften im Sachunterricht

Vorstellungen über die Art und Weise, wie naturwissenschaftliche Erkenntnisse gewonnen werden, den Status naturwissenschaftlichen Wissens oder die Persönlichkeit von Naturwissenschaftlern (▶ Kap. 13) liegen nicht erst in der Sekundarstufe vor. Sie werden bereits in der Grundschule erkennbar. Es ist daher wichtig, bereits Kindern ein angemessenes Bild von der Natur der Naturwissenschaften zu vermitteln (▶ Kasten 12.5).

Das Experimentieren gilt als eine zentrale Methode, um naturwissenschaftliche Vermutungen möglichst objektiv zu prüfen und im Zusammenspiel mit weiteren Experimenten Erkenntnisse zu sammeln, die zu generalisierbaren Aussagen führen. Experimentieren im Sinne der Naturwissenschaften ist ein Prozess, der von Fragen geleitet ist. Durch systematisches Herstellen von Beobachtungssituationen (Planung) werden Daten erzeugt (Durchführung) und auf der Grundlage von bestehenden Erkenntnissen oder Theorien gedeutet (Auswertung). Beim Experimentieren ist das wechselseitige Aufeinanderbeziehen

---

Kasten 12.5 Natur der Naturwissenschaften

Vorstellungen zur Natur der Naturwissenschaft, die in der Grundschule aufgebaut werden können, sind:[13]

- Wissenschaft ist das Bestreben, natürliche Phänomene zu erklären, d. h. auf übergeordnete Regeln zurückzuführen.
- Wissenschaftliches Wissen beruht stark, jedoch nicht ausschließlich, auf Beobachtung, kreativen Ideen, experimentellen Bestätigungen, rationalen Argumenten und Skepsis.
- Wissenschaft erfordert exaktes Protokollieren, kritische Diskussion und Nachprüfbarkeit.
- Wissenschaftliches Wissen ist dort, wo bereits viele Bestätigungen vorliegen, zwar weitgehend gesichert; bezogen auf neue Erkenntnisse ist wissenschaftliches Wissen aber vorläufig.

---

von Denken und Handeln ein wichtiges Kennzeichen. Viele Kinder verstehen Experimentieren jedoch weniger als einen Prozess der Erkenntnisgewinnung, sondern als das Erzeugen eines bestimmten Ergebnisses. Ein Experiment zu deuten und zu vorherigen Überlegungen in Beziehung zu setzen, gelingt vielen Kindern entsprechend nicht ohne Hilfe. In der Studie von Murmann, Steffensky und Gebhardt (2007) werden die folgenden drei Vorstellungen zum Experimentieren unterschieden.

■ „Experimentieren ist Ausprobieren."

Beim Experimentieren steht für viele Schülerinnen und Schüler das Ausprobieren und Erzeugen eines Effekts im Vordergrund: *„Man probiert Sachen aus, bis es geht, und findet heraus, wie es geht."* (Murmann, Steffensky & Gebhardt, 2007, S. 85). Die in der Grundschule durchgeführten Versuche entsprechen vielfach genau dieser Beschreibung.

■ „Experimente sind spannend, abenteuerlich, nicht langweilig."

Viele Kinder verknüpfen Experimente mit Spannung und der Vermeidung von Langeweile. Diese Vorstellungen projizieren sie auf Experimente in der Wissenschaft: In Ihrer Vorstellung machen in der Wissenschaft tätige Personen Experimente, *„weil es ihnen Spaß bringt und weil sie was herausfinden wollen. Und sie wollen manchmal auch einfach keine Langeweile haben, dann machen sie das einfach."* (Murmann, Steffensky & Gebhardt, 2007, S. 86).

■ „Experimente werden durchgeführt, um etwas herauszufinden."

Auch die angemessene Vorstellung, dass Experimente der Gewinnung von Erkenntnissen dienen, zeigt sich bei Kindern. Die Fragestellung steht dabei allerdings häufig im Hintergrund: *„Manchmal haben die bestimmte Fragen, also manchmal finden die auch irgendwas anderes heraus. Kann ja auch manchmal Zufall sein, dass sie irgendwas herausfinden."* (Murmann, Steffensky & Gebhardt, 2007, S 86).

Murmann, Steffensky und Gebhardt (2007) leiten aus der Studie die Forderung ab, genauer zu reflektieren, welche Vorstellungen über Wissenschaft beim Einsatz von Experimenten implizit transportiert werden. Weiterhin fordern sie, beim Experimentieren

---

13   in Anlehnung an Grygier (2008, S. 106)

dem Argumentieren im Sinne einer Verknüpfung von Denken und Handeln mehr Aufmerksamkeit zu widmen.

Die Vorstellungen zum Experimentieren stützen andere Forschungsergebnisse, dass Grundschulkinder Wissenschaft vorrangig als ein Sammeln von Fakten oder als eine Aktivität zur Erzeugung von Effekten begreifen.[14] Um dies zu ändern, müssen Aspekte des Wissenschaftsverständnisses explizit thematisiert werden.

- **„Wissenschaftler sind crazy."**

Stereotype Vorstellungen über in der Wissenschaft tätige Personen (▸ Abschn. 13.3) werden im „Draw-a-Scientist-Test" deutlich: Viele Kinder zeichnen nach der Aufforderung, einen Menschen in der Wissenschaft zu zeichnen, einen Mann mit weißem Kittel und Brille. Oft wird dieser Mann auch als etwas verrückt und als Einzelgänger beschrieben. Im Anfangsunterricht wird häufig die Metapher der Schülerinnen und Schüler als kleine Forscher und Wissenschaftler bemüht. Wird dies nicht näher hinterfragt, können leicht falsche Vorstellungen von Wissenschaft transportiert werden, die auch in den oben zitierten Äußerungen zum Experiment deutlich werden. Es ist jedoch möglich, bereits in der Grundschule korrekte Vorstellungen zur Natur der Naturwissenschaften aufzubauen (▸ Kasten 12.5).

12.4 Unterrichtsvorschläge

Zu den Themen des Anfangsunterrichts finden sich in Zeitschriftenartikeln oder Buchveröffentlichungen diverse Unterrichtsvorschläge, die die Vorstellungen der Schülerinnen und Schüler in besonderer Weise im Blick haben. Nur wenige sind jedoch empirisch erprobt. Stärker als der Physikunterricht in der Sekundarstufe orientiert sich Sachunterricht und in Teilen auch der Unterricht in den Klassenstufen 5 und 6 an den örtlichen schulischen und räumlichen Bedingungen sowie den Fragen und Interessen der Lernenden. Dies kann ein Grund für den Mangel an erprobten Unterrichtskonzeptionen für den Anfangsunterricht sein.

Ein guter Ausgangspunkt auf der Suche nach Unterrichtsvorschlägen, die sich an Schülervorstellungen orientieren, bieten die Klasse(n)Kisten von Möller (2005) sowie die Internetplattform SUPRA (**S**ach**un**terricht **pra**ktisch und konkret, http://www.supra-lernplattform.de). Diese werden im Folgenden zunächst allgemein beschrieben. Im Anschluss wird jeweils beispielhaft ein Unterrichtskonzept vorgestellt. Dabei wird in der Darstellung besonders hervorgehoben, in welcher Weise das Konzept die Schülervorstellungen berücksichtigt.

Unterrichtskonzeptionen für den Anfangsunterricht, die das Verständnis der Natur der Naturwissenschaften explizit adressieren, findet man bei Grygier (2008) sowie Grygier, Günther und Kircher (2004). Unterrichtsvorschläge und -materialien zu verschiedenen Themen der Physik und Chemie im Anfangsunterricht sind auch bei Kahlert und Demuth (2007a, 2007b) zusammengestellt.

---

14 Grygier (2008); Höttecke (2001)

■ Klasse(n)Kisten

Die Klasse(n)Kisten, die in der Arbeitsgruppe von Kornelia Möller an der Universität Münster entwickelt wurden, basieren auf Untersuchungen zu Schülervorstellungen und diversen Unterrichtserprobungen. Die Kisten stellen das wesentliche Experimentiermaterial für die Durchführung von Unterricht zu den jeweiligen Themen bereit. Ergänzend dazu gibt es einen Unterrichtsordner, der Hintergründe zu Schülervorstellungen sowie zu fachlichen und fachdidaktischen Überlegungen bereithält. Kernstück des Unterrichtsordners sind ausgearbeitete Unterrichtsentwürfe einschließlich der Arbeitsblätter, die eine sehr konkrete Vorstellung vom Unterricht vermitteln.

Im Spectra-Verlag sind Klasse(n)Kisten (unter dem Namen KiNT-Boxen) und Unterrichtsordner zu folgenden Themen veröffentlicht: „Schwimmen und Sinken", „Luft und Luftdruck", „Schall – was ist das?", „Brücken und was sie so stabil macht".

Der Unterricht ist fachlich anspruchsvoll und stellt hinsichtlich der Tiefe gewissermaßen eine obere Grenze für Unterricht in der Grundschule dar. Damit sind die Konzepte andererseits gut auf Unterricht in der Klassenstufe 5 und 6 übertragbar. In den Klasse(n) Kisten wird in der Regel nochmals differenziert in Unterricht für die Klassenstufe 2 und 3 sowie für die Klassenstufe 3 und 4, um ein Wiederaufgreifen der Themen in höheren Klassen anzuregen. Zum Thema Magnetismus wurde in einem Kooperationsprojekt eine Abstimmung des Unterrichts vom Elementarbereich bis zu Klasse 5 und 6 realisiert. Die Unterrichtsordner zum Spiralcurriculum Magnetismus für den Elementar-, Primar- und Sekundarbereich sind im Friedrich-Verlag veröffentlicht. Die Materialkisten sind separat bei den Caritas-Werkstätten Nordkirchen zu beziehen.

■ Beispiel: Klasse(n)Kiste „Schwimmen und Sinken"

Möller, K. (Hrsg.) (2005). *Die KiNT-Boxen – Kinder lernen Naturwissenschaft und Technik. Klasse(n)Kisten für den Sachunterricht. Band 1: Schwimmen und Sinken.* Essen: Spectra-Verlag.

Das Unterrichtskonzept stellt die Frage an den Anfang des Unterrichts, wie es kommt, dass ein tonnenschweres Schiff aus Eisen schwimmt. In einer ersten experimentellen Sequenz erkunden die Schülerinnen und Schüler die Schwimmfähigkeit unterschiedlicher Materialien. Die Materialauswahl bietet Kindern mit verschiedenen Ausgangsvorstellungen Möglichkeiten, eigene Vorstellungen zu prüfen und Zusammenhänge zu erkennen. Im Klassengespräch werden gemeinsam Vermutungen abgeleitet und Hypothesen zur Schwimmfähigkeit auf ihre Gültigkeit geprüft (*„Alles was Luft hat, schwimmt. Alles was schwer ist, geht unter …"*). Die Sequenz endet mit der Erkenntnis, dass offenbar das Material darüber entscheidet, ob etwas schwimmt oder untergeht. Um den Begriff der Dichte zu vermeiden, werden für die Argumentation Würfel gleicher Größe aus verschiedenem Material verwendet. Im weiteren Verlauf des Unterrichts wird die Idee der Materialabhängigkeit präzisiert zu der Aussage: „Alles, was schwerer ist als gleich viel Wasser, geht unter. Alles, was leichter ist als gleich viel Wasser, schwimmt". Im nächsten Schritt wird den Schülerinnen und Schülern verdeutlicht, dass auch das Wasser selbst beim Eintauchen von Gegenständen eine wichtige Rolle spielt. Am Beispiel eines Kochtopfs, der in ein zur Hälfte mit Wasser gefülltes Aquarium gestellt wird, werden zwei Erscheinungen beobachtet, die später in Experimenten vertieft werden: a) Beim Eintauchen des Topfes steigt der Wasserspiegel. b) Beim Eintauchen spürt man, wie das Wasser von unten gegendrückt. Die genannten Aspekte („Wasser wird verdrängt" und „Wasser drückt") werden experimentell weiter untersucht. In der ersten Stationenarbeit sollen die Kinder erkennen, dass das von einem Körper verdrängte Wasservolumen unabhängig vom Gewicht des Körpers ist und nur durch seine „Größe" (sein Volumen) bestimmt ist. In der zweiten Stationenarbeit geht es darum, das „Drücken des Wassers" (die Auftriebskraft) in verschiedenen Experimenten zu erleben und auch bereits Zusammenhänge zwischen dem „Drücken des Wassers" und der verdrängten Wassermenge zu erkennen. Am Ende werden die Überlegungen auf das Schwimmen eines Schiffes übertragen. Das Ergebnis der Unterrichtseinheit ist: „Ein Schiff kann schwimmen, weil es aufgrund seiner Form mehr Wasser verdrängen kann, als es selbst wiegt".

Das Unterrichtskonzept greift mögliche Schülervorstellungen zu Beginn des Unterrichts explizit auf. Auch das Experimentiermaterial ist so ausgewählt, dass typische Vorstellungen explizit adressiert werden können (▶ Abschn. 3.2). Im Unterrichtsordner finden sich Aufgaben, die darüber hinaus zur Diagnose geeignet sind, um Veränderungen in den Vorstellungen sichtbar zu machen.

■ **SUPRA-Lernplattform**

Wilhelm, T. und Wiesner, H. (Projektleitung). SUPRA. *Sachunterricht praktisch und konkret. Lernfeld Natur und Technik,* http://www.supra-lernplattform.de/index.php/lernfeld-natur-und-technik

SUPRA ist eine Lernplattform für Sachunterrichtslehrkräfte und steht für „**S**ach**un**terricht **pra**ktisch und konkret". Die Webseite möchte Grundschullehrkräften Unterstützung für die Planung, Vorbereitung und Umsetzung von Unterrichtssequenzen im Sachunterricht bieten. SUPRA ist kostenlos und ohne Anmeldung frei nutzbar. Bei jedem Thema werden fachliche und fachdidaktische Informationen zu den Unterrichtsinhalten für Lehrkräfte gegeben, konkrete Unterrichtsvorschläge und Hinweise zur Gestaltung angeboten und verwendbare Unterrichtsmaterialien zum Herunterladen oder Ausdrucken bereitgestellt. Zum Lernfeld „Natur & Technik" gibt es die Themenbereiche „Wasser: Waschen & Reinigen", „Licht & Schatten", „Schall", „Warm – Kalt", „Luft", „Spiegel", „Magnetismus", „Technisches Spielzeug", „Elektrizität", „Verbrennung", „Nährstoffe" und „Wetter".

In den vorgestellten Unterrichtsvorschlägen werden Schülervorstellungen nicht explizit im Unterricht thematisiert. Dahinter steht die Vorstellung, dass das explizite Herausfordern von Schülervorstellungen gerade zu Beginn eines Unterrichts aufgrund ihrer hohen Plausibilität möglicherweise Lernschwierigkeiten noch verstärkt. Es wird stattdessen eine Aufbaustrategie genutzt (▶ Abschn. 3.3). An den gewählten Inhalten, Schwerpunkten und Vorgehensweisen wird jedoch deutlich, dass die Autoren die bekannten Schülervorstellungen gut kennen und deren Veränderung anstreben. Entsprechend findet sich zu jedem auf der SUPRA-Seite vorgestellten Unterrichtsthema eine Zusammenstellung möglicher Schülervorstellungen.

■ **Beispiel: SUPRA-Seite „Licht und Schatten"**

Heran-Dörr, E., Wiesner, H., Barry, V. & Hermann, L. *Licht & Schatten,* http://www.supra-lernplattform.de/index.php/lernfeld-natur-und-technik/licht-und-schatten

Die Unterrichtskonzeption zum Thema Licht und Schatten auf der SUPRA-Seite gliedert sich in zehn Einheiten, von denen die ersten fünf den Schatten im engeren Sinne in den Blick nehmen. Die Einheiten 6 bis 10 thematisieren Licht und Schatten im Weltraum (Tag

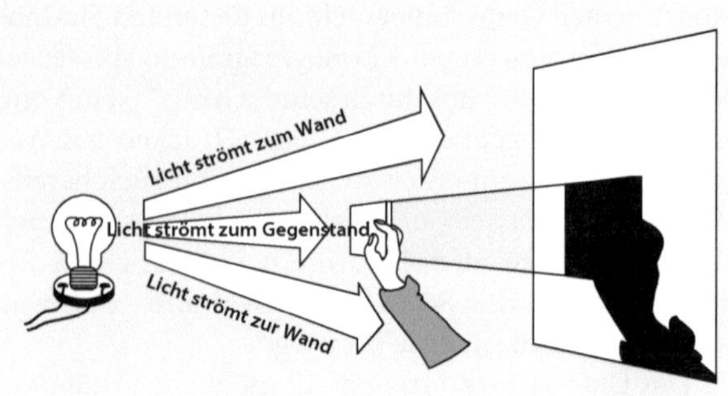

Abb. 12.4 Tafelbild zur Schattenentstehung auf SUPRA.

und Nacht, Jahreszeiten, Mondphasen und Finsternisse, Sonnenuhr). Auch hier finden sich Arbeitsblätter und Experimentvorschläge. Die Konzeption stützt die Vorstellung, dass Licht von der Lichtquelle durch den Raum strömt. Auf diese Weise wird eine fachlich anschlussfähige Vorstellung vom Licht von Beginn an gezielt gestützt. Nach einer spielerischen Sequenz, in der Gegenstände anhand ihrer Schatten erkannt werden sollen, werden Bedingungen für das Erzeugen eines Schattens zusammengetragen. In einer Lehrerdemonstration wird die Entstehung der Schatten mit der geradlinigen Ausbreitung des Lichtes präzisiert. Dazu werden die Schattengrenzen über Bindfäden mit der Lichtquelle verbunden. Das Ergebnis der ersten Einheit könnte lauten: „Von der Lampe strömt Licht weg. Wenn das Licht auf einen Gegenstand trifft, kann es nicht weiter zur Wand hin. Deshalb ist es dort hinter dem Gegenstand dunkler. Wir sehen ein Schattenbild des Gegenstands. Das Schattenbild liegt hinter dem Gegenstand." (**Abb. 12.4**). Mögliche Alltagsvorstellungen zum Schatten werden in dem Konzept nicht explizit erfragt oder thematisiert. Stattdessen wird den Lernenden die plausible Idee des strömenden Lichtes präsentiert, die eine geeignete Sichtweise eröffnet. Der Vorstellung z. B., dass Schatten immer da sind und nur bei Licht sichtbar werden, wird auf diese Weise bereits konstruktiv begegnet. Die zweite Einheit greift die Idee der Schattengrenzen auf. Zunächst wird im Demonstrationsversuch anhand von zwei Objekten (z. B. Plüschtieren) gezeigt, dass (bei fester Lampen- und Projektionsflächenposition) die Entfernung zur Lampe die Schattengröße bestimmt. Die Schülerinnen und Schüler erhalten in einer Experimentierphase die Möglichkeit, dies genauer zu untersuchen. Die dritte Einheit beschäftigt sich mit farbigen Schatten. Die Einheiten 4 und 5 festigen die Erkenntnisse durch Spiele (Schattenspiele, Schattenportrait, Schattentheater).

12.5 Testinstrumente

Aufgrund der begrenzten Fähigkeiten im Lesen und Schreiben werden Schülervorstellungen zum Anfangsunterricht häufig in Form von Interviews erhoben. Diese beinhalten nicht selten die Aufgabe, etwas zeichnerisch darzustellen (z. B. Nussbaum & Novak, 1976, oder Wulf & Euler, 1995). Hinweise auf mögliche themenbezogene Interviewfragen oder Aufgaben finden sich jeweils in den im ▶ Abschn. 12.6 genannten Quellen. Allgemeine Hinweise zur Erfassung von Schülervorstellungen im Unterricht finden sich in Wodzinski (2006a).

Im Folgenden werden beispielhaft verschiedene Testinstrumente skizziert, die in ihrer Zielsetzung unterschiedlich stark auf wissenschaftliche Studien bzw. auf Unterricht fokussieren.

- **Flugzeugaufgabe – Natur der Naturwissenschaften**

Ein Instrument zur Erfassung der Vorstellungen zur Variablenkontrollstrategie ist die Flugzeugaufgabe von Grygier (2008), die an Bullock und Ziegler (1999) angelehnt ist. Dazu erhalten die Kinder im ersten Schritt Bildkarten mit zwei unterschiedlichen Flugzeugnasen (spitz und rund), zwei unterschiedlichen Flügeltypen (einfacher Flügel, Doppeldecker) sowie zwei unterschiedlichen Höhenrudern (Ruderblatt oben/unten angebracht). Sie sollen nun einen Plan entwerfen, wie man den Einfluss des Höhenruders untersuchen kann. Im zweiten Schritt werden den Kindern Bildkarten mit allen denkbaren Modellen gezeigt. Ihre Aufgabe ist es, die Modelle auszuwählen, die im Experiment verglichen werden sollten, um den Einfluss des Höhenruders zu untersuchen. Je nach Wahl der Bildkarten können unterschiedliche Experimentierstrategien zugeordnet werden. Die erwartete Lösung einer Kontrollstrategie beinhaltet, dass zwei Flugzeuge ausgewählt werden, die ein Höhenruder hoch und ein Höhenruder tief besitzen und sich in den anderen Variablen nicht unterscheiden. Dieses Instrument wurde in wissenschaftlichen Untersuchungen genutzt.

- **Akzeptanzbefragungen und schriftliche Erhebungen zur Elementaroptik**

In der Dissertation von Blumör (1993) finden sich beispielhaft Interviews zur elementaren Optik nach der Methode der Akzeptanzbefragung. Mit dieser Methode werden nicht nur Schülervorstellungen erhoben, sondern auch die Schwierigkeiten, die sich mit der physikalischen Sichtweise ergeben. Zusätzlich wurden auch schriftliche Tests eingesetzt.

- **Prä-Post-Aufgaben zum Thema Luft und Luftdruck**

In den Unterrichtsordnern zu den Klasse(n)Kisten (Möller, 2007) sind Prä-Post-Aufgaben aufgelistet, die sich zur Lernstandsdiagnostik eignen. In der Regel sind sie mit typischen Schülervorstellungen eng verknüpft.

- **Vorwissen und Schülervorstellungen zum Magnetismus**

Im Spiralcurriculum Magnetismus (Aufschnaiter & Wodzinski, 2013) findet sich für die Klassenstufe 5 oder 6 ein Erhebungsbogen, der Vorwissen und Schülervorstellungen aus der Grundschule zum Thema Magnetismus erfasst, um von da ausgehend ein differenziertes Vorgehen zu ermöglichen. Der Test ist nicht für empirische Untersuchungen, sondern eher für Unterrichtsdiagnostik zu Beginn einer Unterrichtsreihe konzipiert.

12.6 Literatur zur Vertiefung

Allgemeine Überlegungen zur Berücksichtigung von Schülervorstellungen im Sachunterricht findet man in einigen Handreichungen des Programms SINUS-Grundschule, insbesondere Wodzinski (2006a), Heran-Dörr (2011) und Schönknecht und Maier (2012).

Die einschlägige Literatur zu inhaltsbezogenen Schülervorstellungen stammt aus der Zeit um 1990. Im Folgenden sind themenbezogen jeweils zentrale deutschsprachige Quellen aufgelistet.

- **Luft und Luftdruck**

  Möller, K. (Hrsg.) (2007). *Die KiNT-Boxen – Kinder lernen Naturwissenschaft und Technik. Klasse(n)Kisten für den Sachunterricht. Band II: Luft und Luftdruck.* Essen: Spectra-Verlag.

- **Verdunsten und Kondensieren**

  Strunk, U. (1999). *Die Behandlung von Phänomenen aus der unbelebten Natur im Sachunterricht: Die Perspektive der Förderung des Erwerbs von kognitiven und konzeptuellen Fähigkeiten.* Dissertation Bad Iburg: Der Andere Verlag.

- **Magnete**

  Kircher, E. & Rohrer, H. (1983). Schülervorstellungen zum Magnetismus in der Primarstufe. In: *Sachunterricht und Mathematik in der Primarstufe 21*(8), 336–342.
  Möller, K. (2013). *Spiralcurriculum Magnetismus. Naturwissenschaftlich arbeiten und denken lernen: Primarbereich.* Seelze: Kallmeyer.
  Rachel, A. (2013). *Auswirkungen instruktionaler Hilfen bei der Einführung des (Ferro-)Magnetismus. Eine Vergleichsstudie in der Primar- und Sekundarstufe.* Berlin: Logos Verlag.

- **Elektrizität**

  Stork, E. & Wiesner, H. (1981). Schülervorstellungen zur Elektrizitätslehre und Sachunterricht. In *Sachunterricht und Mathematik in der Primarstufe 9,* 218–230.
  Wiesner, H. (1995). Untersuchungen zu Lernschwierigkeiten von Grundschülern in der Elektrizitätslehre. *Sachunterricht und Mathematik in der Primarstufe 23*(2), 50–58.

- **Licht und Schatten**

  Wiesner, H. (1991). Vorstellungen von Grundschülern über Schattenphänomene. *Sachunterricht und Mathematik in der Primarstufe 19*(4), 155–171.
  Wiesner, H. und Claus, J. (1985). Vorstellungen zu Schatten und Licht bei Schülern der Primarstufe. *Sachunterricht und Mathematik in der Primarstufe 13,* 318–322.

- **Spiegel**

  Blumör, R. & Wiesner, H. (1992). Das Spiegelbild. Untersuchungen zu Schülervorstellungen und Lernprozessen (Teil 1 und 2). *Sachunterricht und Mathematik in der Primarstufe 20*(1), 2–6 und 50–54.

- **Schall**

  Kircher, E. & Engel, C. (1994). Schülervorstellungen über Schall. *Sachunterricht und Mathematik in der Primarstufe 22*(2), 53–57.
  Wulf, P. & Euler, M. (1995). Ein Ton fliegt durch die Luft – Vorstellungen von Primarstufenkindern zum Phänomen Schall. *Physik in der 33*(7–8), 254–260.
  Möller, K. (Hrsg.) (2008). *Die KiNT-Boxen – Kinder lernen Naturwissenschaft und Technik. Klasse(n)Kisten für den Sachunterricht. Band III: Schall – Was ist das?* Essen: Spectra-Verlag.
  Lindner, C. J. (1992): Understanding sound: so what is the problem? *Physics Education,* 27/1992, 258–264.

- **Die Erde im Weltraum**

Sommer, C. (2002). Wie Grundschüler sich die Erde im Weltall vorstellen – eine Untersuchung von Schülervorstellungen. *Zeitschrift für Didaktik der Naturwissenschaften* 8, 85–102.
Nussbaum, J. (1980). Vorstellungen von Kindern über die Erde als einen kosmischen Körper. *physica didactica* 7, 1–16.

- **Temperatur und Wärme**

Wiesner, H. & Stengl, D. (1984). Vorstellungen von Schülern der Primarstufe zu Temperatur und Wärme. *Sachunterricht und Mathematik in der Primarstufe* 12, 445–452.

- **Schwimmen und Sinken**

Möller, K. (Hrsg.) (2005). *Die KiNT-Boxen – Kinder lernen Naturwissenschaft und Technik. Klasse(n)Kisten für den Sachunterricht. Band I: Schwimmen und Sinken.* Essen: Spectra-Verlag.

12.7 Übungen

Die nachfolgende ▶ Abbildung stellt den Wasserkreislauf grafisch dar.

- **Übungsaufgabe:**

Welche Fehlvorstellungen könnten durch die Darstellung unterstützt werden?

Übung 12.2

Auf die Frage, wie man im Kindergarten die Schallausbreitung im Tunnel erklären kann, antwortet ein User im Internet:

„Vielleicht habt Ihr eine Kugelbahn oder so etwas Ähnliches, also eine längliche Halfpipe. Dann kannst Du eine Kugel nehmen und in die Mitte der Halfpipe legen. Erkläre, dass die Halfpipe ein oben aufgeschnittener Tunnel ist, in den ihr reinsehen könnt. Sag, die Kugel sei jetzt ein Schrei oder ein lauter Knall. Der versucht jetzt, von der Stelle zu kommen. Nach der Seite geht es nicht, da sind die Tunnelwände. Es geht nur in die eine oder andere Längsrichtung. Der Schrei kann sich nur in Richtung der Tunnelausgänge bewegen."

- **Übungsaufgabe:**
Kommentieren Sie den Vorschlag vor dem Hintergrund bekannter Schülervorstellungen. Entwerfen Sie einen alternativen Vorschlag.

12.8   Literatur

Altenburger, P. & Starauschek, E. (2011). Welchen Anteil haben physikalische Themen am Sachunterricht in Klasse 3 und 4? In D. Höttecke (Hrsg.), *Naturwissenschaftliche Bildung als Beitrag zur Gestaltung partizipativer Demokratie. Jahrestagung der GDCP in Potsdam 2010*, Reihe: Gesellschaft für Didaktik der Chemie und Physik, Band 31. Münster: Lit-Verlag, 232–234.

Aufschnaiter, C. v. & Wodzinski, R. (2013). *Spiralcurriculum Magnetismus: Naturwissenschaftlich arbeiten und denken lernen. Band 3: Sekundarbereich*. In der Reihe: Spiralcurriculum Magnetismus: Naturwissenschaftlich arbeiten und denken lernen. Ein Curriculum vom Kindergarten bis zur 7. Klasse, herausgegeben von K. Möller. Seelze: Friedrich.

Bar, V. & Galili, I. (1994). Stages of children's views about evaporation. *International Journal of Science Education, 16*(2), 157–174.

Berge, O. E. (2006): Das Wetter. In G. Lück & H. Köster, *Physik und Chemie im Sachunterricht. Sachunterricht konkret. Praxis Pädagogik*. Klinkhardt, 109–128.

Blumör, R. (1993). *Schülerverständnisse und Lernprozesse in der elementaren Optik*. Magedburg/Essen: Westarp Wissenschaften.

Blumör, R. & Wiesner, H. (1992). Das Spiegelbild. Untersuchungen zu Schülervorstellungen und Lernprozessen (Teil 1 und 2). *Sachunterricht und Mathematik in der Primarstufe, 20*(1), 2–6 u. 50–54.

Bullock, M. & Ziegler, A. (1999). Scientific reasoning: Developmental and individual differences. In F. E. Weinert & W. Schneider (Hrsg.), *Individual development from 3 to 12. Findings from the Munich Longitudinal Study*. Cambridge: University Press.

Driver, R., Squieres, A., Rushworth, P. & Wood-Robinson, V. (1994). *Making sense of secondary science*. London: Routledge.

Efler-Mikat, D. (2009). *Synopse der Lehrpläne der deutschen Bundesländer für das Fach Sachunterricht in der Grundschule*, Kiel: Leibniz-Institut für die Pädagogik der Naturwissenschaften, urn: nbn:de:0111-opus-18135.

Fogolin-Kunz, J. (2013). *Vorstellungen von Kindern über den Weltraum*. Staatsexamensarbeit, Goethe-Universität Frankfurt am Main.

Furtner, M. (2016). *Kinderaussagen zu naturwissenschaftlichen Phänomenen*. Bad Heilbrunn: Klinkhardt

Gesellschaft für Didaktik des Sachunterrichts GDSU (Hrsg.) (2013). *Perspektivrahmen Sachunterricht*. Bad Heilbrunn: Klinkhardt.

Grunwald, M. (2007). *Wippe, Waage, Gleichgewicht*. Wissenschaftliche Hausarbeit, Universität Kassel.

Grygier, P. (2008). *Wissenschaftsverständnis von Grundschülern im Sachunterricht.* Bad Heilbrunn: Klinkhardt.

Grygier, P., Günther, J. & Kircher, E. (Hrsg.) (2004). *Über Naturwissenschaften lernen. Vermittlung von Wissenschaftsverständnis in der Grundschule.* Baltmannsweiler: Schneider-Verlag.

Grygier, P. & Kircher, E. (2009). Förderung von Wissenschaftsverständnis in der Grundschule – aber wie? *MNU Primar* 1/3, 105–111.

Heran-Dörr, E. (2006). *Entwicklung und Evaluation einer Lehrerfortbildung zur Förderung der physikdidaktischen Kompetenz von Sachunterrichtslehrkräften. Eine explorative Studie.* Berlin: Logos-Verlag.

Heran-Dörr, E. (2011). *Von Schülervorstellungen zu anschlussfähigem Wissen im Sachunterricht.* Kiel: IPN. Download unter: http://www.sinus-an-grundschulen.de/fileadmin/uploads/Material_aus_SGS/Handreichung_Heran-Doerr.pdf

Heran-Dörr, E., Wiesner, H., Barry, V. & Hermann, L. (o. J.). *Licht & Schatten,* http://www.supra-lernplattform.de/index.php/lernfeld-natur-und-technik/licht-und-schatten

Hirsch, Y. (2013). *Vorstellungen von Grundschulkindern zur Entstehung der Mondphasen.* Staatsexamensarbeit, Goethe-Universität Frankfurt am Main.

Höttecke, D. (2001): *Die Natur der Naturwissenschaften historisch verstehen. Fachdidaktische und wissenschaftshistorische Untersuchungen.* Berlin: Logos.

Jonen, A., Hardy, I. & Möller, K. (2003). Schwimmt ein Holzbrett mit Löchern? In A. H. Speck, H. Brügelmann, A. M. Fölling & S. Richter (Hrsg.), *Kulturelle Vielfalt. Religiöses Lernen.* Seelze: Kallmeyersche Verlagsbuchhandlung, 159–164.

Jonen, A., Möller, K. & Hardy, I. (2003). Lernen als Veränderung von Konzepten – am Beispiel einer Untersuchung zum naturwissenschaftlichen Lernen in der Grundschule. In D. Czech & H. J. Schwier (Hrsg.), *Lernwege und Aneignungsformen im Sachunterricht* (S. 93–108). Bad Heilbrunn: Klinkhardt.

Kahlert, J. & Demuth, R. (Hrsg.) (2007a). *Wir experimentieren in der Grundschule. Einfache Versuche zum Verständnis physikalischer und chemischer Zusammenhänge. Teil 1,* Aulis Verlag.

Kahlert, J. & Demuth, R. (Hrsg.) (2007b). *Wir experimentieren in der Grundschule. Einfache Versuche zum Verständnis physikalischer und chemischer Zusammenhänge. Teil 2,* Aulis Verlag.

Kircher, E. & Engel, C. (1994). Schülervorstellungen über Schall. *Sachunterricht und Mathematik in der Primarstufe 22.* Köln, 53–57.

Kircher, E. & Rohrer, H. (1993). Schülervorstellungen zum Magnetismus in der Primarstufe. *Sachunterricht und Mathematik in der Primarstufe, 21,* 336–341.

Lindner, C. J. (1992): Understanding sound: so what is the problem? *Physics Education, 27*/1992, 258–264.

Möller, K. (Hrsg.) (2005). *Die KiNT-Boxen – Kinder lernen Naturwissenschaft und Technik. Klasse(n)Kisten für den Sachunterricht. Band I: Schwimmen und Sinken.* Essen: Spectra-Verlag.

Möller, K. (Hrsg.) (2007). *Die KiNT-Boxen – Kinder lernen Naturwissenschaft und Technik. Klasse(n)Kisten für den Sachunterricht. Band II: Luft und Luftdruck.* Essen: Spectra-Verlag.

Möller, K. (Hrsg.) (2008). *Die KiNT-Boxen – Kinder lernen Naturwissenschaft und Technik. Klasse(n)Kisten für den Sachunterricht. Band III: Schall – Was ist das?* Essen: Spectra-Verlag.

Möller, K. (2013). *Spiralcurriculum Magnetismus Naturwissenschaftlich arbeiten und denken lernen: Primarbereich.* Seelze: Kallmeyer.

Murmann, L. (2002). *Physiklernen zu Licht, Schatten und Sehen. Eine phänomenografische Untersuchung in der Primarstufe.* Berlin: Logos Verlag.

Murmann, L., Steffensky, M. & Gebhardt, U. (2007): Wie experimentieren Kinder und was denken sie sich dabei? In R. Lauterbach, A. Hartinger, B. Feige & D. Czech (Hrsg.), *Kompetenzerwerb im Sachunterricht fördern und erfassen* (S. 81–90). Bad Heilbrunn: Klinkhardt.

Nussbaum, J. (1979). Children's Conceptions of the Earth as a Cosmic Body: A Cross Age Study. *Science Education, 63,* 83–93.

Nussbaum, J. (1980). Vorstellungen von Kindern über die Erde als einen kosmischen Körper. *physica didactica, 7,* 1–16.

Nussbaum, J. & Novak, J. D. (1976). An Assessment of Children's Concepts of the Earth Utilizing Structured Interviews." *Science Education, 60,* 535–550.

Ollerenshaw, C., Ritchie, R. & Rieder, K. (2000). *Kinder forschen. Naturwissenschaften im modernen Sachunterricht.* Wien: öbv&hpt.

Rachel, A. (2013). *Auswirkungen instruktionaler Hilfen bei der Einführung des (Ferro-)Magnetismus. Eine Vergleichsstudie in der Primar- und Sekundarstufe.* Berlin: Logos Verlag.

Rödler, K. (1999). Sonne, Mond und Erde – Mit Kindern ins Gespräch kommen. *Grundschulzeitschrift* (1999) Heft 129, 24+41-42.

Schieder, M. & Wiesner, H. (1997). Vorstellungen und Lernprozesse zum Thema Wetter in der Primarstufe. In H. Behrendt (Hrsg.), *Zur Didaktik der Physik und Chemie.* Alsbach: Leuchtturmverlag, 167–169.

Schönknecht, G. & Maier, P. (2012). *Diagnose und Förderung im Sachunterricht. SINUS-Transfer Grundschule Naturwissenschaften.* Kiel: IPN. Download unter: http://www.sinus-an-grundschulen.de/fileadmin/ uploads/Material_aus_SGS/Handreichung_Schoenknecht_Maier.pdf

Seré, M.-G. (1985). The gaseous state. In R. Driver, E. Guesne & A. Tiberghien. *Childrens' ideas in science.* Milton Keynes. Open University Press, S. 105–123, in deutscher Übersetzung in R. Müller, R. Wodzinski & M. Hopf (Hrsg.) (2004), *Schülervorstellungen in der Physik.* Festschrift für Hartmut Wiesner. 3., unveränderte. Köln: Aulis Verlag Deubner.

Sneider, C. & Pulos, S. (1983). Children's Cosmographies: Understanding the Earth's Shape and Gravity. *Science Education, 67,* 205–221.

Sommer, C. (2002). Wie Grundschüler sich die Erde im Weltall vorstellen – Eine Untersuchung von Schülervorstellungen. Zeitschrift für Didaktik der Naturwissenschaften, 69–84.

Stengl, D. & Wiesner, H. (1984). Vorstellungen von Schülern der Primarstufe zu Temperatur und Wärme. *Sachunterricht und Mathematik in der Primarstufe, 12,* 445–452.

Stork, E. & Wiesner, H. (1981). Schülervorstellungen zur Elektrizitätslehre und Sachunterricht. *Sachunterricht und Mathematik in der Primarstufe, 9,* 218–230.

Strunk, U. (1999). *Die Behandlung von Phänomenen aus der unbelebten Natur im Sachunterricht: Die Perspektive der Förderung des Erwerbs von kognitiven und konzeptuellen Fähigkeiten.* Dissertation Bad Iburg: Der Andere Verlag.

von Kiedrowski, S. (2004). *Licht und Schatten – eine Untersuchung zu Vorstellungen von Kindern in der 2. und 4. Klasse.* Wissenschaftliche Hausarbeit, Universität Kassel.

Vosniadou, S. & Brewer, W. F. (1992). Mental models of the Earth: A Study of Conceputal Change in Childhood. *Cognitive Psychology, 24,* 535–585.

Wenzel, C. (2012). *Vorstellung von Kindern über die Entstehung der Jahreszeiten,* Staatsexamensarbeit, Goethe-Universität Frankfurt am Main.

Wiesner, H. (1991). Vorstellungen von Grundschülern über Schattenphänomene. *Sachunterricht und Mathematik in der Primarstufe, 19,* 155–171.

Wiesner, H. (1995). Untersuchungen zu Lernschwierigkeiten von Grundschülern in der Elektrizitätslehre. *Sachunterricht und Mathematik in der Primarstufe, 23*(2), 50–58.

Wiesner, H. & Claus, J. (1985). Vorstellungen zu Schatten und Licht bei Schülern der Primarstufe. *Sachunterricht und Mathematik in der Primarstufe, 13,* 318–322.

Wiesner, H. & Stengl, D. (1984). Vorstellungen von Schülern der Primarstufe zu Temperatur und Wärme. *Sachunterricht und Mathematik in der Primarstufe, 12,* 445–452.

Wilhelm, T. & Schiel, M. (2016). Schülervorstellungen zu Wolken in der Grundschule. In Chr. Maurer (Hrsg.), *Authentizität und Lernen – das Fach in der Fachdidaktik,* Gesellschaft *für Didaktik* der Chemie *und Physik,* Jahrestagung *Berlin 2015,* Band 36, 364–366.

Wilhelm, T. & Wiesner, H. (Projektleitung). *SUPRA. Sachunterricht praktisch und konkret. Lernfeld Natur und Technik,* http://www.supra-lernplattform.de/index.php/lernfeld-natur-und-technik

Wodzinski, R. (2006a). *Lernschwierigkeiten erkennen – verständnisvolles Lernen fördern. Modul G 4. SINUS-Transfer Grundschule Naturwissenschaften.* Kiel: IPN. Download unter: http://sinus-transfer.uni-bayreuth.de/fileadmin/MaterialienIPN/G4_ueberarb_Internet.pdf [16.08.17]

Wodzinski, R. (2006b). Schwimmen und Sinken – Ein anspruchsvolles Thema mit vielen Möglichkeiten. In G. Lück & H. Köster (Hrsg.), *Physik und Chemie im Sachunterricht* (S. 75–94), Bad Heilbrunn: Klinkhardt.

Wodzinski, R. (2006c). Zwischen Sachunterricht und Fachunterricht. Naturwissenschaftlicher Unterricht im 5. und 6. Schuljahr. *Unterricht Physik, 93,* 4–9.

Wulf, P. & Euler, M. (1995). Ein Ton fliegt durch die Luft – Vorstellungen von Primarstufenkindern zum Phänomen Schall. *Physik in der Schule, 33,* 254–260.

Schülervorstellungen zur Natur der Naturwissenschaften

Dietmar Höttecke und Martin Hopf

© Springer-Verlag GmbH Deutschland, ein Teil von Springer Nature 2018
H. Schecker, T. Wilhelm, M. Hopf, R. Duit (Hrsg.), *Schülervorstellungen und Physikunterricht*,
https://doi.org/10.1007/978-3-662-57270-2_13

13.1   Einführung[1]

Im Rahmen eines Projekts dokumentierten Petra und Anna, Schülerinnen einer 10. Klasse eines Gymnasiums, den Tagesablauf einer experimentalphysikalischen Arbeitsgruppe mit der Videokamera. Daraus entstand ein zehnminütiger, gut gemachter Dokumentarfilm. Die Schülerinnen hatten eine Szene aufgenommen, in der ein Wissenschaftler unter einem Forschungsexperiment an einer Pumpe herumschraubt. Dabei war seine schlecht sitzende Kleidung deutlich zu erkennen. Es war auch genau dieser Aspekt, den – wie nachfolgende Interviews zeigten – die Schülerinnen dokumentieren wollten.

Die erwähnte Szene war offenbar anschlussfähig an die Vorstellungen der Schülerinnen über Wissenschaftler: männlich und eher weniger auf das Äußere bedacht. Dies ist ein Aspekt von Schülervorstellungen zur Natur der Naturwissenschaften. Unter der Natur der Naturwissenschaften werden Lehr-Lern-Aspekte verstanden, die die Art und Weise der Gewinnung naturwissenschaftlicher Erkenntnisse, deren Entstehensbedingungen und das Wesen naturwissenschaftlicher Erkenntnisse betreffen. Wichtige Bezugswissenschaften sind die Wissenschaftstheorie, Wissenschaftsgeschichte, Wissenschaftssoziologie, Wissenschaftsethik und die Erkenntnistheorie (Epistemologie). Zusammenhänge bestehen auch zu psychologischer Forschung über Vorstellungen zur generellen Natur von Wissen und Wissenserwerbsprozessen (epistemologische Überzeugungen), sofern sie auf die Domäne der Naturwissenschaften bezogen werden. Es gibt gute Gründe, im Physikunterricht auch etwas über die Natur der Naturwissenschaften zu lehren und zu lernen (▶ Kasten 13.1). Der Aufbau eines adäquaten Wissenschaftsverständnisses ist ein Ziel im Kompetenzbereich „Erkenntnisgewinnung" der Bildungsstandards für den Physikunterricht[2]. Von Jung (1979, S. 43) stammt der Satz: „(Der Schüler) kann überhaupt nicht Physik lernen, wenn er nicht zugleich etwas über Physik lernt."

> **Kasten 13.1: Argumente für das Lernen über die Natur der Naturwissenschaften**
>
> Wir leben in einer von Naturwissenschaften und Technik bestimmten Welt. Dies betrifft keineswegs nur die naturwissenschaftlichen und technischen Erkenntnisbestände, d. h. das produzierte Wissen, sondern ebenso die Art und Weise, wie wir auch jenseits von Naturwissenschaften und Technik über die Welt denken. Wir stellen uns z. B. heute nicht mehr vor, dass die Erde im Zentrum des Universums steht, und gehen auch nicht mehr davon aus, dass Dürreperioden und andere Naturkatastrophen göttliche Strafen sind. Auch wenn ein Mensch sich den Naturwissenschaften in keiner Weise verbunden fühlt, ist er in seinem Welterleben doch von ihnen bestimmt. Ebenso orientieren wir uns heute an typischen naturwissenschaftlichen Denkfiguren wie dem Denken in Kausalbeziehungen. Die Natur der Naturwissenschaften beeinflusst viele Lebensbereiche. Wissen über die Natur der Naturwissenschaften (im angelsächsischen Sprachraum *nature of science*) soll dazu beitragen, unser Welterleben plausibel zu machen.
>
> Naturwissenschaft und Technik beeinflussen das persönliche, gesellschaftliche und politische Leben in erheblichem Maße und manchmal sogar sehr unmittelbar. Entscheidungen, die in

---

1   Dieser Abschnitt beruht im Wesentlichen auf den Arbeiten von Driver, Leach, Millar & Scott (1996); Edmondson und Novak (1993); Kircher und Dittmer (2004); Neumann und Kremer (2013); Stathopoulou und Vosniadou (2007); Urhahne (2006)

2   KMK (2005)

diesen Bereichen getroffen werden, haben oft naturwissenschaftlich-technische Voraussetzungen und Implikationen. Da ein Ziel von Schule und auch des Physikunterrichts darin besteht, an gesellschaftlichen und politischen Entscheidungsprozessen teilhaben zu können, bedarf es des Wissens über die Natur der Naturwissenschaften, damit naturwissenschaftsbezogene Argumente adäquat nachvollzogen, eingeschätzt oder sogar selbstständig generiert werden können. Dies ist eine Grundlage jedes produktiven Dialogs zwischen Laien und Experten.

13.2 Quellen von Schülervorstellungen über die Natur der Naturwissenschaften[3]

Schülerinnen und Schüler sind nicht nur im Schulunterricht mit Naturwissenschaften konfrontiert. Naturwissenschaften, Naturwissenschaftlerinnen und Naturwissenschaftler begegnen ihnen in den Medien nahezu täglich. In der Werbung suggerieren vermeintliche Experten in weißen Kitteln die Vertrauenswürdigkeit und Wirksamkeit von Produkten, allerdings eher für Biomedizin, Chemie und Biologie als für Physik. Anklänge an Physik findet man eher in Spielfilmen. Dort werden oft Bilder von typischen Naturwissenschaftlern instrumentalisiert, die sich mit technischen Apparaten wie Zeitmaschinen oder mächtigen Waffen beschäftigen. In dieser Darstellungsweise sind Wissen und Methoden naturwissenschaftlicher Forschung problematische Elemente populärer Kultur. Analysen zeigen, dass Wissenschaft im Film in einer Weise beschrieben wird, dass sie Beunruhigung, Misstrauen und sogar Mystifizierung auslöst: Protagonisten im Film lassen sich anders als in der Werbung häufig der Physik, Medizin, Chemie oder Psychologie zuordnen. Sie stellen am ehesten den Prototyp des *mad scientist* dar. Ihm geht es um das verbotene Wissen und den eigenen Vorteil.

Werbung und Filmindustrie erzeugen öffentliche Bilder von der Natur der Naturwissenschaften. Von der tatsächlichen Praxis, wie in den Naturwissenschaften gearbeitet und geforscht wird, erfährt man in den Medien kaum etwas. Wissenschaftlich-technische Magazinformate betonen eher die interessanten Forschungsgebiete und -produkte, aber kaum, wie Naturwissenschaftlerinnen und Naturwissenschaftler tagtäglich arbeiten. Das öffentliche Bild von Naturwissenschaften wird kaum von den Naturwissenschaften selbst, sondern eher von Medien- und Kommunikationsexperten erzeugt, die selbst nicht in den Naturwissenschaften arbeiten. Das Ergebnis sind Zerrbilder über Naturwissenschaften und naturwissenschaftliche Arbeitsweisen, die ein öffentliches Image der Naturwissenschaften hervorbringen, das durch Unterricht kritisiert und kompensiert werden müsste.

Eine weitere Quelle von Vorstellungen über die Physik kann der Physikunterricht selbst sein. In Deutschland ist er häufig um die Lehrerdemonstration eines Schulversuchs oder um stark von der Lehrkraft vorstrukturierte Schülerversuche herum organisiert. Dass Schülerinnen und Schüler eigene Forschungsfragen stellen, Experimente planen und selbstständig auswerten, ist zwar ein in Bildungsstandards und Lehrplänen formuliertes Ziel, wird aber im Physikunterricht nur selten erreicht. Experimente nehmen eine

---

3   Dieser Abschnitt beruht im Wesentlichen auf den Arbeiten von Höttecke und Rieß (2015); Kremer und Mayer (2013); Sandoval (2005); Seidel et al. (2006); Tesch und Duit (2004); Weingart (2003)

Zentralstellung im Unterricht ein und können gerade dadurch ein induktivistisches Missverständnis der Physik nahelegen, so als ob physikalische Gesetze, Modelle oder Theorien aus voraussetzungslos gewonnenen empirischen Befunden gefolgert werden könnten. Stattdessen müssten empirische Evidenz und schlussfolgerndes Denken, die für physikalische Erkenntnisgewinnung beide gleichermaßen konstitutiv sind, in einem ausgewogenen Verhältnis zueinander und in einem engen Wechselspiel im Unterricht dargestellt werden, denn auch in der physikalischen Forschung ist das Verhältnis von Theorie und Experiment äußerst komplex.

Wir können nicht davon ausgehen, dass Schülervorstellungen über die Natur der Naturwissenschaften kohärent und konsistent sind. Ein Schüler oder eine Schülerin kann ja zugleich meinen, dass physikalisches *Schulwissen* etwas Feststehendes sei, das man beim Lernen übernehmen muss, und dass physikalisches *Wissen in der professionellen Forschung* zwischen Forschenden ausgehandelt und konstruiert wird. Schülervorstellungen sind auch in diesem Bereich typischerweise fragmentarisch. Welche Vorstellungen aktualisiert werden, hängt von der jeweiligen Situation und ihrem Kontext ab (▸ Kap. 2). Es gibt jedoch auch Befunde, dass Vorstellungen über die Natur der Naturwissenschaften sich über die Schullaufbahn stabilisieren und zum Teil auch zunehmend adäquat werden.

13.3 Vorstellungen zur Person des Naturwissenschaftlers

▪ Stereotype von typischen Naturwissenschaftlern[4]

Der typische Naturwissenschaftler ist in den Augen vieler Schülerinnen und Schüler, aber auch vieler Erwachsener ein seltsamer Mensch: Der typische Naturwissenschaftler ist ein Mann in einem weißen Kittel. Er trägt einen Bart oder wirkt unrasiert und ungekämmt. Er arbeitet im Labor und ist von Instrumenten umgeben, mit denen er den ganzen Tag hantiert. Er hat kaum Freizeit und weiß nichts von der Welt außerhalb seiner Forschung. Er ist äußerst intelligent, aber auch geheimniskrämerisch und arbeitet mitunter an gefährlichen Dingen. Diese Vorstellungen scheinen im 2./3. Schuljahr verstärkt aufzutauchen und kommen im 4./5. Schuljahr zur vollen Entfaltung. (▸ Abschn. 12.3.9)

▪ „Typische Naturwissenschaftler sind Männer und nicht besonders attraktiv."[5]

Es ist auffällig, dass kaum Frauen in den Naturwissenschaften gezeichnet werden und falls dies der Fall ist, dann meistens von Mädchen. Jungen neigen noch stärker als die Mädchen dazu, männliche Stereotype zu zeichnen. Werden Jugendliche nach geschlechtsbezogenen Unterschieden in den Naturwissenschaften befragt, so geben nur 25 % der Befragten an, die Fähigkeiten von Männern und Frauen seien gleich. Mädchen machen bezüglich der Fähigkeiten zum naturwissenschaftlichen Arbeiten keinen Unterschied zwischen Männern und Frauen. Dennoch ist in den Naturwissenschaften der biologische Geschlechterunterschied faktisch bedeutsam. Wird dieser Unterschied von Jugendlichen gesehen, so führen einige Schülerinnen und Schüler genetische Ursachen als Erklärung

---

4   Mead und Metraux (1957)

5   Baker und Leary (1995); Laubach, Crofford und Marek (2012); Rahm und Charbonneau (1997); Ryan (1987); Solomon, Scott und Duveen (1996)

für unterschiedliche Interessen von Männern und Frauen an. 30 %, und das sind vor allem Mädchen, meinen, soziale Unterschiede zwischen Männern und Frauen seien für die Dominanz von Männern in den Naturwissenschaften verantwortlich. Schülervorstellungen stehen der gesellschaftlichen Wirklichkeit gar nicht so sehr entgegen, denn gerade Physik und Chemie sind nach wie vor männliche Domänen. Unabhängig davon haben die Naturwissenschaften in der Vorstellungswelt der Lernenden ein Imageproblem.

Es zeigt sich, dass stereotype Vorstellungen vom Wissenschaftler in unterschiedlichen Phasen des Jugendalters recht stabil und selbst bei Studierenden noch anzutreffen sind. Es gibt aber auch starke Hinweise darauf, dass sich stereotype Schülervorstellungen über typische Naturwissenschaftler über die Schulzeit entwickeln können. Untersuchungen legen nahe, dass die Art der Veränderung stark vom jeweiligen Naturwissenschaftsunterricht abhängt.

- **„Wissenschaftler sind passive Datenerfasser."[6]**

Manchmal tritt ein widersprüchliches Bild vom typischen Naturwissenschaftler zu Tage. Auf der einen Seite wird er als außerordentlich intelligent und kreativ eingestuft. Im Zusammenhang mit der Frage nach der Produktion naturwissenschaftlichen Wissens wird der Wissenschaftler allerdings paradoxerweise als neutraler, passiv-aufnehmender Denker vorgestellt. Er tut nichts anderes, als eine vorstrukturierte Natur in Experimenten zu erfassen und zur Kenntnis zu nehmen (► Kasten 13.3). Der Naturwissenschaftler wird so trotz der ihm unterstellten Intelligenz und Kreativität als eine Art neutraler Datenerfasser angesehen. Die Schülerinnen und Schüler stellen sich die Ergebnisse naturwissenschaftlicher Forschung als in der Natur vorgebildet vor. Die Natur ist ihrer Meinung nach bereits vor ihrer wissenschaftlichen Erfassung nach Gesetzmäßigkeiten organisiert, die lediglich entdeckt werden müssen und ontologisch real sind (► Kasten 2.1). Daher ist die Vorstellung, dass Naturwissenschaftler nicht schöpferisch-gestaltend denken müssen, nur konsequent. Der von außen wahrgenommene Widerspruch zwischen den gegensätzlichen Vorstellungen des Naturwissenschaftlers als intelligent und kreativ einerseits und als passiver Naturbeobachter andererseits stellt für die Lernenden kein Problem dar.

- **„Der typische Naturwissenschaftler arbeitet und forscht allein."[7]**

Wissenschaftler werden von Schülerinnen und Schülern oft als vereinzelt arbeitende Individuen gedacht. Selbst von den 16-Jährigen stellen sich nur wenige einen Wissenschaftler als im sozialen Zusammenhang arbeitenden Menschen vor. Im Rahmen eines modernen Verständnisses werden die Naturwissenschaften heute aber als sozialer Prozess beschrieben. Damit steht die Schülervorstellung vom Naturwissenschaftler im diametralen Gegensatz zum Forschungsstand über die reale Arbeitspraxis in den Naturwissenschaften.

- **„Typische Naturwissenschaftler sind besonders neugierig und wollen Gutes tun."[8]**

Die Schülervorstellungsforschung zeigt, dass Lernende Naturwissenschaftler als besonders neugierige und strebsame Menschen ansehen. Ein Wissenschaftler ist von gutem Willen erfüllt, empfindet es als seine persönliche Bestimmung, Wissenschaft zu treiben, und wird

---

6   Larochelle und Désautels (1991)

7   Driver et al. (1996)

8   Aikenhead (1987); Larochelle und Désautels (1991)

von seinem Wissensdrang angetrieben. Die Vorstellung von der persönlichen Motivation des Wissenschaftlers spiegelt den klassischen naiven Mythos wider, Wissenschaftler seien von einem individuellen und ehrenhaften Erkenntnisinteresse geleitet. Hingegen werden Anerkennung und Reputation (▶ Kasten 13.2) als Mechanismen sozialer Kontrolle und Qualitätssteigerung in den Wissenschaften nicht verstanden oder als unzutreffende egoistisch-narzisstische Motive abgelehnt. Stattdessen werden Wissenschaftler durch hehre Ziele charakterisiert. Ihnen gehe es um die Verbesserung der Lebensbedingungen, den Frieden, neue Produkte, die Welt als Ganzes und ihr Bedürfnis nach mehr Wissen, das in diesem Falle mehr kulturelles Bestreben und nicht als narzisstisches Bedürfnis zu verstehen ist. Naturwissenschaft dient aus dieser Perspektive zur Erfüllung sozialer Zwecke. In Wirklichkeit ist die Antwort komplexer (▶ Kasten 13.2).

- **„Physik und Technik sind das gleiche."[9]**

Die Vorstellung über die Motivlage zum Treiben von Naturwissenschaften (Gutes tun, die Lebensbedingungen verbessern) ist einer der Gründe dafür, dass Schülerinnen und Schüler in Naturwissenschaft und Technik keine unabhängigen Bereiche erkennen. Sehr viele Lernende unterliegen dem Missverständnis, naturwissenschaftliches Wissen gehe direkt in technische Anwendungen über. Damit wird der Mythos reproduziert, Technik sei vorwiegend Folgeprodukt und Anwendungsbereich der Naturwissenschaften. Es wird dabei u. a. übersehen, dass Technik auch die Naturwissenschaften vorantreiben kann, z. B. indem sie immer leistungsfähigere Großcomputer zur Verfügung stellt.

---

9 Ryan und Aikenhead (1992)

13.4 Vorstellungen zum epistemologischen Status naturwissenschaftlichen Wissens

■ **„Gesetze sind gereifte Theorien."**

In zahlreichen Untersuchungen mit unterschiedlichen Probandengruppen wurde unabhängig vom Alter immer wieder festgestellt, dass Schülervorstellungen über *Theorien* und *Gesetze* in den Naturwissenschaften problematisch sind. Diesen beiden Arten naturwissenschaftlicher Erkenntnisse werden unterschiedliche Stabilität und Glaubwürdigkeit zugewiesen. Während Theorien als vorläufig und sich leicht verändernd vorgestellt werden, gelten Gesetze gleichsam als die harte Währung der Naturwissenschaften, als ein bis zur Sicherheit gereiftes Wissen. Dabei wird die Vorstellung vertreten, dass Theorien zu Gesetzen heranreifen können. Es wird also übersehen, dass Theorien und Gesetze unterschiedliche Arten naturwissenschaftlichen Wissens sind (▶ Kasten 13.3). Die Vorstellung von Theorien als unsichere Vermutungen entspricht dem Alltagsverständnis, wie sie in Äußerungen zum Ausdruck kommt wie: „Jeder macht sich halt so seine eigene Theorie, warum sie dauernd zu spät kommt".

Kasten 13.3: Der epistemologische Status naturwissenschaftlichen Wissens

Wissen, das von den Naturwissenschaften hervorgebracht wird, gilt in der Wissenschaftstheorie als prinzipiell vorläufig. Es kann nicht gemäß den Regeln der Logik bzw. der Mathematik etwa durch vollständige Induktion bewiesen werden. Für die Vorläufigkeit naturwissenschaftlichen Wissens gibt es zahlreiche Beispiele aus der Wissenschaftsgeschichte. Auch Theorien und Gesetze, die aktuell anerkannt werden, müssen nicht auf ewig Bestand haben. Dabei kann es sowohl zu langsamen und schleichenden Veränderungen von Wissensbeständen kommen, es können sich aber auch wissenschaftliche Revolutionen ereignen, die zu fundamentalen Neuorientierungen in einem Wissensbereich führen. Die Galilei-Newton'sche Mechanik mit dem Trägheitsprinzip und dem Kraftkonzept, die klassische Thermodynamik mit der Idee der Energieerhaltung und des Entropiezuwachses, die Einstein'schen Relativitätstheorien, die Quantenmechanik und vielleicht auch bald die kosmologischen Theorien Dunkler Materie und Energie sind Beispiele solcher fundamentalen Neuorientierungen. Aber auch wenn naturwissenschaftliches Wissen prinzipiell vorläufig ist, kann es sehr robust gegen Veränderung und im hohen Maße verlässlich sein. Theorien und Modelle, für die es heute erklärungsmächtigere Nachfolger gibt, können in bestimmten Arbeitsbereichen sogar weiterverwendet werden (z. B. die Maxwell'sche Elektrodynamik, obwohl durch die Quantenelektrodynamik fundamental ergänzt).

Naturwissenschaftliches Wissen kann unterschiedliche Formen annehmen. *Theorien* (z. B. die Wellentheorie des Lichts) haben erklärenden Charakter, d. h., sie führen einzelne Phänomene auf übergeordnete Prinzipien zurück, und sollen empirisch abgesichert sein. *Gesetze* (z. B. Boyle-Mariotte'sches Gesetz) und Regeln (z. B. Lenz'sche Regel) beschreiben empirische Regelmäßigkeiten. Sie können mit Theorien, die diese empirischen Regelmäßigkeiten erklären, in einem engen Zusammenhang stehen. *Modelle* (z. B. des Zustandekommens des Treibhauseffekts, des Aufbaus eines Atoms, des Funktionsprinzips eines Verbrennungsmotors) beschreiben die Eigenschaften eines physikalischen Systems im Hinblick auf den Zusammenhang jener Elemente, die man als funktional für das System annimmt. Modelle basieren zunächst auf guten Ideen, sollten dann aber anhand ihrer Prognosen empirisch überprüfbar sein. Zudem verwendet man mit gutem Grund unterschiedliche Modelle z. B. der Elektrizität oder Materie, je nachdem in welchem Zusammenhang und mit welcher Tiefe das jeweilige Modell zu Erklärungen beitragen und Prognosen ermöglichen soll.

Tatsächlich hoffen wir, dass unser naturwissenschaftliches Wissen die Natur auch tatsächlich betrifft, aber keineswegs im Sinne eines naiven Abbilds. Theorien und Gesetze werden nicht „in der Natur gefunden" (▶ Abschn. 13.3), sondern von der Physik konstruiert und überprüft. Wir gehen davon aus, dass naturwissenschaftliches Wissen in einem dynamischen und kreativen Akt entsteht, in dem Nachdenken, Schlussfolgern und Theoriebildung auf der einen Seite und auf der anderen Seite Messen, Beobachten und Experimentieren aufeinander bezogen werden.

- **„Modelle sind wie Flugzeugmodelle."**[10]

Für Schülerinnen und Schüler sind Modelle in erster Linie etwas Gegenständliches, z. B. ein kleines Auto oder ein Flugzeugmodell. Das ist nicht verwunderlich, denn es heißt ja sogar Modellauto oder -flugzeug. Dieser vermeintliche Abbildcharakter von Modellen führt zu der Vorstellung, Modellieren bedeute, etwas möglichst exakt nachzubilden. Diese Vorstellung steht der wissenschaftlichen Vorstellung entgegen, dass es zu einem Erkenntnisbereich je nach Zweck oder Theorie unterschiedliche Modelle geben kann (▶ Kasten 13.3). Diese Vorstellung multipler Modelle scheint sich im Laufe der Schulzeit zu entwickeln. Dass auch mathematische Gleichungssysteme oder symbolische Veranschaulichungen (z. B. Schaltpläne oder Systemdiagramme) der Physik als Modelle dienen, wird von Schülerinnen und Schülern gegenüber Anfass- und Vorzeigemodellen vernachlässigt.

- **„Naturwissenschaftliches Wissen ist das, was an der Tafel gestanden hat."**[11]

Schülerinnen und Schüler der Sekundarstufe I verfügen bereits über Erfahrungen mit naturwissenschaftlichem Unterricht. Als unmittelbares Erfahrungsfeld prägt er die Vorstellungen von naturwissenschaftlichem Wissen überhaupt. Zahlen, Rechnungen, Formeln und Gesetze symbolisieren in den Vorstellungen der Jugendlichen typisch naturwissenschaftliches Wissen. Schülerinnen und Schüler stellen sich unter naturwissenschaftlichem Wissen etwas Gesichertes, Feststehendes und zugleich in fachspezifischen Symbolsystemen Aufbewahrtes vor. Hier spiegeln sich die Erfahrungen mit der inhaltlichen und methodischen Struktur des Unterrichts, der in den Naturwissenschaften selten diskursiv ist. Was im Unterricht einmal an der Tafel gestanden hat, wird mit naturwissenschaftlichem Wissen schlechthin identifiziert. Alle Zwischenüberlegungen und Alternativen, die bedacht wurden, können nach Meinung der Lernenden ad acta gelegt werden, sobald das Ergebnis an der Tafel fixiert wurde.

- **„Naturwissenschaftliches Wissen entspricht der Wirklichkeit."**[12]

Zahlreiche Studien zeigen für Schülerinnen und Schüler unterschiedlichen Alters eine starke Tendenz zu einem naiven Realismus. Naturwissenschaftliches Wissen bildet danach die Natur in gewisser Weise nach. Gesetze „stecken" also schon in der Natur, bevor sie jemand „entdeckt" oder „findet". Jugendliche sind sich dann nicht darüber im Klaren, dass naturwissenschaftliches Wissen prinzipiell vorläufig und historisch gewachsen ist. Wenn Wissen einmal in hohem Maße anerkannt und als besonders grundlegend für eine Domäne eingeschätzt wird, dann wird es in Lehrbücher aufgenommen. Lehrbücher sind in der Wahrnehmung der Schülerinnen und Schüler aber geradezu Schatullen verbürgten Wissens. Wenn Lernende sich Wissen als etwas Statisches und Wirklichkeit unmittelbar Abbildendes vorstellen, dann ist es nachvollziehbar, warum sie nicht verstehen, dass es wissenschaftliche Kontroversen geben kann, in denen Wissenschaftler und Wissenschaftlerinnen fachlich argumentieren und um die Geltung von Wissen streiten.

---

10 Grosslight, Unger, Jay und Smith (1991)
11 Larochelle und Désautels (1991)
12 Meyling (1997); Songer und Linn (1991)

13.5 Vorstellungen vom naturwissenschaftlichen Experimentieren[13]

Das Experiment prägt das Selbstverständnis der Physik und des Physikunterrichts. Häufig rankt sich der ganze Unterricht um Schüler- oder Demonstrationsversuche. Um Vorstellungen über naturwissenschaftliches Experimentieren zu entwickeln, können Schülerinnen und Schüler entweder ihre unmittelbaren Unterrichtserfahrungen mit dem Experimentieren oder die über Bilder, Filme oder Erzählungen vermittelten Darstellungen des professionellen Experimentierens nutzen.

- **„Experimentieren ist Ausprobieren und Herausfinden."**

Jüngere Schülerinnen und Schüler stellen sich Experimentieren kaum als zielgerichtetes Handeln vor. Stattdessen vertreten sie die Vorstellung, Experimentieren bedeute, etwas herauszufinden, etwas auszuprobieren, zu erfinden oder Entdeckungen zu machen. Sie sind oft nicht in der Lage, die Relationen zwischen Hypothesen, Experimenten und Daten adäquat zu benennen. Sie haben auch noch keine Vorstellung davon, wieso es sinnvoll ist, Messungen oder Experimente mehrfach durchzuführen. Materialien werden unsystematisch ausgewechselt und eine kritische Überprüfung der Arbeitsprozeduren unterbleibt. Auch bei dieser Schülervorstellung zeigen Forschungsergebnisse eine Entwicklung zu angemesseneren Vorstellungen im Laufe der Schulzeit. Ein adäquater Zusammenhang zwischen Theorie und Experiment wird aber selbst von 16-Jährigen kaum benannt.

- **„Eine einzelne Messung gibt einen wahren Wert."**

Die Vorstellungen vom Experiment umfassen auch Vorstellungen vom Messen und der Rolle von Messwerten. Es zeigt sich eine Spannbreite von Vorstellungen von der naiven Vorstellung, der Messprozess sei prinzipiell völlig unproblematisch und ein einziger Messwert könne im Prinzip bereits ein wahres und „richtiges" Ergebnis hervorbringen (Point-Verständnis), bis zu einem statistischen Verständnis vom Messprozess und von Messdaten (Set-Verständnis). Zwar kann man davon ausgehen, dass mit zunehmendem Alter der Schülerinnen und Schüler ihr Verständnis vom Messprozess und von Messdaten zunehmend elaboriert ist, aber es wissen z. B. nur wenige Jugendliche, dass die Qualität eines Mittelwerts von der Streubreite der Daten abhängt. Im Laufe der Schulzeit scheint sich das ein wenig zu verbessern. Allerdings bleiben selbst Physikstudierende, zumindest wenn sie noch ganz am Anfang ihres Studiums stehen, einem Point-Verständnis von Messwerten verhaftet. Dabei konnten Zusammenhänge zwischen der Vorstellung vom Messwert im Sinne des Point-Verständnisses und der generellen Vorstellung festgestellt werden, dass es in der Natur feststehende Gesetze gebe, die man nur „entdecken" müsse. Nach dieser Vorstellung repräsentieren einzelne Messwerte gleichsam wahre Werte, mit deren Hilfe man eine in der Natur verborgene Wahrheit aufdecken kann. Der Wahrheitswert einzelner Messungen wird dann deutlich überschätzt.

Eine Quelle von Missverständnissen ist der Begriff „Messfehler". Schülerinnen und Schüler verbinden damit falsch oder zumindest unvollkommen gewonnene Messwerte.

---

13   Dieser Abschnitt beruht im Wesentlichen auf den Arbeiten von Buffler, Lubben und Ibrahim (2009); Carey, Evans, Honda, Jay und Unger (1989); Heinicke und Heering (2013); Höttecke (2001); Lubben und Millar (1996); Meyer und Carlisle (1996)

Wissenschaftlich korrekt und hilfreich ist die Bezeichnung „Messunsicherheit". Sie bringt die Idee besser zum Ausdruck, dass mit jeder Messung die Abschätzung eines Vertrauensbereichs verbunden sein sollte, den man zusammen mit den aus den Daten gewonnenen Werten der Zielgröße angeben muss.

13.6 Vorstellungen zur naturwissenschaftlichen Wissensproduktion[14]

Wir gehen heute davon aus, dass die Naturwissenschaften nicht isoliert und selbstreferenziell sind. Die naturwissenschaftliche Forschung ist von gesellschaftlichen Vorstellungen, Normen, dem Bedarf und natürlich ihrer Finanzierung abhängig. In den Naturwissenschaften wird die Geltung von Wissensbeständen im Rahmen sozialer kontrollierter Aushandlungsprozesse innerhalb der Wissenschaftlergemeinschaft festgelegt. Die geschieht auf Tagungen und beim Publizieren (z. B. durch die Begutachtung und Bewertung von Publikationen durch unabhängige Kollegen vor der Veröffentlichung). So kann sich immer wieder ein Konsens über Theorie, Modelle, Experimente oder Gesetze in der Wissenschaft herausbilden.

- **„Wissenschaftlicher Konsens beruht auf Einsicht in Fakten und nicht auf Übereinstimmung."**

Schülerinnen und Schüler schätzen die Bedeutung der Evidenz harter Fakten tendenziell sehr hoch ein. Gleichzeitig erkennen sie die Funktion von Aushandlungs- und Konsensfindungsprozessen innerhalb wissenschaftlicher Gemeinschaften durchaus an. Sie stellen sich jedoch vor, dass ein Konsens dadurch hergestellt werde, dass eindeutiges Datenmaterial die „Wahrheit" einer Theorie belege und daher zur deren Anerkennung führe.

- **„Außerwissenschaftliche Faktoren können Naturwissenschaft nicht beeinflussen."**

Schülerinnen und Schüler sind sich kaum darüber im Klaren, dass außerwissenschaftliche Faktoren auf Forschungsprogramme und -prozesse Einfluss nehmen können. Auf die Frage, ob Konsens oder Dissens in der Wissenschaft nur von Fakten oder auch von moralischen Werten und persönlichen Motiven der Wissenschaftler, also eher von außerwissenschaftlichen Aspekten, abhänge, ergibt sich keine eindeutige Antwort der Jugendlichen. Ein großer Teil geht davon aus, dass Wissenschaftlerinnen und Wissenschaftler ihre Entscheidungen primär an Fakten orientieren. In der Realität gibt es hingegen einen erheblichen Einfluss außerwissenschaftlicher Faktoren auf Forschungsprogramme, man denke z. B. an ökonomische oder militärische Interessen.

- **„Soziale Aspekte sind in den Naturwissenschaften nur wichtig, wenn die Fakten unklar sind."**

Wenn Schülerinnen und Schüler im Unterricht mit Fallstudien konfrontiert werden, in denen Wissen als kontrovers und unentschieden dargestellt wird, dann zeigen sie eine erstaunliche Reaktion: Sie erkennen die Bedeutung sozialer Aspekte (Aushandeln von Konsens)

---

14 Dieser Abschnitt beruht im Wesentlichen auf den Arbeiten von Aikenhead (1987); Driver et al. (1996); Henke und Höttecke (2013); Höttecke und Rieß (2015); Krüger (2017); Meyling (1997); Ryan und Aikenhead (1992)

für die Entscheidung zwischen kontroversen Theorien zwar an, halten aber gleichzeitig eine faktische und gleichsam für sich selbst sprechende Datenlage für primär entscheidend. Nur wenn die wissenschaftliche Datenlage nicht klar ist, dann bestimmen in der Schülerperspektive soziale Faktoren, was wissenschaftliche Anerkennung genießen sollte. Folgerichtig gehen die Lernenden davon aus, dass man die Kommunikation zwischen den Naturwissenschaftlerinnen und Naturwissenschaftlern verbessern und die wissenschaftliche Datenlage verbessern müsse. Wissenschaftliche Fakten werden von den Schülerinnen und Schülern als selbstevident verstanden, so als könnten Daten oder Fakten eindeutig für sich selbst sprechen. Diese Vorstellung steht der Entwicklung adäquater Vorstellungen über die soziale Dynamik innerhalb wissenschaftlicher Gemeinschaften und der prinzipiellen Theoriebeladenheit und Interpretationsbedürftigkeit von Daten und Beobachtungen entgegen.

- **„Die Methode der Naturwissenschaft besteht in einer festen Folge von Schritten."**

Die meisten Schülerinnen und Schüler sehen die naturwissenschaftliche Methode als eine Abfolge der Schritte „Frage → Hypothese → Daten sammeln → Schlussfolgerungen ziehen". Weniger Lernende verstehen unter der naturwissenschaftlichen Methode, eine Hypothese mehrfach zu überprüfen. Nur sehr wenige vertreten die adäquate Ansicht, dass es keine einheitliche Methode der Wissenschaft, sondern eine große Anzahl unterschiedlicher Methoden gibt. Am ehesten lässt sich die Vorstellung der Lernenden so beschreiben: In der Wissenschaft müssen feststehende Laborroutinen penibel befolgt werden. Man findet auch die Vorstellung eines linearen und unverzweigten Erkenntniswegs, bei dem ein möglichst unvoreingenommener Physiker eine Beobachtung oder ein Experiment macht und dann Schlüsse zieht. Hier spiegelt sich das vorwiegend naiv-empiristische Naturwissenschaftsverständnis in der Vorstellung über wissenschaftliche Methodik wider. Die Forschung über die Natur der Naturwissenschaften belegt stattdessen, dass das Verhältnis von Theorie und Experiment sehr unterschiedlich sein kann.

- **Diffuse Vorstellungen von der zeitlichen Entwicklung**

Es zeigt sich eine große Zahl sehr unterschiedlicher Vorstellungen davon, über welchen Zeitraum sich die bisherige Entwicklung der Naturwissenschaften erstreckt haben könnte, von *„Naturwissenschaften beginnen mit dem Urknall"* bis hin zum Zeitraum der letzten zehn Jahre. Die Schülerinnen und Schüler nennen für den Beginn der Naturwissenschaften historische Referenzpunkte wie Steinzeit, griechische Antike oder Mittelalter. Einige bringen dabei auch Forschernamen wie Priestley, Galilei oder Mendel ins Spiel. Man findet überwiegend die adäquate Vorstellung, dass mit keinem Ende der Entwicklung der Naturwissenschaften zu rechnen ist. Dies gilt allerdings nicht durchgängig, denn man findet ebenfalls die Vorstellung, dass das zu entdeckende Wissen und damit die Naturwissenschaften selbst zeitlich begrenzt seien: *„(Es) gibt ja jetzt auch seit Längerem jetzt nicht mehr so viel, was immer wieder neu entdeckt wird, sondern das meiste denk ich mal, ist schon so abgegrast."* (Zitat einer Schülerin aus Krüger, 2017, S. 217f.).

Insgesamt zeigt sich keine Altersspezifik der Vorstellungen über die zeitliche Entwicklung der Naturwissenschaften, was den Schluss nahelegt, dass Physikunterricht bislang keinen Beitrag zur Entwicklung dieses Vorstellungsbereichs leistet. Vorstellungen naturwissenschaftlicher Forschung als monoton und wenig wandelbar sind von der Wahrnehmung von Physikunterricht als monoton und kaum interessant begleitet (*„da passiert auch immer das Gleiche."*).

- **„Es kann besser oder schlechter werden."**

Die Schülerinnen und Schüler zeigen sowohl Vorstellungen davon, dass sich im Zuge der historischen Entwicklung der Naturwissenschaften ein positiver als auch ein negativer Entwicklungstrend abzeichnet. Der Modus des Mehr- und Besserwerdens bezieht sich dabei auf die Anzahl unterschiedlicher Forschungsgebiete, Medizin oder auch die Alltagsprodukte, die aus Naturwissenschaften hervorgehen: *„Jetzt gibt's das iPhone 5 und irgendwann gibt's iPhone 20"* (Zitat einer Schülerin aus Krüger, 2017, S. 218).

Der Modus des Weniger- und Schlechter-Werdens bezieht sich auf eine mit Naturwissenschaften einhergehende Naturzerstörung, umweltschädliche Technologien, dass bald alles entdeckt worden sein wird, oder die Schwierigkeit, in den Naturwissenschaften einen Job zu finden. Auch die Interessantheit von Forschung kann mitunter in der Gegenwart als geringer als in der Vergangenheit eingeschätzt werden.

13.7 Unterrichtsvorschläge

Es gibt eine Reihe curricularer und methodischer Ideen zur Entwicklung von fachgerechten Vorstellungen über die Natur der Naturwissenschaften. Grundsätzlich gilt für alle Unterrichtsideen, dass das Lernen über die Natur der Naturwissenschaften nicht *en passant* geschehen kann, sondern expliziter Lerngelegenheiten und der Reflexion bedarf.

- **Überblick über methodische Vorschläge**

  Höttecke, D. (Hrsg.) (2008). Was ist Physik? *Naturwissenschaften im Unterricht – Physik, 19*(103).

  In diesem Themenheft werden verschiedene Unterrichtsideen vorgestellt, darunter metatheoretische Reflexionen, Zugänge über die Verlässlichkeit unserer Wahrnehmungen, Black Boxes und szenische Dialoge.

- **Wissenschaftshistorisch orientierter Unterricht**

  Höttecke, D. & Barth, M. (Hrsg.) (2011). Themenheft „Physik historisch verstehen". *Naturwissenschaften im Unterricht – Physik, 22*(126).

  Wissenschaftsgeschichte kann in Form von Anekdoten, Vignetten, Fallstudien oder Rollenspielen auf unterschiedliche Weise in den Unterricht einfließen. Neben der historischen Einbettung fachlicher Inhalte kann Naturwissenschaft als von Menschen gemacht erfahren werden.

- **Forschend-entdeckender Unterricht**

  Höttecke, D. (2010). Forschend-entdeckender Physikunterricht. Ein Überblick zu Hintergründen, Chancen und Umsetzungsmöglichkeiten entsprechender Unterrichtskonzeptionen. *Naturwissenschaften im Unterricht – Physik, 21*(119), 4–12.

  Beim forschend-entdeckenden Unterricht gehen die Lernenden von (selbst) gestellten naturwissenschaftlichen Fragen oder Problemen aus. Sie explorieren Probleme oder Phänomenbereiche, entwickeln und planen eigene Untersuchungen, führen Beobachtungen und Experimente durch, stellen Messergebnisse sachgerecht dar, analysieren und diskutieren sie und erschließen weitere Informationsquellen. Das Themenheft erläutert die didaktischen Grundideen forschend-entdeckenden Unterrichts und zeigt konkrete Umsetzungsbeispiele.

- **Explizit wissenschaftstheoretischer Unterricht**

  Meyling, H. (1990). *Wissenschaftstheorie im Physikunterricht der gymnasialen Oberstufe. Das wissenschaftstheoretische Schülervorverständnis und der Versuch seiner Veränderung durch explizit wissenschaftstheoretischen Unterricht.* Dissertation, Universität Bremen.

Schüler und Schülerinnen arbeiten experimentell an konkreten physikalischen Problemen und reflektieren dabei die eigenen Arbeitsweisen. Die Lektüre und Diskussion geeigneter wissenschaftstheoretischer Literatur steigert die Abstraktion, sodass eigene Vorstellungen bewusstgemacht und entwickelt werden.

- **Unsichere Evidenz im Unterricht nutzen**

  Ruhrig, J. & Höttecke, D. (2015). Was, wenn das Experiment nicht klappt? Unsichere Evidenz als Lerngelegenheit nutzen. *Naturwissenschaften im Unterricht – Physik,* 144, 32–35.

Wenn Schülerinnen und Schüler experimentieren, kann es sein, dass sie zu unterschiedlichen Befunden gelangen. Selbst wenn die Lehrkraft diese Situation nicht geplant hat, kann sie im Unterricht spontan zu einer Lerngelegenheit über die Natur der Naturwissenschaften werden. Die Jugendlichen können nun reflektieren, was professionelle Wissenschaftlerinnen und Wissenschaftler in ähnlichen Situationen tun würden. Sie wiederholen ihre Experimente, suchen nach Fehlern in Aufbau oder Durchführung, überprüfen und verteidigen ihre Vorgehensweise gegebenenfalls und diskutieren über Kriterien guten Experimentierens.

- **Kleine Aktivitäten zu NOS**

  Evolution and Nature of Science Institutes (o. J.): *Nature of Science Lessons.* Zugriff am 28. 01. 2018 unter http://www.indiana.edu/~ensiweb/natsc.fs.html

Auf der Internetseite der ENSI sind verschiedenste kleine Aktivitäten zusammengestellt, mit denen man Aspekte der Natur der Naturwissenschaften im Unterricht diskutieren kann. Auch wenn der Schwerpunkt auf biologischen Aspekten liegt, ist diese Website eine gute Quelle von Anregungen für die Unterrichtspraxis.

13.8 Testinstrumente

Im Rahmen von Forschungsarbeiten sind verschiedene Tests zum Verständnis von Schülerinnen und Schülern zu *Nature of Science* entwickelt worden. Die meisten dieser Tests werden kontrovers diskutiert. Dennoch lassen sich daraus Anregungen für Unterricht zu diesem Thema entwickeln.

- **Views of Nature of Science Questionnaire VNOS**

Bekannt sind dabei das „Views of Nature of Science Questionnaire VNOS" (Lederman et al., 2002). In diesem Instrument werden Fragen zur Natur der Naturwissenschaft, zu

Theorien und Gesetzen, zur Vorläufigkeit naturwissenschaftlichen Wissens sowie zur Kreativität, Objektivität und Subjektivität in der Naturwissenschaft gestellt.

- **Views about Science Survey VASS**

Das „Views about Science Survey VASS" (Halloun & Hestenes, 1998) erfragt z. B. Aspekte der Struktur und Validität naturwissenschaftlichen Wissens, der naturwissenschaftlichen Erkenntnisgewinnung und der persönlichen Relevanz von Naturwissenschaften.

- **Test Your Scientific Literacy!**

Carrier (2001) hat in einem Online-Artikel 24 Fragen z. B. zu Vorläufigkeit, naturwissenschaftlicher Methode, dem Zusammenhang zwischen Beobachtung und Interpretation empirischer Daten, Theorien und Gesetzen und zur Kreativität in der Naturwissenschaft zusammengestellt.

13.9 Literatur zur Vertiefung

Hößle, C., Höttecke, D. & Kircher, E. (Hrsg.) (2004). *Lehren und Lernen über die Natur der Naturwissenschaften – Wissenschaftspropädeutik für die Lehrerbildung und die Schulpraxis*. Baltmannsweiler: Schneider-Verlag Hohengehren.
In diesem Sammelband werden die wesentlichen Elemente des Unterrichts zur Natur der Naturwissenschaft dargestellt. Es werden Aspekte der Erkenntnis- und Wissenschaftstheorie sowie der Ethik und der Wissenschaftsgeschichte vorgestellt.

Darüber hinaus enthalten die meisten Lehrbücher der Physik- oder Naturwissenschaftsdidaktik Einführungen in fachdidaktische Aspekte von Natur der Naturwissenschaft.

Chalmers, A. F. (2001). *Wege der Wissenschaft – Eine Einführung in die Wissenschaftstheorie* (5. Aufl.). Berlin: Springer.
Hacking, Ian (1995). *Einführung in die Philosophie der Naturwissenschaften*. Leipzig: Reclam.
Beide Werke sind gute Einführungen in die Wissenschaftstheorie. Darin sind die wesentlichen Aspekte anschaulich dargestellt.

13.10 Übungen

Übung 13.1

In der Fernsehserie „Big Bang Theory" wird das Zusammenleben der beiden Physiker Dr. Sheldon Cooper und Dr. Leonard Hofstadter begleitet.

Geben Sie Beispiele für gelungene Darstellungen wie auch für naive Vorstellungen von Wissenschaftlerinnen und Wissenschaftlern aus der Fernsehserie an.

Eine kritische Unterrichtssituation: Im Rahmen des Physikunterrichts in einer 10. Klasse wurde das Kern-Hülle-Modell eingeführt. Eine Atomhülle soll danach aus Elektronen, ein Atomkern aus Neutronen und Protonen bestehen. Eine Schülerin äußert, dass könne doch so nicht stimmen, denn in einer Wissenschaftssendung habe sie gesehen, dass Atome aus Quarks bestehen. Wie soll die Physiklehrkraft im Hinblick auf eine adäquate Darstellung der Naturwissenschaften reagieren?

13.11 Literatur

Aikenhead, G. S. (1987). High-school graduates' beliefs about science-technology-society. III. Characteristics and limitations of scientific knowledge. *Science education, 71*(4), 459–487.

Baker, D. & Leary, R. (1995). Letting girls speak out about science. *Journal of Research in Science Teaching, 32*(1), 3–27.

Buffler, A., Lubben, F. & Ibrahim, B. (2009). The relationship between students' views of the nature of science and their views of the nature of scientific measurement. *International Journal of Science Education, 31*(9), 1137–1156.

Carey, S., Evans, R., Honda, M., Jay, E. & Unger, C. (1989). ,An experiment is when you try it and see if it works': a study of grade 7 students' understanding of the construction of scientific knowledge. *International Journal of Science Education, 11*(5), 514–529.

Carrier, R. (2001). Test Your Scientific Literacy! Zugriff am 22. 1. 2018 unter http://www.infidels.org/library/modern/richard_carrier/SciLit.html

Chalmers, A. F. (2001). *Wege der Wissenschaft – Eine Einführung in die Wissenschaftstheorie* (5. Aufl.). Berlin: Springer.

Driver, R., Leach, J., Millar, R. & Scott, P. (1996). *Young people's images of science*: McGraw-Hill Education (UK).

Edmondson, K. M. & Novak, J. D. (1993). The interplay of scientific epistemological views, learning strategies, and attitudes of college students. *Journal of Research in Science Teaching, 30*(6), 547–559.

Evolution and Nature of Science Institutes (o. J.): *Nature of Science Lessons*. Zugriff am 28. 1. 2018 unter http://www.indiana.edu/~ensiweb/natsc.fs.html

Grosslight, L., Unger, C., Jay, E. & Smith, C. L. (1991). Understanding models and their use in science: Conceptions of middle and high school students and experts. *Journal of Research in Science Teaching, 28*(9), 799–822.

Hacking, Ian (1995). *Einführung in die Philosophie der Naturwissenschaften*. Leipzig: Reclam.

Halloun, I. & Hestenes, D. (1998). Interpreting VASS dimensions and profiles for physics students. *Science & Education, 7*(6), 553–577.

Heinicke, S. & Heering, P. (2013). Discovering randomness, recovering expertise: The different approaches to the quality in measurement of Coulomb and Gauss and of today's students. *Science & Education, 22*(3), 483–503.

Henke, A. & Höttecke, D. (2013). Students' beliefs about the diachronic nature of science: a metaphor-based analysis of 8th-graders' drawings of „the way of science". In C. C. Silva & M. E. B. Prestes (Hrsg.), *Aprendendo ciência e sobre sua natureza: abordagens históricas e filosóficas* (S. 333). Sao Paolo: Tipographia Editoria Expressa.

Hößle, C., Höttecke, D. & Kircher, E. (Hrsg.) (2004). *Lehren und Lernen über die Natur der Naturwissenschaften – Wissenschaftspropädeutik für die Lehrerbildung und die Schulpraxis*. Baltmannsweiler: Schneider-Verlag Hohengehren.

Höttecke, D. (2001). Die Vorstellungen von Schülern und Schülerinnen von der „Natur der Naturwissenschaften". *Zeitschrift für Didaktik der Naturwissenschaften, 7*(1), 7–23.

Höttecke, D. (Hrsg.) (2008). Was ist Physik? *Naturwissenschaften im Unterricht – Physik, 19*(103).

Höttecke, D. (2010). Forschend-entdeckender Physikunterricht. Ein Überblick zu Hintergründen, Chancen und Umsetzungsmöglichkeiten entsprechender Unterrichtskonzeptionen. *Naturwissenschaften im Unterricht – Physik, 21*(119), 4–12.

Höttecke, D. & Barth, M. (Hrsg.) (2011). Themenheft „Physik historisch verstehen". *Naturwissenschaften im Unterricht – Physik, 22*(126).

Höttecke, D. & Rieß, F. (2015). Naturwissenschaftliches Experimentieren im Lichte der jüngeren Wissenschaftsforschung – Auf der Suche nach einem authentischen Experimentbegriff der Fachdidaktik. *Zeitschrift für Didaktik der Naturwissenschaften, 21*(1), 127–139.

Jung, W. (1979). *Aufsätze zur Didaktik der Physik und Wissenschaftstheorie*: Diesterweg.

Kircher, E. & Dittmer, A. (2004). Lehren und lernen über die Natur der Naturwissenschaften – ein Überblick. In C. Hößle, D. Höttecke & E. Kircher (Hrsg.), *Lehren und lernen über die Natur der Naturwissenschaften*. Baltmannsweiler: Schneider Verlag Hohengehren.

KMK. Ständige Konferenz der Kultusminister der Länder in der Bundesrepublik Deutschland (Hrsg.) (2005). *Bildungsstandards im Fach Physik für den Mittleren Schulabschluss*. München: Luchterhand.

Kremer, K. & Mayer, J. (2013). Entwicklung und Stabilität von Vorstellungen über die Natur der Naturwissenschaften. *Zeitschrift für Didaktik der Naturwissenschaften, 19,* 77–101.

Krüger, J. (2017). *Schülerperspektiven auf die zeitliche Entwicklung der Naturwissenschaften. Theoretische Grundsatzüberlegungen und empirische Erkenntnisse*. Berlin: Logos.

Larochelle, M. & Désautels, J. (1991). ‚Of course, it's just obvious': adolescents' ideas of scientific knowledge. *International Journal of Science Education, 13*(4), 373–389.

Laubach, T. A., Crofford, G. D. & Marek, E. A. (2012). Exploring Native American students' perceptions of scientists. *International Journal of Science Education, 34*(11), 1769–1794.

Lederman, N. G., Abd-El-Khalick, F., Bell, R. L. & Schwartz, R. S. (2002). Views of nature of science questionnaire: Toward valid and meaningful assessment of learners' conceptions of nature of science. *Journal of Research in Science Teaching, 39,* 497–521.

Lubben, F. & Millar, R. (1996). Children's ideas about the reliability of experimental data. *International Journal of Science Education, 18*(8), 955–968.

Mead, M. & Metraux, R. (1957). Image of the scientist among high-school students. *Science, 126*(3270), 384–390.

Meyer, K. & Carlisle, R. (1996). Children as experimenters. *International Journal of Science Education, 18*(2), 231–248.

Meyling, H. (1990). *Wissenschaftstheorie im Physikunterricht der gymnasialen Oberstufe. Das wissenschaftstheoretische Schülervorverständnis und der Versuch seiner Veränderung durch explizit wissenschaftstheoretischen Unterricht*. Dissertation, Universität Bremen.

Meyling, H. (1997). How to change students, conceptions of the epistemology of science. *Science & Education, 6*(4), 397–416.

Neumann, I. & Kremer, K. (2013). Nature of Science und epistemologische Überzeugungen – Ähnlichkeiten und Unterschiede. *Zeitschrift für Didaktik der Naturwissenschaften, 19,* 211–234.

Rahm, J. & Charbonneau, P. (1997). Probing stereotypes through students' drawings of scientists. *American Journal of Physics, 65*(8), 774–778.

Ruhrig, J. & Höttecke, D. (2015). Was, wenn das Experiment nicht klappt? Unsichere Evidenz als Lerngelegenheit nutzen. *Naturwissenschaften im Unterricht – Physik, 144,* 32–35.

Ryan, A. G. (1987). High-school graduates' beliefs about science-technology-society. IV. The characteristics of scientists. *Science education, 71*(4), 489–510.

Ryan, A. G. & Aikenhead, G. S. (1992). Students' preconceptions about the epistemology of science. *Science education, 76*(6), 559–580.

Sandoval, W. A. (2005). Understanding students' practical epistemologies and their influence on learning through inquiry. *Science education, 89*(4), 634–656.

Seidel, T., Prenzel, M., Rimmele, R., Dalehefte, I. M., Herweg, C., Kobarg, M. & Schwindt, K. (2006). Blicke auf den Physikunterricht. Ergebnisse der IPN Videostudie. *Zeitschrift für Pädagogik, 52*(6), 799–821.

Solomon, J., Scott, L. & Duveen, J. (1996). Large-scale exploration of pupils' understanding of the nature of science. *Science education, 80*(5), 493–508.

Songer, N. B. & Linn, M. C. (1991). How do students' views of science influence knowledge integration? *Journal of Research in Science Teaching, 28*(9), 761–784.

Stathopoulou, C. & Vosniadou, S. (2007). Exploring the relationship between physics-related epistemological beliefs and physics understanding. *Contemporary Educational Psychology, 32*(3), 255–281.

Tesch, M. & Duit, R. (2004). Experimentieren im Physikunterricht – Ergebnisse einer Videostudie. *Zeitschrift für Didaktik der Naturwissenschaften, 10*(10), 51–69.

Urhahne, D. (2006). Die Bedeutung domänenspezifischer epistemologischer Überzeugungen für Motivation, Selbstkonzept und Lernstrategien von Studierenden. *Zeitschrift für Pädagogische Psychologie, 20*(3), 189–198.

Weingart, P. (2003). Von Menschenzüchtern, Weltbeherrschern und skrupellosen Genies – Das Bild der Wissenschaft im Spielfilm *science + fiction. Zwischen Nanowelt und globaler Kultur.*

Lösungen der Übungsaufgaben

Horst Schecker, Thomas Wilhelm und Martin Hopf

© Springer-Verlag GmbH Deutschland, ein Teil von Springer Nature 2018
H. Schecker, T. Wilhelm, M. Hopf, R. Duit (Hrsg.), *Schülervorstellungen und Physikunterricht*,
https://doi.org/10.1007/978-3-662-57270-2_14

Viele Kapitel des Buchs enthalten Übungsaufgaben, zu deren Lösung das Wissen über themenbezogene Schülervorstellungen angewendet werden muss. Wir stellen im Folgenden Lösungsskizzen zu den Übungsaufgaben vor. Die Bezeichnung „Skizzen" bringt zum Ausdruck, dass die Antworten ausführlicher sein können und dass es nicht immer eine einzig mögliche oder eindeutig richtige Bearbeitung gibt. Die Übungen sollen zum Nachdenken über die jeweiligen Kapitelinhalte anregen. In Lehrveranstaltungen bieten die Aufgaben Anlässe, um ausgewählte Schülervorstellungen nochmals zu vertiefen.

14.1 Mechanik (▶ Kap. 4)

■ Aufgabe a)

Das Beispiel ist nicht geeignet. Es legt eine Verwechslung bzw. eine Vermengung des 3. Newton'schen Axioms mit dem Kräftegleichgewicht nahe und verstärkt somit ein Verständnisproblem, das bei Schülerinnen und Schüler ohnehin schon weit verbreitet ist. Die Gewichtskraft, mit der das Gewichtsstück an der Feder zieht, und die von der Hand des Lehrers bzw. von der von ihm gehaltenen Schraubenfeder ausgeübte Kraft greifen am gleichen Körper an, nämlich dem Gewichtsstück. Es handelt sich um Kraft und Kompensationskraft beim Kräftegleichgewicht.[1] Gleichzeitig stellt der Lehrer die Kraft, die das Gewichtsstück auf die Feder ausübt, und die Kraft, die von der Feder bzw. ihm auf das Gewichtsstück ausgeübt wird, einander gegenüber. Hier handelt es sich um Wechselwirkungskräfte im Sinne des 3. Axioms. Nicht nur das Beispiel ist ungeeignet, sondern auch die verwendete Begrifflichkeit „Actio und Reactio"; stattdessen sollte klar zwischen Wechselwirkungskräften einerseits und andererseits Kräften, die sich gegenseitig kompensieren, gesprochen werden. Bei der Anwendung des Wechselwirkungsprinzips sind stets die Wechselwirkungspartner anzugeben, d. h. der Apfel und der Ast beim Hängen des Apfels am Baum und der Apfel und die Erde beim freien Fall (gegebenenfalls auch der Apfel und die Luft bei Luftreibung). Zur Diskussion des Wechselwirkungsprinzips eignen sich dynamische Vorgänge besser als statische Situationen.

■ Aufgabe b)

Das Grundproblem liegt bei beiden Schülern in der Vermischung von Wechselwirkung und Kräftegleichgewicht. In seiner ersten Aussage verwendet Johannes das Wechselwirkungsprinzip durchaus korrekt. Er geht darauf ein, dass der Apfel auf den Ast einwirkt („… *zieht am Ast*") und der Ast auf den Apfel („*hält den Apfel*"). In der zweiten Aussage wird jedoch erkennbar, dass er „Actio = Reactio" nur auf den Zustand der Ruhe bezieht, also eine Verbindung zum Kräftegleichgewicht herstellt, bei dem zwei Kräfte am gleichen Körper angreifen. Es zeigen sich zudem die Vorstellungen der Aktivität und des Kräftewettstreits. Für eine Bewegung (das

---

1   Wilhelm, T. (2015). Moment mal … (13): Wo ist die Gegenkraft? *Praxis der Naturwissenschaften – Physik in der Schule, 64*(1), 44–45.

Herunterfallen) sei demnach eine aktive Kraft notwendig (*ohne Kraft keine Bewegung*); zumindest müsse die aktive Kraft überwiegen (*„Actio ist halt größer"*). Am Ende bringt Johannes „Reactio" noch in einer weiteren Bedeutung mit herein: Das immer schnellere Fallen führe zu einer Reaktion der Luft mit einer verstärkten Luftreibung, die den Apfel bremse. Auch hier beziehen sich die Einwirkungen von Actio und Reactio auf den gleichen Körper, den Apfel.

Mike spricht die Vorstellung, dass „Actio gleich Reactio" nur für den Ruhezustand gelte, direkt aus. Beim Fall gebe es keine Reactio mehr, da der Apfel nicht mehr vom Baum gehalten werde. Einen zweiten beteiligten Körper (physikalisch den Wechselwirkungspartner) kann Mike beim Fall nicht mehr erkennen: *„Wo willst du überhaupt Reactio haben?"* Tatsächlich zieht aber nicht nur die Erde den fallenden Apfel an, sondern auch der Apfel die Erde, die aber aufgrund ihrer großen Masse nicht messbar beschleunigt wird.

■ Aufgabe a)

Unter der idealisierten Annahme völliger Reibungsfreiheit lauten die korrekten Antworten:

1. D
2. F (bei konstanter Beschleunigung)
3. F (bei konstanter Beschleunigung)

■ Aufgabe b)

Typische Fehlantworten gehen von der Vorstellung einer Kraft-Geschwindigkeits-Kopplung aus. Danach bedarf es für eine konstante Geschwindigkeit einer konstant wirkenden Kraft und eine Geschwindigkeitszunahme wird mit einer Kraftzunahme assoziiert. Schülerinnen und Schüler, die so denken, wählen 1) B; 2) C; 3) G. Die ‚Kraft' kann nach Schülermeinung entweder von außen bewirkt sein, hier also durch den Propeller, oder auch im Schlitten gespeichert sein. Letzteres gilt insbesondere für die Antworten 1) B und 2) C. Bei 2) C gehen die Schülerinnen und Schüler davon aus, dass die gespeicherte ‚Kraft' allmählich durch die Bewegung aufgebraucht werde.

Ein übergeordnetes Problem bei der Bearbeitung der Aufgabe liegt darin, dass Schülerinnen und Schüler sich eine absolute Reibungsfreiheit schwer vorstellen können (Muster des Realisationsdenkens). Sie neigen dazu, sich solche Situationen anschaulich vorzustellen: *Wie würde der Vorgang auf einer realen Eisfläche ablaufen?* oder sogar: *Wie wäre es, wenn ich den Schlitten schieben würde?* Dass die Gleit- und Luftreibung „vernachlässigbar" (siehe Aufgabentext) sein sollen, wird überlesen oder beim weiteren Bearbeiten der Aufgabe wieder vergessen. „Vernachlässigbar" kann von Schülerinnen und Schülern auch als „sehr, sehr klein – aber vorhanden" interpretiert werden statt als „völlig außer Acht zu lassen". Auch das kann zu Antworten führen, die aus Sicht der Aufgabenkonstruktion falsch sind, hinter denen jedoch bei Einbeziehung der Reibung sinnvolle Überlegungen stehen können.

14.2 Geometrische Optik (▶ Kap. 5)

▪ Aufgabe a)

Diese Abbildung sollte im Anfangsunterricht nicht eingesetzt werden, um die Bildentstehung mittels Sammellinse einzuführen. Die Abbildung missachtet eine Reihe bekannter Lernschwierigkeiten aus der Anfangsoptik und könnte so vorherrschende vorunterrichtliche Vorstellungen verstärken oder vor dem Unterricht noch nicht vorhandene Schülervorstellungen erst induzieren. Nur bei einer Gruppe von Lernenden, die den Abbildungsvorgang bereits konzeptuell durchdrungen hat, kann diese Abbildung als strahlengeometrische Abstraktion verwendet werden.

▪ Aufgabe b)

Durch die Art der Abbildungen können z. B. folgende fachlich unangemessenen Vorstellungen verstärkt oder induziert werden:

- Licht ist gelb/orange.
- Licht geht nur von der Flamme aus, weil diese selbst leuchtet.
- Licht geht von der Flamme nur in die drei durch Strahlen angedeuteten Richtungen weg.
- Licht ändert seine Richtung beim Übergang von Luft zu Glas oder umgekehrt grundsätzlich nicht. Die eingezeichnete Linsenebene in der Hauptebene in der Linsenmitte ist für die Richtungsänderung verantwortlich.
- Die Sammellinse bildet Objekte ab, die kleiner oder maximal gleich groß sind wie der Linsendurchmesser.
- Der abzubildende Gegenstand muss auf der optischen Achse stehen.
- Das erzeugte Bild steht auf dem Kopf, ist aber nicht seitenverkehrt.
- Licht endet im Bildpunkt, auch wenn sich dort kein Schirm befindet.
- …

▪ Aufgabe c)

◘ Abb. 14.1 zeigt eine mögliche Abbildungsvariante, die viele der in Antwort b) aufgezählten Lernschwierigkeiten vermeidet.

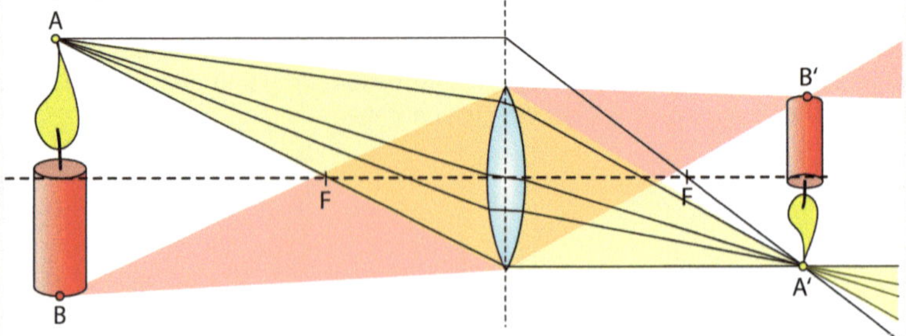

◘ **Abb. 14.1**   Die Abbildung mit der Linse in einer alternativen Darstellung, die auf die Verständnisprobleme von Lernenden besser abgestimmt ist.

Das Ergebnis zeigt, dass der Großteil der Klasse nicht in der Lage ist, die Sender-Strahlung-Empfänger-Vorstellung in einem neuen Kontext anzuwenden. Bei der Berechnung wurde offenbar nicht bedacht, dass das Lasersignal einen Lichtweg von der Erde zum Mond und nach der Reflexion von dort wieder zurück zur Erde zurücklegen muss, um von einem Beobachter auf der Erde wahrgenommen werden zu können. Für den weiteren Unterrichtsverlauf ist es relevant, diese Grundidee in verschiedenen Kontexten zu verankern: „Ohne Lichteinfall ins Auge keine Wahrnehmung".

Die Mehrzahl der Schülerinnen und Schüler meint, dass man den Spiegel weiter weghalten sollte. Die Antwort beruht auf der Vorstellung, dass der Spiegel ein Bild von dem erzeugt, was er ‚vor sich sieht'. Bei größerem Abstand kann der Spiegel nach Meinung der Schülerinnen und Schüler mehr vom Gesicht wahrnehmen – etwa so wie man von einem Gebäude, vor dem man steht, einen größeren Ausschnitt fotografieren kann, wenn man auf die gegenüberliegende Straßenseite wechselt.

Tatsächlich ändert sich der wahrnehmbare Ausschnitt des Gesichts jedoch nicht mit der Entfernung, in der man den Spiegel hält (außer, man hält ihn direkt vor das Auge). Die folgende ◼ Abb. 14.2 zeigt drei verschiedene Abstände. (Probieren Sie es selbst mit dem spiegelnden Display Ihres ausgeschalteten Smartphones aus.) Das virtuelle Bild rückt von der Spiegelebene und vom Beobachter weiter weg, gleichzeitig jedoch entfernt sich der Beobachter um die gleiche Strecke vom Spiegel. Diese beiden Effekte gleichen sich aus. Für den sichtbaren Ausschnitt ist nur die Größe der Spiegelfläche von Bedeutung. Sie bildet eine Art Loch in die Spiegelwelt hinter der Spiegelebene.

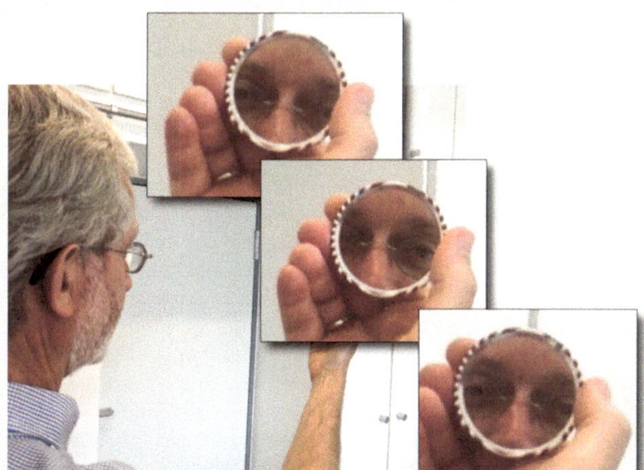

◼ **Abb. 14.2** Gezeigt werden Spiegelbilder bei drei unterschiedlichen Ausstreckungen des Arms der Versuchsperson: Der im Spiegelbild wahrnehmbare Ausschnitt des Gesichts hängt nicht von der Entfernung zwischen Gesicht und Spiegel ab.

14.3 Elektrische Stromkreise (▸ Kap. 6)

Übung 6.1

- **Aufgabe a)**

Hans hat die inverse Widerstandsvorstellung: „Ein größerer Widerstand braucht mehr Strom."
Mareike hat die Stromverbrauchsvorstellung: „Strom wird verbraucht". Sara hat die physikalisch
korrekte Vorstellung. Jakob hat die Vorstellung einer Konstantstromquelle: „Eine Batterie ist eine
konstante Stromquelle."

- **Aufgabe b)**

Jule hat die Vorstellung einer Konstantstromquelle: „Eine Batterie ist eine konstante Stromquelle."
Nawal benutzt die sequenzielle Argumentation. Jörg hat die physikalisch korrekte Vorstellung.

Übung 6.2

Folgende Schülervorstellungen kann man vermuten:

- Die Versuchsperson trennt nicht zwischen Spannung uns Stromstärke: „Die Spannung von
  15 V geht durch das Amperemeter M1".
- Im Widerstand wird etwas verbraucht: „In R1 wird's verkleinert".
- Die Versuchsperson nutzt ein sequenzielles Denken: Der Vorgang wird ausgehend von der
  Spannungsquelle verfolgt.

14.4 Teilchen und Wärme (▸ Kap. 7)

Übung 7.1

Aus der Schülervorstellungsforschung ist bekannt, dass Lernende zwar von sich aus kaum
eine Vorstellung von mikroskopischen Teilchen elaborieren, um physikalische Phänomene zu
beschreiben oder zu erklären. Sie verbleiben vielmehr auf der makroskopischen Ebene oder
argumentieren auf Basis von Kontinuumsvorstellungen. Andererseits nehmen Schülerinnen und
Schüler Teilchenvorstellungen bereitwillig auf, wenn sie im Unterricht behandelt werden. (Sie
belegen allerdings die mikroskopischen Teilchen mit Eigenschaften makroskopischer Objekte,
wie Farbe oder Geschmack.)

In der ersten Version der Aufgabe gibt es keinen expliziten Hinweis, dass mit Teilchen
argumentiert werden soll. Daher bleiben die Schülerinnen und Schüler auch hier auf der
makroskopischen Ebene – und das obwohl im Unterricht mit Sicherheit Teilchen vorher
behandelt wurden. Es reicht ein kleiner Impuls, wie im Einführungssatz der zweiten
Aufgabenversion, um die Teilchenargumentation anzustoßen.

Die Ergebnisse zeigen gleichzeitig, wie sensibel die Ergebnisse von Vorstellungstest von den
Aufgabenformulierungen abhängen können.

Den Schüleraussagen liegt ganz überwiegend eine Kontinuumsvorstellung der Materie zugrunde. Auf ein Teilchenmodell greifen die Schülerinnen und Schüler nicht explizit zurück. Mark sagt sinngemäß, dass das als Flüssigkeit kontinuierlich vorhandene Wasser im Dampf lediglich eine geringere Dichte habe, sich sonst aber nichts Wesentliches ändere. Die Änderung des Aggregatszustands wird vernachlässigt. Bei Anna kann man davon ausgehen, dass sie meint, im Wasser sei auch Luft, was mit der Vorstellung von Luft zwischen den Wasserteilchen korrespondiert – auch wenn Anna „Wasserteilchen" nicht explizit anspricht. (Die Blasen werden nicht als Wasserdampf erkannt.) Marvin vermengt Temperatur und Wärme. Wärme wird als im Wasser bzw. Dampf gespeichert angesehen. Die stoffartige Menge der ‚Wärme' wird direkt an die Temperatur gekoppelt (*„heiß", „viel Wärme"*).

14.5 Energie und Wärmekraftmaschinen (▸ Kap. 8)

Zu erwartendes Antwortmuster bei Schülerinnen und Schülern: „stimmt"; „stimmt nicht"; „stimmt". Richtiges Antwortmuster: „stimmt nicht"; „stimmt"; „stimmt nicht".

Lernende gehen davon aus, dass eine gute Isolierung der Heizungsrohre stets Sinn macht, was bei einem konventionellen Heizsystem ja auch der Fall ist. Alles andere wäre nach ihrer Meinung Energieverschwendung. Dass der Wirkungsgrad des Stirlingmotors steigt, wenn man ihn mittels eines Heizungsrücklaufs mit möglichst geringer Temperatur besser kühlt, ist ihnen intuitiv nicht einsichtig (Vorstellung: *„Einen Motor muss man kühlen, damit er nicht kaputtgeht."*) und wird auch nach dem Unterricht über Kreisprozesse selten verstanden.

Lisas Aussage wird auf breite Zustimmung stoßen. Sie entspricht Alltagswissen über den technischen Fortschritt. Lutz und Rike bringen die Schülervorstellung zum Ausdruck, dass der Wirkungsgrad rein technisch begrenzt sei und grundsätzlich nichts gegen 100 Prozent spreche. Dem werden viele Schülerinnen und Schüler zustimmen.

14.6 Felder und Wellen (▸ Kap. 9)

Lutz sieht die Feldlinien als etwas Reales an. Er gibt auch an, dass ohne eine Feldlinie keine Kraftwirkung möglich ist. Allerdings hat er schon erkannt, dass auch zwischen zwei gezeichneten Feldlinien ein Feld wirkt. Er verwechselt aber Feld und Feldlinie.

Übung 9.2

Julia hat vermutlich Vorstellungen, die eher synthetischen Modellen entsprechen. Sie verwendet die Gravitationskraft, um das Verhalten eines Magneten zu erklären. Als der Interviewer sie mit einer neuen Information versorgt, versucht sie, beide Aspekte zu verwenden.

14.7 Quantenphysik (▶ Kap. 10)

Übung 10.1

- **Aufgabe a)**

Elisabeths Lösung kommt der physikalisch korrekten Lösung am nächsten. Das Betragsquadrat der Wellenfunktion ergibt die Aufenthaltswahrscheinlichkeitsdichte. Demnach findet man das Elektron am ehesten in den Bereichen um $b/4$ und $3b/4$ herum. Um $b/2$ herum wird man es nur sehr selten lokalisieren. Das stimmt mit Elisabeths Punkteverteilung tendenziell überein.

- **Aufgabe b)**

Sebastian scheint davon auszugehen, dass ein „eingesperrtes" Elektron einen festen Ort hat. Wenn man es also einmal dort findet, dann würde es auch zu anderen Zeitpunkten dort anzutreffen sein.[2] Das erinnert an die Vorstellung statischer Aufenthaltsräume von Elektronen, die durch die ψ-Funktion bestimmt werden.

Josefs Lösung entspricht der Vorstellung des Hin- und Herlaufens bzw. -schwappens von Elektronen im Potenzialtopf. Man erkennt eine Bahnvorstellung: Das Elektron durchläuft den Potenzialtopf, kommt an einer Wand an, wird dort reflektiert und läuft dann wieder in die andere Richtung zurück.

Marias Lösung könnte eine Mischvorstellung von Bahnvorstellung und von Wahrscheinlichkeit als Ungenauigkeit oder Uneindeutigkeit darstellen (Fehlinterpretation der Heisenberg'schen Unbestimmtheitsrelation): Im Prinzip liegt eine Bahn vor – aber es gibt Ausreißer, d. h., die lineare Bewegung ist nicht exakt eingehalten, sondern unterliegt gewissen Schwankungen.

Übung 10.2

Den Formalismus, wie man mithilfe von Wellenfunktionen Vorhersagen über Antreff- bzw. Nachweiswahrscheinlichkeiten von Elektronen machen kann, hat Theo von der Grundidee her verstanden. Er sieht darin jedoch nicht mehr als ein Rechenkalkül. Theo ist erkennbar mit der Wahrscheinlichkeitsinterpretation der Quantenphysik unzufrieden. Er hält sie für defizitär oder vorläufig (*„Man würde gerne genau sagen …, aber das geht eben nicht, oder noch nicht."*). Für Theo verbindet sich „wahrscheinlich" mit „zufällig" oder „ungenau". Nur solange man in seiner Sicht noch keine exakte Theorie über die Orte von Elektronen hat, *„greift man dann halt zu den Wahrscheinlichkeiten"*. Theos Augenmerk gilt dem einzelnen Quantenobjekt. Im Grunde geht er davon aus, dass ein Elektron zu jedem Zeitpunkt einen „wahren" Ort hat. Das „Δx" in der Heisenberg'schen Unbestimmtheitsrelation interpretiert er als Unsicherheit der Angaben für einzelne Elektronen (*„weil man den Ort nicht genau angeben kann"*) statt als Aussage über die Präparation eines Ensembles von Quantenobjekten.

---

2   Diese extreme Vorstellung ist in den Untersuchungen zu Schülervorstellungen in der Quantenphysik allerdings selten zu finden. In einer Untersuchung von Bethge gaben 7 % der Schüler eine solche Antwort (Bethge, T. (1988). Aspekte des Schülervorverständnisses zu grundlegenden Begriffen der Atomphysik: Dissertation, Universität Bremen).

14.8   Anfangsunterricht (▸ Kap. 12)

Übung 12.1

Die Abbildung kann folgende Lernschwierigkeiten bewirken:

- Das aufsteigende Wasser wird in Form von sichtbaren Tröpfchen dargestellt. Dies kann die Schwierigkeit der Unterscheidung von unsichtbarem gasförmigem Wasser und den sichtbaren Wasserdampfschwaden beim Kochen verstärken.
- Die Tröpfchen tauchen in den Wolken nahezu identisch wieder auf. Dies kann die Vorstellung stützen, Wolken bestünden aus Wasserdampf.
- Das verdunstende Wasser wird in einem von der Sonne ausgehenden Lichtkegel gezeichnet. Damit wird die Vorstellung befördert, die Sonne ziehe das Wasser zu sich hin. Die Richtung der Pfeile unterstützt diese Idee.
- Die graue Unterseite der Wolken könnte die Vorstellung unterstützen, hier sammle sich das Wasser am Boden der Wolke und die Wolke breche auf, wenn sie zu schwer wird.

Übung 12.2

Die Erklärung unterstützt die Idee, dass Schall sich wie ein abgegrenztes materielles Objekt verhält. Die Erklärung sollte stattdessen eher die räumliche Ausbreitung des Schalls unterstützen und die Reflexion und Bündelung des Schalls im Tunnel verdeutlichen. Eine Erklärung könnte sein: Der Schall verteilt sich normalerweise überall im Raum. Jeder, der etwas hört, bekommt etwas davon ab. Wenn man im Tunnel ruft, geht der Schall allerdings nicht in die Wand, sondern kommt von da wieder zurück. Deshalb ist es im Tunnel und an den Ausgängen besonders laut.

14.9   Natur der Naturwissenschaften (▸ Kap. 13)

Übung 13.1

Die Darstellung insbesondere von Sheldon Cooper lebt von Stereotypien. Er ist ein sozial eingeschränkter Mann, der für sich alleine arbeitet und mit seiner Umwelt nur anhand strikter Regeln kommuniziert. Ebenso ist die Darstellung der Rolle von Frauen in der Wissenschaft in der Serie sehr fragwürdig.

Gelungen wiederum ist die Darstellung, dass auch Wissenschaftlerinnen und Wissenschaftler liebenswerte und sympathische Personen sein können oder dass viele der Charaktere – wie andere Menschen auch – unter den Erwartungen ihrer Eltern leiden. Der Entwickler, Produzent und Autor der Serie beschreibt sie nicht als Geschichten über Nerds, sondern als Geschichten über außergewöhnliche Menschen (Weitekamp, 2017)[3]. Gelungen ist auch die Darstellung, dass die Motive von Wissenschaftlerinnen und Wissenschaftlern sehr viel diverser sein können, als das üblicherweise angenommen wird („Der Parkplatz vor der Tür") oder auch die verschiedenen Vorurteile gegenüber anderen Zweigen der Wissenschaft („Ingenieurwissenschaft gegen Physik" und viele andere mehr).

---

3   Weitekamp, M. A. (2017). The image of scientists in The Big Bang Theory. *Physics Today, 70*(1), 40–48. https://doi.org/10.1063/pt.3.3427

Übung 13.2

Die Physiklehrkraft erläutert den Schülerinnen und Schülern, dass die Darstellungen sich nicht ausschließen, denn in keinem Fall beschreibt man eine Wirklichkeit an sich. Wir nutzen in den Naturwissenschaften Modelle, um unsere Gedanken und Vorstellungen darüber, wie wir uns die Welt im Kleinen vorstellen, zu ordnen und zu strukturieren. Modelle sollten dann mit dem, was man in Experimenten messen kann, gut übereinstimmen. Es kann verschiedene Modelle geben, weil sie verschiedene Aspekte eines Naturobjekts beschreiben sollen. Die unterschiedlichen Modelle sind für jeweils begrenzte Aussagebereiche gültig und nützlich.

Serviceteil

© Springer-Verlag GmbH Deutschland, ein Teil von Springer Nature 2018
H. Schecker, T. Wilhelm, M. Hopf, R. Duit (Hrsg.), *Schülervorstellungen und Physikunterricht*,
https://doi.org/10.1007/978-3-662-57270-2

Sachverzeichnis

Das Sachverzeichnis enthält die Begriffe der Physik und des Sachunterrichts, zu denen im Buch Schülervorstellungen erläutert werden. Angegeben sind die jeweiligen Abschnittnummern.

Autorenverzeichnis

Reinders Duit

(Kap. 1 u. 8)

Dr. Dr. h. c. Reinders Duit war bis 2008 Professor für Didaktik der Physik am Institut für die Pädagogik der Naturwissenschaften und der Mathematik an der Universität Kiel. Er studierte Physik und Mathematik für das höhere Lehramt an der Universität Kiel. Seine Staatsexamensarbeit (1968) sowie seine Promotion befassten sich mit Lernschwierigkeiten beim Erwerb zentraler Begriffe des elektrischen Stromkreises. Seine Habilitation untersuchte die Entwicklung des Energiebegriffs im Verlauf der Sekundarstufe I. In enger Kooperation mit Ulrich Kattmann, Harald Gropengießer und Michael Komorek wurde ein „Modell der Didaktischen Rekonstruktion" entwickelt, das international Beachtung gewann. In enger Zusammenarbeit mit Prof Dr. David Treagust (Perth, Australien) entstand eine Serie von Beiträgen zur Weiterentwicklung von „Conceptual-Change"-Ansätzen.

Helmut Fischler

(Kap. 7)

Dr. Helmut Fischler war Professor für die Didaktik der Physik an der Freien Universität Berlin im Fachbereich Physik. Als Leiter des Zentralinstituts für Unterrichtswissenschaften und Curriculumentwicklung (1981–1985) war er verantwortlich für die Förderung integrativer Anteile von Fachdidaktiken und allgemeinen Bildungswissenschaften in der Ausbildung von Lehrkräften. Forschungsschwerpunkte waren und sind zum Teil immer noch die Untersuchung von Lernprozessen im Unterricht über die Teilchenkonzeption in der Sekundarstufe I und über quantenphysikalische Grundlagen in der Sekundarstufe II, die Erprobung und Evaluation von Verfahren des Concept Mapping, die Entwicklung von Verfahren zur Verbesserung der Lehrexpertise von Lehrkräften und die theoriebasierte Entwicklung von Aufgaben. Er ist Mitherausgeber der Reihe „Studien zum Physik- und Chemielernen", in der bereits etwa 250 Dissertationen erschienen sind (Stand 2017).

Claudia Haagen-Schützenhöfer

(Kap. 5)

Dr. Claudia Haagen-Schützenhöfer ist Universitätsprofessorin am Institut für Physik der Karl-Franzens-Universität Graz, wo sie den Fachbereich für Physikdidaktik und das Fachdidaktikzentrum Physik leitet. 2000 promovierte sie in Erziehungswissenschaften über den Einfluss fremdsprachenintegrierten Physikunterrichts auf fachliches Lernen. Nach achtjähriger Unterrichtstätigkeit an Gymnasien als Lehrkraft für Physik, Englisch und Projektmanagement erfolgte ein Wechsel an die Universität Wien, wo sie sich 2016 zu Lehr- und Lernprozessen im Anfangsoptikunterricht habilitierte. Aktuelle Arbeitsbereiche sind fachspezifische Lehr- und Lernprozesse und Konzeptwechselstrategien, physikdidaktische Entwicklungsforschung sowie Professionalisierungsprozesse von Physiklehrkräften. Seit 2014 ist sie Vice President von GIREP, der „Groupe International de Recherche sur l'Enseignement de la Physique".

Dietmar Höttecke

(Kap. 13)

Dr. Dietmar Höttecke ist Professor für Didaktik der Physik in der Fakultät für Erziehungswissenschaft der Universität Hamburg. Nach einem Lehramtsstudium mit den Fächern Physik und Deutsch promovierte er am Fachbereich Physik der Universität Oldenburg mit einem Thema zwischen Wissenschaftsgeschichte und Physikdidaktik. Seine Interessen- und Forschungsschwerpunkte liegen auf dem Lernen von Physik durch ihre Geschichte, dem Thema *Nature of Science*, Bildung für nachhaltige Entwicklung und der Rolle der Sprache beim Physiklernen. Er war über ein Jahrzehnt Mitherausgeber der Zeitschrift „Unterricht Physik" und hat in jüngerer Zeit das Lehrbuch „Pädagogik der Naturwissenschaften" mit herausgegeben.

Martin Hopf

(Kap. 2, 5, 6, 9, 11, 13, 14)

Dr. Martin Hopf ist Professor für Didaktik der Physik an der Universität Wien und leitet dort auch das Österreichische Kompetenzzentrum für Didaktik der Physik. Er hat Lehramt für Mathematik und Physik studiert und einige Jahre als Lehrer gearbeitet. Er promovierte an der LMU München über problemorientierte Schülerexperimente. Seine Arbeitsgebiete sind fachdidaktische Entwicklungsforschung und Kompetenzorientierung im Physikunterricht. Er ist Mitherausgeber der Zeitschrift „Plus Lucis" und des Lehrbuchs „Physikdidaktik kompakt". Über viele Jahre hat er sich auch für die Zeitschrift „Praxis der Naturwissenschaften – Physik in der Schule" engagiert.

Rainer Müller

(Kap. 10)

Dr. Rainer Müller ist Professor für Physik und ihre Didaktik an der TU Braunschweig. Nach dem Physikstudium erfolgte 1994 die Promotion in Theoretischer Physik. Seit 1995 beschäftigt er sich mit der Vermittlung der Quantenphysik in der Schule. Im Rahmen seiner Habilitation zu diesem Thema (2003) sind das Unterrichtskonzept und die Internetplattform *milq* entstanden (Münchener Unterrichtskonzept zur Quantenphysik). Er ist Autor physikalischer Lehrbücher (Mechanik, Thermodynamik) und Herausgeber von Schulbuchreihen (Kuhn Physik, Dorn-Bader).

Horst Schecker

(Kap. 1, 3, 4, 7, 8, 10, 11, 14)

Dr. Horst Schecker ist Professor für Didaktik der Physik an der Universität Bremen im Fachbereich Physik/Elektrotechnik. 1985 promovierte er über Schülervorstellungen zur Newton'schen Dynamik unter Einbeziehung wissenschaftstheoretischer Aspekte. 1995 erfolgte die Habilitation mit Arbeiten zur systemdynamischen Modellbildung im Physikunterricht. Seine Arbeitsgebiete sind die Modellierung und Messung physikalischer Kompetenz sowie die Förderung von Experimentierfähigkeit und Aufgabenkultur im Physikunterricht. Von 2005 bis 2011 war er Vorsitzender der Gesellschaft für Didaktik der Chemie und Physik (GDCP). Er ist Mitherausgeber der bei Springer Spektrum erschienenen Lehrbücher „Methoden in der naturwissenschaftsdidaktischen Forschung" und „Theorien in der naturwissenschaftsdidaktischen Forschung".

Thomas Wilhelm

(Kap. 2, 3, 4, 6, 9, 12,14)

Dr. Thomas Wilhelm ist Professor für Didaktik der Physik an der Goethe-Universität Frankfurt am Main im Institut für Didaktik der Physik. Er war zunächst Gymnasiallehrer und promovierte 2005 über die Konzeption und Evaluation eines Kinematik-/Dynamik-Lehrgangs zur Veränderung von Schülervorstellungen. 2011 erfolgte die Habilitation mit Arbeiten zur Videoanalyse von Bewegungen. Seine Arbeitsgebiete sind der Einsatz neuer digitaler Medien im Physikunterricht und die Erforschung der Wirksamkeit unterschiedlicher unterrichtlicher Sachstrukturen. Er war Mitherausgeber der Zeitschrift „Praxis der Naturwissenschaften – Physik in der Schule" und ist Herausgeber des im Friedrich-Verlag erschienenen Lehrbuchs „Stolpersteine überwinden im Physikunterricht. Anregungen für fachgerechte Elementarisierungen".

Rita Wodzinski

(Kap. 12)

Dr. Rita Wodzinski ist Professorin für Didaktik der Physik an der Universität Kassel. Sie promovierte 1996 an der Universität Frankfurt am Main über Schülervorstellungen zur Newton'schen Dynamik in der Sekundarstufe I. 1995 wechselte sie an die Ludwig-Maximilians-Universität München und arbeitete dort über Schülervorstellungen zum Druck und zur Physik des Fliegens. Ihr Hauptfokus in Lehre und Forschung liegt auf dem Lehren und Lernen von Physik in der Sekundarstufe I und im Sachunterricht. Aktuelle Forschungsprojekte befassen sich mit Schwierigkeiten bei Schülerexperimenten sowie der Vermittlung von *Nature of Science* im Kontext moderner Physik. Von 2004 bis 2009 leitete sie den Fachverband Didaktik der Physik der Deutschen physikalischen Gesellschaft (DPG) und war von 2009 bis 2011 im Vorstand der Deutschen Physikalischen Gesellschaft (DPG) für den Bereich Schule tätig. Sie ist Mitherausgeberin der Zeitschrift „Unterricht Physik".

- **Grafiken**

Für das vorliegende Lehrbuch wurden die folgenden Abbildungen erstellt von:

Carina von der Geest (Bremen): Abb. 1.2; Abb. 1.6; Abb. Kasten 1.1; Abb. 2.3; Abb. 3.3; Abb. 4.1; Abb. 4.2; Abb. 4.3; Abb. 4.4; Abb. 4.5; Abb. 4.6; Abb. 5.2; Abb. 5.4; Abb. Kasten 5.2a; Abb. 5.6; Abb. 5.8; Abb. 5.9; Abb. 5.10; Abb. 5.11; Abb. 5.12; Abb. Übung 5.1; Abb. 6.2; Abb. 6.3; Abb. 6.4; Abb. 6.5; Abb. 6.6; Abb. 6.7; Abb. 6.8; Abb. 6.9; Abb. Übung 6.1; Abb. Übung 6.2; Abb. 7.1; Abb. 7.2; Abb. 7.3; Abb. 7.4; Abb. 7.5; Abb. 8.1; Abb. Kasten 8.3; Abb. 8.2; Abb. 8.3; Abb. Kasten 8.5; Abb. Übung 8.3; Abb. Übung 10.1; Abb. 11.1; Abb. 11.2; Abb. 11.3; Abb. Kasten 11.3a; Abb. Kasten 12.1; Abb. Kasten 12.4; Abb. 12.2; Abb. 12.4; Abb. Übung 12.1; Abb. 14.1

Sarah Zloklikovits (Wien): Abb. 9.1; Abb. 9.2; Abb. 9.3; Abb. 9.4; Abb. Kasten 9.2; Abb. 9.5; Abb. 9.6; Abb. 9.7; Abb. 9.8; Abb. 9.9; Abb. 9.10; Abb. 9.11; Abb. 9.12; Abb. 9.13

Thomas Wilhelm (Frankfurt a. M.): Abb. 3.1; Abb. 3.2; Abb. 3.4; Abb. 3.5; Abb. 3.6; Abb. 3.7 (in Zusammenarbeit mit Christine Waltner, München); Abb. 3.8; Abb. Übung 4.2; Abb. 6.1

Horst Schecker (Bremen): Abb. 1.1; Abb. 1.3; Abb. 1.4; Abb. 3.9; Abb. 3.10; Abb. Kasten 4.4; Abb. Übung 5.3; Abb. Übung 7.1; Abb. 14.2

Martin Hopf (Wien): Abb. 2.1; Abb. 2.2; Abb. 5.3; Abb. Übung 9.1; Abb. Kasten 11.3b

Weitere Abbildungen wurden übernommen bzw. zur Verfügung gestellt von:

pexels. com: Abb. 5.5; Abb. 5.7 [Creative Commons Zero (CC0)]

pixabay.com: Abb. 5.1 [Creative Commons Zero (CC0)]

Gerfried Wiener (Genf): Abb. 11.4

Miriam Grunwald (Kassel): Abb. 12.1

Judith Fogolin-Kurz (Frankfurt a. M.): Abb. 12.3

Willkommen zu den Springer Alerts

- Unser Neuerscheinungs-Service für Sie:
  aktuell *** kostenlos *** passgenau *** flexibel

Springer veröffentlicht mehr als 5.500 wissenschaftliche Bücher jährlich in gedruckter Form. Mehr als 2.200 englischsprachige Zeitschriften und mehr als 120.000 eBooks und Referenzwerke sind auf unserer Online Plattform SpringerLink verfügbar. Seit seiner Gründung 1842 arbeitet Springer weltweit mit den hervorragendsten und anerkanntesten Wissenschaftlern zusammen, eine Partnerschaft, die auf Offenheit und gegenseitigem Vertrauen beruht.

Die SpringerAlerts sind der beste Weg, um über Neuentwicklungen im eigenen Fachgebiet auf dem Laufenden zu sein. Sie sind der/die Erste, der/die über neu erschienene Bücher informiert ist oder das Inhaltsverzeichnis des neuesten Zeitschriftenheftes erhält. Unser Service ist kostenlos, schnell und vor allem flexibel. Passen Sie die SpringerAlerts genau an Ihre Interessen und Ihren Bedarf an, um nur diejenigen Information zu erhalten, die Sie wirklich benötigen.

Mehr Infos unter: springer.com/alert